KB019783

가장 위대한 모험

인간의 우주 탐사 역사

가장 위대한 모험
인간의 우주 탐사 역사

초판 1쇄 인쇄 | 2023년 7월 5일
초판 1쇄 발행 | 2023년 7월 10일

지은이 | 콜린 버지스
옮긴이 | 안종희
펴낸이 | 조승식
펴낸곳 | 도서출판 북스힐
등록 | 1998년 7월 28일 제22-457호
주소 | 서울시 강북구 한천로 153길 17
전화 | 02-994-0071
팩스 | 02-994-0073
블로그 | blog.naver.com/booksgogo
이메일 | bookshill@bookshill.com

값 23,000원
ISBN 979-11-5971-508-2

* 잘못된 책은 구입하신 서점에서 교환해 드립니다.

가장 위대한 모험

인간의 우주 탐사 역사

콜린 버지스 지음
[illegible]희 옮김

아폴로 1호(AS-204), 소유즈-1호, 소유즈-2호,

챌린저호와 컬럼비아호 우주선 비행사들:

숨진 영웅들을 위하여

차례

프롤로그

지금도 그렇지만 선사시대 우리 조상들은 떠오르는 은빛 달을 매우 경이로운 시선으로 바라보았다. 그러나 그들은 이 달이 자연에 어떠한 작용을 하고 있는지 알지 못했다. 그들이 아는 것이라곤 달이 어둠 속에서 환하게 빛난다는 것과 어떤 신비하고 마법적인 힘이 있을지도 모른다는 것이었다.

경외하는 마음으로 바라보는 밤하늘의 천체가 견고하고 독립적인 세계라는 사실을 아는 사람은 거의 없었다. 천체는 신화와 공상의 가시적인 원천이 되었고 수많은 세대와 문화에서 오랫동안 유지되었다. 신화의 경우 그리스-로마 신화의 셀레네Selene, 다이애나Diana, 아스타르테Astarte, 루나Luna, 다이달루스Daedalus 같은 유명한 신들, 그리고 힌두교의 달의 신 소마Soma, 아즈텍의 태양신과 달의 신 나나후아친Nanahuatzin과 텍시스테카틀Tecciztecatl이 언급되었다.

달, 행성, 항성, 그리고 그 외 천체에 관한 학문인 천문학은 역사상 가장 초기의 학문으로 알려져 있다. 천문학자와 철학자들이 우주에서 지구의 실제 위치를 이해하기 시작하자, 고대로부터 이어진 오래된 신화들은 대부분 가장 가까운 이웃 천체로 어떻게든 날아갈 방법을 고민하는 이론가들에게 자리를 내주었다.

갈릴레오가 만든 굴절망원경을 이용해 분화구가 있는 달뿐만 아니라 그 너머 목성의 위성까지 관찰했을 때 달에 대해 더 집중적으로 생각하게 되었다. 그 후 1609년경 동료 천문학자 요하네스 케플러Johannes Kepler가 《꿈 The Dream》이라는 대중적인 공상과학 소설을 썼는데, 이 책은 악마가 사람들을 달로 데려간다는 내용을 담고 있다.

프랑스의 공상과학 소설가 쥘 베른Jules Verne은 명작 《지구에서 달까지From the Earth to the Moon》에서 3명의 탐험가가 달 비행에 성공을 거둔다는 내용을 예언적으로 언급했다. 신기하게도 이 소설에서 이들의 여행은 1세기보다 훨씬 뒤에 이루어진 인간의 최초 달 착륙 모습과 많은 부분에서 놀라울 정도로 유사하다. 쥘 베른의 소설에서 3명의 남자를 태운 알루미늄 우주선을 발사하는 데 사용된 폭발식 추진 장치는 컬럼비아드Columbiad라고 불렸는데, 공교롭게도 아폴로 2호 우주선의 이름도 컬럼비아Columbia였다. 쥘 베른이 책을 쓸 당시 알루미늄의 생산과 활용은 상대적으로 덜 발달해 있었다. 컬럼비아드 우주선은 오늘날의 케네디 우주센터에서 그다지 멀지 않은 플로리다에서 발사되어 달까지 비행했고, 1969년 아폴로 2호가 그랬던 것처럼 해군 함정이 태평양으로 떨어진 우주선을 회수했다. 이 외에도 놀라울 정도로 유사점이 많다. 쥘 베른의 소설에서 달 여행자 중 한 사람은 아르단Ardan이라는 성을 가졌는데, 아폴로 2호 승무원 중 버즈 올드린Buzz Aldrin이라는 사람이 있었고, 닐 암스트롱Neil Armstrong의 중간 이름은 올던Alden이었다. 또 다른 탐험가인 니콜스Nicholls는 사령선 비행사 마이클 콜린스Michael Collins의 성을 철자만 바꾼 것과 비슷하다. 베른은 또한 역추진 로켓이라는 우주선 추진 장치가 이용될 것이라 예측했는데, 오랜 시간이 지난 뒤 실제로 그런 로켓이 개발되었다. 하지만 아폴로 2호와 달리 베른의 소설에서는, 어린 수탉 두 마리와 작은 개 두 마리를 표현한 동시대의 목판 삽화에서 보듯이, 탐험대장 바비케인Barbicane과 승무원들은 인간이 아닌 사육한 동물을 우주선에 함께 데리고 갔으며, 그중 한 마리는 이름이 새틀라이트Satellite였다. 베른의 소설이 공상과학 소설의 진정한 원조라고 할 수 있겠지만, 그조차도 놀라운 선견지명을 보이는 이 책의 출판을 능가하는 극적인 시대가 펼쳐지리라고는 상상할 수 없었을 것이다.

과학과 기술이 발전하면서 우리는 중력의 힘에 단단히 잡혀 있고, 따라서 지구에서 쉽게 벗어나지 못한다는 사실을 알게 되었다. 19세기 말 무렵이 되어서야 강력한 로켓만이 중력의 힘을 벗어나 대기권을 지나 우주로 나아갈 수 있음을 깨닫게 되었다. 1903년에 출판된 한 논문에서 러시아의 과학 교사 콘스탄틴 치올콥스키Konstantin Tsiolkovsky는 액체 수소와 액체 산소를 포함한 액체 추진제를 연료로 사용하는 로켓이 개발 및 제작될 것이라고 예견했다. 나중에 이를 이용한 최초의 로켓 발사에 성공했으며, 수십 년 뒤 미국의 우주왕복선에도 사용되었다. 공상과학 소설의 열렬한 독자인 치올콥스키는 거대한 컬럼비아드 우주 대포를 이용해 우주 탐험자를 달로 쏘아 보내는 베른의 설명에 오류가 있다는 점을 계산했다. 어마어마한 가속력 때문에 캡슐에 탄 모든 승무원이 파열되어 피범벅이 될 것이라고 예상했다. 그는 뉴턴의 제3 법칙—모든 작용에는 그에 상응하는 똑같은 크기의 반작용이 존재한다—을 이용했는데, 이것이 바로 로켓의 기본 원리였다. 소련에 의해 진정한 천재로 인정받은 치올콥스키는 우주 항행학의 아버지로 인정받게 된다.

이 시기 로켓공학 분야에서는 비슷한 연구가 다양하게 진행되었다. 미국의 유명한 물리학자 로버트 고다드Robert H. Goddard는 1914년 소형 로켓을 만들어 발사했는데, 당시 매사추세츠주 오번Auburn의 시민들은 이 것을 경계하는 눈초리로 멍하니 바라볼 뿐이었다. 그들은 이 신기한 로켓을 순진한 괴짜의 작품으로 치부했던 것이다. 시민들의 반응에 구애받지 않고 고다드는 계속 연구하여 1926년 3월 16일 최초로 액체 연료 로켓을 56m 높이까지 발사하는 데 성공했다. 그 후 15년 동안 고다드와 그의 조력자들은 최소 34개의 로켓을 발사하여 마침내 최고 높이 2.6km, 속도는 시속 885km에 도달했다. 그는 연구와 시험 발사에서 재정적 또는 공적 지원을 거의 받지 않았지만, 마침내 근대 로켓공학의 창시자 중 한 사람으로 알려지게 되었다. 1904년 도다드는 고등학교 졸업반 제자들에게 "무엇이 불가능한지 말하기는 어렵습니다. 어제의 꿈은 오늘의 희망이고, 또한 내일의 현실이 되기 때문입니다"라고 말했다고 전해진다.

또 다른 선지자로 물리학자이자 엔지니어인 헤르만 오베르트Hermann Oberth가 있다. 그는 1923년 6월 독일에서 〈행성 간 우주로 발사되는 로켓Die Rakete zu den Planet-enräumen〉이라는 92페이지의 학위논문을 발표했고, 6년 뒤 그는《우주비행 방법Wege zur Raumschiffahrt》이라는 책에서 이 논문을 자세히 설명했다. 1929년 가을, 그는 최초로 액체 연료 로켓엔진—'케겔뒤세Kegeldüse'라고 불렀으며 '원추형 노즐'이라는 뜻이다—의 지상 연소 시험을 시행했다. 이 로켓엔진은 동료 엔지니어인 클라우스 리델Klaus Riedel이 베를린의 독일화학기술연구소가 제공한 성능시험장의 작은 작업장에서 헤르만을 위해 개발한 것이었다. 케겔뒤세의 연소 시험은 짧은 시간 진행되었는데 이것이 시작이었다.

오베르트와 리델을 보조하면서 연소 시험을 지켜본 사람 중에서 로켓을 공부하는 18세의 열정적인 독일인이었던 베르너 폰 브라운Wernher von Braun은 나중에 다음과 같이 회고했다.

장비는 초보 수준이었고 점화 장치는 위험했다. 리델이 가솔린을 흠뻑 적신 천에 불을 붙여 가솔린을 내뿜고 있는 엔진 위로 던진 다음 몸을 숨기면, 오베르트가 연료 밸브를 열었다. 그러면 엔진이 굉음을 내며 연소되었다.[1]

몇 년 후 제2차 세계대전 동안 폰 브라운은 전쟁을 위한 초음속 로켓 개발에 참여했다. 전쟁 말기에 나치 정권은 히틀러의 파괴 무기인 V-1과 V-2를 제작하고 시험할 수 있는 자금을 제공했다. 1945년 초 전쟁이 끝날 조짐이 명확해지자 진군하던 소련군은 발틱해 우제돔Usedom섬의 페네뮌데Peenemünde에 위치한 미사일 시험장을 포위하고 전리품을 찾기 시작했다. 소련군이 페네뮌데 160km 이내로 진격했을 때, 폰 브라운은 로켓연구팀을 모아놓고 악명 높고 야만적인 소련 군대보다는 미국 군대에 항복하는 것이 훨씬 더 나을 것이라고 단언했다.

폰 브라운의 탈출 계획 중 첫 번째 계획으로, 그는 통행허가증을 위조하여 연구자들을 튀링겐의 하르츠 산맥 기슭에 위치한 미텔베르크Mittelwerk 지하공장으로 이동시켰다. 이 공장에서는 집단수용소의 강제 노동력을 이용해 치명적인 V-1과 V-2 로켓을 제작했다. 공장에 도착한 폰 브라운의 로켓연구팀은 미사일 프로그램에 관한 연구를 재개하면서 전쟁 진행 상황을 조심스럽게 지켜보았다. 폰 브라운은 나치 친위대가 연합국에 넘어가는 것을 막기 위해 모든 로켓 설계도를 파괴할 것임을 알고 항복 협상 때 활용할 목적으로 설계도를 수직 갱도 속에 은밀히 숨겼다.

1945년 3월에 폰 브라운은 운전사가 졸다가 교통사고를 내는 바람에 왼쪽 팔이 부러져서 깁스를 하기 위해 병원에 입원하게 된다. 다음 달, 연합군이 독일로 더 깊숙이 진격하자 폰 브라운은 상관들이 로켓연구팀을 오스트리아의 더 안전한 곳으로 이동시킬 것이라고 확신하게 되

미국에 항복한 로켓 엔지니어이자 설계자 베르너 폰 브라운(왼쪽 팔이 부러짐). 그의 오른쪽 모자 쓴 사람이 히틀러의 V-2 프로그램 책임자 발터 도른베르거 소장이다.

었다. 그의 전략은 완벽하게 적중했다. 1945년 5월 2일, 그의 동생이자 로켓 엔지니어인 마그누스Magnus가 폰 브라운 연구팀을 패튼Patton 장군의 44보병사단에 넘겨주었다.

연합국은 항복 절차를 마무리한 뒤 포로들의 가치를 알게 되었다. 폰 브라운은 로켓 설계 문서와 100개의 V-2 로켓의 중요 부품이 있는 장소를 알려주었다. 종전 후 폰 브라운을 포함하여 로켓을 설계 및 제작하다가 포로로 잡히거나 항복한 많은 과학자, 기술자, 엔지니어들이 미국으로 이송되었다. 1962년 한 연설에서 폰 브라운은 미국에 도착해 몇 년 동안 수행한 연구와 제작 활동에 대해 다음과 같이 회상했다.

나는 1945년 9월부터 1950년 4월까지 5년 동안 텍사스주 포트 블리스Fort Bliss에서 미군을 위해 일했다. 약 120명의 엄선된 V-2 로켓팀원들은 약 400명의 민간인과 미군 병기부대 소속 군인들로 점차 대체되었다. 첫 1년은 이곳 환경에 적응하는 과정이었고, 직업적으로는 좌절을 경험한 시기이기도 했다. 황량한 타국에서 신뢰받지 못하는 이방인이었던 우리는 처음에는 어떤 프로젝트에도 참여하지 못했고, 실질적인 업무에서 배제되었다. 전쟁이 끝난 뒤라서 아무도 무기와 관련된 연구에 그다지 관심이 없는 듯했다. 우주비행은 터무니없는 것에 가까웠다.

우리는 연구와 교육을 하면서 시간을 보냈고, 뉴멕시코 화이트샌즈White Sands에서 진행된 V-2 평가시험에 지원했다. 우리 팀원 중 독일 태생들은 로켓공학과 함께 미국의 언어와 정부와 생활방식을 공부했다. 이 5년은 우리가 방황하는 기간이었다.[2]

1950년 미 육군은 약 1,600명으로 구성된 폰 브라운의 페네뮌데 그룹을 기초 로켓연구팀으로 만들기 위해 포트 블리스에서 앨라배마주 헌츠빌Huntsville의 레드스톤Redstone 무기공장으로 보냈다. 육군 참모들은 소련이 전쟁 이후 미사일 기술에서 중요한 진전을 이루었다는 것을 점차 알게 되었고, 미 국방부는 국가 우선순위 사업으로 대륙간 탄도미사일ICBM과 중거리 탄도미사일IRBM의 개발 속도를 높이기 위해 매진하고 있었다.

1955년 소련이 미사일 기술에서 미국보다 크게 앞섰다는 사실이 점점 명확해졌고, 중대한 '미사일 격차'는 깊은 우려를 불러일으켰다. 이러한 우려 속에서 미 육군은 미 해군과 협력하여 지상 및 해상 IRBM을 개발하게 되었고, 육군과 해군 합동 탄도미사일위원회가 결성되었다. 1956년 2월 1일 미 육군 탄도미사일개발국Army Ballistic Missile Agency(ABMA)이 설립되었는데, 책임자는 존 메다리스John B. Medaris 소장이었다. 이 기관의 목적은 주피터Jupiter로 알려진 IRBM을 개발하는 것이었다. 폰 브라운은 미국 우주 프로그램의 초창기 사업뿐만 아니라 달에 최초로 인간을 보내는 사업에서도 가장 중요한 인물이 되었다.

그 무렵 미국과 소련은 생물체를 실은 준궤도 비행을 실험하고 있었다. 이를테면 영장류와 개를 실은 단거리 탄도 비행체를 발사하여 발사 때나 짧은 무중력 상태에서 작용하는 힘에 대한 동물들의 반응을 알아내고자 했다. 1957년 10월 4일, 소련은 세계 최초로 위성을 우주로 발사하여 방심한 미국의 허를 찔렀다. 이는 냉전 시기 적대국이 우주에서 핵무기를 미국으로 발사할 수도 있다는 두려움을 갖게 했다.

다음 달 두 번째 위성이 궤도에 안착했는데, 여기에는 작은 개가 실려 있었다. 당시 미군은 ICBM, IRBM, 초음속 고고도 항공기 개발에 몰두하고 있었는데, 소련이 최초로 인간을 우주로 보낼 준비를 한다는 소문이 계속 돌고 있었다. 아이젠하워 대통령과 그의 보좌관들은 유인 우주비행 능력을 개발하기 위해 비군사적 우주기관의 긴급한 설립이 필요하다고 결정했다.

1915년 국가항공자문위원회NACA는 더 빠르고 더 높이 날아가는 비행체와 관련된 연구를 수행했고, 점차 그 범위를 고고도 비행과 우주비행 분야로 확장했다. 1958년 4월 의회는 새로운 비군사적인 우주기관 설립을 위한 첫 조치를 취했고, 아이젠하워 대통령은 3개월 뒤인 7월 29일 국가항공우주법에 서명했다. 3개월 뒤 미국항공우주국NASA이 공식 출범했으며, 초대 국장은 키스 글레넌Keith Glennan이었다. 10월 1일 NASA는 NACA 산하 8천 명의 직원과 5개 연구센터, 1억 달러의 연간 예산으로 활동을 시작했다.

나중에 '우주경쟁Space Race to the Moon'으로 알려진 사건은 1961년 4월 12일 소련이 인간을 우주로 발사하여 지구 궤도를 한 바퀴 돌고 안전하게 지상으로 돌아왔다는 충격적인 발표에서 시작되었다. 우주비행사는 소련 공군 중위 유리 알렉세예비치 가가린Yuri Alekseyevich Gagarin이었고, 그는 이 임무를 수행하는 동안 소령으로 진급했다.

가가린의 역사적인 비행이 있은 지 불과 3주 뒤 NASA를 통해 해군 중령 앨런 셰퍼드Alan Shepard가 준궤도 우주비행을 준비했는데, 이는 가가린의 궤도 비행에 비해 기술적으로 떨어진 것처럼 보였다. 이 시기는 NASA의 모든 직원들에게 힘든 때였다. 새로 선출된 존 F. 케네디 미국 대통령은 소련 수상 흐루쇼프에게 축전을 보낼 때 아마 이를 악물었을 것이다. 그는 축하 메시지에서 다음과 같이 말했다.

> 미국은 소련이 최초로 우주비행사를 우주로 보내고 안전하게 귀환시킨 기쁨을 함께 나누고 싶습니다. … 양국이 우주에 관한 지식을 계속 연구하여 인류에게 큰 혜택을 줄 수 있기를 진심으로 바랍니다.[3]

기자회견에서 케네디 대통령은 미국이 무거운 적재물을 우주로 발사하는 소련의 능력을 따라잡으려면 시간이 필요할 것이라고 인정했다. 아울러 그는 "미국이 최초가 될 수 있는 다른 분야에서 상당한 발전을 이루면 인류에게 더 장기적인 혜택을 줄 수 있을 것"[4]이라는 희망을 나타냈다.

케네디 대통령은 미국인들을 달래기 위해 담대한 도전을 해야 한다고 생각했다. 미국인들은 왜 미국이 우주 분야에서 소련에 뒤지게 되었는지 공개적으로 의문을 제기했다. 이런 상황에 대처하기 위해 케네디는 측근들과 NASA 간부들을 모아 담대한 행동계획이 필요하다고 말하면서 그들에게 많은 조언과 의견, 제안을 요청했다. 케네디는 또한 정치적으로 재앙을 초래하고 값비싼 대가를 치른 쿠바 피그스만 침공 작전(미국의 쿠바 망명자들을 반공 게릴라로 훈련하여 쿠바 혁명정부를 전복하려 했던 침공 작전: 옮긴이) 실패라는 대형 악재를 극복할 필요가 있었다. 이 사건 전에 이미 많은 국민들이 대통령에 당선된 지 얼마 되지 않은 그를 형편없고 우유부단한 지도자로 평가하고 있었다. 케네디는 보좌관들의 말을 경청한 뒤 확고한 결단을 내렸다.

1961년 5월 5일, 앨런 셰퍼드는 레드스톤 로켓에 실린 프리덤 7호라는 머큐리 우주선을 타고 준궤도까지 비행한 뒤 발사 15분 만에 안전하게 바다로 귀환했다. 미국이 마침내 우주에 자국민을 보내자 미국인들은 열광했고, 전 국민의 승리감에 힘입어 케네디 대통령은 약 3주 뒤 따듯한 봄날 백악관에서 나와 의회로 향했다. 그날은 1961년 5월 25일로—4일 후면 그의 44번째 생일이었다—, 그는 상·하원 합동회의에서 기념비적인 성과를 소개하는 연설을 할 예정이었다.

케네디 대통령은 의회 연설에서 가장 열정적이고 웅변적이었다고 알려진 다음과 같은 발언을 하였다.

> 미국은 1960년대가 끝나기 전에 인간을 달에 착륙시키고 지구로 안전하게 귀환시키는 목표를 이루기 위해 전력을 다해야 합니다. 이 기간 동안 인류에게 이 목표보다 더 멋지고 더 중요한 우주 프로젝트는 없을 것입니다. 이 목표를 달성하려면 그 무엇보다도 힘들고 엄청난 비용이 들 것입니다.[5]

미국의 유인 달 착륙 프로젝트는 담대한 도전이었을 뿐만 아니라 정치적으로도 상당한 위험이 따르는 결단이었다. 이것은 미국의 유인 우주비행 경험이 그달 초에 준궤도에서 15분 비행한 것이 전부인 시점에 내려진 결정이었다. 하지만 미국의 우주 프로그램은 이제 대대적인 자금 지원 약속과 함께 모든 관계자들이 미래를 기대할 수 있게 만들었다. 케네디 대통령이 제시한 8년의 프로젝트 기간은 감당하기에 벅차고 많은 이

1961년 5월 25일 미국 상·하원 합동회의 연설에서 1960년대가 끝나기 전에 인간을 달에 착륙시키겠다고 약속한 존 F. 케네디 대통령

들이 지나치게 낙관적이라고 보았지만, 그럼에도 불구하고 예비 연구와 계획 수립이 시작되었다.

그 후 몇 년 동안 미국의 우주 프로그램은 기술 측면에서 엄청난 발전을 이루었고, NASA의 우주비행사들은 몇 번의 비극적인 사고에도 불구하고 복잡도와 비행 시간, 난이도 측면에서 더 높은 비행 목표를 달성했다. 결국 케네디 대통령은 1960년대가 끝나기 전에 최초의 미국인 우주비행사가 달에 착륙하는 모습을 보지 못했지만, 인간을 달 표면에 착륙시키는 아폴로 프로그램은 그의 담대한 성격과 헌신을 잘 보여준다.

2021년 4월, 세계는 소련의 우주비행사 유리 가가린Yuri Gagarin의 최초 유인 우주비행 60주년을 기념했다. 그 기념식이 진행되기까지 약 550명이 우주로 발사되었는데, 이들 중 약 3분의 2가 미국인이었으며 여성은 70명이 채 되지 못했다.

챌린저호와 컬럼비아호 우주왕복선 참사에서 목숨을 잃은 14명을 포함해 지금까지 우주비행 중에 18명의 우주비행사가 사망했다. 1967년 1월 발사대 화재 사고로 목숨을 잃은 3명의 아폴로 승무원을 포함해 몇몇 우주비행사들이 우주 임무를 위한 훈련 중에 사망했다. 우주비행과 관련된 활동을 하는 과정에서 사망하는 경우도 있었다. 소련 최초 우주비행팀의 일원이었던 24세의 발렌틴 본다렌코Valentin Bondarenko가 1961년 3월 고순도 산소 환경에서 발생한 시험 체임버 화재로 사망했다. 이런 비극에도 불구하고 모든 우주비행 참여자들은 우주비행에 따른 위험을 알고 받아들였으며, 동료의 죽음을 애도했다. 그들은 우주탐험이 인류의 긴요한 과제이며, 이런 비극에도 불구하고 계속되어야 한다는 것을 깨달았다.

지난 60년 동안 우리는 우주경쟁Space Race의 시작, 최초의 여성 우주인과 남성 우주인, 최초의 우주 유영, 최초의 지구 궤도 랑데부와 도킹, 최초의 인간 달 착륙, 수많은 과학 임무, 지구 궤도를 도는 러시아·미국·중국의 우주정거장들을 목격했다. 국제우주정거장International Space Station(ISS)이 궤도에 머물러 있으며, 최초의 장기 체류자가 2000년 11월 2일 도착한 이후 인간은 계속 그곳에 머물고 있다.

우리가 다음 60년 동안의 우주여행을 준비할 때—많은 국가와 민간 참여자에 의한 완전한 상업 우주비행이 반드시 포함될 것이다—, 완전히 새로운 우주탐험 세대가 지구 저궤도를 넘어 다시 달과 화성 그리고 태양계 내의 다른 많은 흥미로운 곳까지 여행할 것이다.

황홀한 달을 바라보면서 다른 세계로 여행하면 어떨까 하고 생각했던 고대와 근대 사람들과 달리, 우리는 우주로 가는 새로운 발걸음을 함께 목격했다. 더 먼 우주로 여행하는 것은 거부할 수 없는 우리의 운명이다. 찾고 탐험하려는 인간의 호기심을 고려하면 이러한 열망은 매혹적인 손짓이며 성취할 수 있는 목표이다.

01

꿈이 현실로

한때 접근할 수 없는 지역으로 여겨졌던 정글, 바다, 사막, 북극과 남극은 수세기에 걸쳐 수많은 탐험가의 노력과 모험에 의해 정복되었다. 지구라는 거대하고 푸른 행성에도 아직 미탐험 지역이 여전히 존재하지만, 이 외에도 우리가 이제 막 어렵게 발을 내딛고 이해하기 시작한 또 다른 매력적인 미개척지가 있다. 이곳은 우리가 사는 지구에서 수직 방향으로 불과 수십 km 떨어져 있으며, 과거에 탐험했던 어떤 지역보다 훨씬 더 도전적이고 적대적인 곳, 바로 우주다.

역사 이래 인간은 이미 알려진 영역 너머로 가고 싶은 충동에 사로잡혀 있었다. 그중 하나로 인간은 항상 달을 바라보며 관심을 기울였고, 오랫동안 밤하늘에 떠 있는 둥근 달에 거부하기 힘든 매력을 느꼈다. 하지만 먼저 우리를 둘러싸고 보호하는 대기권의 경계와 위험들에 대해 더 알 필요가 있었다.

20세기 중반 열기구 조종사들이 몹시 추운 대기권 상층부까지 올라갔는데, 그곳에서 가스로 가득 찬 거대한 풍선이 얼어붙어 말 그대로 깨지기 쉬운 전구처럼 되어버렸다. 제2차 세계대전 후 경쟁심에 불타 비행사들은 초음속 비행기를 타고 인간과 기계가 견딜 수 있는 한계 영역, 즉 양력을 만드는 데 필요한 공기가 없는 고도까지 올라갔는데, 그곳은 견딜 수 없이 힘든 환경이었다. 아무것도 없는 높은 고도에서는 강력한 추진력이나 공기역학적 구조에 상관없이 모든 항공기가 갑자기 통제불능 상태에 빠질 수밖에 없었다.

이와 같이 매혹적인 미개척지 우주를 정복하려면 새로운 비행 수단을 개발해야 했다. 또한 거의 진공 상태인 대기권 상층부에서 조종사가 생존하려면 가압 조종실, 산소 마스크, 고고도 보호복을 고안하고 만들어야 했다. 지상에서 약 18km 위쪽 기압은 매우 낮아 적절한 보호 장비와 호흡 장치를 착용하지 않은 비행사는 산소를 빼앗겨 저산소증으로 의식을 잃게 된다. 게다가 극한 고도에서는 적절한 여압복與壓服, pressure suit을 입지 않으면 샴페인 병 코르크 마개를 딸 때처럼 피가 거품처럼 뿜어져 나온다. 모든 전쟁이 그렇듯 제2차 세계대전의 긍정적인 결과 중 하나인 급속한 기술 발전 덕분에, 전쟁 후 수십 년 동안 우리는 우주 개척지에 최초로 시험적인 발걸음을 내딛게 되었다.

독일 제3제국의 필연적인 몰락이 임박했던 1945년, 미군과 소련군은 패퇴하는 독일로 빠르게 진격하여 독일의 심장부를 점령했다. 그들의 주요 목표 중 하나는 한때 가공할 정도로 끔찍했던 V-2 미사일 프로그램에 사용된 장비와 인력을 확보하는 것이었다.

미군은 곧 많은 로켓과 부품을 빼앗고 포로로 잡거나 투항한 수십 명의 과학자와 기술자들을 확보했다. 그들과 그들의 가족, 그리고 모든 로켓 부품들은 곧장 미국 남서부의 외딴 사막 지역인 뉴멕시코 화이트샌즈White Sands로 이송되었다. 간단한 로켓에서부터 히틀러의 V-2 무기에 이르기까지 로켓 분야에서 엄청난 경험을 축적한 베르너 폰 브라운

뉴멕시코 미군 무기성능 시험장에서 이동용 지지대에 장착한 V-2에 알코올 연료를 주입하는 모습

Wernher von Braun은 금세 미국 미사일 프로그램의 중심인물이 되었다.

한편 독일로 진격한 소련군은 그다지 큰 성과를 올리지 못하고 가까스로 몇 개의 V-2를 빼앗고 독일 로켓 기술자들 몇 명을 생포했다. 이후 소련은 새로 확보한 자원들을 이용해 카푸스틴 야르Kapustin Yar에서 미사일 개발 프로그램을 계속 진행했다. 이곳은 카스피해 북부 허허벌판 스텝 지대에 위치한 삭막하고 험한 외딴 지역이었다. 양국은 잠재적인 군사 목적의 미사일 개발에 집중했다. 연구에 참여한 일부 사람들은 더 강력한 로켓이 언젠가 우주를 정복하는 데 이용될 수 있다는 비전을 품게 된다.

이와 같이 우주 행성으로 가는 인류의 여정은 지구에서 가장 험한 지역에서 비밀에 싸인 채 시작되었다. 약간 과장해서 말한다면 소련에서 이러한 미래에 대한 비전과 실행 의지를 품은 사람은 한 사람뿐이었다고 할 수 있으며, 그가 바로 세르게이 파블로비치 코롤료프Sergei Pavlovich Korolev다.

코롤료프만큼 긴급함을 느끼며 열정을 불태운 사람은 없었다. 오랫동안 그는 베일에 싸인 익명의 소련 우주 프로그램 설계 책임자로 알려졌다. 그의 이름과 그가 소련의 로켓과 항공우주 분야에서 수행한 많은 역할은 1966년 이른 나이에 사망하면서 비로소 드러났다.

코롤료프는 1907년 1월 12일 우크라이나의 소도시 지토미르Zhytomyr에서 태어났다. 청년 시절 그는 키예프 폴리테크닉 연구소the Kiev Polytechnic Institute에서 항공우주 엔지니어 교육을 받았다. 그 후 모스크바 대학에 다니면서 로켓 추진에 관심을 갖게 되었고, 나중에 반응운동 연구집단Gruppa Izucheniya Reaktivnogo Dvizheniya(GIRD)의 일원이 되어 적극적으로 참여했다. 이 단체는 액체 연료 로켓을 개발하고 시험하는 민간 기관이었다. 얼마 뒤 스탈린 군부는 이 기관이 이룬 놀라운 성과를 인정하고, 1933년 스탈린의 명령에 따라 국가기관으로 편입하여 제트추진 연구소Reaktivnyy Nauchno-Issledovatelskiy Institut(RNII)를 만들었다. 그 후 이곳은 미사일과 로켓 추진 글라이더를 연구하고 개발하는 소련의 공식 기관이 되었다.

코롤료프는 1938년 6월까지 연구를 계속하다가 대공포 시대Great Terror에 스탈린의 악명 높은 숙청 과정에서 정치범으로 몰려 10년 중노동형을 선고받고 야만적인 노동수용소로 보내졌는데, 그곳에서 그는 2년 동안 철도와 선박을 만들거나 금광에서 일했다. 그러던 중 그의 로켓 연구 성과가 수용소 수감 전력이 있는 유명한 항공기 설계자 안드레이 투폴레프Andrei Tupolev의 눈에 띄었고, 그는 정치범 신분이었지만 투폴레프 설계팀에서 일하게 되었다.

1944년 말 코롤료프는 로켓연구팀 구성을 허락받은 지 3일 만에 독일의 V-2 미사일과 비슷한 미사일 설계도를 만들었다. 그의 로켓은 성공적이었지만 예상 사거리가 V-2보다 상당히 짧았다. 다음 해 그는 독

소련 우주 프로그램의 수석 설계자
세르게이 파블로비치 코롤료프

일로 가서 V-2 부품을 찾아 평가하고 제2차 세계대전 말 무렵 로켓을 연구했던 많은 전문가들을 끌어모았다.

소련으로 돌아온 코롤료프는 외형만 바꾼 V-2의 소련 버전—나중에 R-1으로 알려졌다—을 개발하는 설계팀의 수석 엔지니어가 되었다. 그는 선구적인 연구를 계속했고, 1953년에 스탈린이 사망한 뒤 새로운 소련 수상 흐루쇼프의 강력한 지원을 받기 시작했다.

몇 년 뒤 안타깝게도 그는 열악한 노동수용소에서 겪는 후유증으로 소련 우주 프로그램의 가장 중요한 시기였던 1966년에 사망했다. 사후 코롤료프의 이름은 국가 기밀에서 해제되었고, 곧바로 로켓 분야의 존경받는 우상이 되었다. 나중에 일부 개량이 되긴 했지만 오늘날 사용되는 로켓과 우주선들은 그가 설계하고 개발한 연구성과 덕분이다.[1]

실험용 개를 실은 로켓

러시아인들은 1947년 10월 18일 세르게이 코롤료프가 지켜보는 가운데 빼앗은 독일제 V-2 로켓 중 첫 번째 로켓이 발사되었고, 이어서 그들의 첫 번째 개량 로켓 모델 R-1이 다음 해 9월 17일 볼가강 근처 카푸스틴 야르Kapustin Yar에서 우주로 발사되었다고 믿고 있다. 아쉽게도 R-1은 발사 후 경로를 이탈했지만, 10월 10일 시행된 2차 시험은 성공적이었다.

우주비행의 생물학적 연구를 수행하기 위해 R-1B 지구 물리 관측용 로켓에 지구로 귀환할 수 있는 캡슐이 장착되었다. 이 캡슐은 낙하산 시스템과 '스커트' 형태의 6개의 외부 드래그 브레이크로 이루어진다. 분리된 캡슐은 하강할 때 몇 분 동안 자유낙하 하다가 공기밀도가 높은 곳에 도달한 후, 브레이크 덮개가 펼쳐져 캡슐을 안정화하고 속도를 늦춘

다음, 보조 낙하산이 펼쳐지고 이어서 주 낙하산이 펴진다.

더 큰 원추형 캡슐의 개발이 완료된 뒤 캡슐에 처음 싣게 될 생물은 개로 결정되어 있었다. 이 개들은 모스크바 거리에서 '모집'했으며, 힘든 생활에 적응하고 배고픔과 얼어붙을 만큼 차가운 기온에도 단련된 강한 동물이었다. 동물학자와 개 전문가들은 일련의 요구사항을 숙지하고 모스크바 주변 지역으로 파견되어 떠돌이 개나 잡종견 중에서 적당한 후보견을 사냥했다. 개 소유자나 유기견 보호소에서 적당한 개들을 구매하기도 했다. 실험 결과 암컷이 수컷보다 높은 압력에서 더 차분하고 말썽을 덜 부리는 것으로 나타나 실험용 개로 선정되었다. 개들을 위해 특별히 고안된 우주복에는 배설물을 모으는 장치가 있었으며, 암컷에 맞게 제작되었다. 각 동물의 높이, 길이, 무게는 정확하게 기록되었고, 그들에게는 각각 귀여운 식별용 별명이 붙여졌다.[2]

소련의학회 회원 니콜라이 파린Nikolai Parin 박사는 우주여행을 위한 실험 대상으로 개를 선택한 이유에 대하여 다음과 같이 설명하였다.

> 러시아에서 개는 오랫동안 과학의 친구였다. 우리는 사족 보행 친구에 관해 많은 정보를 갖고 있다. 개의 혈액 순환과 호흡은 인간과 비슷하다. 그리고 개는 오랜 실험 조건에서도 잘 참고 오래 버틸 수 있다.[3]

선발된 개들은 예비 시험을 거쳐 본성에 따라 3개 집단으로 나누어졌다. 첫 번째 집단은 침착한 개들, 두 번째 집단은 가만히 있지 못하고 흥분하는 개들, 마지막 세 번째 집단은 움직임이 부진하거나 느린 개들이다. 침착한 개들은 장기 우주비행을 위해 특별히 훈련받았는데, 스트렐카Strelka(리틀 애로우Little Arrow), 벨카Belka(스쿼럴Squirrel), 리시치카Lisichka(리틀 폭

조만간 자신을 우주로 데려갈 캡슐을 보고 있는 강아지 라이카

스Little Fox), 체르누시카Chernushka(블랙키Blackie), 젬추나야Zhemchuzhnaya(리틀 펄Little Pearl), 라이카Laika(바커Barker) 같은 개들이었다.

개들의 호흡, 심장박동, 체온을 매일 체크하였다. 엑스레이를 찍고, 비행 감각에 익숙해지기 위해 고고도 항공기 시험도 진행했다. 개들은 가벼운 우주복을 입고 몸을 끈으로 고정하고 폐쇄된 금속용기에 들어가서 특별한 쟁반에 놓인 먹이를 먹는 훈련을 받았다. 이들은 다른 여러 가지 시험을 통해 진동에도 점차 적응하게 되었다. 그다음엔 몸을 끈으로 묶고 원심분리기 체임버에 넣어 고속으로 회전시켜 강한 가속력에 대한 반응을 조사했다. 다른 집단에 속한 개들은 다른 소형 동물들과 함께 우주에 도달하는 시험용 탄도 우주발사체를 위한 훈련을 받았다.

1951~1952년 동안 소련은 1단계 우주 프로그램의 일환으로 개를 탑승시킨 R-1 로켓을 6차례 발사했다. 선발된 개 중 9마리는 이러한 단

거리 고고도 지구물리 관측 비행에 참여했고, 그중 3마리는 두 차례 비행했다. 비행 후 동물들을 검사한 결과 건강 상태가 양호한 것으로 보고되었지만, 그럼에도 소련 과학자들은 몇 년 동안 로켓 비행 실험의 세부 내용을 발표하지 않았다. 당시(어느 정도는 지금까지도) 대부분의 정보는 구체적이지 않았다. 이 시험 발사에 탑승한 것으로 알려진 개 중에는 알비나Albina(휘트니Whitey), 딤카Dymka(스모키Smoky), 모드니크타Modnista(패셔너블Fashionable), 코지야브카Kozyavka(넷Gnat), 말리시카Malyshka(리틀 원Little One), 치간카Tsyganka(집시 걸Gypsy Girl)가 있었다.

그 후 이 프로그램은 2단계로 발전하여 8마리 이상의 개가 프로그램에 동원되었다. 2단계 고고도 로켓 비행 2단계 프로그램은 1955~1956년에 시행되었고, V-2를 개량한 보다 발전된 R-1D와 R-1Ye가 사용되었다. 12마리의 개가 참여했으며, 몇 마리의 개는 두 차례 비행했다.

이때 이미 큰 구형 헬멧이 포함된 동물용 특수 여압복이 개발되어 있었다. 특별히 두 마리의 개가 탑승할 수 있는 두 칸짜리 캡슐에는 영화 카메라와 밝은 램프, 거울이 장착되어 동물들을 여러 각도에서 촬영할 수 있었다. 탑승자에게 편안한 온도를 유지하기 위해 구획된 캡슐 벽에 절연체가 장착되었다. 개들은 최대 4시간 동안 밀봉된 용기 안에서 줄로 안전하게 묶인 상태로 조용히 있도록 훈련받았다.

로켓 비행의 베테랑 알비나와 치간카가 일련의 고고도 지구물리 관측 비행에 최초로 선발되었다. 1955년 3월 26일 아침, 발사 3시간 전 개들을 발사 장소로 이송하여 우주복을 착용시켜 캡슐에 넣었다. 성공적인 발사 후 로켓은 고도 30km에 도달한 뒤 연료가 소진되었지만, 가속도 덕분에 전속력으로 몇 초 더 위로 올라갔다. 로켓은 최고 고도 87km에 도달했고, 알비나가 실려 있던 캡슐의 오른쪽 구획이 밖으로 분리되었다. 곧 치간카 구획도 하강하는 캡슐에서 분리되었다. 알비나가 분리된 지 3초 후 낙하산이 펼쳐졌다. 알비나는 천천히 지구로 돌아왔고 우주복을 통해 산소 호흡을 했다. 치간카 역시 계획대로 지상 4km 지점에서 낙하산이 펼쳐지고 지구로 떨어졌다. 치간카는 발사 장소에서 약 20km 떨어진 곳에 착륙했고, 알비나는 60km 떨어진 곳에 착륙했다.[4]

개들은 극적인 여정에서 살아남을 뿐만 아니라, 비행 중 동물의 건강 상태를 추적한 과학자들에게 소중한 자료를 제공해 주었다. 소련 의사들은 개들이 차분한 상태를 유지한 채 몸에 착용한 끈에서 벗어나려고 하지 않았다는 것을 알고 깜짝 놀랐다. 회수된 필름을 보면 두 마리의 개가 짧은 시간의 무중력 상태에서 고개를 계속 끄덕였고, 혈압과 심장박동, 호흡은 처음에는 약간 상승하다가 곧 정상 수준으로 안정되었다.

계속 다른 비행이 이어졌고, 하강하는 캡슐에서 동물을 사출하는 방식은 매우 성공적이었다. 이 방식은 나중에 최초의 우주비행사가 안전하게 지상으로 돌아오는 데 이용되었다. 이러한 시험 비행 프로그램의 초보적인 특성을 고려할 때 모든 개가 생존했다고 믿기는 어렵다. 하지만 당시 모스크바 항공의학연구소 책임자이자 대변인이었던 알렉세이 포크로브스키Alexei Pokrovsky 교수에 따르면, "1차 연구와 2차 연구 단계에서 발사된 로켓 비행에서 죽은 동물은 전혀 없었다."[5]

마지막 고고도 시험 비행이 1957년 5월부터 1960년 9월까지 7차례 진행되었으며, 더 강력한 R-2A 로켓은 최고 고도 200~212km에 도달했다. 총 14마리의 개가 발사되었고, 이 중 오토바즈나야Otvazhnaya(브레이브 원Brave One)는 이름에 걸맞게 총 5차례 발사되었다.

벨리안카Belyanka(스노위Snowy)와 페스트레이야Pestraya(파이볼드Piebald)는 1958년 8월 27일 최고의 고도까지 올라갔다가 낙하산을 타고 지상으로 내려왔다. 다음 해 7월 2일, 스네진카Snezhinka(스노우플레이크Snowflake)와 오토바즈나야가 마르푸샤Marfusha(마르타Martha의 애칭)라는 토끼와 함께 '아주 높은 고도' 비행이라고 기록된 준궤도 비행 후 무사히 귀환했다.

1960년 6월 15일, 비행 베테랑 오토바즈나야와 말렉Malek(타이니Tiny)은 즈베즈도치카Zvezdochka(리틀 스타Little Star)라는 토끼와 함께 고고도 로켓 비행을 성공적으로 수행했다. 불과 9일 뒤 오토바즈나야는 젬추나야Zhemchuzhnaya(리틀 펄Little Pearl)라는 개와 함께 네 번째로 발사되었다.[6]

이러한 '동물 우주비행사'들이 로켓 비행한 뒤 낙하산을 이용해 성공적으로 귀환함으로써 소련 과학자들은 이와 비슷하게 인간도 우주를 탐험한 뒤 생존할 수 있다고 확신하게 되었다. 그들은 인간을 궤도 시험 비행에 보낼 준비를 시작했다.

한편 1957년 10월 4일, 개를 실은 최종적인 탄도 궤적 시험들이 시행되고 있던 바로 그때 세계 역사는 완전히 바뀌었다. 그날 저녁, 모스크바 라디오 방송은 인공위성 스푸트니크Sputnik가 발사되어 지구 궤도에 성공적으로 안착했다는 놀라운 소식을 발표했다. 발사 시각은 모스크바 시간 기준으로 오후 10시 28분 04초였다. 스푸트니크 위성은 궤도 진입 후 계획대로 운반용 로켓에서 분리되었고, 기계 장치가 작동되고 안테나도 펼쳐졌다. 세계는 이제 초보적이지만 역사적인 위성 통신에 채널을 맞추게 되었고, 위성이 머리 위를 지나갈 때 경외감으로 바라보며 감탄했다.

역사적으로도 스푸트니크는 그 우주선에 걸맞는 적절한 이름이었다. 수백만 년 동안 우리 지구 주위를 도는 천체는 자연적으로 만들어진 달이었다. 하지만 그 역사적인 날, 지구의 위성이 갑자기 2개가 되었다. 당시까지 인간이 만든 어떤 물체도 시속 11,000km보다 더 빨리 움직인 적이 없었다. 하지만 놀랍게도 이제 58cm 크기의 알루미늄 구체가 이보다 약 3배 속도로 지구 주위를 돌게 되었다. 이 인공위성이 발사된 시기는 국제 지구 관측년International Geophysical Year으로 알려진 국제과학협력 계획을 진행하던 때였다. 이 계획은 1957년 7월 1일부터 1958년 12월 31일까지 진행되었다.

소련은 인공위성을 지구 궤도에 올려놓은 첫 번째 국가가 되어 의기양양했으며, 스푸트니크의 성공은 진정한 우주 시대의 개막에 대한 예고이기도 했다. 이 놀라운 뉴스는 다양한 반응을 불러일으켰다. 체셔Cheshire에 있는 조드럴 뱅크Jodrell Bank 천문대 책임자였던 버나드 로벨Bernard Lovell 경은 이 사건을 "과학사에서 엄청나고 … 가장 큰 사건이며 인간 지성의 최고 학문적 성취"라고 과장되게 말했다.[7] 반면 해군연구소 책임자 로슨 베넷 2세Rawson Bennett II는 이 사건에 대해 "누구라도 발사할 수 있는 쇳덩어리"[8]라고 깎아내렸다. 맨체스터 《가디언Guardian》지는 다음과 같이 보다 신중한 태도를 보였다.

> 어느새 우주과학에 대한 IGY의 훌륭한 시도는 국가 위신, 국제 분쟁, 군사적 안보 비밀유지에 의해 묻히게 되었다. 5년 전에는 우주비행이 가져올 수 있는 혜택에 대한 큰 희망이 존재했다. 실제로 기술적 이점이 나타나기 시작했다. 하지만 냉전적 태도가 어떤 방사선대보다 더 큰 위협이라는 점이 입증되고 있다.[9]

아이젠하워 대통령은 우주과학에 대해 열정적인 지지자는 절대 아니었으며, 스푸트니크 위성 발사 뉴스에 대해 사기라고까지 말했다. 그는 "허공에 있는 작은 공일 뿐이지"라고 투덜대며 "조금도 우려할 필요가 없습니다"[10]라고 덧붙였다. 하지만 핵 능력을 보유한 소련이 핵탄두를 실은 강력한 로켓을 궤도로 발사하여 전 세계에 있는 모든 목표물에 떨어뜨릴 수 있다고 미국인들이 우려와 두려움을 제기하자, 곧 그는 생각을 바꾸었다.

스푸트니크 위성이 지구 궤도를 돌고 있다는 놀라운 뉴스가 미국 시민과 과학자들에게 충격적이었다면, 불과 한 달 뒤 모스크바의 발표도 똑같이 매우 충격적이었다. 스푸트니크 2호라는 훨씬 더 무거운 위성이 지구 궤도로 발사되었고, 이번에는 최초로 살아있는 동물—라이카Laika라는 개—이 탑승하여 진정한 우주비행을 성공시켰던 것이다.

뉴스 편집자들은 이 작은 우주 여행자에 대해 자세히 알기 위해 초미의 관심을 쏟았다. 처음에 일부 뉴스는 익살스럽게 이 개를 '뮤트닉Muttnik'이라고 불렀지만, 타스TASS 통신이 이 개의 이름을 모스크바 라디오 방송을 통해 공개했다(하지만 라이카의 조련사가 붙인 원래 이름은 쿠드랴브카Kudryavka(리틀 컬리Little Curly라는 뜻)였다는 점이 나중에 밝혀졌다). 라이카는 털이 짧은 사모예드 테리어 잡종으로 체중 6kg의 암컷이었다. 이 비행을 위해 후보견으로 10마리의 개가 추천되었지만, 최종적으로 온순한 성격 때문에 라이카가 선정되었다. 그리고 예비견으로는 알비나Albina, 여러 차례의 비행 관련 시험 때 탑승할 개로 미슈카Myshka가 각각 선정되었다. 라이카가 궤도 비행을 할 동안 서구 언론은 라이카가 지구로 언제 돌아올 것인지—만약 돌아온다면—에 대해 수많은 추측을 쏟아냈다. 소련 과학자들은 이 개의 최종 운명에 대해 침묵을 지켰지만, 사실은 슬프게도 라이카는 지구로 귀환할 아무런 수단도 없이 불운한 우주여행을 떠났다.

탄도 로켓 비행 경험이 점차 늘어났지만, 소련은 당시 동물을 궤도에서 지구로 귀환시킬 능력을 갖고 있지 않았다. 따라서 세르게이 코롤료프Sergei Korolev의 스푸트니크 2호 비행 계획에서 선택된 개의 귀환은 고려되지 않았다. 라이카가 탑승한 밀봉 캡슐은 1주일 정도 생존할 수 있도록 설계되었다. 지구 궤도에 머무는 라이카의 건강 상태와 행동에 대한 자료를 충분히 얻을 수 있는 기간 동안에는 충분한 식량과 물을 공급했다. 과학자들은 호흡할 공기를 공급하기 위한 산소 탱크와 캡슐에서 과도한(치명적일 수 있는) 이산화탄소와 수분을 제거하고 산소로 전환하는 재생기를 설치했다.

라이카가 역사적 사명을 수행하던 날, 사육사들은 라이카를 정성껏 돌보고 스펀지로 털을 닦고 빗질했다. 호흡과 심장박동을 모니터링하여 자료를 지구로 전송받기 위해 라이카의 피부에 여러 개의 전극을 부착했다. 라이카의 배설물이 무중력 상태인 캡슐 안에서 이리저리 떠다니지 않도록 가죽 주머니를 라이카의 몸 뒤쪽에 부착했다. 이 모든 조치를 하는 동안 라이카는 평온하고 조용했다. 라이카는 이전에도 이미 이런 절차를 여러 차례 견뎌냈다.

이러한 특별 장치를 몸에 부착한 후 라이카는 패드를 덧댄 좁은 캡슐에 넣어졌고, 자세를 유지하기 위해 작은 사슬로 몸을 고정했다. 이 사슬 때문에 라이카는 몸을 많이 이동시킬 수 없었지만, 눕거나 앉고 설 수는 있었다.

라이카가 탄 캡슐은 R-7 로켓의 4m 길이의 앞부분에 장착되었고, 곧 카운트다운이 시작되었다. 이륙은 계획한 대로 1957년 11월 4일 오전 5시 30분에 이루어졌고, 스푸트니크 2호와 라이카는 곧 여명이 밝아오는 하늘로 치솟았다. 궤도에 도달한 후 라이카가 들어 있던 로켓 앞부분은 계획대로 운반용 로켓에서 분리되었지만, 격렬한 폭발에 의해 분리될 동안 한 가지 문제가 발생했다. 유명한 소련 우주연구자 아나톨리 자크Anatoly Zak는 다음과 같이 말했다.

> 나중에 원격 측정 장치를 보니 궤도를 비행하는 동안 라이카의 심장박동이 분당 260회에 달하였고, 이는 평상시의 3배 수준이었다. 호흡수 역시 정상 상태보다 4~5배 상승했다. 하지만 전반적으로 볼 때

라이카는 아무 탈 없이 비행에서 살아남았다.[11]

스푸트니크 2호는 궤도에 도달했지만, 지상에 전달되는 원격 측정 장치에 따르면 캡슐 내부 온도가 예기치 않게 급격히 상승했다. 라이카가 탄 캡슐 내의 단열재 일부가 분리 과정에서 찢어져 헐거워진 것으로 예상되며, 그로 인해 열 통제 시스템이 제 기능을 하지 못해 캡슐 온도가 40℃까지 올라갔다. 라이카의 생체 신호를 볼 때, 라이카는 불안한 상태이긴 했지만 발사와 궤도 안착 과정에서 달리 다른 문제를 겪지는 않았다. 라이카는 자동 음식 공급기에서 음식을 공급받기 시작했지만, 비좁고 밀폐된 캡슐의 온도가 40℃ 이상으로 올라가자 점차 불안해 했다. 라이카의 생체 신호를 지상에서 모니터링한 과학자들에 따르면, 라이카는 불안해하며 짖고 이리저리 몸을 움직이기 시작했다.

이런 문제에도 불구하고 생물체를 최초로 궤도로 보내는 로켓 발사는 성공한 것으로 발표되었다. 라이카는 즉시 전 세계에서 유명 인사가 되었고, 많은 신문에서 라이카를 '역사상 가장 유명한 개'라고 칭찬했다. 모스크바가 추가로 발표한 내용은 간단했다. 라이카는 차분했고, 정상적으로 행동했으며, 건강 상태는 '양호'했다는 것이었다. 그러나 라이카가 우주비행에 이용되어 결국 우주에서 죽었다는 끈질긴 소문은 전 세계 개 애호가들의 분노를 불러일으켰다.

몇몇 나라에서 사람들은 살아 있는 동물을 이런 시험에 이용하는 것에 항의하면서 신문사에 강렬한 어조의 편지를 보내 소련의 무정함을 비난했다. 런던 소재 전국 개 보호 연합은 전 세계의 개 애호가에게 라이카를 위해 매일 1분간 묵념할 것을 제안했다. 싱가포르 개 복지 연합에서는 모스크바에 다음 발사에는 "말 못하고 방어 능력이 없는 동물 대신 러시아의 영웅"을 보내길 요구하는 전보를 보냈다.

하지만 전 세계 사람들은 매일 밤 밖으로 나가 스푸트니크 2호가 하늘을 가르는 모습을 지켜보았고, 위성이 시야에서 사라질 때까지 밝은 점을 쫓으면서 라이카의 안전을 기원했다. 여러 날이 지나자 소련이 라이카를 지구로 데리고 올 계획이 없었다는 사실이—예상한 대로—분명해졌다. 소련은 공식 발표문을 발표할 때 라이카의 생존에 대해 언급하길 거부했다. 궤도에 안착하고 10일 후 소련은 산소가 떨어졌으며 라이카가 평화롭게 무의식 상태가 되었다고 발표했다.

사실 라이카는 비행 초기에 죽었을 것으로 예상되며, 캡슐 내부의 견디기 힘든 높은 온도 때문에 극심한 고통을 받았을 것이 확실하였다. 라이카의 슬픈 운명이 처음 밝혀진 것은 저자가 우연히 1993년 빈에서 러시아 학술원 회원이자 초기 러시아 생물우주공학 원로인 올레그 가젠코Oleg Gazenko를 만났을 때이다. 빈에서 개최된 우주 탐험가 회의에서 저자는 가젠코 박사에게 소련 초기의 개 로켓 비행에 대해 글을 쓰고 있다고 말하면서 라이카가 산소가 떨어져 죽었는지 물었다. 그는 라이카가 궤도 비행 시작 후 약 4시간쯤 지나 열에 의한 탈진으로 죽었을 것이라며 그 경위를 설명했다. 이런 사실은 나중에 우주비행사 비탈리 세바스티아노프Vitaly Sevastyanov와의 별도의 인터뷰를 통해 확인하였다.[12]

스푸트니크 2호는 지구 궤도를 총 2,370회 돌고 1958년 4월 13일 저녁에 대기권으로 떨어지면서 재진입 때 발생하는 극심한 열 때문에 연소되었다. 스푸트니크 2호의 비행 이후 소련 과학자 올레그 이바노브스키Oleg Ivanovskiy(필명은 알렉세이 이바노브Alexei Ivanov)는 "라이카의 비행 덕분에 인간의 우주여행 가능성에 대해 더 대담하고 구체적으로 말할 수 있게 되었다"[13]라고 밝혔다.

알버트 프로젝트와 원숭이 우주비행사들

한편 베르너 폰 브라운Wernher von Braun과 그의 페네뮌데Peenemunde 연구팀은 가족과 함께 미국에 잘 정착하여 로켓공학 연구를 계속 진행했다. 이용할 수 있는 부품은 많았지만 탄두가 제거된 V-2 미사일 수는 제한적이었기 때문에, 그들은 미국의 유인 우주탐사 목표에 첫발을 내딛는 것을 목표로 삼았다.

로켓 연구자들의 최종 목표 중 하나는 인간을 우주로 보내는 것이었다. 하지만 그들은 먼저 몇 가지 기본적인 물리 법칙을 극복해야 했다. 즉 로켓이 중력을 극복하고 지구 궤도에 도달하려면 로켓 속도를 V-2 로켓의 최고속도인 5,000km/h에서 약 29,000km/h로 올려야 했다.

미국 땅에서 최초의 V-2 로켓 발사는 1946년 뉴멕시코 홀로먼Holloman 공군기지에서 이루어졌다. 당시 인간이 항공기를 타고 비행한 가장 빠른 속도는 1945년 11월 17일 영국 공군 장교 휴 윌슨Hugh Wilson이 글로스터 미티어Gloster Meteor 제트기를 타고 기록한 957km/h였다. 과학자들은 탄도 로켓 비행이 엄청난 추진력으로 대기권 위를 비행한다는 점을 고려할 때, 인간은 우주 공간에서 짧은 시간 동안의 비행에도 생존하지 못할 것이라고 우려했다. 그들은 인간의 신체가 이런 익숙하지 않은 힘들, 즉 상층 대기권 우주 방사선의 위험에 어떻게 반응할지에 의문을 제기했다.

이러한 의문은 최초의 인간이 안전하게 우주로 나가기 전에 해결되어야 했다. 연구자들은 생리학적으로 인간과 비슷한 온혈 동물을 이용해 해결책을 찾고자 했다. 역사적으로 동물들은 1783년부터 고고도 시험에 이용되었다. 몽골피에Montgolfier 형제는 지상 동물들이 고고도에서 생존하는지 알기 위해 양과 오리, 수탉을 열기구에 태워 하늘로 올려보냈다. 8분간의 비행으로 약 457m 상승했고, 모든 동물은 살아서 무사히 땅으로 돌아왔다.

하지만 많은 실험실 및 현장 시험을 수행하기 위해서는 이전보다 훨씬 더 높은 고도의 열기구 시험은 물론, 많은 예비 연구와 조사가 필요했다. 따라서 곤충, 포자, 식물, 그 외 다양한 표본들이 비좁은 로켓 발사체의 캡슐에 실려 발사되었다.

과학자들과 폰 브라운 로켓연구팀은 최초의 V-2 로켓 발사에서 원격 관측을 통해 생체 정보를 얻을 수 있었다. 하지만 원격 측정과 함께 로켓에 실린 특정 생물과 장비도 파괴되지 않고 그대로 회수할 필요가 있었다. 따라서 원추 형태의 로켓 앞부분과 캡슐을 지구로 안전하게 귀환시키기 위해 낙하산 시스템을 개발하기 시작했다.

연구자들 모르게 들어간 미생물은 없었다고 한다면, 미국 땅에서 우주로 발사된 최초의 살아 있는 생물은 초파리였다. 1947년 2월 20일, 초파리는 V-2 로켓 앞부분에 실려 뉴멕시코 화이트샌즈White Sands 미사일 발사장에서 발사되어 고도 108km에 도달했다. 낙하산 착륙 후 조사해 보니 초파리는 살아 있었다.

몇 개의 V-2 로켓은 '블로섬 프로젝트Blossom Project'라는 이름으로 미국 공군 케임브리지 연구센터에 배정되었다. 이 프로젝트는 캡슐을 사출하고 그것을 낙하산을 이용해 회수하는 방법을 연구하는 일련의 시험 비행으로, 뉴멕시코 앨라머고도Alamogordo의 홀로먼Holloman 공군기지와 플로리다 케이프 커내버럴Cape Canaveral의 이전 조직인 미 육군 화이트샌즈 무기시험장에서 수행되었다.

블로섬 프로젝트에서 두 차례 발사에 성공한 후 미 공군은 인간이 우주에서 생존 가능한지 입증하고자 했다. 주요 관심사는 발사 때 가해지는 엄청난 압력 및 무중력이 인간에게 유발하는 방향 감각 상실, 그리고 하강과 지상 착륙 때의 역학적 영향이었다. 이런 점을 염두에 두고 오하이오 데이턴Dayton의 라이트Wright 항공개발센터 항공의학연구소에 곧 시행될 블로섬 프로젝트 발사를 위해 '시뮬레이션 훈련을 거친 조종사들'을 공급해 달라고 요청했다. 이 프로젝트는 로켓 비행 연구사업의 공군 생리학 책임자 제임스 P. 헨리James P. Henry 대령과 프로젝트 엔지니어 데이비드 시먼스David Simons 대위가 함께 주도했다.

블로섬 3호 발사가 1949년 6월 예정되어 있어, 헨리와 시먼스는 단 2개월 동안 적절한 조종사 후보 생물을 찾고 생명 유지 캡슐을 설계해야 했다. 그들은 히말라야원숭이가 이 과제에 가장 적합하다고 신속하게 결정을 내렸다. 히말라야원숭이들이 초기 생물 탑승 비행에 이용된 것은 캡슐의 공간 제약 때문이다. 아울러 그들은 단순 반복적인 과제를 수행하도록 훈련할 수 있고, 생리적으로 인간과 아주 비슷했다.

동물이 우주의 문턱까지 비행하고 생존할 수 있는 환경을 제공하는 일은 훨씬 더 복잡한 문제였다. 캡슐에는 기본적으로 밀봉한 뒤부터 비행 후 회수될 때까지 계속 산소를 공급할 수 있는 시스템이 필요했다. 그리고 원숭이가 배출하는 이산화탄소를 흡수하는 화학 기반 시스템, 동물의 심장박동, 호흡 관련 정보를 지상으로 전달하는 모니터링 장치가 필요했다. 이것들을 모두 원숭이가 들어간 알루미늄 캡슐에 넣어야 했는데, 원추형 로켓 앞부분nose con에는 다른 장치들이 가득차 있어 이미 매우 비좁은 상태였다. 마침내 블로섬 3호 발사를 위한 우주 캡슐이 시간 내에 준비되었다. 이 선구적인 일련의 원숭이 비행 코드명은 첫 시험 비행에 선택된 히말라야원숭이의 이름을 따서 '알버트Albert'로 정해졌다.

1948년 6월 11일 발사된 첫 비행은 실패로 끝났다. 낙하산 하나가 펼쳐지지 않아 로켓 앞부분이 지상과 충돌했다. 나중에 밝혀진 바로는 알버트는 이륙 전에 질식사한 것으로 보인다. 두 번째 원숭이 알버트 2호가 다음 해 시행된 블로섬 비행에서 살아남았지만 비행 고도는 56.3km

마취 상태로 캡슐에 넣어진 후 블로섬 3호에 실려 발사된 원숭이 알버트 1호

였고, 이 작은 원숭이도 낙하산 작동 실패로 사망했다. 3개월 뒤 다시 시행된 블로섬 비행에서는 이륙 후 11초 만에 V-2 로켓 후미에 작은 폭발이 발생했고, 그로부터 14초 후에 더 큰 폭발이 이어져 알버트 3호를 실은 로켓이 산산조각 났다. 1949년 12월 8일 마지막 V-2 비행은 알버트 4호가 탑승하여 순조롭게 진행되었지만, 역시 낙하산이 펼쳐지지 않아 로켓 앞부분이 빠른 속도로 지상과 충돌했다.

배정받은 V-2 로켓을 모두 사용하자 사람들은 새로 개발된 경량 에어로비Aerobee 로켓에 주목했다. 1951년 4월 18일 알버트 5호는 에어로비 로켓에 실려 발사되어 고도 56.3km에 도달했다. 여러 달에 걸쳐 낙하산 시스템을 수정했지만 다시 실패하여 알버트 5호는 여러 쥐들과 함께 충격으로 죽게 된다. 연구팀에게는 좌절의 시간이었지만 곧 2개의 낙하산 시스템 개발을 통해 돌파구를 찾았다. 첫 번째 보조 낙하산은 직경 2.5m로 레이더 추적을 돕기 위해 금속 그물망이 덮인 리본으로 구성되었다. 보조 낙하산은 초기 하강 속도를 줄이도록 설계되었고, 그 후 직경 4m짜리 두 번째 낙하산이 배치되었다.

항공의학 자료 측정용 에어로비 2호가 1951년 9월 20일에 홀로먼 발사기지에서 발사되어 고도 71km까지 올라갔다. 알버트 6호와 11마리의 쥐를 실은 캡슐이 장착된 로켓 앞부분은 계획대로 본체에서 분리되어 지구로 하강하기 시작했다. 새로 개량된 낙하산 시스템은 완벽하게 작동했고, 로켓 앞부분은 부풀어 오르는 캐노피 아래로 떠내려갔다. 앞부분이 쿵 소리를 내며 땅에 착륙했는데, 사막에서 발신된 원격 측정 자료는 알버트 6호가 비행에서 생존해 있음을 보여주었다. 알버트 6호는 무사히 귀환했지만, 작은 원숭이가 감당하기에 그곳의 햇빛이 너무 강렬해 캡슐에서 나온 뒤 2시간 만에 열에 의한 탈진으로 사망했다. 이런 실망스러운 결과에도 불구하고 낙하산 시스템이 계획대로 작동했다는 사실은 연구자들에게 용기를 주었다.

마지막 비행은 1952년 5월 21일에 이루어졌다. 이번에는 짧은꼬리원숭이 패트리샤Patricia와 마이클Michael, 그리고 밀드레드Mildred와 알버트Albert라는 흰쥐 두 마리가 로켓에 탑승했다. 모든 것이 잘 진행되었지만 에어로비 로켓의 최고 고도는 63km에 불과했다. 낙하산 시스템은 완벽하게 작동했고 모든 동물이 살아서 돌아왔다. 이 비행은 미국이 6년 동안 연구조사 목적으로 영장류를 이용해 진행한 마지막 비행이었다. 이 선구적인 비행을 통해 얻은 지식은 미래 계획을 수립하는 데 매우 중요한 역할을 했다.[14]

베르너 폰 브라운은 미국 시민이 된 후 앨라배마주 휴스턴 소재 미 육군 탄도미사일개발국Army Ballistic Missile Agency(ABMA)의 비군무원 국장 겸

원숭이 알버트 1호를 태운 블로섬 3 V-2 로켓의 발사 준비 모습. 안타깝게도 원숭이는 1948년 6월 11일 이륙 전 질식사한 것으로 보인다.

기술 책임자로 임명되어 존 B. 메다리스John B. Medaris 소장의 지휘를 받았다. ABMA는 1956년 2월 1일 레드스톤 무기시험장에 설립되었으며, 미 육군 최초의 대형 탄도미사일 주피터Jupiter의 개발을 맡았다. 폰 브라운의 독일 로켓 과학자팀은 미사일 시험 및 개발 프로그램에서 중요한 역

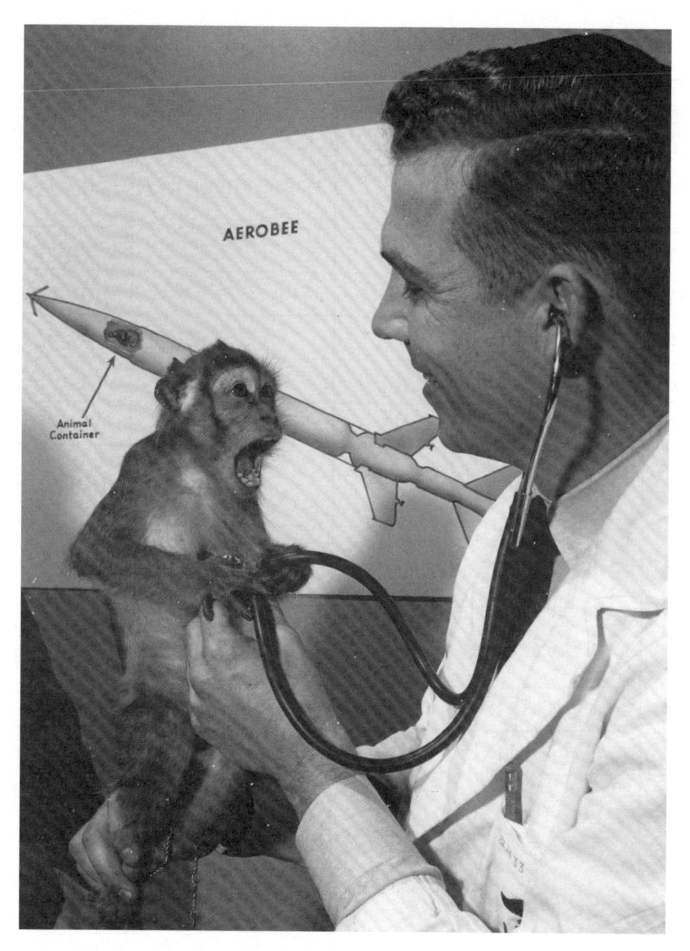

탄도 로켓 비행을 마치고 귀환한 뒤 건강 검진을 받고 있는 짧은꼬리원숭이 마이클의 모습. 뒤의 배경 그림은 동물이 실린 에어로비 로켓의 단면이다.

할을 했다.

폰 브라운은 그 영향력이 급속하게 확대됨에 따라 국가적 차원의 우주기구 설립을 제안했다. 이 조직은 연간 예산이 15억 달러이며, 5년 안에 "인간이 지구 궤도를 돌고 귀환하고" 10년 내 유인 우주정거장을 만드는 프로그램을 수행한다는 것이었다.[15] 메다리스도 폰 브라운과 의견

V-2 생물 로켓 비행

발사 로켓	발사일	발사 장소	탑승한 생물	대략적인 고도/시험 결과
V-2 7호	1946년 7월 9일	화이트샌드 무기시험장	특별히 개발한 씨앗	134km/샘플 미회수
V-2 8호	1946년 7월 19일	상동	특별히 개발한 씨앗	6.4km/샘플 미회수
V-2 9호	1946년 7월 30일	상동	일반 옥수수 씨앗	167km/씨앗 회수
V-2 12호	1946년 10월 10일	상동	호밀 씨앗	180km/씨앗 회수
V-2 17호	1946년 12월 17일	상동	균류 포자	188km/포자 미회수
V-2 20호	1947년 2월 20일	상동	초파리	109km/산 채로 회수
V-2 21호	1947년 3월 7일	상동	호밀 씨앗, 옥수수 씨앗, 초파리	163km/기록 없음
V-2 29호	1947년 7월 10일	상동	호밀 씨앗, 옥수수 씨앗, 초파리	16km/기록 없음
V-2 37호 블로섬 3	1948년 6월 11일	상동	원숭이(알버트 1호)	63km/낙하산 실패; 동물 사망
V-2 44호	1948년 11월 18일	상동	목화 씨앗	145km/씨앗 회수
V-2 50호	1949년 4월 11일	상동	알려지지 않음	87km/기록 없음
V-2 47호 블로섬 4B	1949년 6월 14일	상동	원숭이(알버트 2호)	134km/낙하산 실패, 동물 사망
V-2 32호 블로섬 4C	1949년 9월 16일	상동	원숭이(알버트 3호)	4.8km/로켓 폭발, 동물 사망
V-2 31호	1949년 12월 8일	상동	원숭이(알버트 4호)	132km/충격으로 동물 사망
V-2 51호	1950년 8월 30일	상동	쥐	135km/충격으로 동물 사망

이 대부분 일치했다. 메다리스는 1957년 12월 14일 국방부 소위원회에서 아틀라스 대륙간 탄도미사일 프로그램을 가속화할 필요가 있다고 말했다. 아울러 그는 "1961년까지 100만 파운드의 추력을 가진 엔진을 개발하지 않으면 우주로 가지 못하고 경쟁에서 뒤질 것입니다. … 현재 우

에어로비 생물 로켓 비행

발사 로켓	발사일	발사 장소	탑승한 생물	대략적인 고도/시험 결과
USAF-12호	1951년 4월 18일	화이트샌드 무기시험장	원숭이(알버트 5호), 쥐 몇 마리	61km/낙하산 실패, 동물 사망
USAF-19호	1951년 9월 20일	상동	원숭이(알버트 6호), 쥐 11마리	71km/모든 동물 귀환, 지상 충돌 후 2시간 뒤 원숭이 사망
USAF-20호	1952년 5월 21일	상동	원숭이 두 마리 (패트리샤, 마이클), 쥐 두 마리	63km/모든 동물 안전하게 귀환

리의 우선순위는 최대한 빨리 우주 역량을 확보하는 것입니다"라고 증언했다. 또한 그는 "당장 우리는 유인 우주비행을 궁극적인 목표로 삼는 10~12개년 프로그램이 필요합니다"[16]라고 덧붙였다.

해군 항공기를 감독하는 해군성 차관보 개리슨 노턴Garrison Norton은 이틀 뒤 소위원회에서 유인 우주선을 개발하는 '벅 로저스Buck Rogers' 개념에 정면으로 반대하고, 군의 최우선 과제는 "미국에서 목표 지점까지 정확하게 탄두를 실어나르는" 미사일을 개발하는 것이라고 말했다. 그는 "어떤 것도 이런 노력을 희석하면 안 됩니다. 저는 위성과 우주개발의 중요성을 조금도 과소평가하지 않습니다. 제가 강조하고 싶은 점은 우선순위를 명확히 해야 한다는 것입니다"라고 말했다. 또한 해군의 미사일 연구 프로그램이 부정적인 언론과 '예산 제약' 때문에 심각한 방해를 받고 있다고 비난했다.[17]

1958년 12월 6일, 미국 전역에서 사람들은 라디오를 틀고 연기되었던 케이프 커내버럴Cape Canaveral의 발표 내용을 들었다. 그날 미국은 뱅가드Vanguard라는 미 해군 소형 위성을 지구 궤도에 올려놓음으로써—스푸트니크 위성 충격 이후 엄청난 뉴스—진정한 우주 국가가 될 준비를 마친 상태였다. 하지만 라디오나 TV에서 생중계하지 않았고, 발사 장면을 촬영한 영상은 이날 밤 뉴스에서 방영되었다. 미군은 발사 장면을 전국에 생중계하는 것을 매우 민감하게 여겨 비밀로 하려고 했다. 아울러 당시에는 영상을 실시간으로 전송할 통신선이 없었다. 카운트다운이 0에 이르자 운반용 미사일이 굉음을 내며 발사대에서 조금 떠올랐다가 크게 흔들리더니 갑자기 거대한 오렌지색 불기둥에 휩싸였다. 대대적인 홍보와 더불어 뱅가드를 궤도로 보내려는 노력은 매우 실망스럽게 용두사미로 끝나고 말았다. 이 연구팀의 로켓엔진 엔지니어 커트 스텔링Kurt Stehling은 나중에 다음과 같이 밝혔다.

> 카운트다운이 끝나자 지옥의 모든 문이 열린 것 같았다. 로켓의 엔진 부근 측면에서 날카롭고 눈부신 화염이 터져 나왔다. 발사체는 고통스러운 듯이 잠시 머뭇거리더니 다시 크게 흔들리고 충격에 사로잡힌 우리 눈앞에서 떨어지기 시작했다. 마치 거대한 화염검이 칼집으로 다시 들어가는 것처럼 발사대로 가라앉아 버렸다. 발사체는 서서히 넘어지면서 산산조각이 나서 발사대와 부딪쳤고 굉음과 함께 땅으로 내려앉았다. 그 소리는 60cm 두께의 콘크리트 벽으로 둘러싸인 요새 안에서도 들을 수 있을 정도였다.[18]

이 절망스러운 실패 이후 워싱턴은 서둘러 헌츠빌의 ABMA가 신뢰할 만한 주피터-C 연구용 로켓을 이용해 인공 위성을 궤도로 보내도록 승인했다. 폰 브라운은 조직의 책임자로 임명되어 이 과제를 관리하라는 지시를 받았고, 그는 90일 이내에 과제를 완수할 수 있다고 자신 있게 예측했다.

미 육군과 폰 브라운 및 그의 로켓연구팀은 결국 이 과제를 성공시

거대한 발사대 폭발로 끝난 뱅가드 위성의 발사 모습

켰다. 1958년 1월 31일, 주피터-C 로켓은 발사대를 떠나 아무런 탈 없이 하늘로 치솟았다. 몇 분 뒤 마침내 미국의 위성 익스플로러 1호가 궤도에 안착했다.

비군사적 우주기관

1958년 10월, 국제 지구 관측년International Geophysical Year(IGY)이라는 국제협력 연구 프로그램이 끝나가고 있었다. 1957년 7월에 시작된 IGY의 목적은 지구와 지구 행성 환경에 관한 체계적인 연구를 수행하는 것이었다. 이 기간에 소련은 3개의 스푸트니크 위성을 궤도에 올리는 데 성공했지만, 미국은 소련보다 훨씬 작은 위성 3개를 궤도에 올려놓았을 뿐이었다. 겉보기에 소련이 우주 기술, 즉 로켓 분야와 크고 복잡한 우주선을 궤도로 발사하는 능력 면에서 한참 앞선 것 같았다.

미국 측의 주요 문제 중 하나는 결함이 있는 뱅가드 프로젝트를 수행한 미 해군, 그리고 처음으로 토르-아제나Thor-Agena 2단 발사체—토르 1단 로켓과 궤도 진입을 위한 마지막 추진력을 제공하는 아제나 2단 로켓으로 구성된다—에 실어 디스커버러 위성을 극궤도로 발사하려는 미 육군 간의 우주경쟁 문제였다. 1958년 1월, 미 육군성은 세 조직이 '맨 베리 하이Man Very High'라는 과업을 공동으로 수행해 인간을 우주로 보내는 과제를 제안했다. 하지만 4월에 미 공군은 더 이상 참여할 의사가 없음을 밝혔고, 미 해군 역시 이런 모험적인 과제에 점점 미온적인 태도를 보였다. 미 육군은 포기하지 않고 이 프로그램을 밀어붙였고, 프로젝트명도 '아담 프로젝트Project Adam'로 바꾸었다. 이 프로젝트는 레드스톤 로켓 상부의 귀환 가능한 캡슐 안에 인간을 싣고 약 250km 고도까지 올리는 것이었다. 하지만 7월에 이 계획은 실행 불가능한 것으로 폐기되었다. 이와 같은 격렬한 내부 경쟁이라는 배경 속에서 비군사적 우주기관, 즉 미국항공우주국National Aeronautics and Space Administration(NASA)이 탄생하였다.

같은 해 8월 8일, 아이젠하워 대통령은 당시 오하이오 케이스 기술

연구소 소장이었던 키스 글레넌T. Keith Glennan을 연간 예산이 3억 3천만 달러에 달하는 새로운 비군사적 우주국의 초대 국장으로 임명했다. NASA의 인력과 자원은 대부분 NASA가 대체하는 조직인 국가항공자문위원회National Advisory Committee for Aeronautics(NACA)에서 나온 것이었다. 아울러 익스플로러와 뱅가드 프로젝트를 비롯한 모든 미군의 기존 우주 프로젝트는 NASA가 직접 관리하게 되었다. NASA의 부국장은 NACA의 마지막 책임자 휴 드라이덴Hugh L. Dryden이었다.

항공우주 엔지니어 로버트 길루스Robert R. Gilruth는 NACA에서 파견 근무를 나온 지 일주일 만에 스페이스 태스크 그룹Space Task Group(STG)으로 알려진 특별위원회를 공군의 버지니아 랭글리 기지에 구성하라는 지시를 받았다. 그들의 임무는 유인 우주선을 궤도로 올려 무중력 상태가 인간에 미치는 영향을 연구하고, 우주에서 조종사의 정상적 기능 여부를 조사하며, 조종사와 우주선을 모두 안전하게 귀환시키는—소련보다 앞서—비군사적 프로그램의 가능성 여부를 탐색하는 것이었다. 이 프로그램은 10월 7일에 공식 승인을 받았다. 본래 아이젠하워는 이 프로그램의 이름을 STG가 제시한 '우주비행사 프로젝트Project Astronaut'로 정해 프로그램보다 조종사를 훨씬 더 강조했다. '머큐리 프로젝트Project Mercury'는 특별위원회 멤버인 아베 실버스테인Abe Silverstein이 제안한 대체 이름으로, 로마 신화에서 신들의 메신저였던 머큐리를 기념한 것이다. '우주비행사Astronaut'라는 용어와 마찬가지로 이 명칭도 길루스의 제안에 따라 1958년 12월 17일에 공식적으로 채택되었다. 《NASA 명칭의 기원Origins of NASA Names》에서 언급되었듯이, "우주비행사Astronaut는 황금 양모를 찾아 먼 곳까지 여행하는 전설적인 그리스인들인 '아르고 선원Argonauts'에서 시작해 '에로노츠Aeronauts'—열기구 비행의 개척자들—로 계속 이어지는 어원적 전통을 따랐다.[19]

1958년 10월 1일 NASA를 공식적으로 창설한 NASA 부국장 휴 드라이덴(왼쪽)과 아이젠하워 대통령(가운데), 새로 만들어진 항공우주국 초대 국장 키스 글레넌(오른쪽)

적절한 발사체와 관련하여 NASA는 기존의 군사용 탄도미사일을 개량하여 우주로 보내는 방법을 선택했다. NASA는 유인 준궤도 비행에 사용하기 위해 미 육군의 레드스톤 미사일을 채택했다. 한편으로 미 공군은 더 크고 훨씬 더 강력한 로켓인 아틀라스 D Atlas D를 개발하는 중이었고, 이것은 유인 궤도 프로젝트에 이용할 수 있도록 개량되었다.

당시 우주 프로그램을 완전히 비밀에 부쳤던 소련과 달리, NASA는 우주 정책을 공개하기로 결정했다. 하지만 이러한 공개 정책은 문제를 일으켰다. 이를테면 소련 우주비행사들은 초기 미국 유인 비행보다 앞서기 위해 신중하게 비행 임무를 계획하여 우주활동에 대한 엄청난 선전 효과를 거두었다. 그럼에도 NASA의 공개 정책은 미국인들을 열광시켜 미국 우주비행 프로그램에 자부심을 갖게 했고 미국인들이 우주비행을 꿈꾸게 했다. 이와 반대로 초기 소련의 비행 임무는 성공적인 발사 이후

에만 공개되었고, 참여한 우주비행사의 이름은 그들이 비행하기 전까지 엄격하게 관리되는 국가 기밀이었다. 이런 정책은 오랜 세월 후에야 비로소 완화되었다.

1958년 12월 13일, NASA 생물연구 프로그램의 일환으로 플로리다주 케이프 커내버럴 애틀랜틱 미사일 발사장에서 고르도Gordo라는 작은 남미 다람쥐원숭이를 로켓에 실어 발사했다. 이 원숭이는 원래 중거리 미사일 운반용으로 개발된 미 육군의 주피터 AM-13 로켓 앞부분에 탑재된 소형 캡슐에 실렸다. 지상과 연결된 원격 측정 장치에 의하면, 고르도는 비행 중에 잘 지냈고 다만 심장박동 수가 약간 느려지는 작은 부작용이 발생했을 뿐이었다. 15분간의 준궤도 비행 동안 고르도는 8.3분 동안 무중력 상태였다. 안타깝게도 재진입 후 기술 결함으로 낙하산이 펼쳐지지 않은 채 로켓 앞부분이 북대서양으로 떨어진 후 가라앉았고, 군 당국이 6시간 동안 필사적으로 수색했지만 찾을 수 없었다. 이것만 제외하면 과제는 성공적이었다.[20]

생물연구용 우주비행을 강력하게 추진하기로 결정한 NASA는 1959년 다음 과제를 위해 두 마리의 원숭이를 선택했다. 첫 번째는 에이블Able이라는 암컷 히말라야원숭이로, 캔자스주 인디펜던스Independence의 한 동물원에서 24마리의 후보자 중에서 선택되었다. 두 번째 원숭이는 마이애미주 애완동물 상점에서 구입한 것들 중 하나로 훨씬 더 작은 암컷 원숭이였다. 이 원숭이는 두 살 난 남미 다람쥐원숭이로 체중은 500g이 되지 않았다. 더 큰 첫 번째 원숭이의 이름을 군대 음성 문자의 첫 글자에 따라 에이블이라고 했기 때문에, 두 번째 작은 원숭이는 미스 베이커Miss Baker라고 불렀다.

훈련 과정 동안 각 원숭이는 심장박동과 체온, 움직임을 확인하는 센서가 부착된 특수 제작한 옷을 착용했다. 두 원숭이는 비행 중에 로켓 앞부분에 장착된 각각의 캡슐 안에 끈으로 고정되었다. 미스 베이커는 보온병 크기의 소형 캡슐 안에 꼭 맞게 들어간 반면, 에이블은 비행 중에 반복적인 간단한 과제를 수행할 수 있을 만한 공간이 있었다. 에이블은 붉은빛이 깜빡이기 시작하면 손가락으로 버튼을 누르도록 훈련받았다. 이를 통해 과학자들은 비행과 9분 동안의 무중력 상태에서 원숭이의 조정력과 집중력을 시험했다. 두 마리의 원숭이와 그 외 다른 생물학적 실험들은 비행의 일차적인 목적에 더해 이차적인 중요성도 갖고 있었다. 일차적인 목적은 로켓 앞부분nose cone이 적재 화물을 보호할 능력이 있는지 시험하는 것이었다. 로켓 앞부분은 재진입할 때 발생하는 엄청난 대기 마찰 때문에 약 2,800°C의 열에 노출된다.

1959년 5월 28일, 미 육군이 제작한 주피터 AM-18이 원숭이 두 마리를 싣고 애틀랜틱 미사일 발사대에서 하늘로 발사되었다. 이번 임무는 우주 방사선, 그리고 성게 알과 인간 혈액, 효소, 양파 껍질 세포, 옥수수, 겨자 씨, 곰팡이 포자, 초파리 유충에 가해지는 증가된 중력과 무중력의 영향을 시험하는 것이었다. 약 17분 동안 계속된 비행에서 로켓 앞부분은 케이프 커내버럴에서 2,735km를 비행하여 약 579km 고도에 도달했다. 화염에 휩싸인 재진입 이후 로켓 앞부분은 푸에르토리코 산후안San Juan 동남쪽 약 400km 해상으로 떨어졌다. 처음에 해양 회수팀은 로켓 앞부분이 이전의 고르도 비행 때처럼 바다 밑으로 침몰했을까봐 염려했다. 하지만 발사 후 약 1시간 30분 뒤 해군 잠수부들이 바다에서 오르락내리락하며 움직이는 앞부분을 발견하여 신속하게 회수했다. 그 직후 케이프 커내버럴 통제실은 "에이블과 미스 베이커가 온전함. 부상이나 다른 문제 없음"이라는 메시지를 발표했다. 원숭이들의 15분 비행으로 체온, 근육 반응, 호흡 수 등을 포함하여 유용한 생물학적 자료가 많이 수집되었다. 하지만 인간을 우주 환경으로 보내는 데 중대한 장애가 없다

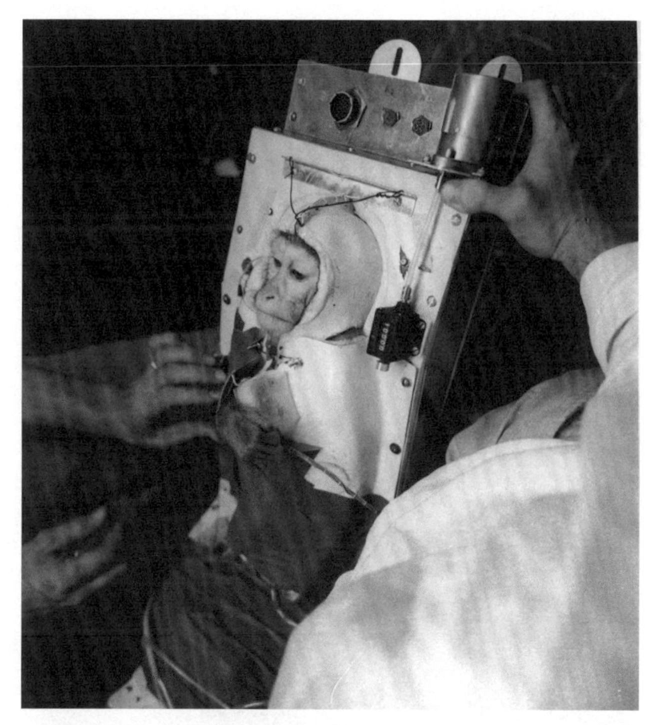

1959년 5월 28일 발사 전 특별히 고안된 캡슐 안에 넣어진 원숭이 에이블

는 점을 입증하려면 또 다른 단계가 필요했다.

비행한 지 이틀 뒤 NASA 국장 키스 글레넌은 에이블과 미스 베이커를 워싱턴 기자회견에서 선보이면서, 두 원숭이는 비행 중 중력의 최대 38배를 견뎌냈고 심장박동 수와 호흡 수가 조금 바뀌었다고 했다. 에이블과 미스 베이커의 사진은 《라이프》지의 커버와 후속 기사에서 사용되었다.

두 마리 원숭이는 우주비행에서 양호한 상태로 생환했지만, 에이블은 역사적인 여행 후 불과 4일 만인 6월 1일에 죽게 된다. 비행 전 원숭이 복부에 이식한 감염된 전극을 군 외과의사가 제거할 때 사용한 마취 부작용 때문이었다. 반면 미스 베이커는 단 한 차례 우주비행 이후 즉시

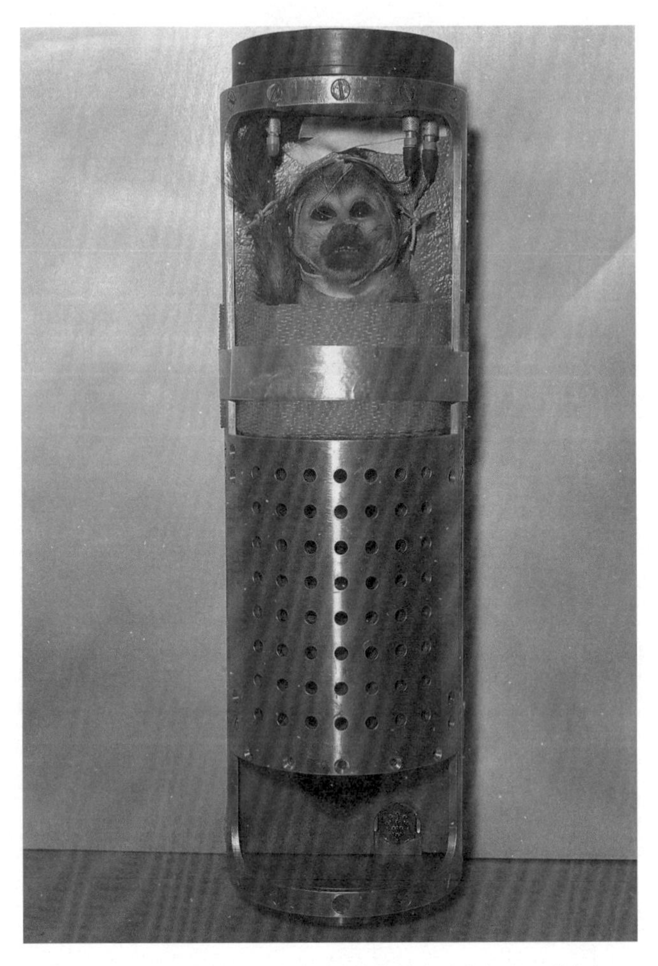

동료 원숭이 에이블과 함께 주피터 미사일에 실려 발사된 미스 베이커

유명 인사가 되었고, 1984년 11월까지 살다가 앨라배마주 헌츠빌에서 신장병으로 17세에 사망했다.

인간을 최초로 우주로 보내는 과업을 두고 소련과 미국이 벌인 경쟁은 인간을 우주선에 싣기 전에 필요한 핵심 자료를 동물 우주 발사를 통해 획득함으로써 점점 더 격렬해졌다. 1960년 5월 15일, 새로운 소련 우주선 보스토크Vostok—공식 명칭은 코라블-스푸트니크 1호Korabl-Sputnik I

로 '우주선-위성 1호'라는 뜻— 의 시제품이 마네킹 우주비행사를 싣고 카자흐스탄 남부 바이코누르Baikonur 우주기지에서 발사되었다. 이 우주선은 재진입 때 파괴되도록 설계했기 때문에 방열판이 전혀 없었다. 보스토크 우주선이 4일간 지구를 선회할 동안 지상에서는 우주선 시스템에 대한 검증을 수행했다. 보스토크는 그 후 5년 동안 궤도를 돌다가 궤도를 이탈해 대기권으로 재진입할 때 연소되었다. 일부 기술적인 문제에도 불구하고 이 과제는 성공적인 것으로 평가되었고, 이후 추가 발사를 통해 개 두 마리를 포함한 소형 동물을 싣고 24시간 동안 비행할 예정이었다. 모든 것이 잘 진행된다면 그들은 궤도에서 생환한 최초의 생물이 되었을 것이다.

1960년 7월 28일, 리시치카Lisichka(리틀 폭스Little Fox)와 차이카Chaika(시

생물연구용 주피터 로켓 비행

발사 로켓	발사일	발사 장소	탑승한 생물	대략적인 고도 및 거리/결과
주피터 IRBM AM-13/생물연구용 비행 1호	1958년 12월 13일	케이프 커내버럴(Cape Canaveral)	원숭이(고르도), 붉은옥수수곰팡이	고도 467km, 비행거리 2,092km/로켓 앞부분은 바다에서 분실
주피터 IRBM AM-18/생물연구용 비행 2호(2A와 2B)	1959년 5월 28일	상동	원숭이 2마리(에이블과 베이커), 붉은옥수수곰팡이, 씨앗들, 번데기, 성게알	고도 483km, 비행거리 2,414km/로켓 앞부분과 동물은 모두 무사 귀환
주피터 IRBM AM-23	1959년 10월 16일	상동	개구리 2마리, 12마리의 임신한 생쥐, 씨앗들, 번데기, 성게알	발사 후 결함 발생으로 안전관리자가 미사일 폭파

걸Seagull)라는 이름의 소련 개 한 쌍이 보스토크 우주선의 두 번째 시재기에 실려 바이코누르 기지에서 발사되었다. 그러나 불행은 일찍 찾아왔다. 발사 과정에서 부착식 추진 로켓이 R-7 로켓에서 분리되어 이륙 후 19초 만에 부서지기 시작한 것이다. 지상의 비행 통제관들은 재빨리 상승하는 적재함을 보호하는 덮개를 버리라는 명령을 내렸고, 이후 두 마리의 개가 실린 보스토크의 하강 모듈이 추진 로켓에서 급히 분리되었다. 낙하산이 펼쳐졌지만 고도가 너무 낮아 개들은 우주선이 고속으로 땅에 부딪히면서 사망했다.

실패에 관해 조사한 소련은 미래 우주비행사들이 유사한 발사 실패 시 보스토크 비행체에서 신속하게 탈출할 수 있도록 비상탈출 좌석을 개발하기로 했다. 우주선에 제공되는 낙하산은 로켓 이륙 후 약 40초 이후에야 충분히 펼쳐져 부풀어 오르기 때문이었다. 8월 19일에 또 다른 보스토크 우주선인 코라블-스푸트니크Korabl-Sputnik 2호(서방에서는 스푸트니크Sputnik 5호라고 잘못 불렀다)가 보스톡-L 운반 로켓에 실려 바이코누르 기지에서 발사되었다. 이 우주선에는 벨카Belka(휘트니Whitey)와 스트렐카Strelka(리틀 애로우Little Arrow)라는 개 두 마리, 마르푸샤Marfusha라는 회색 토끼, 생쥐 42마리, 몸집이 큰 쥐 두 마리, 약간의 초파리, 식물, 균류가 실려 있었다. 비행 중 개들의 반응을 기록하기 위해 텔레비전 카메라도 설치되었다.

하루 동안의 궤도 비행 이후 동물들은 우주여행을 마치고 안전하게 귀환했다. 가장 기억할 만한 것은 벨카와 스트렐카가 우주로 가서 궤도 비행을 마치고 살아서 귀환한 최초의 개가 되었다는 사실이다. 이로 인해 소련은 우주비행사를 우주로 보내는 과제에 더 큰 자신감을 갖게 되었다. 세계 곳곳에서 이 두 마리 작은 개가 거둔 성취에 대해 환호했다. 1년 뒤 스트렐카는 새끼를 여러 마리 낳았는데, 소련 수상 흐루쇼프는

우주비행 후 지구로 살아서 귀환한 최초의 동물 벨카(왼쪽)와 스트렐카(오른쪽)

그중 하나인 푸신카Pushinka(플러피Fluffy)를 강아지를 좋아하는 재클린 케네디의 딸 캐럴린에게 선물로 보냈다. 푸신카도 나중에 새끼—블랙키Blackie, 버터플라이Butterfly, 화이트 팁White Tip, 스트리커Streaker—를 낳았는데, 케네디 대통령은 이 강아지들을 농담 삼아 '퍼프니크스Puptniks'라고 불렀다. 네 마리 강아지는 나중에 무상으로 분양되었다.

코라블-스푸트니크 3호는 1960년 12월 1일 성공적으로 발사되었지만 벨카와 스트렐카의 성공적인 비행과 달리 결국 참사로 끝났다. 두 마리의 개 프첼카Pchelka(리틀 비Little Bee)와 무시카Mushka(리틀 플라이Little Fly) 외에도 둥근 모양의 보스토크 우주선에 실린 생물종으로는 기니피그와 쥐,

식물, 그 외 다른 생물학적 실험동물들이 있었다. 우주 방사선의 영향을 연구하기 위해 다양한 종류의 생쥐와 초파리들도 실렸다. 이전처럼 개들의 행동을 기록하기 위해 텔레비전 카메라가 장착되었다. 코라블-스푸트니크 3호는 하루 동안의 비행을 마치고 재진입 단계로 들어갔다. 그러나 이때 우주선의 속도를 늦추는 역추진 로켓이 작동하지 않았다. 우주선은 추가로 궤도 비행을 계속하기로 결정되었고, 계획하지 않은 궤도를 선회하다가 대기권으로 하강했다. 소련의 공식 매체는 코라블-스푸트니크 3호와 탑승 생물들이 재진입 중 사라졌다고 발표했다. 하지만 나중에 이 우주선은 자폭 장치에 의해 의도적으로 파괴되었다는 사실이 밝혀졌다. 소련 지상통제소가 우주선이 소련 영토 밖에 착륙할 경우 다른 나라에서 이를 회수하여 연구하지 못하도록 자폭 장치를 작동시켰던 것이다.

3주 뒤 12월 22일, 보스토크 캡슐의 다섯 번째 시험 비행은 시작부터 좋지 않았다. 이번에는 R-7 로켓을 개량하여 더 높은 추력을 내는 3단계 로켓을 추가했다. 탑승한 개는 코미타Kometa(코밋Comet)와 슈트카Shutka(조크Joke)로, 이들은 짧고도 힘든 비행을 할 예정이었다. 그러나 발사된 지 7분 만에 3단계 로켓엔진이 일찍 작동을 멈추었고, 상황이 이렇게 되자 비상탈출 시스템이 작동했다. 이 서비스 모듈은 둥근 재진입 캡슐에서 계획대로 분리되지 않고 철사로 연결된 채 있다가 재진입 때 연소되었다. 캡슐은 시베리아 퉁구스카Tunguska강 하류 근처 외딴 지역에 떨어졌다. 회수 비컨beacon 신호의 도움에도 불구하고 회수팀이 영하의 기온에서 우주선을 찾는 데 며칠이 걸렸다. 하지만 놀랍게도 두 마리의 개는 산 채로 발견되어 구조되었고, 우주선은 며칠 후 모스크바로 운송되었다. 그러나 이 비행은 궤도에 도달하는 데 실패했기 때문에 코라블-스푸트니크라는 명칭이 붙여지지 않았다.

1961년 3월 9일, 암컷 개 체르누시카Chernushka(블랙키Blackie)가 코라블-스푸트니크 4호의 작고 가압된 원형 캡슐에 실려 발사되었다. 여기에는 80마리의 생쥐, 많은 기니피그와 그 외 다른 생물들도 함께 실려 있었다. 연구팀의 더 큰 관심은 이 비행이 '승객'—우주복을 입은 나무 마네킹으로 소련 관리들은 '이반 이바노비치Ivan Ivanovich'라고 불렀다—을 싣고 간다는 사실이었다. 이 마네킹은 실제 인간의 크기, 무게, 부피와 똑같게 고안된 것으로, 최초의 우주비행사가 입는 것과 동일한 오렌지색 우주복을 입었다. 이반의 흉강, 복부, 엉덩이 안쪽은 추가로 생쥐, 기니피그, 미생물을 포함한 다양한 생명체를 담은 일종의 노아의 방주였다. 우주선은 계획대로 지구 궤도를 한 바퀴 돌고 난 뒤 하강 모듈이 대기권으로 진입하는 데 성공했다. 체르누시카는 몸과 정신이 온전한 상태로 돌아왔다. '이반' 역시 형태가 온전했고 캡슐에서 자동으로 사출되어 낙하산을 타고 땅에 착륙했다. 전체 임무는 완벽한 성공으로 평가되었고, 소련은 엄청난 낙관과 흥분에 사로잡히게 되었다. 이제 소련은 최초의 유인 우주비행을 준비할 수 있게 되었다.[21]

코라블-스푸트니크 4호의 비행 경로는 보스토크 우주선과 해당 시스템의 최종 시험 비행 이후 당시 최초의 우주비행사를 위해 개발 중이던 경로와 똑같았다. 이 중대한 임무는 1961년 3월 25일에 바이코누르 우주기지에서 코라블-스푸트니크 5호 우주선이 성공적으로 발사되면서 시작되었다. 다시 말하지만, 두 번째 궤도 비행 임무에서는 개 한 마리, 이반 이바노비치, 다른 소형 동물과 생물학적 샘플들이 함께 우주로 올라갔다. 우주선과 지상통제소 간의 통신 시험이 이 비행의 중요한 과제였고, 그래서 캡슐에는 녹음기가 장착되어 있었다. 궤도를 한 바퀴 도는 동안 우주선은 피아트니츠키Piatnitsky 합창단의 녹음을 재생했고, 다음으로 양배추 수프 레시피가 낭독되었다. 이것은 통신 시스템을 테스트한 것이기도 했지만, 서구인이 우연히 이 녹음 내용을 듣는다면 엄청난 충격을 받을 만한 것이었다. 이 중요한 임무를 위해 선택된 작은 개의 이름은 즈베즈도치카Zvezdochka였다.

바이코누르 우주기지에서 코라블-스피트니크 5호의 발사를 지켜본 주요 목격자는 유인 보스토크 비행 임무의 최초 비행을 위해 선발된 최정예 우주비행사 6명이었다. '뱅가드 식스Vanguard Six'로 알려진 그들은 유리 가가린Yuri Gagarin, 게르만 티토프Gherman Titov, 안드리안 니콜라예프Andrian Nikolayev, 파벨 포포비치Pavel Popovich, 발레리 비코프스키Valery Bykovsky, 그리고리 넬류보프Grigori Nelyubov이다. 로켓 발사 전에 그들은 둥근 캡슐에 실려 발사될 작은 개를 만났는데, 우주비행사 중 한 명인 가가린이 개 조련사에게 개의 이름을 물었고 조련사는 개 이름을 몰라 딤카Dymka(스모키Smoky)나 투치카Tuchka(클라우디Cloudy) 중 하나일 거라고 했다. 가가린은 개에게 임무에 걸맞는 더 좋은 이름을 붙여주어야 한다며 '작은 별Little Star'을 뜻하는 즈베즈도치카Zvezdochka라는 이름을 제안했다.

보스토크 우주선은 성공적으로 지구 저궤도로 진입하여 궤도를 한 바퀴 돌고 소련 지역의 대기권으로 재진입했다. 캡슐이 지상으로 떨어질

개가 탑승한 선구적인 R-7 궤도 비행

발사 날짜	개 이름	결과
1960년 7월 28일	차이카와 리시치카	발사 후 로켓 작동 불량, 개 두 마리 모두 사망
1960년 8월 19일	벨카와 스트렐카	궤도 안착, 안전하게 귀환
1960년 12월 1일	프첼카와 무시카	재진입 시 폭발로 사망
1960년 12월 22일	코미타와 슈트카	궤도 안착, 안전하게 귀환
1961년 3월 9일	체르누시카	궤도 안착, 안전하게 귀환
1961년 3월 23일	즈베즈도치카	궤도 안착, 안전하게 귀환

때 마네킹 좌석이 예정대로 사출되었고, 이전 임무와 똑같이 '이반'은 낙하산을 타고 땅에 착륙했다. 우주선은 자체 낙하산을 이용해 우랄산맥 서부 이제프스크Izhevsk 북동부 근처에 떨어졌다. 우주선과 마네킹이 모두 눈폭풍 한가운데 착륙했고, 이로 인해 회수팀이 현장에 도착하여 그것을 모스크바로 수송하기 위해 준비하는 데 약 24시간이 소요되었다. 즈베즈도치카는 궤도 비행 후 완벽하게 건강한 상태로 돌아왔다.

소련 우주 당국자들은 인간 우주비행사가 이와 비슷하게 지구 궤도를 한 바퀴 선회하는 로켓 발사가 안전하다고 판단했다. 불과 3주 후 이런 판단은 결실을 맺게 된다. 최초의 인간 우주 탐험자가 소련 개들에 이어 마침내 우주로 나가게 된 것이다.

아틀라스 로켓 모델과 함께 포즈를 취하고 있는 머큐리 우주비행사들. (앞줄 왼쪽부터) 거스 그리섬, 스콧 카펜터, 데크 슬레이튼, 고든 쿠퍼, (뒷줄 왼쪽부터) 앨런 셰퍼드, 월리 쉬라, 존 글렌

02

최초의 우주인

1958년, 마침내 미국에서 미지의 세계를 가로막고 있던 장막이 걷혔다. 소련이 세계 최초로 인공위성을 발사하고 이어서 '라이카'라는 작은 개를 지구 궤도에 올리는 데 성공해 축하하며 흐뭇해하고 있을 때, 막 창설된 우주기구인 NASA 역시 최종적인 프론티어인 우주에 관심을 기울이고 있었다. 몇 주 만에 로켓공학, 우주선 설계, 생물 우주공학 분야에서 가장 영향력 있고 저명한 사람들로 구성된 특별위원회가 구성되어 인간을 우주로 보내는 과제에 착수했다. 그 결과 머큐리 프로젝트 Mercury Project가 탄생했다.

머큐리 프로젝트는 시작부터 환상적이고 투지가 넘치는 프로그램이었고, NASA의 우주선을 타고 날아가기 위해서는 그에 상응하는 결단력 있는 사람들이 필요했다. 그들은 우주비행사 astronaut—'행성 항해사 star sailors'—라고 불렸다. 하지만 최초의 정예 우주비행사 후보자를 선택하는 일은 무척 어려웠다. 우주비행사에게 필요한 적절한 자질이 무엇인지 판단하고 그런 자질을 갖춘 미래의 우주비행사를 어디서 찾을지 쉽지 않았기 때문이었다. NASA는 역사상 가장 위험한 과학적 과제에 기꺼이 목숨을 걸 수 있는 최대 12명의 조종사를 원했다. 후보자 선발은 그와 관련한 안내 지침이나 선례가 없었기 때문에 훨씬 더 힘들었다.

아이젠하워 대통령은 군 복무 중인 테스트 파일럿test pilots(항공기의 성능을 시험하는 조종사: 옮긴이)들 중에서 우주비행사 후보자를 선발하는 것을 승인했다. 많은 자료와 의료 기록들이 신중하게 검토되었는데, 이런 힘든 과정을 거쳐 미국의 최고 테스트 파일럿 110명의 명단이 확보되었고, 이후 이들을 12명으로 압축해야 했다. 110명의 후보자는 펜타곤에서 극비리 집단 브리핑에 참석했고, 그곳에서 우주비행사에 자원하거나 아니면 어떤 불이익도 없이 포기할 수 있는 선택지를 제안받았다. 선발 과정에 계속 참여한 사람들은 의학적·신체적·정신적 기초 검사를 받았고, 마침내 32명이 최고의 후보자로 선정되었다. 경쟁력 있는 엘리트 파일럿들은 훨씬 더 집중적인 검사를 거쳐 그들 중 누가 미지의 우주의 위험에 맞서고 머큐리 우주비행사로서 역사에서 특별한 자리를 차지할 최적임자인지 결정될 것이었다.

32명은 일주일 동안 뉴멕시코 러브레이스 클리닉Lovelace Clinic에서 가장 철저하고 혹독한 의학 검사를 받았고, 이 과정을 마친 뒤 오하이오주 라이트 필드Wright Field 항공의학연구소에서 또다시 고통스러운 한 주간을 보냈다. 이곳에서 그들은 극단적인 건강 및 생리학적 테스트를 받았다. 이 검사의 유일한 목적은 진짜 슈퍼맨과 유사 슈퍼맨을 구별하는 것이었다. 작가인 톰 울프Tom Wolfe의 말을 인용하자면 그들은 '진짜 초인적인 능력'을 가진 사람들을 찾고 있었다.

1959년 4월 9일, 워싱턴 DC NASA 본부에서 열린 기자회견장에서 NASA 관계자들은 신중하게 선발한 7명의 군 소속 테스트 파일럿을 미국의 최초 우주인으로 소개했다. 알파벳 순서로 앉은 그들을 소개할 때,

관계자는 그들이 철저한 훈련을 받게 되며 그중 한 사람이 우주로 가는 로켓의 최초 탑승자로 선택될 것이라고 했다. 당시 7명의 우주비행사는 모두 머큐리 프로젝트와 그 이후의 유인 우주비행 프로그램에서 비행할 기회를 원하고 있었다.

7명의 머큐리 우주비행사는 맬컴 스콧 카펜터Malcolm Scott Carpenter 중위(33세, 해군), 리로이 고든 쿠퍼 주니어Leroy Gordon Cooper Jr 대위(32세, 공군), 존 글렌 주니어John Glenn Jr 중령(37세, 해병대), 버질 그리섬Virgil Grissom 대위(33세, 공군), 월터 쉬라 주니어Walter Schirra Jr 소령(36세, 해군), 앨런 B. 셰퍼드 주니어Alan B. Shepard Jr 소령(35세, 해군), 도널드 K. 슬레이튼Donald K. Slayton 대위(35세, 공군)이다.[1] '머큐리 세븐Mercury Seven'의 선발은 미국 역사에서 중대한 순간이었다. 냉전의 두려움과 불확실성, 격화되는 우주경쟁의 경쟁적 분위기 탓에 인간의 우주비행에 국제적인 관심과 호기심이 집중되었다. 7명의 우주비행사는 비행 훈련은 물론 머큐리 우주선의 공학적 개발을 지원할 예정이었다. 그들은 2년 동안 머큐리 프로젝트 본부에서 학습한 다음, 그들이 타고 갈 우주선을 시험하던 버지니아주 랭글리 필드Langley Field로 이동했다.

발사대의 원숭이

1959년 12월 4일, 3kg의 히말라야원숭이 샘Sam이 버지니아주 월롭스 아이랜드Wallops Island에서 발사되었다. 최초의 머큐리 캡슐에 실린 샘은 우주 공간이 인간에 미치는 잠재적인 부작용을 확인하기 위해 우주 경계선까지 올라갔다. 캡슐에는 무중력과 우주 방사선 조건에서 연구를 수행하기 위해 딱정벌레 알, 생쥐의 신경세포, 유충 박테리아 배양균도 들어 있었다. 리틀 조 2Little Joe 2(LJ-2) 운반 로켓을 이용한 이 단거리 탄도 비행은 우주선의 탈출 타워 시스템을 테스트하고, 실제 발사 때 그것이 제대로 작동하는지 확인하기 위한 것이었다. 삼각대 모양의 타워는 발사 단계에서 무언가 잘못될 경우 우주선과 운반 로켓을 분리하기 위해 사용하는 비상 로켓이었다. 리틀 조 로켓은 언젠가 미국의 최초 우주비행사를 우주로 보낼 레드스톤Redstone 로켓의 대안으로 만든 작고 기능적인 부스터 중 하나였다.

성공적인 발사 후 LJ-2 부스터가 고도 30km에서 꺼져버렸다. 이 고도에서 탈출 타워가 점화되었고, 폐기된 로켓에서 분리된 캡슐을 끌고 고도 약 76km까지 밀어올렸다. 이 시간 동안 샘은 3분 동안 무중력 상태였다. 재진입은 순조롭게 진행되었다. 11분 6초간 탄도 비행을 한 후 캡슐은 2개의 낙하산을 타고 대서양에 떨어졌고, 6시간 후에 미국 구축함 보리Borie호가 회수했다. 캡슐을 회수하여 해치를 열고 샘의 바이오팩을 제거한 후 간단한 조사를 한 결과, 샘의 건강 상태는 양호했다.

6주 후 1960년 1월 21일, 다른 리틀 조 로켓 LJ-1B를 이용해 머큐리 캡슐의 탈출 메커니즘 확인을 위해 4차 시험 비행이 이루어졌다. 여기에는 샘의 짝인 미스 샘Miss Sam이 실려 있었다. 지상으로 떨어진 머큐리 우주선은 대서양에서 해병대 헬리콥터에 의해 회수되었고, 세 살 난 미스 샘은 우주 경계 지점에서 8분 30초간 비행하며 28초간 무중력 상태를 경험한 뒤 무사히, 심지어 활달한 모습으로 돌아왔다.

최초의 인간 비행의 서곡

1961년 1월 중순, 앨런 셰퍼드Alan Shepard가 준궤도 비행을 위한 최초의 머큐리 우주비행사로 선발되었다. 하지만 그의 이름은 비행을 시작할 때까지 공개되지 않았다. 먼저, 머큐리-레드스톤 로켓 조합은 전면적인 시험을 거쳐야 했다. 레드스톤 로켓, 머큐리 우주선, 모든 관련 시스템과 절차를 최종 점검할 때 침팬지가 우주비행사를 대신했다. 관리자에서부터 말단 직원에 이르기까지 NASA의 모든 직원은 이 비행에서 침팬지의 생환을 학수고대했다.

선구적인 시험 비행—앨런 셰퍼드의 비행과 대부분 동일했다—을 위해 선택된 침팬지 햄Ham은 뉴멕시코주 홀로먼Holloman 공군기지에서 특별 우주비행 훈련을 받은 침팬지 중 하나였다. 1월 31일, 햄은 몸에 통신 장치를 연결하고 우주복을 입고 의자에 묶인 채 특수 캡슐에 들어갔다. 햄은 머큐리 우주선 안에 장착되어 MR-2(머큐리-레드스톤 2)라는 미션을 수행할 준비를 마쳤다. 햄은 두 팔이 자유로워 훈련받은 대로 라이트 컬러에 따라 레버를 밀 수 있는 상태였다.

햄은 케이프 커내버럴 발사대에서 몇 시간 대기한 후 마침내 하늘로 발사되었다. 상승하는 동안 햄은 중력 가속도의 약 18배에 달하는 힘(18g)을 견디면서 시속 약 9,330km의 속도로 최고 고도 251km에 도달했다. 이는 계획보다 더 높고 빠른 수준이었다. 햄은 대기권에서 벗어나 치솟아 오를 때 약 6분 동안 무중력 상태였으며, 우주선이 서서히 대기권으로 재진입할 때 예상된 14.5g보다 더 큰 중력 가속도를 견뎌냈다.

비행 마지막 단계에서 햄의 우주선은 케이프 커내버럴 우주기지에서 679km 떨어진 곳에 착륙했는데, 우주선 안으로 물이 들어오기 시작했다. 그곳은 예상 착륙 지역에서 약 200km 떨어진 곳이어서 우주선의 위치를 확인하고 해병대 헬리콥터를 파견하려면 상당한 시간이 필요했다. 헬기 조종사가 착수 지점에 도착했을 때 우주선은 옆으로 기울어져 있었고 부분적으로 침수된 상태였다. 조종사는 가까스로 우주선에 고리

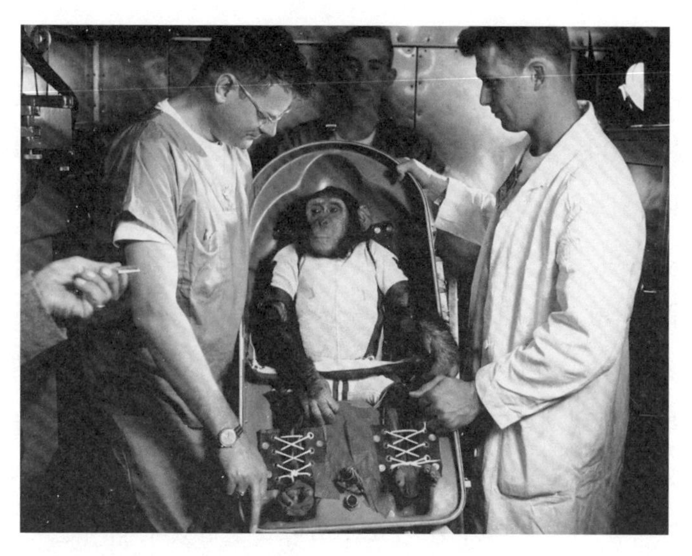

침팬지 햄이 MR-2 준궤도 비행을 위해 훈련하는 모습

를 걸어 회수 선박인 미 해군 도너Donner호로 우주선을 수송하여 배 갑판에 조심스럽게 내렸다.

햄은 많은 어려움을 겪었지만 우주선에 장착된 캡슐에서 꺼내 보니 건강 상태가 좋았고 비교적 차분했다. 함정에 탑승한 수의사 리처드 벤슨Richard Benson은 햄을 살펴본 뒤 가벼운 피로와 탈수 증세, 그리고 코 부분의 경미한 타박상뿐이라고 진단했다. 햄은 식욕에도 아무런 문제가 없어 사과를 주자 게걸스럽게 먹어 치웠다. 그러나 햄은 사람들의 주목에 짜증이 난 듯이 화를 냈다. 특히 사진사들이 사진을 찍느라 플래시를 터트리며 계속 찰칵거릴 때 그랬다. 햄은 이빨을 드러내고 성난 듯이 꽥 소리를 질렀다.

햄의 비행은 약 16분 30초 동안 지속되었다. 격렬한 속도, 중력 가속도의 힘, 무중력을 경험하는 동안 햄은 홀로먼에서 훈련받은 대로 차근차근 과제를 잘 수행했다.[2] 우주 개척자로서 햄의 시간은 이제 끝나고,

1963년 워싱턴 DC의 국립동물원으로 옮겨졌다. 그곳에서 햄은 17년 동안 살다가 북캘리포니아 동물원으로 옮겨졌다. 햄은 1983년 1월 18일 26세쯤 숨졌다. 햄의 유골은 보존 처리되어 메릴랜드주 실버 스프링Silver Spring의 국립보건의료박물관에 전시되었다. 햄의 시신 일부는 앨라머고도Alamogordo의 뉴멕시코 우주역사박물관 국제 우주 명예의 전당 내부에 있는 우주비행 기념 명판 아래 묻혀 있다.

레드스톤 로켓이 예상보다 더 높은 지점까지 도달한 문제는 많은 사람들, 특히 앨런 셰퍼드를 당황스럽게 했지만, 베르너 폰 브라운은 그 원인이 레드스톤 로켓 조절 장치에 문제가 발생했기 때문이라는 결론을 내렸고, 시험 비행을 다시 할 필요가 있다고 판단했다. 하지만 이번에는 로켓에 침팬지를 싣지 않을 예정이었다. 아무도 폰 브라운의 결정에 이의를 제기하지 않았고, 머큐리-레드스톤 부스터 개발(MR-BD) 시험 비행이 1961년 3월 24일 성공적으로 이루어졌다. 6주 후, 소련 우주비행사가 이미 우주로 날아갔다가 돌아온 상태였기 때문에 앨런 셰퍼드는 우울한 기분으로 우주로 날아갔다.

소련의 우주 활동

1958년 소련 관리들은 모든 주요 소련 공군기지를 방문하여 장교들에게 각 기지의 최고 비행사 명단을 제출하라고 요구했다. 최고 비행사들은 이후 수행할 극비 '특별 프로젝트'를 위해 인터뷰했고, 결국 154명의 공군 후보자들이 극비의 테스트와 인터뷰를 위해 모스크바로 차출되었다. 철저한 심사 후 최종적으로 20명으로 추려졌고, 이들은 소련 최초의 우주비행사 그룹이 되었다. 하지만 그들의 이름은 극비 국가 기밀이 되어 오랜 세월 동안 일반인에게 공개되지 않았다.

우주의 영웅

소련이 붕괴되기 직전에 구소련 전역에서 레닌의 동상이 상당수 철거되었다. 다른 많은 동상들도 제철소의 용광로로 들어가 사라져버렸다. 그러나 한때 존경받았던 레닌의 동상과 달리, 구소련 시절부터 특정한 영웅을 기리는 동상은 여전히 건재하고 사랑받고 있다.

지구 궤도를 한 바퀴 돈 지 60년 지난 지금도 우주비행사 유리 가가린은 여전히 러시아 전역에서 존경받고 있다. 예상치 못했던 위업이자 획기적인 이 역사적 사건은 소련 전역에 자발적인 애국심을 들불처럼 불러일으켰다. 그의 명성은 공산주의 사회에서, 그리고 자본주의 사회로 힘들게 전환된 이후에도 지속되었다.

가가린이 1961년 4월 보스토크Vostok(동쪽East)라는 직경 2.3m의 둥근 우주선을 타고 108분 동안 비행한 것은 초강대국의 우주경쟁에서 소련에 인상적인 1차 승리를 안겨주었고, 또한 세계 역사상 그의 위치를 확고하게 했다. 집단농장 노동자의 아들이자 유머 감각이 뛰어나고 수줍은 미소가 매력적인 27세의 가가린은 국내외 동시대 사람들의 상상력과 마음을 사로잡았다. 한편으로 그의 선구적인 우주비행은 순식간에 소련을 우주 탐사와 우주 정치의 선두에 서게 만들었다.

유리 알렉세예비치 가가린Yuri Alekseyevich Gagarin은 1934년 3월 9일 소련 서부 스몰렌스크Smolensk 동쪽 끝 마을 클루시노Klushino에서 태어났다. 그는 목수인 알렉세이 가가린Alexei Gagarin과 안나 가가리나Anna Gagarina의 네 자녀 중 셋째였다. 그 지역의 집단농장에는 전기와 수도가 없어 그의

최초의 소련 우주비행사들

우주비행사	출생일	선발 당시 나이	공식 선발일
이반 아니케예프	1933년 2월 12일	27세	1960년 3월 7일
파벨 벨랴예프	1925년 6월 26일	34세	1960년 4월 28일
발렌틴 본다레콘	1937년 2월 16일	23세	1960년 4월 28일
발레리 비코프스키	1934년 8월 2일	25세	1960년 3월 7일
발렌틴 필라티예프	1930년 1월 21일	30세	1960년 3월 25일
유리 가가린	1934년 3월 9일	25세	1960년 3월 7일
빅토르 고르백코	1934년 12월 3일	25세	1960년 3월 7일
아나톨리 카르타쇼프	1932년 8월 25일	27세	1960년 4월 28일
예브게니 크루노프	1933년 9월 10일	26세	1960년 3월 9일
블라디미르 코마로프	1927년 3월 16일	32세	1960년 3월 7일
알렉세이 레오노프	1934년 5월 30일	25세	1960년 3월 7일
그리고리 넬류보프	1934년 3월 31일*	25세	1960년 3월 7일
안드리안 니콜라예프	1929년 9월 5일	30세	1960년 3월 7일
파벨 포포비치	1930년 10월 5일	29세	1960년 3월 7일
마르스 라피코프	1933년 9월 29일	26세	1960년 4월 28일
게오르기 쇼닌	1935년 8월 3일	24세	1960년 3월 7일
게르만 티토프	1935년 9월 11일	24세	1960년 3월 7일
발렌틴 바라모프	1934년 8월 15일	25세	1960년 4월 28일
보리스 볼리노프	1934년 12월 18일	25세	1960년 3월 7일
드미트리 자이킨	1932년 4월 29일	27세	1960년 3월 25일

* 넬류보프의 무덤에는 그의 출생일이 1934년 4월 8일로 적혀 있음.

가족은 힘들게 일하며 보통 수준의 생활을 했지만 가족애가 끈끈했다. 교육을 받은 여성으로서 상트페테르부르크St Petersburg에서 성장한 그의 어머니는 매일 밤 자녀들에게 책을 읽어주었고, 또 자녀들이 스스로 책을 읽게 했다.

1961년 4월 12일 인류 최초로 우주를 비행한 소련 우주비행사 가가린

그의 아버지 알렉세이 가가린은 아들 3명이 모두 목수가 되어 언젠가 함께 가족 기업을 운영할 수 있기를 희망했지만, 전쟁으로 그의 계획은 틀어졌다. 1941년 독일군이 소련으로 진격했다. 다음 해 나치 군대가 클루시노 마을을 점령했고, 나치군은 저항이나 사보타주를 한 것으로 추정되는 마을 사람들 모두에게 야만적인 보복을 자행했다. 한 예로, 그의 남동생 보리스Boris가 체포되어 나무에 목이 매달렸는데, 그의 어머니가 가까스로 목에 맨 줄을 잘라 동생의 목숨을 구했다고 한다.

전쟁 시기의 또 다른 사건이 유리 가가린에게 지울 수 없는 영향을 미쳤다. 소련 항공기가 독일 전투기와 치열한 공중전을 벌인 후 연기를 내뿜으며 하늘에서 추락하던 중 클루시노Klushino 근처로 떨어졌다. 마을의 다른 아이들과 마찬가지로 가가린은 추락 장소로 달려가서 두 비행사에게 음식을 제공하고 그들이 파손된 기체 중에서 사용할 수 있는 부품을 회수하도록 도왔다. 그 후 그들은 근처에 착륙한 다른 항공기에 의해 발견되어 구조되었다. 당시 추락한 전투기 위로 기어올라간 가가린은 조종사들과 잠시 이야기를 나누었고, 조종사와 전투기에 깊이 감탄하게 된다. 그때부터 유리는 전투기 조종사가 되려는 꿈을 갖게 되었다.

전쟁이 끝난 뒤 아버지의 실망에도 불구하고 가가린은 목수 직업을 포기하고 모스크바 제철 공장에서 임시직으로 일하다가 사라토프Saratov 산업기술학교에서 엔지니어 공부를 했다. 또한 그는 지역 비행 클럽에 가입했는데, 야코블레프Yakovlev 야크-18을 타고 첫 비행에 성공했을 때 그는 일생을 통해 자신이 하고 싶은 일이 무엇인지 분명히 알게 되었다. 1955년 그가 항공 사관후보생으로 등록하여 신속하게 비행 기술을 습득하자, 강사가 그를 오렌부르크Orenburg의 군 시험비행 학교에 추천했다. 얼마 후 학교의 공군기지에서 열린 댄스파티에서 그는 미래의 아내 발렌티나Valentina를 만났다. 그들은 1957년 10월에 결혼했고, 가가린은 결혼 준비에 너무 몰두한 나머지 그달에 발사된 세계 최초의 지구 궤도 위성인 스푸트니크에 관한 뉴스에 별로 신경을 쓰지 못했다고 한다.

가가린은 그 후 황량한 북극권에 위치한 소련 공군 전투기 요격 비행단으로 배치되었다. 혹독한 환경에서도 그는 열심히 근무하며 비행했다. 그와 발렌티나는 1959년 4월 첫 딸 레나Lena의 생일을 맞게 된다. 몇 개월 후 소련 전역에서 정부 관리들의 비밀 인터뷰가 진행된 뒤, 유리 가가린 중위는 우주비행 훈련 후보자로서 모스크바로 오라는 명령을 받게 된다. 그는 최종적으로 20명의 우주비행사 중 한 사람으로 선발되어 최초의 소련 우주비행사 그룹의 일원이 되었다.[3]

1960년 초여름, 20명의 후보자 중 6명이 최초의 유인 보스토크 우주선—최초의 스푸트니크와 같이 소련은 이 비행에 숫자를 붙이지 않았다—비행에 가장 적합한 사람으로 선발되었고, 곧 가가린이 뛰어난 후보자라는 사실이 명확해졌다. 그와 발렌티나가 둘째 딸 갈랴Galya를 낳았을 때에도 그의 훈련은 강화되었다. 4월 12일로 예정된 비행 일주일 전,

소련 위원회는 가가린을 우주비행사로, 게르만 티토프Gherman Titov 중위를 예비 우주비행사로 확정했다. 1961년 3월 14일 아크몰린스크Akmolinsk의 카자흐 마을에서 행한 연설에서 흐루쇼프는 소련이 "인간을 태운 최초의 우주선을 우주로 보낼 시기가 멀지 않았다"[4]고 공개적으로 밝혔다. 그의 예상은 4주 뒤 이루어졌다. 가가린—비행 중 소령으로 두 계급 진급했다—은 역사상 최초의 인간 우주 여행자가 되었다.

발사 시간은 모스크바 시간 4월 12일 오전 9시 7분이었다. 기분이 한껏 고양된 가가린은 이륙 몇 분 전에 "포예칼리Poyekhali!(자, 가자!)"라고 외쳤다. 2단계 로켓의 작동이 예정대로 멈추고 보스토크 우주선이 최고 고도 327km, 최저 고도 181km로 타원 궤도로 진입했다. 우주선의 궤도 진입이 확실해지기까지 로켓 발사에 대한 공식 발표는 없었다. 발사한 지 15분 후 가가린은 자신이 남아메리카 상공을 지나고 있다고 무전을 보냈다. 로켓 발사에 대한 극적인 뉴스가 전 세계에 전달될 때, 그는 물을 마시고 소련 과학아카데미가 특별히 준비해 준 젤리를 먹고 있었다.

오전 10시 15분, 가가린은 아프리카를 내려다보며 "정상 비행 상태"라고 말했으며, 무중력 상태에서도 편안했다. 곧이어 착륙 과정이 시작되었다. 79분 동안의 역사적 비행 후, 발사체의 역추진 로켓이 40초 동안 점화되어 로켓의 속도를 크게 낮추면서 지구 대기권으로 진입했다. 계획에 따르면 이때 둥근 하강 모듈은 폭발에 의해 부착된 장비 모듈에서 분리되어야 했는데, 두 모듈을 결속하는 금속 케이블이 분리되지 않았다. 우주선은 금속 케이블을 단 채로 회전하면서 불규칙하게 떨어지기 시작했고, 하강 모듈 중 보호막이 없는 부분이 재진입 때 강렬한 열에 노출되었다. 우주선 내부 온도가 올라갔지만 가가린은 우주선 주위에 붉은 화염이 치솟는 것을 지켜볼 수밖에 없었다. 그는 "불길에 휩싸인 채 지구로 돌진하고 있었다"[5]라고 당시를 회상했다.

유리 가가린의 역사적 비행에 앞서 발사대에 세워져 있는 보스토크 3K-A 로켓

10분 뒤 두 모듈을 결속하던 강한 케이블이 불타면서 마침내 큰소리를 내며 떨어져 나갔다. 하강 모듈이 공기밀도가 높은 대기권으로 떨어지자 거친 회전과 흔들림이 점차 줄어들었다. 의식을 거의 상실할 정도로 위험했던 가가린은 다시 정신을 똑바로 차렸다. 우주선의 해치가 예정대로 소련 사라토프Saratov 지역 상공 7km에서 떨어져 나갔고, 잠시 후 가가린은 자동으로 사출되어 낙하산을 타고 스메로프카Smelovka 마을 근처에 착륙했다. 그의 우주선은 낙하산 착륙 지점에서 3km 정도 떨어진 지점에 쿵 소리를 내며 떨어졌다.[6]

한편 소련의 선전매체들은 일제히 움직이기 시작했다. 라디오 방송이 고양된 소련 국민에게 소련 우주비행사가 "89분 동안의 궤도 비행을 포함한 108분 동안 지속된 역사적인 여정을 마치고 오전 10시 55분에 예정된 소련 지역에 무사히 착륙했다"는 소식을 전했다. 가가린의 보스

토크 우주선은 최고 속도 27,000km/h, 즉 이전의 비행 속도보다 약 3배 빠른 속도에 도달했다. 비행 귀환 보고를 마친 뒤, 가가린은 쏟아지는 환호와 안도감, 위업에 대한 자부심을 안고 모스크바로 돌아갔다. 그는 소련 전역에서 열렬한 환영을 받았으며, 나중에 세계 여행을 떠났을 때 군중들이 세계 최초의 우주인을 보고 환호하기 위해 모여들었다. 하지만 그의 위험했던 재진입에 관한 세부 내용은 그로부터 30년이 지난 후에야 공개되었다.

'아기의 첫 발걸음일 뿐'

한 국가의 역사에서 국가의 희망, 두려움, 자신감 등 국가의 운명이 한 사람의 운명에 달린 것같이 여겨지는 때가 있다. 1961년 5월 5일 봄날 아침이 바로 그런 순간이었다. 37세의 미 해군 테스트 파일럿이 플로리다에서 '프리덤 7호'라고 부르는 비좁은 머큐리 캡슐로 들어가 레드스톤 로켓을 타고 하늘을 향해 올라갈 준비를 했다.

앨런 셰퍼드Alan Shepard가 2년 전 우주비행사로 선발된 이후 학수고대했던 순간이었다. 그럼에도 그는 감정을 다잡고 흥분을 가라앉혔다. 그가 그날 비행을 마치고 받았던 모든 찬사도 우주로 날아간 최초의 인간이라는 그의 원대한 꿈과 영광에 대한 보상이 되지 못했을 것이다. 그러나 유감스럽게도 그는 자신의 꿈을 달성하기에는 불과 23일이 부족했다. 4월 12일 지구 궤도를 한 바퀴 도는 영광을 얻는 사람은 바로 소련 우주비행사 유리 가가린이었다.

앨런 바틀렛 셰퍼드 주니어Alan Bartlett Shepard Jr의 선조는 뉴잉글랜드 사람들로서 8대를 거슬러 올라가면 메이플라워호에 이른다. 그는 1923년

11월 18일 뉴햄프셔 데리Derry에서 은행원의 아들로 태어났다. 그는 일찍이 항공기에 관심을 보였고, 고등학교에 다닐 동안에도 근처 비행장에서 일했다. 1944년 미국 해군사관학교를 졸업한 뒤 그는 구축함 코그스웰Cogswell호를 타고 태평양에서 실제 전투에 참여했다. 전쟁이 끝난 후 그는 조종사 자격을 얻었고, 이어서 노련하고 침착한 테스트 파일럿이 되었다가 1959년 4월 NASA의 우주비행사로 선발되었다.

1961년 1월 19일 오후, 존 F. 케네디가 대통령으로 취임하기 하루 전, 스페이스 태스크 그룹Space Task Group(STG) 위원장 로버트 길루스Robert Gilruth는 자랑스러운 첫 임무에 나설 인물을 확정하기 위해 7명의 머큐리 우주비행사를 불렀다. 그는 지체하지 않고 셰퍼드를 선택했다고 발표했고, 참석자들은 깜짝 놀라 아무 말도 하지 못했다. 셰퍼드는 나중에 "전 약 20초 동안 아무 말도 하지 못했어요. 바닥만 보고 있었죠. 고개를 들었을 때 방에 있던 모든 사람이 나를 바라보았죠. 신나고 기뻤지만 환성을 지를 순 없었습니다"라고 회상했다. 다른 6명은 크게 실망했지만 웃으며 그를 축하해 주었다.[7]

처음에 NASA는 최초의 미국인 우주비행사가 언론의 집중적인 관심을 받지 않고 훈련에 전념할 수 있도록 그의 이름을 밝히지 않기로 결정했다. 하지만 1961년 2월 22일, NASA는 최종 훈련을 위한 3명의 후보자—존 글렌John Glenn, 버질 거스 그리섬Virgil Gus Grissom, 앨런 셰퍼드—를 선택했다고 발표했다. 한 사람은 우주비행사로서 훈련받을 예정이었고, 두 사람은 예비 우주비행사의 역할을 할 예정이었다. NASA 밖의 대부분의 사람들은 대중적이고 호감이 가는 미 해병대 출신 존 글렌이 비행에 나설 것이라고 짐작했기 때문에 3개월 뒤 셰퍼드의 이름이 발표되자 깜짝 놀랐다.

셰퍼드가 타고 갈 프리덤 7호를 실은 머큐리-레드스톤 비행Shepard's

Mercury-Redstone flight(MR-3)은 원래 3월 24일로 예정되었다. 하지만 1월 말 케네디 행정부는 대통령의 과학기술 고문 제롬 B. 위즈너Jerome B. Wiesner가 이끄는 대통령 과학자문위원회로부터 우주비행 프로그램에 관한 비판적인 보고를 받았다. 이 위원회는 최초의 우주비행사를 발사하기 위해 불필요하게 서두르지 말고 훨씬 더 신중한 접근을 권고했다. 위즈너의 보고서는 대통령에게 비행을 서두르다가 우주비행사가 사망하면 행정부에 매우 좋지 않은 영향을 미칠 것이라고 경고하며, 최초의 유인 우주비행을 즉시 연기할 것을 요구했다. 그 대신 영장류를 탑승시키는 추가 비행을 통해 먼저 유인 비행이 안전한지 확인하라고 권고했다. 위원회는 이미 알려져 있던 레드스톤 부스터의 신뢰성 부족을 지적했다. 위원 중 한 사람인 조지 키스티아코프스키George Kistiakowsky 박사는 너무 일찍 셰퍼드를 발사하면 우주비행사들에게 '역사상 가장 값비싼 장례식'[8]을 제공하는 꼴이 될 것이라고 주장했다.

위즈너 보고서는 NASA 유인 우주비행 프로그램의 여러 측면에 대해 비판하고 길루스와 NASA 신임 국장인 제임스 E. 웹James E. Webb에게 엄청난 압력을 가했다. 그들은 핵심 머큐리 담당자들과 우주비행에 대해 상세히 논의한 후, 베르너 폰 브라운Wernher von Braun과 그의 로켓팀에게 (상당히 마뜩잖은 태도로) 추가 무인 시험비행, 이른바 '머큐리-레드스톤 부스터 개발용' 발사가 애초에 MR-3로 배정된 날짜에 발사되어야 한다고 조언했다. 무인 시험비행이 성공을 거두면 셰퍼드가 4월 25일 비행할 수 있었다. 레드스톤 발사체의 추가 시험에 대해 압력을 받았던 폰 브라운은 그 결정에 큰 불만 없이 승인했다.

셰퍼드가 조바심을 내며 기다리고 있을 때 폰 브라운은 최종 시험비행을 아무런 문제 없이 수행했다. 그러나 19일 후 의기양양한 소련은 최초의 인간을 우주로 보내는 일을 성공시켰고, 그 뉴스를 들은 셰퍼드는 엄청난 충격을 받고 격분했다. 그는 초기 유인 우주비행 역사에서 가장 갈망했던 것을 잃고 말았던 것이다. 우주비행사들의 간호사였던 디 오하라Dee O'Hara는 "그 소식은 모든 사람에게 큰 충격이었고 엄청난 실망감을 안겨주었다. 가가린의 비행은 우리를 모두 바보처럼 보이게 만들었다. 앨런은 매우 실망했고, 나는 그것을 충분히 이해할 수 있었다"[9]라고 회고했다.

5월 2일, 프리덤 7호의 첫 발사 시도는 기상 악화로 예정된 이륙 시간보다 2시간 20분 연기되었다. 그날 아침 일찍 번개와 천둥을 동반한 강력한 폭풍이 케이프 전역을 휩쓸었다. 오전 7시 25분, 셰퍼드는 S 격납고에서 우주복을 갖춰 입고 연기 소식을 기다리고 있었는데, 그날 발사가 취소되었다는 결정을 듣게 된다. 레드스톤은 이미 연료가 완전히 주입된 상태여서 연료를 제거해야 했다. 그는 로켓에 연료를 채우고 다시 발사 시도를 하려면 적어도 48시간이 소요될 것임을 알고 있었다. 발사 연기 전에 이미 미국 최초 우주비행사의 이름이 발표되었다. 셰퍼드는 이후에 "당국이 이름을 발표했을 때 안심했다. 비밀을 유지하는 것은 정말 힘들었다"[10]라고 말했다.

3일 뒤 1961년 5월 5일, 셰퍼드는 오전 1시가 지난 직후 깨어났다. 각종 기구가 그의 호흡과 심장박동을 측정하기 위해 몸에 부착되어 있었고, 그 위에 은색 우주복을 착용했다. 희미한 새벽빛이 동쪽 하늘을 물들이기 시작할 즈음, 셰퍼드는 휴대용 공기조절 장치를 부착한 채 이동용 밴에서 내려 발사대 앞으로 걸어갔다. 그는 몇 발자국 걷고는 몇 초 동안 잠시 멈춰 자신을 우주로 데리고 갈 로켓을 바라보았다. 그는 머큐리 프로젝트 우주비행사들의 책《일곱 명의 우주비행사We Seven》에서 절대 잊을 수 없는 그 순간을 다음과 같이 회고했다.

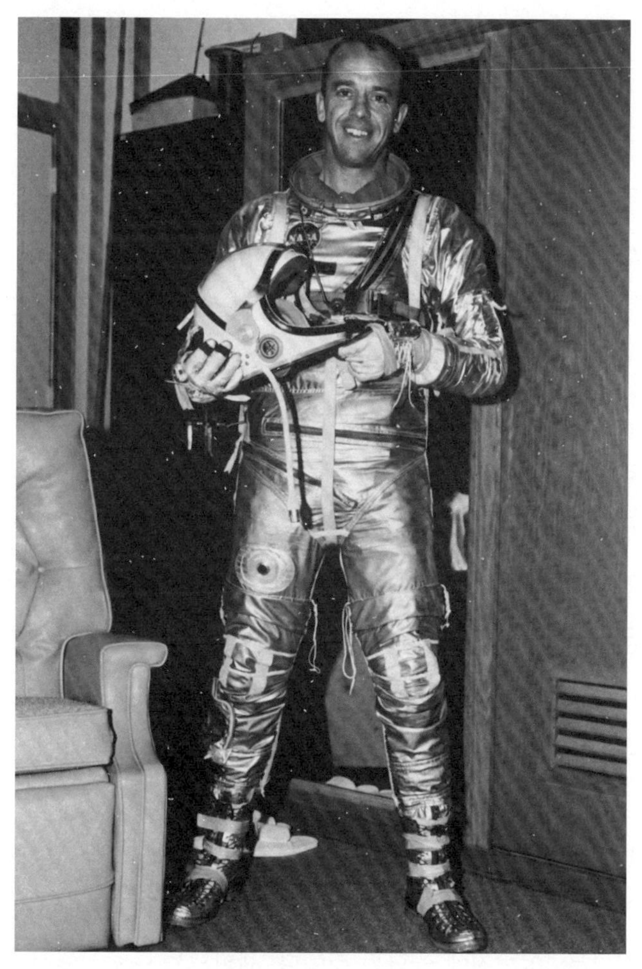

NASA 우주비행사이자 미 해군 중령 앨런 B. 셰퍼드 주니어

새로운 차나 비행기를 사면 그렇듯이 이상이 없는지 점검해보고 싶었다. 그런 미사일을 다시는 보지 못할 것이다. 나는 날아갈 준비가 된 새를 보는 걸 좋아한다. 정말 아름다운 모습이다. 꼭대기에 머큐리 캡슐과 탈출 타워를 실은 레드스톤은 길고 가는 형태의 아주 멋진 조합이다. 레드스톤 로켓은 확실한 기대감을 갖게 했다. 로켓은 액체 산소를 가득 채우고 흰 수증기를 내뿜으며, 로켓 아래 겉면에

는 성애가 덮여 있었다. 로켓은 탐조등 불빛 속에서 아름답게 서 있었다.[11]

존 글렌과 마무리팀은 셰퍼드가 오전 5시 20분 프리덤 7호의 열린 해치로 다가갈 때 캔버스 천으로 덮인 화이트 룸에서 대기하고 있었다. 셰퍼드는 휴대용 공기조절 장치와 연결된 호스를 분리하고 보호용 신발을 신고 우주선 안으로 첫발을 내디뎠다. 그다음 우주복 기술자 조 슈미트Joe Schmitt가 셰퍼드를 줄로 강하게 결속하고 그의 우주복과 산소 시스템을 고리로 연결했다.

오전 6시 10분에 해치가 닫혔다. 셰퍼드는 나중에 "나는 혼자였다. 해치가 제대로 닫혔는지 확인하기 위해 돌리는 모습을 바라보고 있었다"[12]라고 회상했다. 17분 뒤 붉게 녹슨 발사 지지대가 레드스톤과 분리되고, 비상시 우주비행사를 구출하기 위한 긴 붐boom대가 달린 노란 작업자용 크레인만 남았다. 크레인은 발사 1분 전까지 그 위치에 그대로 있었다.

하지만 셰퍼드를 포함한 모든 사람들이 실망스럽게도 발사는 몇 차례 연기되었다. 연료 압력조절 장치가 비정상적으로 높은 수치를 보여 최종 발사 2분 40초 전에 중단된 것이다. 셰퍼드는 우주선에서 3시간 이상 고정된 채 견디는 과정에서 특별히 모직으로 만든 속옷에 소변을 볼 수밖에 없었다(프리덤 7에서 나올 경우 발사가 다시 2일간 지연된다). 그는 여러 차례의 지연으로 마침내 인내심의 한계에 도달했다. 그는 날 선 목소리로 "나는 이 속에서 3시간 이상 있었어요. 엄청나게 춥습니다. 고장 문제를 해결하고 양초라도 켜 주세요"[13]라고 말했다.

마지막 문제가 즉시 수정되었고 카운트다운이 재개되었다. 발사 60초 전, 노란 크레인이 레드스톤에서 분리되고 로켓이 발사대에서 발사 자세를 취했다. 점화 명령과 발사 시각은 오전 9시 34분이었다. 수분 후 셰퍼드는 캡슐 교신담당자 데크 슬레이튼Deke Slayton이 "당신은 제대로 날고 있습니다, 호세José!"라는 목소리를 들을 수 있었다. '호세'는 셰퍼드가 가장 좋아하는 코미디언 빌 다나Bill Dana를 농담 삼아 부르는 별명이었고, 빌 다나는 정기적으로 호세 히메네즈José Jiménez라는 겁먹은 우주비행사가 등장하는 연기를 했다. 셰퍼드가 침착하게 응답했다. "로저Roger, 드디어 이륙했군요, 운명의 시간이 시작되었습니다."

발사대를 떠나고 몇 분 후 레드스톤은 초음속에 도달했다. 이 단계의 비행에서는 속도의 힘과 공기밀도 때문에 동압력dynamic pressure이 발생하여 로켓이 흔들리고 진동하게 된다. 셰퍼드는 이런 현상이 일어날 때는 그저 버텨야 한다는 것을 알고 있었다. 얼마 지나지 않아 진동이 잦아들기 시작했고, 그는 비행이 훨씬 더 순조로워졌다고 보고했다.

레드스톤은 로켓이 연소하면서 142초 동안 비행했지만 계속해서 위로 궤적을 그리며 날았다. 더 이상 필요 없는 탈출 타워가 사출되었다. 39초 후 폭발에 의해 부스터와 분리되었고 프리덤 7호는 계속 상승했다. 셰퍼드는 장치를 계속 모니터링하면서 프리덤 7호의 방향을 180도 바꾸었다. 이로써 재진입 시 충격을 최소화하기 위해 프리덤 7호의 뭉툭한 끝과 셰퍼드의 등이 비행 방향으로 향하게 되었다. 그다음 그는 캡슐의 자동 비행 장치를 끄고 우주선에 대한 일시적인 통제권을 넘겨받는 과정을 수행했다. 이는 항상 지상에서 모든 것을 자동으로 통제했던 때의 가가린은 할 수 없었던 일이었다. 앨런 셰퍼드는 더 이상 단순한 관찰자가 아니었다. 그는 프리덤 7호를 한쪽으로 기울게 하거나 위아래로 움직이거나 회전시켰다. 즉 그는 실제로 우주선을 조종한 최초의 인간이 되었다.

곧이어 프리덤 7호가 다시 자동 통제 모드로 돌아왔고, 셰퍼드는 무

1961년 5월 5일 발사대에서 이륙하고 있는 레드스톤 로켓. 앨런 셰퍼드는 MR-3 준궤도 미션을 수행하여 역사책에 기록되었다.

중력 상태에서 장비를 계속 체크하면서 우주선의 연료와 전기 시스템을 모니터링하고 그의 신체 상태를 미션 통제센터에 보고했다.

4분 30초 비행한 후 프리덤 7호는 최고 고도 187.5km에 도달했고 셰퍼드는 계속 무중력 상태를 경험했다. 나중에 그는 이러한 짧고 힘든 일을 수행했음에도 무중력 상태가 "즐겁고 편안했다"고 했다. 곧이어 데크 슬레이튼은 역추진 점화 카운트다운을 시작했다. 역사적 비행을 시작한 지 5분 14초 만에 셰퍼드는 역추진 로켓을 점화하여 우주선 속도를 늦추고 프리덤 7호의 위치를 조정하여 정확한 재진입 자세를 취했다. 우주선은 포물선을 그리며 대기권으로 진입했고, 셰퍼드는 모든 것이 순조롭게 진행되고 있다고 보고했다.

프리덤 7호는 발사 후 8분 만에 공기밀도가 높은 대기권을 통과했고, 그 후 1분 내에 우주선의 속도가 6,803km/h에서 549km/h로 떨어졌다. 그러는 동안 셰퍼드는 우주선을 수동 조작하며 비행하면서 무중력 상태에서 정상 상태보다 최대 11배까지 급격하게 증가하는 중력 가속도를 견뎌내야 했다. 그는 이에 대비하여 원심력 훈련을 한 바 있었지만, 지상과 교신할 때 엄청난 고통으로 그의 목소리가 힘에 눌려 끙끙거리는 소리까지 들려왔다.

오전 9시 44분, 고도 6.4km에서 수직 낙하하는 캡슐 꼭대기에서 보조 낙하산이 펼쳐졌다. 보조 낙하산은 고도 3km 지점에서 주 낙하산이 펼쳐지기 전에 캡슐을 안정시키는 데 도움을 주었다. 우주선이 고도 2km를 통과했을 때 셰퍼드는 주 낙하산이 거칠게 펼쳐지는 것을 감지하고 안도의 한숨을 내쉬었다. 그는 기계 패널을 재빨리 살펴보았고, 열 차단막이 부착된 랜딩 백이 연착륙을 위해 아래로 내려져 있는 것을 확인했다. 오전 9시 45분, 32km/h의 속도로 차분하게 비행하던 우주선은 셰퍼드 아래에 있는 랜딩 백이 확장되면서 바닷물과 부딪혔다. 이렇게 프리덤 7호의 역사적 비행은 끝났다. 낙하산 줄은 자동으로 절단되었고, 우주선이 대서양 바다에 똑바른 이 자세로 떠 있을 때 기다리고 있던 잠수부와 해병대 헬기가 우주선 회수 작업을 시작했다.

회수용 헬기가 프리덤 7호에 안전하게 고리를 걸자 헬멧을 벗은 셰퍼드는 해치를 열고 우주선에서 나와 해치 문턱에 앉았다. (사전 계획에서는 그는 바다로 뛰어들어야 했다.) '말 포획용 줄'이 내려지자, 그는 머리를 줄 안으로 집어넣었고 헬기로 들어 올려졌다. 그가 헬기를 타고 6.5km 떨어진 곳에 위치한 미 항공모함 레이크 챔플레인Lake Champlain호에 착륙했을 때, 이 우주비행사는 환하게 웃으며 승무원들에게 "와우, 정말 멋진 비행이었습니다!"라고 말했다.[14]

즉시 종합 검진을 받은 셰퍼드의 건강은 매우 좋았고 아픈 곳도 전혀 없었다. 그의 안전한 귀환에 미국인들은 안도와 환호로 맞이했다. 워싱턴에서 발사 장면을 실황으로 지켜보았던 케네디 대통령은 무선 전화로 셰퍼드에게 축하 인사를 전했다. 다음날 흐루쇼프 서기장은 케네디에게 메시지를 보내 "인간의 우주 정복 분야에서 최근에 이룬 놀라운 성취는 진보의 관점에서 자연 연구에 관한 무한한 가능성을 열었습니다"[15]라고 했다. 한편 소련 언론은 셰퍼드의 15분 동안의 탄도 비행과 가가린의 온전한 궤도 비행을 비교하며 별것 아니라는 듯이 조롱했다. 셰퍼드는 프리덤 7호의 비행을 "더 크고 더 나은 것을 위한 아기의 첫 발걸음일 뿐"이라고 말했다. 그렇지만 미국이 (그리고 그가) 최초로 우주를 비행할 기회를 놓친 것에 대해서는 항상 억울해했다.

비좁은 프리덤 7호 우주선을 이용한 셰퍼드의 비행은 오늘날 수행되는 복잡한 미션과 비교할 때 보잘것없는 것처럼 보일 수 있다. 하지만 당시 그 비행은 큰 충격과 함께 미국인들을 단합시켰고, 새로운 자부심과 성취감을 가져다 주었으며, 또한 역사상 가장 위대한 과제 중 하나를 추진하는 계기가 되었다. 1961년 5월 25일, 셰퍼드의 비행이 끝난 지 불과 20일 만에 케네디 대통령은 상·하원 합동회의에서 1960년대가 끝나기 전에 인간을 달에 착륙시키겠다고 공언했다.

돌이켜보면 냉전 시기에 경쟁하던 두 초강대국 사이의 유인 달 착륙 경쟁은 극단과 과장이 뒤섞인 역사였다. 케네디는 역사적인 의회 연설에서 다음과 같이 아주 간결하게 말했다.

이 기간 동안 인류에게 이 목표보다 더 멋지고 더 중요한 우주 프로젝트는 없을 것입니다. 이 목표를 달성하려면 그 무엇보다도 힘들고 엄청난 비용이 들 것입니다.[16]

이와 관련하여 가장 주목할 만한 사실은 케네디 대통령이 이 연설을 할 때 미국의 유인 우주비행 경험은 불과 3주 전에 수행된 15분간의 준궤도 우주비행이 전부였다는 것이다. 1960년대는 불과 8년밖에 남지 않았고, 많은 사람에게 이것은 불가능한 꿈처럼 보였다.

거스 그리섬과 리버티 벨 7호의 힘든 비행

셰퍼드가 15분 동안 역사적인 우주비행을 한 지 두 달 후, NASA는 또 다른 우주비행사를 우주로 보낼 준비를 마쳤다. 이번 임무를 수행할 공군 대위 버질 거스 그리섬Virgil Gus Grissom은 인디애나주의 작은 도시 미첼Mitchell 출신이었다. 그의 임무는 셰퍼드와 비슷한 궤도를 비행하는 것이어서 사실상 셰퍼드의 임무를 그대로 다시 수행하는 것이었다.

1961년 7월 21일, 그리섬은 리버티 벨 7호Liberty Bell 7라는 머큐리 우주선을 타고 케이프 커내버럴에서 발사되었다. 이 우주선 명칭은 셰퍼드가 그의 우주선을 프리덤 7호라고 부른 것을 그대로 따른 것이었다. 이는 7명의 머큐리 우주비행사를 인식해 붙인 것이 아니라, 미주리주 세인트루이스의 맥도넬 항공기 공장에서 제작된 7번째 우주선이었기 때문이었다. 그러나 다른 5명의 우주비행사는 숫자상으로 7이 그들과 관련이 있다는 점을 좋아했고, 그 후로 숫자 7이 그들의 머큐리 우주선 명칭에 덧붙여졌다.

그리섬의 MR-4 미션에 사용할 25m 길이의 레드스톤 로켓과 우주선은 셰퍼드의 비행에 사용된 것과 약간 달랐는데, 우주비행사들이 요구한 창문을 설치했다. 리버티 벨 7호는 셰퍼드의 프리덤 7호보다 약간 더 높은 고도 190km에 도달했다. 그리섬은 또한 수동으로 우주선을 기동하는 임무와 그 외 다른 임무도 수행했다. 역추진 점화와 재진입 후 보조 낙하산이 고도 약 9km에서 펼쳐졌다. 그다음 고도 약 3km에서 주 낙하산이 전개되어 우주선의 착수 속도를 늦추었다. 리버티 벨 7호는 그리섬이 플로리다에서 창공으로 발사된 지 16분 뒤인 오전 8시 36분에 대서양으로 떨어졌다. 이는 셰퍼드의 비행보다 15초 더 긴 비행이었다. 그러나 그 직후 거스 그리섬과 그의 우주선에 몇 가지 예기치 않은 문제가 발생하여 비행 마지막에 거의 죽을 뻔했다.

우주선이 바다에서 위치를 바로잡자 그리섬은 리버티 벨 7호 주위를 선회하던 구조 헬기 조종사와 연락을 취했다. 그는 헬기 조종사 해병대 중위 제임스 루이스James Lewis에게 약 3분 후에 우주선에 고리를 연결할 수 있다고 말했다. 3분 동안 그리섬은 캡슐에서 나가기 위한 사전 조치로 여러 장치를 신중하게 확인하고 자신과 우주선을 연결하는 고리를 분리했다. 절차에 따르면 루이스 중위가 리버티 벨 7호에 안전하게 걸쇠를 걸고 헬기가 우주선 해치에서 물을 완전히 제거하기 위해 우주선을 조금씩 들어올리고, 이 과정이 완료되면 그리섬은 해치 폭발 버튼을 눌러 해치를 밖으로 떨어지게 하여 우주선에서 분리한다. 그리섬은 우주선에서 나와 이전의 셰퍼드처럼 헬기 부조종사 존 라인하르트John Reinhard가 내려준 '말 포획용 줄'과 같은 구조 장비 안으로 몸을 집어넣는다. 이를 위로 들어올린 다음 헬기에 태우고 루이스는 우주비행사와 우주선 근처에서 대기 중인 항공모함 랜돌프Randolph호로 이송한다.

그리섬이 우주선 시스템 점검에 열중하는 동안, 회수 절차에 따르면

리버티 벨 7호 옆에서 포즈를 취하고 있는 거스 그리섬

헬기 승무원은 4.4m에 달하는 우주선 휩whip 안테나를 대부분 잘라내야 한다. 더 이상 장거리 통신용 안테나가 필요 없고, 루이스가 고리를 걸기 위해 하강할 때 주 날개에 걸릴 수 있기 때문이다. 라인하르트가 손잡이가 긴 금속 가위를 이용해 안테나를 절단하면, 이어 루이스가 헬기를 하강해 우주선 위쪽에 있는 튼튼한 데이크론Dacron 고리에 갈고리를 건다. 그다음 50cm 정도 들어 올려진 상태에서 그리섬은 리버티 벨 7호의 전원을 끈 후 헬멧을 벗고—그 결과 모든 통신이 끊긴다—해치를 분리하고 해치 문턱에 걸터앉아서 구조용 밧줄에 몸을 넣어 우주선과 함께 위로 끌어올려진다.

안테나를 절단하려고 할 때 그리섬은 예기치 않은 "쿵" 하는 둔탁한 소리를 들었다. 몸을 돌려보니 해치가 폭발로 이미 분리되어 열린 해치

입구에 바닷물이 출렁거리고 있었다. 그는 시간이 없다는 것을 알고 헬멧을 벗은 다음 기계 장치 패널을 붙잡고 몸을 우주선 위로 끌어올렸다. 그러자 대서양 바닷물이 우주선 안으로 쏟아졌다. 그는 최대한 헤엄을 쳐 헬기의 주 날개가 만드는 너울을 벗어나서, 점점 더 많은 물이 열린 해치 안으로 들어가 리버티 벨 7호가 가라앉는 것을 바라볼 수밖에 없었다. 그는 루이스가 데이크론 고리에 갈고리를 거는 데 상당한 어려움을 겪고 있는 것을 알고 그쪽으로 다가가 도와주려고 했다. 그때 우주선 위쪽만 물 위로 나와 있었고 헬기는 날개 3개가 거의 바다에 닿을 정도여서 비행 고도를 유지하는 데 어려움을 겪고 있었다.

그리섬은 헬기 주 날개가 만드는 거품 섞인 너울성 파도와 계속 싸우면서 자신보다 우주선의 회수를 더 걱정했다. 팔을 허우적거리면서 그는 자신도 가라앉고 있다는 것을 깨달았다. 탈출 전에 그는 보호용 목 튜브를 부풀리지 못했고, 열린 산소 투입 포트를 통해 물이 우주복 안으로 스며들었다. 우주선의 고리가 완전히 걸린 것을 확인한 뒤 그리섬은 라인하르트를 향해 엄지를 세웠다. 루이스는 최대한 엔진 출력을 높여 거의 침수된 상태인 우주선을 들어올리려 했고, 우주선 안에 있던 물이 아래로 빠지는 동안 헬기는 구조 밧줄을 매단 채 그리섬과 멀어졌다.

루이스는 예비용 헬기와 연락을 해야겠다고 생각하고 필립 웁슐테 Phillip Upshulte 대위에게 그리섬을 물에서 구해달라고 요청했다. 그는 엄청나게 무거워진 우주선을 물에서 끌어올리는 작업에 몰두했다. 그때 헬기 계기판의 칩 감지기에 경고등이 켜졌다. 오일 시스템 안에 금속 파편이 들어 있다는 불길한 신호였다. 그는 금속 파편들이 헬기 엔진 전체로 퍼지면 수분 이내로 엔진이 멈출 수 있고, 그렇게 되면 무거워진 우주선이 고장 난 헬기에서 바다로 떨어질 것이었다.

그리섬은 물이 가득 찬 우주복 때문에 몸이 가라앉아 심하게 출렁이는 바다 위로 계속 머리를 내밀기 힘들어 바닷물을 삼켰고 몸은 탈진 상태였다. 두 번째 헬기가 그에게 다가왔을 때 가까스로 구조 밧줄을 붙잡아 몸을 둥근 밧줄 안에 집어넣었고, 물이 우주복 안으로 계속 들어오는 와중에 읍슐테의 헬기로 끌어올려졌다. 안전하게 헬기에 탄 다음 그리섬은 구조용 밧줄을 벗고 자신을 구조한 조지 콕스George Cox 중위와 악수를 하며 "당신을 보니 정말 기뻐군요!"라고 진심 어린 말을 건넸다.

그러나 리버티 벨 7호를 구조하는 작전은 실패로 끝났다. 차가운 대서양에 버리고 싶지 않았지만 루이스는 어쩔 수 없이 우주선에 매단 밧줄을 끊었고, 우주선은 곧 파도 아래로 가라앉았다. 그리섬은 랜돌프호 비행 후 몸 상태를 확인하기 위해 의학 검사를 받았고, 또 그동안의 임무에 대해 보고를 했다. 익사할 뻔했지만 의사들의 검진 결과 그의 건강 상태는 양호했다. 백악관에서 텔레비전을 통해 비행 과정을 모두 지켜본 케네디 대통령은 무선 전화로 우주비행사의 비행을 축하하고 성공적인 비행에 만족감을 나타냈다. 하룻밤이 지난 후 그랜드 바하마Grand Bahama 섬에서 추가 의학 및 심리 검사를 받은 뒤, 그리섬은 케이프 커내버럴로 다시 날아가 기자회견장에서 NASA가 수여하는 공로 훈장을 받았다.

목숨을 걸고 침몰하는 우주선을 구하려는 그리섬의 용감한 노력에도 불구하고 그가 너무 긴장했거나 공포심 때문에 해치를 잘못 분리했을 수도 있다며 의문을 제기하는 사람들이 있었다. 하지만 NASA는 전혀 문제 삼지 않았다. NASA는 이후 제미니Gemini 미션과 최초의 아폴로Apollo 미션에서 최초 2명의 유인 우주 임무를 수행할 때 그리섬을 선발함으로써 그에 대한 신뢰를 입증했다. 그러나 그리섬과 동료 승무원 에드 화이트Ed White, 로저 채피Roger Chaffee는 1967년 1월 사전 비행 테스트 중 연료를 채우지 않은 새턴 1호Saturn I 발사체에 실려 있던 아폴로 우주선 내부에서 산소로 인한 화재로 사망했다.

유인 준궤도 머큐리-레드스톤 비행

비행 임무	우주비행사	발사일	최고 고도	비행 지속 시간
MR-4	앨런 B. 셰퍼드 Jr	1961년 5월 5일	187.50km	15분 22초
MR-3	버질 거스 그리섬	1961년 7월 21일	190.32km	15분 37초

거스 그리섬이 살았다면 리버티 벨 7호가 대서양의 그랜드 터크Grand Turk섬 북서부 약 4.8km 심해에서 1999년 5월 1일 마침내 발견되었다는 사실을 알고 기뻐했을 것이다. 디스커버리 채널은 해저 구조자 커트 뉴포트Curt Newport가 이끄는 수색팀에 자금을 지원했다. 커트 뉴포트는 앞서 1996년 뉴욕 앞바다에서 사라진 우주왕복선 챌린저호와 TWA 800편을 회수하는 작업을 수행했다. 1999년 7월 20일 오전 2시 15분, 리버티 벨 7호가 가라앉은 지 38년 후, 그리고 달에서 2명의 인간이 최초로 걸은 날로부터 30년 후, 리버티 벨 7호는 대서양 해저에서 지상으로 인양되었다.[17] 이 우주선은 회수된 뒤 선체 검사와 해체 및 세척 과정을 거치고, 또한 일부 부품을 교체하고 다시 조립하여 캔자스주 허친슨Hutchinson의 우주박물관에 전시되었다.

그러나 안타깝게도 우주선 해치는 회수하지 못했다. 해치가 떨어져 나간 원인 중 하나는, 테스트 결과 리버티 벨 7호 상부에 있는 금속제 안테나를 제거할 때 발생한 정전기 때문인 것으로 보고되었다.

날개가 있는 우주선

NASA가 최초의 우주비행사를 우주로 보내기 위한 준비에 박차를 가하는 동안에도, 더 높은 대기권을 탐사하고 종국에는 우주 경계 너머로 날아갈 항공우주 조종사들을 선발하기 위한 프로그램이 진행되고 있었다. 새로운 최고 비행 속도로 조종사들을 싣고 갈 비행체는 강력한 날개를 가진 우주비행체인 노스 아메리칸 X-15North American X-15였다.

《X-15 로켓 항공기: 최초로 우주로 날아간 날개 달린 항공기The X-15 Rocket Plane: Flying the First Wings into Space》의 저자이자 항공우주 역사가 마이클 에반스Michelle Evans는 극초음속 로켓 추진 항공기를 "역사상 가장 성공적인 연구용 항공기"라고 하며 다음과 같이 언급했다.

> 12명의 조종사가 1959년 6월부터 1968년 10월까지 199회의 비행 임무를 수행했다. 이 프로그램이 진행되는 동안 그들은 마하 6.7의 속도로 고도 107.8km까지 비행했다. 12명 중 8명의 조종사는 우주비행사 배지를 획득할 정도로 높이 날았고(하지만 이 프로그램이 진행되는 동안 실제로 배지를 받은 사람은 그들 중 5명뿐이었다), 한 명의 조종사가 목숨을 잃었다.[18]

X-15 프로그램은 3대의 로켓 항공기를 이용해 당시 기록으로는 최고 고도까지 올라갔고, 음속의 약 7배 속도까지 비행했다. X-15의 199회 임무에서 얻은 막대한 시험 데이터는 NASA의 머큐리, 제미니, 아폴로, 그리고 유인 우주왕복선 우주비행 프로그램을 성공시키는 데 도움을 주었다.

1959년 6월 8일, 항공우주 엔지니어들은 우주 경계 지점인 고고도 비행에 관한 데이터를 제공하기 위해 설계된—언젠가 극복하기 힘든 경계 지점 너머로 날아갈 수 있기를 바라면서—3대의 실험용 X-15 로켓 항공기 중 첫 번째 항공기를 이용해 여러 차례 자유 비행 시험을 시작했다. 노스 아메리칸 항공North American Aviation, Inc(NAA)이 미 공군과 계약을 맺고 검은색 항공기를 제작했다. 그날 500만 달러짜리 항공기가 모하비Mojave 사막 상공 11.5km를 날던 특수 개조한 B-52 폭격기 날개 아래에서 투하되었다. 이 최초의 무동력 활공 시험 조종사는 37세의 NAA 민간 테스트 파일럿 스콧 크로스필드Scott Crossfield였다. 그는 X-15를 조종하여 4분 후 캘리포니아주 에드워드 공군기지의 로저스 드라이 레이크Rogers Dry Lake 활주로에 성공적으로 착륙했다. 그전에 X-15는 B-52의 오른쪽 날개 아래에 '부착되어captive' 네 차례 시험 비행을 한 적이 있었다.

크로스필드가 조종한 두 번째 X-15 항공기가 1959년 9월 17일과 10월 17일 두 차례 로켓 추진 비행을 성공적으로 완료했다. 이 두 차례 비행에서 속도는 2,250km/h를 넘었고, 두 번째 로켓 추진 비행에서 크로스필드는 고도 18.3km까지 올라갔다. 11월 5일 세 번째 로켓 추진 비행에서는 2개 엔진 하부에서 연료가 폭발하여 항공기가 손상되었지만, 크로스필드는 가까스로 에드워드 기지로 돌아와 안전하게 비상 착륙했다. X-15 프로그램은 계속 진행되어 많은 속도와 고도 기록을 갱신했다.

비행 중인 노스 아메리칸 X-15 로켓 항공기

1962년 6월 27일, NASA의 선임 연구비행 조종사 조셉 A. 조 워커Joseph A. Joe Walker는 날개가 있는 유인 항공기인 X-15 1호기로 6,606km/h로 비행하여 세계 최고 비행 속도를 기록했다. 이 비행의 목표 중 하나는 미 공군이 공인한 우주 경계 지점 너머로 비행하는 것이었다. 이 경계 지점은 수십 년 동안 많은 추측과 논쟁을 불러일으킨 주제였다. 지난 세기 헝가리 태생의 물리학자 시어도어 폰 카르만Theodore von Kármán은 이 경계 지점을 고도 약 80km라고 밝힌 반면, 항공우주 및 우주비행 기록을 등록하는 기관인 국제항공연맹Federation Aeronautique Internationale(FAI)과 미국 해양대기관리청National Oceanic and Atmospheric Administration(NOAA)은 우주의 경계를 고도 100km라고 했다. 하지만 NASA, 미 연방항공국Federal Aviation Administration(FAA), 미 공군은 카르만이 주장한 경계 지점을 우주가 실제로 시작되는 지점으로 간주했다. 따라서 미 공군은 고도 80km 이상 비행한 조종사에게 우주비행사 배지를 수여한다.

다음 달인 1962년 7월 17일, 공군 소령 로버트 화이트Robert White가 네바다주 델라마Delamar 호수 위 13.7km 상공을 비행하던 B-52 폭격기 날개 아래에서 발사되어 X-15 3호기를 타고 고도 95.92km까지 올라갔다. 이는 새로운 우주 영역으로 최초로 비행한 것이었다. 그 결과 화이트는 우주비행사의 자격을 받은 최초의 X-15 조종사이자 다섯 번째 미국인 우주비행사가 되었다(NASA의 우주비행사로는 앨런 셰퍼드, 거스 그리섬, 존 글렌, 스콧 카펜터가 있었다). 다음날 백악관에서 케네디 대통령은 워커, 화이트, 그리고 2명의 전직 X-15 조종사인 스콧 크로스필드Scott Crossfield와 포레스 피티슨Forrest Petersen에게 우주항공학과 우주비행학에 뛰어난 공헌을 한 사람에게 주어지는 1961년 로버트 J. 콜리어Robert J. Collier 트로피를 수여했다.

1963년 1월 17일, X-15의 77번째 비행을 수행한 조 워커Joe Walker는 강력한 연구용 항공기를 타고 고도 82.7km까지 올라갔는데, 이것은 미 공군이 우주의 경계로 선언한 것보다 높은 고도였다. 그러나 당시는 군 당국만이 군 소속 조종사들에게 우주비행사 배지를 수여할 수 있는 상황이었고 워커는 민간인 조종사로 간주되었기 때문에 그는 우주비행사 자격을 얻지 못했다. 총 8명의 X-15 조종사 중 조 워커, 윌리엄 H. 빌 다나William H. Bill Dana, 존 B. 맥카이John B. McKay는 민간인 조종사로서 고도 80km 이상을 비행했다. 이러한 상황은 2005년 8월 23일까지 지속되었고 이후 이들 3명은 업적을 공식적으로 인정받고 우주비행사 배지를 받았지만, 그것은 워커와 맥카이가 사망한 뒤였다.[19]

미 공군 소령 마이클 J. 애덤스Michael J. Adams는 1966년 7월 20일

X-15 조종사들과 그들의 기록

조종사	비행 횟수	미 공군 인정 우주비행	최고속도(km/h)	최고고도(km)
USAF, 마이클 애덤스	7	1	6150.9	80.95
NASA, 닐 암스트롱	7	0	6419.7	63.09
NAA, 스콧 크로스필드	14	0	3152.7	24.62
NASA, 윌리엄 다나	16	2	6271.6	93.50
USAF, 조 엥글	16	3	6225.5	85.46
USAF, 윌리엄 나이트	16	1	7272.6	85.46
NSAS, 존 맥카이	29	1	6216.9	89.96
USN, 포레스트 피터슨	5	0	5793.6	30.90
USAF, 로버트 러쉬워스	24	1	6464.7	86.74
NASA, 밀턴 톰프슨	14	0	5991.6	65.18
NASA, 조셉 워커	25	3	6604.7	107.83
USAF, 로버트 화이트	16	1	6584.4	95.92

미 공군이 인정하는 우주 경계는 고도 80km

NAA = 노스 아메리칸 항공, NASA = 미국항공우주국, USAF = 미 공군, USN = 미 해군

고도 80km를 초과한 X-15 비행

비행 번호	조종사	날짜	고도(km)
62	로버트 화이트	1962년 7월 17일	95.92
77	조셉 워커	1963년 1월 17일	82.82
87	로버트 러쉬워스	1963년 6월 26일	86.74
90	조셉 워커	1963년 7월 19일	105.89
91	조셉 워커	1963년 8월 22일	107.83
138	조 엥글	1965년 6월 29일	85.46
143	조 엥글	1965년 8월 10일	82.56
150	존 맥카이	1965년 9월 28일	89.96
153	조 엥글	1965년 10월 14일	81.11
174	윌리엄 다나	1966년 11월 1일	93.50
190	윌리엄 나이트	1967년 11월 15일	85.46
191	마이클 애덤스*	1967년 11월 15일	80.95
197	윌리엄 다나	1968년 8월 21일	81.43

* X-15 3호기 사고로 사망함.

X-15 프로그램에 합류하여 1호와 3호 항공기를 이용해 총 7차례 비행했다. 1967년 11월 15일, 그는 X-15 3호기의 191번째 비행에서 우주비행으로 인정받는 고도를 돌파했다. 그가 대기권으로 재진입하기 시작할 때 항공기가 통제 불능 상태가 되어 X-15는 격렬하게 고속으로 회전하기 시작하여 과도한 항공역학 스트레스 탓에 기체가 부서지기 시작했다. 분해된 항공기는 캘리포니아 랜즈버그Randsburg 북서쪽에 떨어졌고 애덤스는 즉사했다.

1968년 말, 세계의 관심이 케네디 대통령의 1960년대 말까지 유인 달 착륙을 실현하겠다는 약속과 조만간 예정된 아폴로 8호 비행에 쏠리면서 X-15의 기록적인 비행은 거의 잊혀졌다. 아폴로 8호는 최초로 유인 달 탐사 임무를 위해 달 궤도를 성공적으로 선회했다.

10월 24일, 빌 다나Bill Dana는 X-15 3호 연구용 항공기에 탑승해 199번째 비행을 마치고 에드워드 공군기지 로저스 드라이 레이크 활주로에 완벽하게 착륙했다. 200번째 비행으로 이 프로그램을 마무리할 계획이었지만, 여러 번의 취소와 중단 이후 프로그램 종료가 결정되었다. X-15 조종사 중에서 닐 암스트롱Neil Armstrong과 조 엥글Joe Engle이 NASA의 우주비행사로 선발되었다. X-15를 타고 7차례 비행했던 암스트롱은 나중에 아폴로 11호를 타고 달에 착륙한 최초의 인간이 되었다. 한편 조 엥글—정식 교육을 받은 지질학자 해리슨 슈미트Harrison Schmitt에게 아폴로 17호 임무를 양보했다—은 우주왕복선 프로그램에서 접근 및 착륙 시험Approach and Landing Tests(ALT)을 여러 차례 수행했다. 그는 나중에 2차 궤도 시험 임무인 STS-2의 조종사로 선발되어 X-15와 우주왕복선을 유일하게 모두 조종한 사람이 되었다.

03

궤도 비행

머큐리-레드스톤Mercury-Redstone 비행 계획 초기, NASA는 7명의 우주 비행사에게 몇 차례의 준궤도 시험 비행을 하게 한 다음, 한층 더 강력한 아틀라스Atlas 로켓을 이용하여 과감하게 지구 궤도 임무를 수행할 계획이었다. 8개의 레드스톤 로켓을 구매했기 때문에 이 계획을 실행할 수 있었지만, 이후 여러 사건 때문에 중단되고 말았다.

1960년 11월 21일, 첫 번째 머큐리-레드스톤 비행MR-1에 사용된 레드스톤은 비정상적인 발사로 심각한 손상을 입어 '10cm 비행'으로 알려지게 된다. 계획대로 이륙했지만 레드스톤이 발사대를 막 떠나려는 순간 로켓엔진이 갑자기 꺼지고 레드스톤이 흔들리더니 다시 발사대로 주저앉아 버렸다. 머큐리 캡슐 꼭대기에 부착된 로켓 추진 탈출 타워는 자동으로 하늘로 높이 솟았고, 그 후 보조 낙하산이 레드스톤 앞부분에 견고하게 장착된 머큐리 우주선 꼭대기에서 펼쳐졌다. 잠시 후 주 낙하산과 예비 낙하산이 펼쳐졌지만, 망가진 채 발사대에 불안정하게 서 있는 로켓 옆 지상으로 떨어졌다. 레드스톤은 겨우 10cm 비행했다. 나중에 밝혀

진 바로는 전기 결함으로 로켓이 사용 불능 상태가 된 것이었다.[1]

다음 달, 다른 레드스톤이 MR-1A로 명명된 임무를 띠고 앞서 실패했던 비행을 성공적으로 완수했다. MR-2에서는 1961년 1월 31일 침팬지 햄Ham이 머큐리 캡슐을 타고 준궤도 비행을 성공적으로 마쳤다. 이 비행에서 레드스톤 엔진의 성능에 대해 우려가 제기되어, 머큐리-레드스톤 부스터 개발Mercury-Redstone Booster Development(MRBD) 비행이라는 또 다른 시험 발사가 머큐리-레드스톤 프로그램에 추가되었다. 그 후 셰퍼드와 그리섬의 준궤도 비행을 위해 레드스톤을 추가로 2개 더 사용했다.

유인 준궤도 비행 임무를 성공적으로 수행하고—MR-4 우주선 리버티 벨 7호의 손실을 제외하면—또 유리 가가린의 궤도 비행 후 NASA에 대한 압박이 커지자, 머큐리-레드스톤 프로그램은 조기에 종료하고 아틀라스 로켓을 이용한 궤도 비행으로 바꾸기로 결정한다.

NASA의 유인 궤도 비행 계획을 미리 파악한 흐루쇼프는 수석 설계자 세르게이 코롤료프Sergei Korolev에게 미국의 계획을 따돌리라고 지시한다. 애초에 보스토크-2호의 추가 비행 계획은 궤도를 3회 선회하는 것이었지만, 흐루쇼프는 NASA의 임무를 따라 하길 원하지 않았다. 그는 비행의 선전 가치를 키우고 우월한 우주비행 기술을 계속 입증하기 위해 하루 동안 궤도를 비행하도록 요구했다.

모스크바 기준 1961년 8월 6일 오전 9시, 보스토크-2호가 바이코누르Baikonur 우주기지에서 다단계 보스토크-K 로켓의 앞부분에 실려 발사되었다. 여기에는 26세의 소련 공군 소령 게르만 티토프Gherman Titov가 타고 있었다. 그는 그 유인 비행 소식이 모스크바 라디오에서 방송되기 전에 이미 지구 궤도를 최초로 선회했다. 티토프는 보스토크 우주선을 두 차례 수동 조작을 통해 기동하고 일반적인 관찰을 수행했는데, 비행 중 반죽 형태의 튜브에 든 음식으로 세 끼 식사를 하고 8시간 넘게 취침

했다. 그러나 그는 영문 모를 메스꺼움에 시달렸다고 하는데 아무도 그 이유를 설명하지 못했다. 수년이 지난 후에 이 병은 우주적응 증후군Space Adaptation Syndrome(SAS)이라는 사실이 밝혀졌고, 모든 사전 조치에 불구하고 많은 우주선 탑승자들이 이 병에 시달렸다고 한다. 오늘날까지도 누가 SAS의 피해자가 될지 예측하기 힘들다. 대부분의 우주 여행자들은 영향을 받지 않지만, 어떤 사람들은 가벼운 두통에서부터 극심한 메스꺼움과 장기간의 구역질, 영양실조와 탈수현상을 겪는다. 이 증상은 자동차 멀미와 비슷하며, 과학자들은 귀 내부의 감각 기관들이 무중력 상태에서 뇌로 가는 신호를 유발하는 것으로 추측하고 있다. 따라서 우주비행사에게 갑자기 머리를 움직이거나 장난스러운 신체 동작을 금지하라고 경고하고 있다. 보통 이런 증상은 궤도에서 3일 정도 지나면 완화된다.

이 외에 티토프의 비행은 매우 순조롭게 진행되었다. 보스토크-2호는 계획했던 궤도와 매우 근접했고, 우주선은 평균 속도 28,000km/h로 88.6분당 지구를 한 바퀴씩 돌았다. 17차례 궤도를 선회한 후 제동 로켓

우주에서 최초로 하루를 보낸
소련 우주비행사 게르만 티토프

이 점화되었고, 보스토크-2호는 대기권에 재진입하여 볼가강의 사라토프Saratov 동쪽 64km 지점에 있는 크라스니 쿠트Krasny Kut에 착륙했다. 3일 후 티토프는 기자회견에서 25시간 비행 후 고도 6,500m에서 보스토크-2호에서 사출되어 낙하산을 타고 착륙했다고 말했다.[2]

같은 기자회견에서 우주 의학 전문가 블라디미르 야즈도프스키Vladimir Yazdovsky는 티토프가 무중력 상태에서 '불쾌한 느낌'을 받았다고 밝혔다. 2개월 뒤, 소련 과학아카데미 회원인 야즈도프스키와 올레그 마카로프Oleg Makarov(훗날 우주비행사)가 워싱턴 DC에서 개최된 국제항공연맹 11차 연차총회 전에 과학 논문을 발표했다. 그들은 이 논문에서 '비행 중 상당 기간' 우주비행사의 몸 상태가 좋지 않았다고 밝혔다. 아울러 이 질병은 공간분석 혼란(방향감각 상실)과 균형감각 상실을 유발했지만, 티토프가 '업무 능력을 충분히 발휘하지 못하도록' 방해할 정도는 아니었다고 했다.[3]

티토프는 우주비행으로 소련 전역에서 환호를 받았지만, 그가 겪은 우주적응 증후군은 장기간의 무중력 상태가 유발한 미지의 심리적 문제에 대해 두려움을 갖게 했고, 그 결과 그는 추가 우주비행에서 조용히 제외되었다. 하지만 게르만 티토프가 26세의 나이로 보스토크-2호 임무를 수행함으로써 역사상 최연소 우주비행사가 되었다는 기록은 계속 유지되고 있다.

NASA의 대응

1921년 7월 18일 오하이오주 케임브리지에서 태어난 존 허셜 글렌 주니어John Herschel Glenn Jr는 7명의 머큐리 우주비행사 중 가장 인기 있고 매력적인 사람으로 인정을 받았다. 그들은 1959년 4월 9일 개최된 기자회견에서 미국 시민들에게 처음 소개되었다. 7명의 우주비행사 중 6명은 눈에 띄게 불편해 보였고, 질문에 대한 너무 짤막한 대답과 지나치게 신중하고 망설이는 태도로 신문 헤드라인에 거의 실리지 못했다. 아내와 자녀들이 그들의 우주비행사 선발에 어떤 반응을 보였는지 질문했을 때 상황은 더 나빠졌다. 우주비행사 중 몇몇은 가족들이 기뻐하고 행복해 했다고 중얼거렸을 뿐이었다. 그러나 미소를 짓는 편안한 표정의 주근깨투성이 해병대 테스트 파일럿이 입을 열었을 때, 그는 즉시 NASA의 탁월한 홍보맨이 되었다. 그는 1957년에 이미 어느 정도의 명성을 얻은 상태였다. 뷸렛 프로젝트Bullet Projet에서 초음속 보오트Vought F8U 크루세이더Crusader 제트기를 타고 아메리카 대륙을 가장 빠른 속도로 횡단한 기록을 세운 것이다. 이 프로젝트는 미국 동부 해안에서 서부 해안까지 세 차례의 공중 재급유를 받으면서 거의 최고 출력으로 F8U를 논스톱 비행할 수 있는지 시험하는 것이었다. 이 프로젝트명은 크루세이더가 45구경 총알보다 더 빨리 날 수 있다는 것에서 비롯되었다. 그는 아역 배우 스타 에디 하지스Eddie Hodges(나중에 I'm Gonna Knock on Your Door라는 히트송을 녹음했다)와 함께 〈네임 댓 튠Name That Tune〉이라는 TV쇼에 출현한 적도 있었는데, 같은 날 소련은 최초로 스푸트니크를 우주로 발사했다.[4] 기자회견에서 글렌이 기자들에게 즉석에서 대답한 내용은 기록할 만하다.

> 제가 이 프로젝트에 참여한 것은 언젠가 내가 가게 될 하늘에 가장 가까이 갈 수 있는 이 기회를 최대한 활용하고 싶었기 때문입니다(청중의 웃음). 하지만 내 느낌으로는, 어떻게 보면 우리에게 이 우주 프로젝트는 50년 전 라이트 형제가 키티호크Kitty Hawk에서 동전을 던져 누가 먼저 시험 비행기를 탈지 결정하던 때와 같습니다. 저는 50년

머큐리 우주비행사이자 미국 해병대 중위 존 글렌

> 전 그때만큼이나 크고 광범위한 변곡점에 서 있다고 생각합니다.… 저는 우리가 대단한 행운아라고 생각합니다. 말하자면 우리는 이처럼 중대한 일에 선발될 수 있는 재능을 받았습니다. 우리가 미국과 세계에 중요한 임무에 자원하면서 재능을 최대한 활용하지 않는다면 우리는 의무에 태만한 사람일 것입니다.[5]

그때부터 미국인들은 멋진 외모의 애국적인 해병대원과 사랑에 빠졌고, 그가 미국 최초의 우주비행에서 앨런 셰퍼드에게 밀려 선발되지 못했을 때 많은 미국인들이 깜짝 놀랐다. 그럼에도 그는 최초로 궤도 비행을 한 NASA 우주비행사로 영원한 명성을 얻었다. 이 비행은 시작할 때는 최고 수준의 기대를 모았고, 마칠 때는 고도의 휴먼 드라마로 가득했다.

무인 머큐리 우주선이 1961년 9월 13일 케이프 커내버럴에서 지구 궤도로 발사되었다. 이 우주선에는 '인조 우주비행사'라고 언급되는 것이 실려 있었다. 비행의 목표는 아틀라스 운반 로켓이 머큐리 캡슐을 만족할 만한 궤도로 실어 나르는 능력 및 캡슐과 그 시스템이 완전히 자동으로 작동하는지를 평가하는 것이었고, 또한 머큐리 추적 네트워크Mercury Tracking Network에 대한 중요한 시험이었다. 우주선에는 조종사 시뮬레이터(환경통제 시험), 생명유지 시스템, 소음과 진동, 방사능 수준을 기록하고 점검하는 장치가 탑재되어 있었다. 머큐리-아틀라스 4, 즉 MA-4로 명명된 이 비행은 지구 궤도를 한 번 돌고 대기권으로 재진입하는 임무를 완수했다. 임무를 완벽하게 수행한 뒤 우주선은 미 해군 구축함 디케이터Decatur호에 의해 버뮤다 동쪽 260km 지점에서 회수되었다.

셰퍼드와 그리섬은 준궤도 비행 때 5분 동안만 무중력 상태였기 때문에 무중력 현상을 제대로 조사할 기회가 거의 없었다. MA-4 임무에 대해 재확인하기 위해 NASA는 우주비행사가 더 오랫동안 무중력 상태에서 임무를 수행할 수 있는지 확인하고자 했다. 과학자들은 우주비행사들이 그들 아래로 빠르게 지나가는 행성을 보면서 상/하, 속도, 방향성에 대한 개념을 상실해 방향 감각을 잃을 수 있다는 우려를 나타냈다. NASA는 홀로먼Holloman 공군기지의 제6571 항공의료연구소에서 훈련한 침팬지 중 적절한 침팬지를 이용해 예비 궤도 비행을 하여 이 질문에 대한 해답을 찾기로 했다. 이용 가능한 후보자 중에서 에노스Enos라는 침팬지가 훈련받은 영장류 중에서 가장 영리하다고 여겨져 이 임무에 선발되었다.

한편 1961년 10월 4일—우연하게도 최초의 스푸트니크 위성 발사 4주년 기념일이었다—존 글렌은 예비 우주비행사인 스콧 카펜터Scott Carpenter와 함께 최초로 지구 궤도를 세 바퀴 선회하는 우주비행사로 선정되었다. 글렌은 나중에 그의 임박한 임무에 대해 다음과 같이 기록했다.

> 기술적 관점에서 궤도 비행 임무는 몇 가지 측면에서 탄도 비행과 아주 다르다. 우선, 우리는 궤도 진입에 필요한 추력과 속도를 내기 위해 아틀라스 미사일을 발사체로 이용한다. 아틀라스의 로켓엔진은 레드스톤의 34,500kg 추력에 비해 163,300kg의 추력이 가능하다. 아틀라스는 캡슐을 최대 28,968km/h의 속도로 날아가게 할 수 있는데, 이는 탄도 비행에서 사용했던 레드스톤 IRBM보다 3배 이상 빠른 속도이다. 일단 궤도에 진입하면 비행은 더 오래 지속된다—지구 궤도를 세 바퀴 도는 데 약 4시간 30분이 소요된다. 미국으로서는 새로운 차원의 우주비행이며, 성공한다면 앨런과 거스가 이번 비행의 기초를 닦아주었듯이 달과 그 너머로 가는 더 긴 우주 항행의 토대가 될 것이다. 이번 비행은 미래를 향한 계획의 서곡이 될 것이다.[6]

침팬지 에노스Enos를 지구 궤도에 올리는 선구적인 비행—MA-5로 명명되었다—은 지구 궤도를 세 바퀴 도는 것이 목표였다. 차후 글렌의 비행도 똑같은 방식으로 이루어질 예정이었다. 11월 29일 발사 5시간 전, 특별히 제작한 영장류 의자에 에노스를 안전하게 넣은 다음 머큐리 우주선 안에 장착했다. 몇 차례 연기 후 아틀라스-D 로켓이 동부 하절기 시간 기준 오전 10시 8분에 발사되었고, 로켓의 추력은 셰퍼드와 그리섬이 비행할 때보다 약 5배 더 컸다.

에노스는 발사 때 발생하는 중력 가속도나 그 이후의 무중력 상태에 별로 개의치 않은 것 같았다. 두 번째 궤도 비행 때 운동기능 시험을 위한 레버가 제대로 작동하지 않았고, 에노스는 발을 통해 약한 전기 쇼크를 받고 매우 짜증을 냈다. 훈련할 때 에노스는 운동기능 시험에서 실수를 하면 전기 쇼크를 받고, 제대로 반응하면 보상으로 바나나 알갱이를 받았다. 에노스는 잘 훈련을 받은 덕분에 이런 지속적인 불편함에도 불구하고 계속 차례로 레버를 당겼다. 그 후 그의 우주복이 과열되기 시작했고, 자동 자세 제어기가 작동하지 않아 반복적으로 우주선의 방향이 45도로 틀어지자 자세 조정 추력기들이 점화되어 방향을 계속 수정했다. 이런 문제들을 고려하여 미션 통제센터에서는 비행을 조기에 끝내기로 결정했다. 에노스는 181분 동안 무중력 상태를 경험했고 뚜렷한 부작용은 없었다. 이륙한 지 3시간 21분 후 머큐리 우주선은 지구 대기권으로 재진입하여 버뮤다 남쪽 대서양으로 착수splashdown했고, 75분 만에 우주선의 위치를 파악하여 회수함 스톰즈Stormes호에 의해 인양되었다.[7]

우주선은 잘 작동했고 에노스 역시 훌륭했다. 다만, 에노스는 바다에서 인양되기를 기다리는 동안 소변 줄을 포함하여 많은 성가신 모니터링 센서들을 떼어내 버렸다. 우주비행 경험 때문에 그가 그런 행동을 한 것은 분명히 아니었다. 에노스는 우주선에서 나와 모든 제약에서 벗어난 뒤 사과 한 개와 오렌지 반 개를 게걸스럽게 먹었다. 다시 육지로 돌아오자 이 침팬지는 NASA 기자회견에 참석한 언론사 기자들로부터 우주시대의 새로운 영웅이라며 환호를 받았다.

MA-5 임무의 성공과 에노스의 강한 극기력 덕분에 NASA는 우주비행사가 궤도 우주비행을 안전하게 수행하고 무중력 상태에서도 편안하게 작업을 할 수 있다고 결론을 내렸다. 존 글렌의 MA-6 궤도 비행 임무도 계속 진행할 수 있게 되었다.

궤도를 세 바퀴 도는 비행과 안전한 착수

NASA와 존 글렌, 미국인들의 인내심은 1961년 말 심각한 시험을 받게 된다. 본래 12월 20일에 발사하기로 예정되었던 궤도를 세 차례 도는 글렌의 머큐리 비행은 나쁜 날씨와 아틀라스 발사체(109-D로 명명)의 기술적인 문제, 즉 이전에 글렌이 프랜드십 7호Friendship 7로 명명했던 우주선 내부의 시스템 문제로 인해 여러 차례 연기되는 좌절을 겪었다. 1962년 1월 27일, 글렌은 5시간 13분 동안 우주선 안에 대기했지만, 좋지 않은 기상 조건 탓에 어쩔 수 없이 다시 발사가 연기되었다. 2월 15일, NASA는 폭풍이 대서양의 우주선 착륙 지점에 계속 몰아쳤기 때문에 아홉 번째로 예정된 발사를 취소했다. 그 후 추가 발사 시도는 하루 단위로 이루어졌다. 3일 뒤 발사는 열 번째로 연기되었고, 비행이 다음 달까지 취소될 수 있다는 소문이 퍼지기 시작했다. 하지만 곧 나쁜 기상 조건이 해제되기 시작했고, 2월 20일에 다시 발사가 예정되었다. 최초의 발사일로부터 2개월 후인 2월 20일 아침 일찍, 존 글렌은 다시 프랜드십 7호로 들어갔고 자주 연기되었던 우주비행이 마침내 시작되었다.

궤도에 진입한 프랜드십 7호를 그린 삽화로 역추진 로켓 팩과 고정용 줄이 보인다. 빨간색 탈출 타워는 원래 발사 단계에서 폭발에 의해 사출되었지만, 탈출 타워가 우주선에 어떻게 장착되는지 보여주기 위해 삽화에 포함되었다.

오전 9시 47분, 아틀라스 109-D가 케이프 커내버럴의 14번 발사대에서 연기를 내뿜으며 점화되기 시작했다. 엔진이 최고 추력에 도달했을 때 로켓은 커다란 고정 클램프가 풀려 아틀라스를 놓아줄 때까지 발사대에 그대로 있었다. 프랜드십 7호에 있던 글렌은 로켓이 플로리다 상공으로 향할 때 짜릿함을 경험했고, 그 후 아틀라스에 탑재된 자동유도 시스템에 의해 계획대로 로켓은 북동 방향을 향했다. 발사한 지 약 45초 후 글렌은 로켓과 우주선이 공기 저항을 가장 크게 받는 비행 구역인 이른바 '하이-큐High-Q' 지역으로 진입했다. 그는 30초 동안 심각한 진동을 경험했지만, 공기밀도가 희박해지면 진동은 곧 완화되었다.

이륙한 지 2분 14초 후 맨 아래에 부착된 2개의 큰 로켓엔진이 꺼져 발사체에서 분리되고, 가운데 있는(또는 지속 비행용) 엔진이 프랜드십 7호를 궤도로 밀어 올렸다. 20초 후 계획대로 우주선 위쪽의 빨간 탈출 타워도 사출되면서 화염과 연기가 뿜어져 나왔고, 예정대로 정확하게 지속 비행용 엔진이 떨어져 나갔다. 그 후 폭발 볼트가 폭발하면서 로켓엔진과 캡슐이 분리되었고, 편향용 로켓posigrade rockets이 점화되어 폐기된 로켓과 다른 방향으로 우주선을 움직였다. 글렌의 잠망경이 펼쳐지고 프랜드십 7호는 뭉툭한 끝부분을 앞으로 한 채 지구 궤도를 세 차례 선회할 동안 유지할 위치로 이동하기 시작했다.[8] 이 과정에서 글렌은 무중력 상태에서 지구의 지평선을 처음으로 볼 수 있었다. 그는 수백 km 상공에서 지구를 보고 흥분하며 "무중력 상태에서도 아주 편안해요. 캡슐은 궤도를 선회하고 있습니다. 와, 정말 굉장한 광경이에요!"라고 보고했다.[9]

비행 중 자동관제 시스템이 프로그램 한 대로 작동하지 않아 우주선이 수직축yaw axis(기체 바닥에서 지면으로 이어지는 축: 옮긴이)을 중심으로 한쪽으로 기우는 바람에 정상 상태에서는 조금만 사용해도 되는 과산화수소 추진제를 대량 분사해 위치를 바로잡았다. 이로 인해 글렌은 수동 조작을 해야 했다. 다시 똑같은 문제가 발생하자 이번에는 프랜드십 7호가 반대 방향으로 기울었다. 글렌은 나머지 비행 동안 대부분 기체를 직접 조종했다.

궤도를 첫 번째로 선회한 직후, 글렌은 프랜드십 7호 주변에 수천 개의 발광 입자가 보인다고 보고했는데, 그는 이것을 초파리떼와 비슷하다고 말했다. 우주선 측면과 발광 입자가 부딪혀 더 많은 입자가 만들어졌다. 나중에 스콧 카펜터가 궤도를 세 바퀴 도는 비행 임무를 수행할 때, 이 발광 입자는 우주선 측면에 맺힌 서리 조각이 강렬한 햇빛을 반사하여 빛나는 것으로 밝혀졌다.

마지막 세 번째 궤도 선회 때에도 몇 번 우려할 만한 순간이 있었다. 고장 난 계기판의 잘못된 신호로 글렌의 방열판이 제 위치에서 분리되었는데, 이로 인해 재진입 시 그와 우주선을 연소시켜 생명이 위태로울 수 있는 상황이었다. 지상관제소는 계획된 역추진 로켓 패키지를 사출하지 않기로 결정하고, 역추진 로켓 패키지를 고정하는 줄이 제 위치에서 분리된 방열판을 고정해 주길 기대했다. 캘리포니아 추적관제소의 월터 쉬라Walter Schirra가 이 정보를 글렌에게 전했다. 이것은 정해진 절차에 따른 것이 아니었기 때문에 글렌이 그 이유를 묻자, 쉬라는 텍사스에 위치한 다음 추적관제소가 설명할 것이라고 말했다.

글렌은 이 문제에 대해 오랫동안 고민할 수 없었다. 프랜드십 7호의 재진입에 필요한 역추진 로켓 점화를 위해 기체의 자세를 바로잡아야 했기 때문이다. 그 후 그는 머큐리 관제소로부터 원격 관측을 통해 방열판이 느슨해졌을 수도 있다는 조기 경보를 받았다는 소식을 들었다. 우주선의 뭉툭한 앞면에 수지성 물질을 두껍게 코팅한 방열판의 목적은 재진입 시 되도록 서서히 녹으면서 끓어올라 우주선에 발생하는 열과 에너지를 없애는 것이었다. 글렌은 대기권 재진입 시 강렬한 열이 발생할 때 방열판이 재앙을 막는 유일한 수단임을 너무나 잘 알고 있었다. 방열판이 정말 느슨해졌다면 역추진 패키지와 고정 끈이 방열판을 제 위치에 있도록 붙잡아 주어야 했지만, 이는 허망한 기대였다.

재진입은 일반적인 절차와 전혀 달랐다. 외부의 열이 급속하게 상승했고, 글렌은 역추진 로켓을 고정하는 3개의 철선 중 하나가 우주선 창문 앞에서 퍼덕거리다가 불타서 사라지는 것을 보았다. 이후 불이 붙은 역추진 로켓 패키지 덩어리가 휙 스쳐 지나갔다. 글렌은 "진짜 불덩어리군!"이라고 외쳤다. 다행히도 방열판은 유지되었고, 글렌은 예정된 지역에서 65km 정도 떨어진 대서양에 무사히 착수했다.

37분 후 미 해군 구축함 노아Noa호의 승무원은 캡슐 안에 있는 글렌을 윈치를 이용해 끌어올렸다. 그는 승무원에게 캡슐에서 떨어지라고 경고하고 손등으로 해치 개방용 기폭 장치 플런저plunger를 눌렀다. 폭발로 플런저가 반동하면서 손가락 관절 부위가 살짝 찢어졌는데, 이것이 임무 수행 중 그가 입은 유일한 부상이었다.

로버트 뮬린Robert Mulin 소령과 육군 의사 진 맥아이버Gene McIver가 노아 함선에서 글렌의 상태를 예비 검진했다. 이후 밝혀진 바에 따르면, 글렌은 더워서 땀을 많이 흘리고 피로와 약간의 탈수 증세를 보였다. 막 비행을 마친 우주비행사는 물을 한 잔 마시고 샤워를 한 후 빨리 회복되었다. 그의 체중은 비행 전보다 2.41kg 줄어 있었다. 나중에 그랜드 터키Grand Turk섬에서 진행된 종합 검진에서 의사들은 의학 측면에서 비행 전과 후 별다른 차이가 없다고 밝히면서, 우주는 처음에 두려워했던 것만큼 나쁜 환경이 아닌 것 같다는 결론을 내렸다.[10] 또한 조사를 통해 방열판은 실제로는 아주 멀쩡하고 센서에 결함이 있었던 것으로 밝혀졌다.

당시에는 몰랐지만 글렌은 5시간 동안 우주에서 궤도 비행을 할 때 바로 국가적 영웅이 되었고, 언론매체는 미국의 상징이라며 그에게 찬사를 보냈다. 주근깨가 있는 웃는 표정의 얼굴이 수많은 신문과 잡지의 1면에 실렸다. 그는 백악관에서 케네디 대통령으로부터 훈장을 받았고, 특별히 소집된 의회에서 연설을 했다. 또한 미국 전역의 대대적인 축하 행사에서 퍼레이드가 펼쳐지기도 했다. 이는 34년 전 찰스 린드버그Charles Lindbergh가 역사적인 대서양 횡단 비행을 한 뒤 벌인 축하 행사 이후 처음 있는 일이었다.

'실종된' 우주비행사

시간으로 계산하면 불과 35분 동안이었지만 미국 전역의 뉴스매체가 최악의 뉴스를 전할 준비를 하고 있었다. 미국 우주비행사 스콧 카펜터Scott

Carpenter가 지구 궤도를 세 바퀴 도는 우주비행을 마치고 실종된 것이었다. 이후 NASA 홍보책임자 존 쇼티 파워John Shorty Powers가 반가운 소식을 발표했다. 해군 P2V 넵튠Neptune이 착수 지역에 떠 있는 우주선을 발견했다는 것이었다. 그 옆에 작은 구명보트가 있었고, 구명보트 안에 카펜터가 있었다. 미국은 엄청난 안도감을 느꼈다.

그날은 1962년 5월 24일이었다. 스콧 카펜터 소령에게 그날의 모험은 갑자기 시작되었다. 오로라 7호를 실은 아틀라스 107-D 로켓이 케이프 커내버럴에서 오전 8시 45분에 이륙하여 플로리다 하늘을 향해 올라가 세 차례의 궤도 비행을 시작했다. 이 비행은 3개월 전 존 글렌의 비행을 대부분 그대로 따라 하는 것이었다. 첫 번째 궤도 비행 동안 카펜터는 착용한 우주복이 과열되었고, 그의 자세 표시 장치가 시각적 추정치와 맞지 않다고 보고했다. 또한 우주선의 자세를 제어할 때 사용하는 과산화수소 추진제가 용량의 69% 수준으로 줄었다고 보고했다. 이를 크게 우려한 통제센터는 그에게 연료를 아끼기 위해 수동으로 우주선의 자세를 제어하라고 지시했다.

두 번째 궤도 비행에서 카펜터는 다양한 색깔의 풍선을 방출했는데, 이것은 오로라 7호 뒤에 매달린 풍선을 이용해 어느 색이 시각적 관찰에 가장 적합한지 알아보기 위한 실험이었다. 풍선이 완전히 부풀진 않았지만 카펜터는 오렌지색이 가장 눈에 잘 띄고, 은색도 식별하기 쉽다고 말했다. 그는 우주복이 다시 과열되고 있다고 보고했지만 온도를 편안한 수준으로 낮출 수 있었다. 미션 통제센터는 그가 세 번째 궤도를 비행할 예정이라는 소식을 전달했다. 하지만 연료량이 급속도로 줄고 있어 그에게 수동 조작을 통해 연료를 아끼라고 다시 지시했다. 카펜터는 45분 뒤 인도양 추적관제소와 교신하여 자동 제어 시스템에 필요한 연료량의 45%, 수동 시스템에 필요한 연료량의 42% 갖고 있다고 보고했다.

우주복 기술자 알 로치포드가 스콧 카펜터의 우주복 착용을 도와주고 있는 모습

이륙한 지 4시간 22분 후, 세 번째 궤도 비행 중 카펜터는 역추진 로켓 점화를 준비하고 수동 모드에서 자동 모드로 바꾸라는 지시를 받았다. 12분 뒤 역추진 로켓이 점화되고 재진입 단계가 시작되었다. 하지만 자세 제어 시스템 문제로 인해 재진입 단계가 정해진 시간보다 5초 뒤에 이루어지고, 그 결과 우주선 착륙 시 목표 지점보다 더 멀리 갈 수밖에 없었다. 대기권으로 하강할 때 그는 자세 제어 시스템 문제를 계속 보고

하고 연료량을 신중하게 점검했다. 9분 후 과열된 이온화 공기가 우주선 주위를 감싸면서 모든 통신이 단절되었다.[11]

오후 1시 35분, 머큐리 통제센터는 우주선이 계획된 대서양 착수 지점에서 약 400km 떨어진 곳으로 떨어질 수 있다고 발표했다. 통제센터는 "즉시 우주선과 통신을 재개할 수 있기를 기대한다"라고 했지만, 그 후 침묵 속에 17분이 흘렀고 2시가 되어도 여전히 아무런 말이 없었다.

텔레비전으로 전국에 실황 방송을 하는 베테랑 CBS 기자 월트 크론카이트Walter Cronkite가 침울한 얼굴로 대서양에서 오로라 7호의 위치를 찾는 활동에 대해 계속 설명했다. 그는 어느 순간 우려가 명확해지자 시청자들에게 "수천 명의 사람들이 이곳 케이프 커내버럴에서 지켜보면서 조용히 기도하고 있는 이 시간이 너무나 견디기 힘듭니다"라고 말한 다음, 감정에 목이 메이는 듯한 목소리로 다음과 같이 덧붙였다. "아마도 우주비행사를 잃은 것 같습니다."[12]

카펜터가 착수하기로 예정된 순간부터 이용 가능한 모든 자원들이 탐색을 위해 투입되었다. 항공기가 바다를 탐색하고, 유도 미사일을 탑재한 구축함 패러것Farragut호가 전속력으로 착수 지점으로 달려갔다. 그 후 기쁜 소식이 전해졌다. 해군 P2V 넵튠 폭격기가 무선 신호를 포착하여 우주선의 위치를 알려준 것이다. 곧바로 오로라 7호의 윗부분을 통해 기어나와 구명보트에 타고 있는 카펜터를 찾아냈다. 그는 항공기가 머리 위로 지나갈 때 팔을 흔들었다. 3명의 응급구조원이 SC-54 구조 항공기에서 내려가 카펜터와 함께 있으면서 그의 건강 상태를 점검했다. 그리고 우주선이 똑바로 떠 있도록 우주선 주위에 환상 부양 장치를 부착했다.

그 후 항공모함 인트레피드Intrepid호에서 출발한 제트 헬기가 현장에 도착하여 우주비행사를 위로 끌어올렸다. 카펜터가 오후 1시 41분에 착수한 후 총 2시간 49분이 경과한 뒤였다. 헬기가 그를 대기 중인 항공모함으로 수송했고, 구축함 피어스Pierce호가 오로라 7호를 바다에서 회수하라는 명령을 받았다. 카펜터는 나중에 그랜드 터크Grand Turk섬으로 이송되어 종합 검진을 받으면서 생생하게 기억하는 자세한 내용의 임무 후 보고서를 작성했다.

카펜터는 비행 중 대처해야 했던 여러 문제를 대부분 극복하고 머큐리 우주선을 조종하여 목표 지점에서 벗어나긴 했지만 대서양에 안전하게 착수했다. MA-7 비행을 통해 미국은 1960년대 말까지 유인 달 착륙을 성공시키겠다는 케네디의 약속에 한 발 더 다가서게 되었다.

우주 쌍둥이

1962년 8월 11일 모스크바 시간 기준 오전 11시 24분, 소련이 만든 보스토크-3호Vostok-3 우주선을 실은 R-7 로켓이 외딴 바이코누르Baikonur 발사기지에서 굉음과 화염을 뿜으며 하늘로 발사되었다. 여기에 탑승한 32세의 우주비행사 안드리안 니콜라예프Andrian Nikolayev는 지구 타원 궤도를 88.5분마다 선회했다. 그는 인류 역사상 일곱 번째, 소련 역사상 세 번째로 우주를 비행한 사람이 되었다. 니콜라예프는 우주에서 오랜 시간 혼자 머물지는 않았다. 24시간이 채 되지 않았을 때 두 번째 우주비행사 31세의 파벨 포포비치Pavel Popovich가 오전 11시 02분에 쌍둥이 보스토크-4호를 타고 똑같은 바이코누르 발사기지에서 지구 궤도로 발사되었다.

원하던 궤도에 도착한 포포비치는 니콜라예프와 교신했다. 니콜라예프는 이미 지구 궤도를 15차례 돌았고, 두 우주비행사는 최초의 그룹 우주비행 달성을 서로 축하했다. 2개의 보스토크 우주선은 5km 이하로 접근한 적이 없고 그 후 완전히 따로 비행했지만, 세계는 이 엄청나고 타의 추종을 불허하는 성과를 경외의 눈길로 바라보았다. 이 시기는 미국이 우주비행사를 단독으로 우주로 발사하기 시작할 무렵이었다.[13]

이와 같은 소련의 위업에 대한 최신 뉴스는 미국을 강타했다. 이때 NASA는 머큐리 우주비행사 월터 쉬라Walter Schirra의 여섯 번째 궤도 비행을 준비하고 있다. 케네디 대통령은 마지못해 이 이중 비행을 '이례적인 기술적 업적'이라고 말하며 두 우주비행사의 용기를 칭찬했다. NASA 대변인은 '대단한 성취'라고 표현한 다음 다소 침울하게 "아마 우리가 유인 달 착륙 과업에서 소련을 이기려면 기적이 필요할 것입니다. 소련은 크게 앞섰습니다. 아마도 훌륭한 로켓 성능 덕분에 계속 선두를 유지할 것입니다"[14]라고 덧붙였다.

소련의 우주 '쌍둥이' 안드리안 니콜라예프(앞)와 파벨 포포비치(뒤)

우주에서 3일을 보낸 니콜라예프는 우주 시대 최초의 '밀리언 마일러million-miler'가 되었고, 궤도를 49회 선회하고 우주를 약 200만km 비행했다. 아울러 포포비치는 지구 궤도를 13회 선회하고 140만km를 비행했다.

포포비치가 궤도로 발사된 지 3일 후, 소련의 화려한 우주 쇼는 성공적으로 마무리되었다. 두 우주비행사는 6분 간격으로 역추진 로켓을 점화하고 대기권으로 재진입한 후, 우주선에서 탈출하여 카자흐스탄 카라간다Karaganda 남쪽에 낙하산을 타고 안전하게 착륙했다. 니콜라예프가 먼저 지상에 착륙했다. 러시아의 공식 언론기관 타스TASS 통신은 두 우주비행사의 무사 귀환을 발표하며 그들의 상태가 "아주 좋다"고 했다. 타스 통신은 처음에는 그들이 보스토크 우주선을 타고 착륙했다고 보도했지만, 나중에 알고 보니 그들은 우주선에서 사출되었고 새까맣게 탄 각자의 우주선 가까운 곳에 착륙했다.[15]

교과서적인 임무 수행

거의 완벽한 카운트다운 이후, 1962년 10월 3일 아침 현지 시간 오전 8시 15분에 종 모양의 시그마Sigma 7호를 실은 머큐리 우주선 MA-8이 케이프 커내버럴에서 발사되었다. 우주선에 탑승한 월터 월리 쉬라Walter Wally Schirra는 궤도를 비행한 일곱 번째 인간이자 세 번째 미국인이 되었다. 그는 궤도를 6회 선회하는 우주비행을 시작했다. 이것은 앞서 동료 우주비행사 존 글렌과 스콧 카펜터가 수행한 비행의 2배였고, 그에 맞추어 그의 우주선이 개조되었다.

쉬라의 일차적인 비행 목적은 과학적 자료를 수집하기보다는 우주선의 성능과 확장된 우주비행의 지속 가능성을 점검하는 것이었다. 이

MA-8 우주비행사 월리 쉬라

점을 고려할 때 쉬라는 우주선의 자세 제어 시스템에 사용되는 전기, 냉각수, 과산화수소를 아껴야 했다. 그는 연료 절약을 위해 우주선이 제어 없이 비행하도록 했고, 그 결과 비행을 마치고 역추진 로켓을 점화할 때 우주선의 과산화수소 추진제의 80%가 남아 있었다. 이것은 시그마 7호가 정확한 재진입 자세를 잡는 데 필요한 연료량의 2배였다.

첫 번째 궤도 비행 때 유일한 문제는 쉬라의 우주복이 불편할 정도로 뜨거워져 지상통제팀이 비행 중단을 고려해야 할 정도였다는 점이다. 하지만 두 번째 궤도 비행 때 그는 가까스로 냉각 시스템을 조절하여 더 이상의 문제는 발생하지 않았다. 그는 약 8시간 54분을 무중력 상태에서 지냈는데, 나중에 그는 비행 중 아무런 고통도 없었다고 발표했다. MA-8 비행은 전체적으로 기술 역량 면에서 탁월한 비행이었고 거의 문제없이 수행되었다.

오후 5시 7분, 첫 번째 궤도 비행을 마친 지 8시간 45분쯤 되었을 때 쉬라는 역추진 로켓을 점화했고, 시그마 7호는 귀환을 위해 대기권으로 진입하면서 극심한 화염과 열기에 휩싸였다.[16] 낙하산을 펼쳐 속도를 늦춘 우주선이 태평양 중앙에 떨어졌다. 우주 탐험자가 태평양으로 착수한 것은 이것이 처음이었다. 쉬라는 시그마 7호를 조종해 미드웨이섬 북동쪽 530km에서 대기 중인 항공모함 키어사주Kearsarge호에서 6.4km 떨어진 곳에 착수했다. 쉬라의 요청에 따라 우주선을 바다에서 인양하여 항공모함으로 옮길 때 그는 우주선 안에 그대로 있었다. 해군이었던 그는 항공모함 선장에게 승선 허가를 요청했고, 승선 절차가 끝나자 오후 6시 16분에 해치를 열고 갑판으로 나왔다.

NASA는 쉬라의 시그마 7호 비행이 매우 성공적이었다고 평가하며, 다음 머큐리 비행은 하루 동안 궤도를 17회 선회하는 임무가 될 것이라고 말했다. 기쁨에 가득 찬 쉬라는 자신의 임무를 '교과서적인 비행'이라고 했고, 이 말은 NASA의 가장 길고 성과 있는 우주비행을 가장 잘 연상시키는 표현이 되었다.[17]

마지막 머큐리 임무

1963년 5월 15일, 공군 소령 고든 쿠퍼 주니어L. Gordon Cooper Jr가 머큐리 프로젝트의 마지막 비행을 수행했다. 그해 미국에서 유일한 유인 우주비행이었다. 그는 페이스 7호Faith 7라고 부른 우주선을 타고 지구 궤도를 22회 선회했다. 당시까지 미국에서 가장 긴 유인 우주비행이었다. 하지만 소련은 이미 니콜라예프와 포포비치가 보스토크-3호와 4호 우주선을 타고 더 오랫동안 비행한 상태였다.

우주비행이 시작되기 하루 전, 쿠퍼는 약 6시간 동안 머큐리 우주선에 탑승하여 발사를 기다리고 있었다. 아틀라스Atlas 로켓 옆에 세워진 12층 높이 서비스 타워의 디젤 엔진이 점화가 되지 않아 발사가 여러 차례 지연되었다. 이후 레이더 고장으로 MA-9 미션이 24시간 지연된다는 소식이 들렸다. 다음날 아침, 케이프 커내버럴 기지에 긴장이 고조된 가운데 카운트다운이 재개되었고, 쿠퍼는 다시 페이스 7호의 비좁은 조종석 안으로 들어갔다. 그는 그곳에서 다시 몇 시간을 기다렸는데, 전날 지루한 발사 대기로 인해 벌써 지쳐 있었다. 앞서 머큐리 통제센터 의료진은 그를 검진한 후 그의 몸에 이상이 있다는 사실을 알았다. 오랫동안 활동하지 못해 지루해 하고 카운트다운 상태에서 긴장한 탓에 고든 쿠퍼는 꾸벅꾸벅 졸기도 했다.

발사 시간이 점점 다가오자 우주선 교신담당자 월리 쉬라가 졸고 있는 쿠퍼를 깨웠다. 쉬라가 "어이 친구, 방해해서 미안한데, 이제 우주선을 발사해야 해!"라고 하자, 쿠퍼는 즉시 깨어나 정신을 차리고 응답했다. "갑시다!"

오전 9시 4분, 아틀라스 130-D가 14번 발사대에서 발사되어 궤도를 22회 선회하는 임무를 시작했다. 29m 길이의 아틀라스 로켓에서 분리된 지 5분 후 페이스 7호는 궤도로 진입했고, 93분마다 지구를 한 바퀴씩 선회하기 시작했다. 비행 중 쿠퍼는 다양한 테스트와 실험을 했고, 사진과 동영상으로 지구를 촬영했다. 또한 관찰과 실험을 수행하기 위해 페이스 7호를 조종하였고, 많은 국가의 상공을 지나갈 때 추적관제소들과 교신했다. 그는 준비된 음식을 먹고 계획한 대로 약 7시간 30분 동안 수면을 취했다.

페이스 7호는 기본적으로 계획대로 비행했지만, 마지막 몇 시간 동안 쿠퍼가 핵심 전기 장치를 제어하지 못하면서 엄청난 드라마가 펼쳐

마지막 머큐리 임무인 MA-9를 수행한 고든 쿠퍼

졌다. 그는 재진입 과정 내내 무선 통신을 통해 동료 우주비행사 존 글렌과 대화를 나누며 수동으로 우주선을 조종하여 자세를 잡은 뒤 역추진 로켓을 점화해야 했다. 생명이 위태로운 상황에도 불구하고 쿠퍼는 침착함을 유지하며 용기를 잃지 않았고, 고장 난 우주선을 조종해 재진입 시 화염을 뚫고 정확히 착수 지점으로 떨어졌다. 우주선 회수 함정인 항공모함 키어사주호에서 불과 5km밖에 떨어지지 않은 곳이었다. 잠수부가 헬기에서 내려 우주선에 환상 부양 장치를 부착해 파도가 일렁이는 바다에서 페이스 7호의 자세를 바로잡았다. 쿠퍼가 탑승한 머큐리 우주선은 크레인 고리를 이용해 항공모함으로 옮겨졌다. 페이스 7호가 균형을 잡고 안전해지자, 쿠퍼는 해치를 제거하라는 명령을 받았다. 초기의 졸음과 심한 갈증을 제외하면 긴 비행 후 그의 건강 상태는 매우 양호했다.

NASA는 이후 페이스 7호에 발생했던 문제에 대한 조사 보고서를 발표했다. 자동 제어 실패의 주요 원인은 쿠퍼의 땀으로 추정되는 습기가 앰프 칼Amp Cal(증폭 조정 장치)이라는 작은 전자 박스의 연결 상태를 망가뜨렸기 때문이었다. 앰프 칼은 자이로스코프와 적외선 지평선 스캐너 같은 다양한 센서의 전기 신호를 우주선 자동 시스템의 소형 추력기를 점화하는 점화 명령으로 바꾸어 주는 장치였다. 게다가 앰프 칼의 납땜 연결부에 전기 합선—잘못된 절연 처리 때문이라고 추측—이 발생해 다른 자동 재진입 제어 장치도 고장이 났다.[18]

쿠퍼는 임무 후 보고서에 다음과 같이 기록하였다.

> 머큐리 프로젝트를 끝내고 더 야심 찬 프로그램의 문턱에 서 있는 지금, 우리 각자가 배운 교훈은 새로운 발전을 받아들이고 적용하기 위한 영구적인 도구가 될 것이다. 머큐리 프로젝트는 7명의 우주비행사에게는 시작일 뿐이다. 당면 과제는 모든 사람이 그동안 이 프로그램을 통해 보여준 열정으로 새로운 우주 과제를 감당하기 위해 힘쓰는 것이다.[19]

지금까지 고든 쿠퍼는 머큐리 임무 덕분에 단독으로 궤도 비행을 수행한 마지막 미국 우주비행사로 남아 있다.

미국의 머큐리-아틀라스 궤도 비행 임무

비행 임무	우주비행사	발사일	착수일	궤도 선회 횟수
MA-6	존 H. 글렌 Jr	1962년 2월 20일	1962년 2월 20일	3
MA-7	M. 스콧 카펜터	1962년 5월 24일	1962년 5월 24일	3
MA-8	월터 쉬라 Jr	1962년 10월 3일	1962년 10월 3일	6
MA-9	L. 고든 쿠퍼 Jr	1963년 5월 15일	1963년 5월 16일	22

MA는 프로그램명과 아틀라스 부스터를 결합한 머큐리-아틀라스Mercury-Atlas의 약자. 이전의 MA 비행(1-5)은 모두 무인 시험 비행이었음.

우주를 비행한 최초의 여성

1961년 말, 소련 우주비행사 훈련 책임자였던 니콜라이 카마닌Nikolai Kamanin 장군은 미래 우주비행 임무를 수행할 후보자를 추가로 모집하고자 했다. 그는 우주 경쟁에서 미국을 이기고 우수한 소련 기술과 이상을 세계에 알리려면 선전 활동이 중요하다고 생각했다. 카마닌은 미국에서 여성 우주비행사 집단(나중에 '머큐리 13'으로 알려졌다)이 NASA의 승인을 받지 않았지만 포괄적인 우주비행사 훈련을 받고 있다는 글을 읽은 적이 있었다. 그는 그 글에서 소중한 기회를 포착했고, 나중에 일기에 "우리는 최초의 여성 우주비행사가 미국인이 되는 것을 용납할 수 없다. 이것은 소련 여성의 애국심에 대한 모욕이 될 것이다"라고 썼다.[20] 그는 다음 소련 비행사 후보자 모집에서 약 5명의 여성을 선발할 수 있도록 요청했고, 소련 공산당 중앙위원회가 이를 승인했다. 흐루쇼프는 이 소식을 듣고 기뻐하며, 여성 우주비행사의 성공적 비행으로 소련이 다시 경쟁국인 미국에 앞서 세계의 이목을 끄는 인상적인 '최초' 우주 기록을 달성하고, 또한 소련이 여성이 남성과 동등하게 일할 수 있도록 노력한다는 이미지를 보여줄 수 있다고 생각했다.

카마닌은 후보자들이 최고의 항공 비행 능력을 갖출 필요는 없다고 생각했다. 보스토크 우주선과 그 시스템은 비교적 설계가 단순했고, 일단 궤도에 도달하면 지상 관제소에서 대부분의 기능을 제어하기 때문에 훈련 시간을 최소화했다. 단, 착륙 단계에서 우주비행사는 보스토크 캡슐에서 자동으로 사출되어 지상으로 착륙하는데, 이때 낙하산을 능숙하게 다루는 기술이 필요했다. 따라서 그는 후보 모집 비밀 요원들을 파견해 곡예 비행이나 스포츠 비행 경험이 있는 여성이나 고급 스카이다이빙 자격증을 보유한 여성을 찾았다. 400명의 명단이 확보되자 그는 먼저 우선 선발 기준에 부합하지 않은 여성들을 제외했다. 일련의 선발 과정에서 살아남은 사람 중에서 발렌티나 테레시코바Valentina Tereshkova라는 젊은 방직공장 노동자가 있었는데, 그녀는 민간 스카이다이빙 훈련을 받은 여성이었다.

1962년 4월 3일, 적절한 자격을 갖춘 5명의 여성이 선택되어 승인을 받았다. 타티아나 쿠즈넷소바Tatyana Kuznetsova는 20세로 수많은 세계 기록을 가진 전문 스카이다이버였다. 발렌티나 포노마리요바Valentina Ponomaryova는 28세로 모스크바 항공대에서 비행과 스카이다이빙을 배운 졸업생이었다. 이리나 솔로비오바Irina Solovyova는 24세로 2,200회의 스카이다이빙 기록과 함께 많은 세계 기록을 갖고 있었다. 발렌티나 테레시코바는 24세로 방직공장 노동자로 아마추어 스카이다이버였으며, 100회 이상의 다이빙 경력이 있었다. 잔나 요키나Zhanna Yorkina는 22세로 역시 아마추어 스카이다이버였다. 훈련 초기 5명의 여성들은 터보 추진 항공기에 탑승할 비행 훈련생과 미그-15기 복좌기 훈련생으로서 자격을 얻기 위해 기본적인 항공기 조종실 체험교육을 받았다. 그들은 비행 감각을 습득하기 위해 조종석에 앉는 것이 허락되었지만, 단독 비행은 절대 허락되지 않았다. 이러한 기초적인 비행 훈련 이후 그들은 소련 공군에서 소위 계급으로 임관되었다.

이 여성들이 보스토크-6호 비행을 위해 훈련받고 경쟁한 반면, 2명의 우주비행사 발레리 비코프스키Valery Bykovsky와 보리스 볼리노프Boris Volynov는 보스토크-5호 비행의 후보자였는데 최종적으로 비코프스키가 선발되었다. 숙고 끝에 카마닌은 발렌티나 테레시코바를 보스토크-6호 비행사로 선택했다. 그녀는 모든 테스트에서 높은 점수를 얻었다. 나중에 카마닌은 그녀에 대해 "먼저 테레시코바를 우주로 보내야 합니다. 그녀의 대체(예비) 후보자는 솔로비오바가 될 것입니다. 테레시코바는 치마를 입은 가가린입니다!"[21]라고 언급했다. 흐루쇼프는 테레시코바의 선정을 기뻐하며 그녀의 경력이 선전 측면에서 매우 좋다는 데 동의했다. 그녀는 미혼으로 매력적이고 사교적이며, 열심히 일했고, 아울러 소련과 핀란드의 겨울 전쟁 시기인 1940년에 전사한 집단농장 노동자의 딸이었다.

1963년 7월 14일 모스크바 시간 기준 오후 2시 59분, 28세의 중령

우주를 비행한 최초의 여성인
보스토크-6호 우주비행사
발렌티나 테레시코바

보스토크-5호 우주비행사 발레리 비코프스키

발레리 비코프스키는 우주를 비행한 소련의 다섯 번째 우주비행사가 되었다. 타스 통신은 이 우주 업적을 최신 뉴스로 전했지만, 서방에서는 정보에 근거한 추측성 소문이 파다했다. 비코프스키의 보스토크-5호 비행에서 최초의 여성 우주인과 '우주 랑데부'가 이루어질 수도 있다는 소문이었다. 비코프스키가 궤도에 안착한 다음, 이틀 뒤 보스토크-6호가 발사될 계획이었다.

이러한 모든 추측과 소문은 "1963년 6월 16일 모스크바 시간 기준 오후 12시 30분, 역사상 최초로 소련의 여성 시민인 발렌티나 테레시코바 동지가 조종하는 우주선 보스토크-6호가 궤도로 발사되었습니다"라는 타스 통신의 발표로 결국 종지부를 찍었다. 그녀의 호출 부호가 '차이카Chaika(갈매기)'라는 내용도 덧붙여졌다. 예상대로 최초의 여성 우주인 발사 소식은 전 세계 신문의 1면을 장식했다.

테레시코바가 첫 번째 궤도를 선회할 동안 보스토크 우주선과 비코프스키의 우주선은 5km 이내로 간격을 유지했다. 이것은 선전 목적에는 아주 바람직했지만, 그것을 계획하거나 예측한다는 것은 어려운 일이었다. 그럼에도 이 비행 업적은 많은 찬사를 받았다. 이 간격은 전체 동시 비행 임무에서 두 우주선이 서로 가장 근접한 거리였다. 이후에 테레시코바는 비행 중 몸이 아팠고 신체 에너지가 고갈되었음을 마지못해 인정했다. 이것은 우주선 방향의 수동 전환을 포함해 그녀에게 부과된 몇 가지 과제에 영향을 미쳤다. 지상 관제사들, 특히 나중에 그의 일기에서 밝혔듯이 화가 난 니콜라이 카마닌이 보기에 테레시코바가 몸이 아프고 두통이 있었을 뿐만 아니라 임무의 기술적 측면에 대해 심각할 정도로 무능하다는 점이 분명했다. 다행히도 그녀의 업무가 매우 간단한 것이었고 실제적인 책임도 거의 없었기 때문에 그녀는 수면을 통해 통증을 개선할 수 있었다.

한편 비코프스키의 임무 3일 차에 보스토크-5호의 비행을 조기에 끝낸다는 결정이 내려졌다. 상단 로켓이 제대로 기능을 하지 않아 우주선이 계획된 궤도보다 낮은 곳에 위치했고, 그에 따라 중력의 영향으로 예정된 8일간의 비행 기간을 지속할 수 없었기 때문이었다. 두 우주선을 6월 19일에 귀환시키는 것으로 최종 결정이 내려졌다.

계획에 따라 보스토크-6호의 48번째 궤도 비행 때 지상으로 돌아오는 여정이 시작되었다. 그러나 테레스코바는 역추진 로켓 점화나 우주선과 서비스 모듈의 성공적 분리에 대해 보고하지 않았고, 이 점은 비행 종료 후에 비판을 받았다. 지상에서 약 6km 떨어진 지점에서 테레스코바는 캡슐에서 자동 사출되었고, 낙하산을 타고 지상으로 하강해 모스크바 기준 오전 11시 20분에 카자흐스탄 카라간다Karaganda 북동쪽 620km 지점에 착륙했다. 집단농장 노동자들이 우주선이 떨어지는 것을 보고 놀라서 추락 현장으로 달려갔고, 최초의 회수팀은 한 시간 뒤에 도착했다.

소련 보스토크 우주비행 임무

비행 임무	우주비행사	발사일	착륙일	궤도 선회 회수
보스토크	유리 가가린*	1961년 4월 12일	1961년 4월 12일	1
보스토크-2	게르만 티토프	1961년 8월 6일	1961년 8월 7일	18
보스토크-3	안드리안 니콜라예프	1962년 8월 11일	1962년 8월 15일	64
보스토크-4	파벨 포포비치	1962년 8월 12일	1962년 8월 15일	48
보스토크-5	발레리 비코프스키	1963년 6월 14일	1963년 6월 19일	82
보스토크-6	발렌티나 테레시코바	1963년 6월 16일	1963년 6월 19일	48

*가가린은 우주비행을 할 동안 중위에서 소령으로 두 차례 진급했으며, 최초의 유인 보스토크 비행 임무명에는 숫자가 붙지 않음.

한 차례 궤도를 돌고 난 뒤, 보스토크-5호의 역추진 로켓 점화 절차가 시작되어 비코프스키는 대기권으로 재진입하였고, 마지막 단계로 우주비행사가 사출되고 낙하산이 전개되면서 우주비행사와 우주선이 착륙했다. 그는 테레시코바 착륙 이후 약 2시간 뒤 별 사고 없이 카라간다 북서쪽 540km에 착륙했다. 보스토크-6호가 착륙한 곳에서 약 800km 떨어진 지점이었다.

비코프스키의 착륙은 소련 국민에게 환영할 만한 일이었지만, 테레스코바의 안전한 귀환 소식에 묻혀버렸다. 소련 국민과 전 세계 사람들이 그녀의 업적에 찬사를 보내고 그녀의 인기가 엄청나게 커지자, 흐루쇼프는 비행 훈련 중에 발전한 테레스코바와 보스토크-3호의 안드리안 니콜라예프Andrian Nikolayev의 로맨스를 선전에 이용했다. 이 커플의 선전 가치를 알게 된 흐루쇼프는 두 사람에게 압력을 가해 세간의 이목을 끄는 결혼식을 준비했다. 1963년 11월 3일, 그들은 많은 사람들이 지켜보는 가운데 모스크바 등기소에서 결혼식을 올렸다. 7개월 후 이 유명한 소련 커플에게 옐레나 안드리아노바Yelena Andrianovna라는 건강한 딸이 태

어났다. 하지만 이 결혼은 나중에 이혼으로 끝났다.[22]

1963년 11월 말, 미국은 텍사스주 댈러스에서 암살자가 쏜 총에 맞아 사망한 존 F. 케네디 대통령의 죽음을 애도하고 있었다. 비극에 대한 반응으로, 새로 취임한 린든 B. 존슨 대통령은 사망한 대통령을 기리기 위해 플로리다 케이프 커내버럴을 '케이프 케네디Cape Kennedy'로 이름을 바꾸겠다고 발표했다. 또한 케이프 커내버럴에 건설된 모든 발사시설 구역의 명칭을 '존 F. 케네디 우주센터'로 바꾸었다. 10년 후 플로리다 주민들의 캠페인에 따라 케이프 커내버럴의 지리적 명칭은 다시 원상태로 바뀌었지만, 우주센터 이름은 그대로 유지되었다.

04

우주 유영

모스크바 라디오는 1964년 10월 12일 소련의 최신 유인 우주선이 지구 궤도를 선회했다는 놀라운 소식을 전했다. 이 사건을 전하면서 모스크바 라디오는 3명의 승무원을 실은 보스호트-1호Voskhod-1(선라이즈-1호Sunrise-1) 우주선이 이전의 우주비행사들이 이용했던 보스토크 우주선보다 "더 크고 편안하다"고 했다. 소련 국민은 다시 놀라움과 기쁨, 그리고 애국심에 휩싸였다. 이 뉴스는 소련을 곧바로 최고의 우주 강국으로 탈바꿈시켰고 미국인이 따라올 수 없는 일을 한 것처럼 보였다. 소련 국민은 이 뉴스에 엄청나게 환호했다.

이 놀라운 성과는 발렌티나 테레시코바Valentina Tereshkova가 최초의 여성 우주인으로 역사책에 기록된 지 1년 만에 거둔 것이었다. 이제 그때까지 가장 많은 3명의 승무원을 태운 새로운 버전의 보스토크 우주선이 등장했다. 이 임무의 책임자는 37세의 블라디미르 코마로프Vladimir Komarov 대령으로 알려졌다. 그와 함께한 이들은 군 소속 우주비행사 팀원이 아니라 최소한의 비행 훈련만 받은 민간인들이었다. 그중 한 사람인 콘스탄틴 포크티스토프Konstantin Feoktistov는 뛰어난 우주공학자로서 보스토크 우주선의 주요 설계자였다. 두 번째 우주비행사인 보리스 예고로프Boris Yegorov는 항공의학을 전공한 의사였다.

당시 비행은 훌륭한 공학적 성과 덕분에 찬사를 받았다. 소련 선전 매체들은 미국인이 2명의 승무원만 태울 수 있는 제미니Gemini라는 차세대 우주선 발사에서 벗어나려면 한동안 시간이 필요할 것이라고 의기양양하게 지적했다. 사실 보스호트-1호의 비행은 아직은 매우 위험해 자칫하면 재난으로 끝날 수도 있었다. 이것은 선전에 굶주린 흐루쇼프 수상이 세르게이 코롤료프Sergei Korolev와 그의 설계팀에 계속 압력을 가한 결과였다. 흐루쇼프는 더 큰 우주 업적을 요구했다.

여섯 번의 성공적인 보스토크 임무 후 코롤료프는 2명의 승무원이 탑승하는 '보스호트Voskhod'라는 새로운 유형의 소련 우주선을 계획했었다. 하지만 보스호트는 아직 랑데부와 도킹을 할 수 있는 능력이 없었고, 이러한 계획은 국제적인 인정과 위신을 바라는 흐루쇼프를 만족시키지 못했다. 흐루쇼프는 미국이 2인승 제미니 프로그램을 추진하고 있다는 사실을 알고, 코롤료프에게 다음 우주선을 3인승으로 제작해 우위를 계속 유지하길 요청했다.

코률로프는 쉴 새 없는 요구에 좌절하면서도 마침내 놀라울 정도로 단순하면서도 대담한 계획을 제시했다. 비행이 끝난 후 이 새로운 임무는 전 세계로부터 찬사를 받아 흐루쇼프를 매우 기쁘게 했다. 하지만 이 비행이 무모하고 위험하며 잘못 계획된 임무였다는 사실이 알려진 다음에는 그에 합당한 비판을 받게 된다.

보스호트 우주선은 기본적으로 보스토크 캡슐에서 불필요한 것을 제거한 비행체였다. 3명의 승무원을 탑승시키기 위해 사출 좌석을 없앴기 때문에 발사대에서 폭발이나 화재가 발생하면 승무원들이 우주선에

보스호트-1호 승무원과 수석 설계자 세르게이 코롤료프. (왼쪽부터) 임무 책임자 블라디미르 코마로프, 코롤료프, 콘스탄틴 포크티스토프, 보리스 예고로프 박사

서 탈출할 방법이 없었다. 부피가 큰 우주복 대신 승무원들은 가벼운 메탈 색깔의 양모 옷과 푸른 재킷을 입고 하얀 헤드폰 캡을 썼다. 보호용 우주복과 헬멧이 없어 승무원들은 대기권 위에 머물 때 결함으로 갑자기 조종실 공기가 빠져나가면 몇 초 이내에 사망할 수 있었다. 몇 년 뒤 발생했듯이 치명적인 결과가 초래될 수 있었다. 그들은 착륙 후 시베리아 숲에서 혼자 지낼 경우를 대비해 칼도 소지했다.[1]

3명의 우주비행사는 비행 중 어깨를 맞대고 앉아 몸을 움직일 공간이 거의 없었고 아주 간단한 실험만 할 수 있었다. 그들은 사라진 사출 좌석과 직각 방향으로 앉았기 때문에 원래 방향으로 설치된 기기를 판독하려면 목을 길게 뺄 수밖에 없었다. 따라서 이 우주선을 "더 크고 편안하다"고 설명하는 것은 완전히 거짓이었다. 실제로는 미국의 최근 활동을 깎아내리기 위한 아주 위험한 선전용 스턴트 연기에 지나지 않았다.

승무원의 상태가 좋았다고 보도되었지만 이 역시 사실이 아니었다. 가볍게 훈련받은 민간 출신 우주비행사 포크티스토프와 예고로프는 비행 중 심각한 우주 멀미를 겪었고 예고로프는 더 심각했다. 그는 두 번

째 궤도 비행 시 어지럽고 아팠고 식욕이 없었다고 보고했다. 다섯 번째 궤도를 돌 때 멀미가 가장 심했다. 하지만 예고로프는 나중에 깊은 수면에서 깨어난 후 상태가 훨씬 나아졌다고 보고했다.

우주에서 하루가 지난 후 궤도에서 이탈하는 로켓이 점화되었고, 우주선은 3명의 우주인을 태운 채 안전하게 낙하산을 펼치고 착륙했다. 승무원들은 귀환한 뒤 소련 지도자가 새로 바뀐 것을 알게 되었다. 그들이 궤도를 돌 때 흐루쇼프가 실각했던 것이다. 소련의 권력은 3명의 고위 관리, 즉 우크라이나 공산당 제1 서기장 니콜라이 포드고르니Nikolai Podgorny, 중앙위원회 제2 서기장 레오니트 브레즈네프Leonid Brezhnev, 내각 위원회 부의장 알렉세이 코시긴Alexei Kosygin에게 맡겨졌다. 보스호트 승무원들이 모스크바에서 승리의 환호를 즐기는 날, 3명의 새로운 지도자 중 현재 크렘린에서 가장 강력한 권좌인 소련 공산당 제1 서기 브레즈네프와 새로운 소련 수상 코시긴 두 사람이 브누코보Vnukovo 공항에서 그들을 만나 축하했다.[2]

세르게이 코롤료프의 대리인 바실리 미신Vasily Mishin은 1990년《오곤욕Ogonyok》잡지와의 인터뷰에서 3인승 우주비행에 대한 의구심을 솔직하게 드러냈다.

> 위험했냐고요? 물론 그랬습니다. 3인승 우주선인 것 같기도 하고, 아닌 것 같기도 했습니다. 사실 그것은 서커스 행위였습니다. 세 사람이 우주에서 어떤 쓸모 있는 작업을 할 수 없었으니까요. 그들은 비좁게 앉아 있기만 했죠. 물론 비행도 위험했습니다. 하지만 서구 사람들은 소련이 다인승 우주선을 개발했다고 판단했습니다. 서구 사람들은 우리가 적절한 구조 수단 없이 승무원을 우주 궤도로 보냈다고 절대 생각하지 못했을 겁니다.

다행히 모든 것이 잘 풀려서 좋았습니다. 하지만 그렇지 않았다면 어떻게 되었을까요?[3]

하루 동안의 비행 검증은 정부가 주도한 선전용 곡예 비행에 지나지 않았다. 포크티스토프나 예고로프 모두 다시 우주로 날아가지 않았다. 코마로프는 이후에 단독 비행 후 여러 기술적 오작동으로 강제 착륙할 때 사망하여 우주비행의 첫 번째 희생자가 되었다.

보스호트-1호가 착륙하고 약 2주가 지난 후 미국은 34세의 테드 프리먼Ted Freeman이 탑승한 T-38 제트 훈련기가 일상적인 훈련 비행 중 캐나다 흰기러기떼와 충돌해 휴스턴 엘링턴 필드Ellington Field 근처로 추락해 처음으로 우주비행사를 잃게 된다. 프리드먼은 조종석에서 탈출했지만 너무 늦었고 지상과 너무 가까워 충격으로 사망했다.

거의 치명적인 우주 유영

5개월 후 최초의 유인 제미니호 발사 며칠 전, 보스호트-2호가 2명의 우주비행사를 태우고 바이코누르Baikonur 우주기지에서 우주로 발사되어 전 세계 신문의 1면 기사를 장식했다.

1965년 3월 말 NASA가 최초로 2명의 승무원을 우주로 보낼 준비를 하고 있을 때, 소련 우주선 보스호트-2호가 파벨 벨랴예프Pavel Belyayev 대령과 30세의 알렉세이 레오노프Alexei Leonov 중령을 싣고 3월 18일 궤도에 진입했다. 소련의 이전 우주비행과 마찬가지로 모스크바 시간 기준 오전 10시에 바이코누르 기지에서 이루어진 발사는 우주선이 안전하게 궤도에 안착하기 전까지 공개되지 않았다. 발사 후 한 시간 만에 이 사

보스호트-2호의 승무원 알렉세이 레오노프(왼쪽)와 파벨 벨랴예프(오른쪽)

실을 인지한 타스 통신은 '강력한 소련 로켓'이 보스호트-2호 우주선을 궤도에 올려놓았다고 발표하면서, 동시에 탑승한 2명의 우주비행사 이름을 밝혔다.

우주선의 궤도 정점은 당시까지 유인 우주선으로서는 가장 높은 495km, 근지점은 173km, 궤도 주기는 90.9분이었다.[4] 나중에 보스호트-2호가 두 번째 궤도를 선회하면서 소련 상공을 통과할 때, 타스 통신은 알렉세이 레오노프가 "자동 생명유지 시스템을 갖춘 특수 우주복을 입고 우주선 밖으로 걸어나왔다"고 추가로 보도했다. 또한 타스 통신은 "레오노프는 우주선에서 5m 밖까지 이동하여 예정된 연구와 관찰을 수행하고 우주선으로 안전하게 돌아왔다"고 전했다. 첫 보도 내용은 기본적으로 옳았을지 모르지만, 몇 년 동안 레오노프가 우주에서 역사적인 첫 '유영'을 할 때 매우 위험했다는 사실은 알려지지 않았다.

흐루쇼프는 더 이상 코롤료프를 압박해 훨씬 더 주목받을 만한 우주 '업적'을 만들어 내라고 하지 않았다. 하지만 미국보다 더 앞서야 한다는

보스호트-2호 비행 후 자신의 우주 유영 모습을 그린 알렉세이 레오노프의 그림

압력은 계속되었다. 보스호트 우주선의 메인 해치는 외부 활동을 염두에 두고 설계되지 않았기 때문에 우주에서 열거나 닫을 수 없었고, 또 주 조종석은 감압하거나 다시 가압할 수 없었다. 소련 설계 당국의 초기 반응은 미국보다 먼저 우주 유영에 성공하기 위해 비행 계획을 서두르기 때문에 우주 유영에 성공할 수 없다는 것이었다. 이런 기능을 가진 차세대 우주선을 마냥 기다릴 수 없어 이 과제를 수행하려면 보스호트-2호

를 개조해야 했다.

이를 위해 설계 당국은 측면 해치를 추가하고 얇고 탄력 있는 고무 에어록을 개발했다. 2.5m의 에어록은 궤도에 진입하면 우주선 밖으로 펼쳐진 다음 우주선 외부에 위치한 가압 공기통을 이용해 측면 해치에 결합된 상태로 부풀어 올랐다. 우주비행사는 우주 유영을 마친 후 에어록을 통해 조종실로 돌아왔다. 측면 해치가 고정된 다음에는 에어록을 폐기할 수 있었지만 여전히 상당한 위험이 존재했다. 보스호트의 해치가 개방되면 우주선 내부의 치명적인 폭발적 감압을 방지하는 유일한 물질은 2개 층의 얇은 고무와 에어록을 덮은 섬유뿐이었고, 우주 유영을 하는 우주비행사는 백팩에 들어 있는 제한된 산소 공급에 의존해야 했다.

우주 유영을 떠날 시간이 다가오자 우주복을 입은 우주비행사들은 하드웨어 장비를 신뢰해야 했다. 벨야예프가 에어록을 부풀렸고, 그다음 모스크바 시간으로 오전 11시 32분 54초에 측면 해치가 열렸다. 레오노프가 측면 해치를 기어서 통과한 다음 해치가 닫혔다. 벨야예프는 조심스럽게 에어록의 바깥쪽 해치를 열고 레오노프를 우주로 내보냈다. 우주 유영의 첫 번째 과제 중 하나는 에어록 끝부분에 영상 카메라를 설치하여 역사적인 사건을 기록하는 것으로, 유영이 끝나면 회수할 계획이었다. 레오노프는 둥둥 뜬 채 에어록에서 나와서—나중에 그는 "병에서 코르크 마개가 빠져나오는 것 같았다"고 그 느낌을 묘사했다—5.5m 길이의 밧줄 끝에서 몸을 회전시켰다.[5] 그가 수행해야 하는 일 중 하나는 가슴에 부착된 스틸 카메라를 이용해 우주 유영을 촬영하는 것이었다. 하지만 그의 우주복이 부풀어 오르기 시작하면서 넓적다리에 있는 카메라 셔터를 여는 버튼에 손이 닿지 않았다. 엄청난 광경이 펼쳐질 때 그가 들은 유일한 소리는 자신의 빠른 호흡 소리와 심장박동 소리뿐이었다.

8분 동안 유영을 한 후 레오노프는 우주복의 부피가 변했다는 것을

문제가 발생하기 전, 알렉세이 레오노프가 찍은 역사상 최초 우주 유영 장면

분명히 느꼈다고 한다. 손가락 끝은 더 이상 장갑 끝에 닿지 않았고, 발은 신발 안에서 떠 있는 상태였다. 우주복은 풍선처럼 부풀어 놀랄 정도로 팽팽해졌다. 그는 끔찍한 딜레마에 직면했다. 그다음 계획은 그와 우주선을 연결하는 두꺼운 탯줄 케이블과 함께 부풀어 오른 에어록을 통해 보스호트-2호로 다시 들어가는 것이었다. 그 이동도 쉽지 않은 일이었는데, 그는 부풀어 오른 우주복 탓에 에어록 안으로 들어갈 수 있을지 걱정되었다.

레오노프는 영상 카메라를 조심스럽게 회수하고 발부터 먼저 에어록 안으로 들어가기 시작했다. 하지만 부풀어 오른 우주복이 입구에 끼어 꼼짝할 수 없게 되었다. 레오노프는 나중에 "점점 더 더워졌습니다. 어깻죽지와 눈 위로 한 줄기 땀이 흐르는 것을 느낄 수 있었습니다. 양손이 땀으로 젖고 심장박동은 빨라졌습니다. … 신체적 한계를 느꼈습니다"라고 회고했다. 그는 계속 몸을 꿈틀거리며 에어록으로 들어가려고 정신없이 애를 썼지만 모두 허사였다. 그는 꼼짝할 수 없었고, 역사상 최초의 우주 유영은 산소 고갈로 죽음으로써 끝날 것 같았다. 그렇게 된다면 보스호트-2호에 있던 벨야예프는 몸이 끼인 동료를 제거하기 위해 대기권으로 재진입할 때 부풀어 오른 에어록과 함께 그를 연소시키는 끔찍한 결정을 내려야 했다.

그 후 레오노프는 힘들게 머리를 먼저 넣어보려고 했지만 기절할 정도로 몸의 열이 너무 많이 올라 있었다. 땀이 눈을 찌르고 헬멧 바이저에 김이 서려 시야가 매우 흐려졌다. 그가 유일하게 할 수 있는 선택은 우주복의 부피를 줄이는 것이었는데, 이것은 큰 위험이 따르는 방법이었다. 2004년 그는 다음과 같이 회고했다.

> 유일한 해결책은 에어록 안으로 조금씩 들어갈 때 압력 밸브를 열어 약간의 산소를 빼 우주복의 압력을 줄이는 것이었다. 처음에는 이 계획을 지상 통제센터에 보고하려고 했다가 하지 않기로 마음을 먹었다. 사람들을 불안하게 만들고 싶지 않았다. 어쨌든, 내가 그 상황에 대처할 수 있는 유일한 사람이었다.[6]

그는 부푼 우주복에서 공기압을 낮추기 시작했다. 에어록에 들어가기에 안전하다고 느끼는 수준이 되어 다시 시도했지만 실패했다. 공기를 더 빼자 우주복의 압력은 매우 위험할 정도로 내려가 산소 부족으로 심장이 엄청나게 빨리 요동쳤다. 레오노프는 급속히 무기력하게 되었고, 완전히 의식을 잃기 전에 단 한 번 기회가 있다는 것을 알고 있었다. 그는 약해진 힘을 마지막까지 끌어내 머리부터 집어넣어 몸 전체가 에어록을 통과하는 데 마침내 성공했다. 하지만 그 후로도 그는 "거의 불가능한" 또 다른 행동을 해야 했다.

> 몸을 둥글게 말아 에어록에 닫기 위해 해치까지 손을 뻗어야 했다.

> 그래야 파샤(벨야예프)가 에어록과 우주선 간 압력 차를 똑같게 하는 장치를 작동할 수 있었다. … 파샤가 해치가 닫혔다는 것을 확인하고 압력을 똑같게 만든 다음 내부 해치를 열자, 나는 땀에 흠뻑 젖어 빠르게 뛰는 심장을 부둥켜안고 우주선 안으로 재빨리 들어갔다.[7]

벨야예프는 이후 우주선의 해치를 닫고 말썽을 일으킨 에어록을 분리시켰다.

레오노프는 힘겨운 분투에서 회복한 뒤 땀을 너무 많이 흘려서 우주복 내부가 땀으로 질척거리는 것을 알게 되었다. 그가 조종실을 떠나 다시 돌아오기까지 걸린 시간은 총 24분이었는데, 그는 나중에 이 시간이 인생에서 가장 긴 30분이었다고 회고했다.

거의 죽음 직전까지 갔던 우주 유영이 이 두 사람이 겪은 문제의 전부가 아니었다. 벨야예프가 궤도 비행을 마치고 수동으로 재진입을 준비할 동안, 재진입 시 태양 방향을 이용해 보스호트-2호의 방향을 정렬하는 자동유도 시스템이 고장 났다. 그들은 우주선의 방향을 수동으로 조정하고 정확한 시간에 역추진 로켓엔진을 점화해야 했다. 부피가 큰 우주복을 입고 하기에는 어려운 일이라 46초 늦게 재진입 엔진을 점화시켰다. 그 결과 경로에서 한참 벗어나 계획된 착륙 지점에서 386km 더 비행하여 페름Perm시 북쪽 160km 눈 덮인 시베리아 숲에 떨어졌다. 우주선은 두껍게 쌓인 눈과 큰 두 나무 사이에 끼여서 움직이지 못했다. 그들은 우주선의 해치를 열고 꽁꽁 언 바깥으로 나왔다.

두 사람은 영하의 기온에 몸을 오그린 채 끔찍한 밤을 보내며 깨어 있기 위해 필사적으로 노력했다. 엄격히 금지된 물건이었지만 발사 전에 몰래 숨기고 탄 보드카를 마시기도 했다. 다음날 회수팀이 마침내 도착했지만, 나무가 너무 많아 헬기가 근처에 착륙할 수 없어 그들은 숲에서

소련 보스호트 비행 임무

비행 임무	승무원	발사일	착륙일	궤도 횟수
보스호트-1	블라드미르 코마로프 대령 보리스 예고로프 박사 콘스탄틴 포크티스토프	1964년 10월 12일	1964년 10월 13일	16
보스호트-2	파벨 벨랴예프 대령 알렉세이 레오노프 중령	1965년 3월 18일	1965년 3월 19일	17

또 하루를 보내야만 했다. 하지만 이날 저녁에는 구조자들과 함께 안락한 텐트 속에서 보낼 수 있었다. 다음날 그들은 헬기에서 내려준 스키를 착용하고 드디어 구조 지점에 도착했다. 며칠 후 우주선도 비슷한 방식으로 회수되었다.

예상대로 전 세계 사람들은 이 비행이 성공적이고 문제가 전혀 없었던 것처럼 환호했다. 알렉세이 레오노프는 최초의 우주 유영자로 찬사를 받았고, 2명의 소련 영웅상 수상자 중 첫 번째가 되는 영광을 누렸다. 그러나 NASA의 우주비행사들은 함께 열광할 수 없었다. 톰 스태퍼드Tom Stafford는 최초의 유인 우주비행인 제미니 프로그램이 시작되기 불과 며칠 전에 소련 우주비행사의 성과로 인해 겪은 고통을 나중에 다음과 같이 회고했다.

> 구스Gus(그리섬Grissom)와 존John(영Young), 월리Wally(쉬라Schirra)가 기억난다. 발사하기 며칠 전에 승무원 숙소에서 TV를 보다가 소련이 다시 우리를 앞섰다는 소식을 들었다. 소련 우주비행사들은 우주인이 떠다니는 짧은 영상을 찍었고 모든 것이 성공적이라고 했다. 나중에 레오노프를 알고 나서 그가 그 임무를 수행할 때 거의 죽을 뻔했다는 사실을 알게 되었다. 소련 우주비행사들은 많은 오작동을 겪고 우랄

산맥의 산간 벽지에 착륙했고, 하루가 지나서 헬기에서 스키를 내려 주어 그곳에서 빠져나올 수 있었다. 하지만 그들은 당시 모든 것이 잘 이루어졌다고 말했다.[8]

전원 여성 승무원

1965년 4월, 우주비행사 훈련 책임자 니콜라이 카마닌Nikolai Kamanin은 마지막 보스호트-7호까지 포함하여 여러 번의 추후 보스호트 비행 임무를 위한 승무원 명단을 확정했다. 계획된 비행 시간이 10일에서 15일까지 긴 보스호트-3호 비행을 위해 지명된 승무원은 보리스 볼리노프Boris Volynov와 조지 케이티스Georgi Katys였다. 다음 임무인 보스호트-4호의 승무원은 여성 우주비행사인 발렌티나 포노마리요바Valentina Ponomaryova와 이리나 솔로비오바Irina Solovyova로 구성되었다. 이 두 사람은 앞서 발렌티나 테레스코바의 보스토프 우주비행의 예비 우주비행사 역할도 했다. 그 무렵 수석 설계자 세르게이 코롤료프의 건강이 나빠지고 있었다. 그는 달 착륙 프로그램을 추진하고 싶어 했기 때문에 보스호트 비행 임무를 계속하는 것에 여러 차례 공개적으로 반대 의사를 표명했다. 그는 여성 우주비행사로만 구성된 비행을 선전용 스턴트 우먼으로 이용하는 것은 설계 시간과 우주선을 낭비하고, 이런 우주비행을 위해 사용되는 공학과 과학을 모욕하는 것으로 생각했다. 이처럼 그는 강력하게 반대했지만, 이 비행을 구상한 카마닌은 예상대로 무시하였다.

이 비행 임무에 추가하여, 초기 계획에서는 여성인 솔로비오바가 최초로 우주 유영을 하기로 되어 있었다. 그녀는 알렉세이 레오노프가 수행했던 것과 똑같은 선외 활동ExtraVehicular Activity(EVA) 훈련을 시작했다. 임무에 성공한다면 그 영향력은 엄청났을 것이다. 흥미롭게도 5명의 여성 우주비행사 중 타티아나 쿠즈넷소바Tatyana Kuznetsova와 잔나 요키나Zhanna Yorkina가 비행을 위해 계속 훈련했지만, 원래 보스호트-4호의 예비 승무원은 빅토르 고르뱃코Viktor Gorbatko와 예브게니 크루노프Yevgeny Khrunov로 모두 남자였다. 하지만 임무 과정에서 나중에 쿠즈넷소바와 요키나로 대체되었다.

그러나 역사 기록에 따르면 이와 같은 보스호트 비행 후속 계획은 모두 취소되었다. 세르게이 코롤료프가 1966년 1월 모스크바의 수술대에서 사망하고 실험설계국 1호실Experimental Design Bureau No. 1(OKB-1)의 책임자가 수석 부책임자인 바실리 미신Vasily Mishin으로 교체되었기 때문이었다. 바실리 미신은 코롤료프의 애완동물 관찰 보스호트 프로그램에서 벗어나 보다 발전된 소유즈Soyuz 우주선 시리즈 개발에 집중하기를 간절히 원했다. 1969년까지 4명의 여성이 계속 훈련했지만 결국 여성 우주비행사 그룹은 해산되었고, 여성 우주비행사 훈련생은 10년 이상 동안 추가로 선발되지 않았다.[9]

제미니 비행

머큐리 프로젝트의 성공적 완수와 함께 NASA는 유인 우주비행 프로그램의 다음 단계에 진입할 준비를 했다. 이 계획들은 1961년 12월 7일 휴스턴에서 유인 우주선 센터 책임자 로버트 길루스Robert Gilruth에 의해 공개되었다. 그는 이 발표에서 더 넓은 차세대 우주선과 2명의 우주비행사를 지구 궤도로 발사하여 향후 달 착륙 프로그램 우주비행사들이 이용하게 될 중요한 랑데부와 도킹 기술 개발을 도와줄 거라고 했다. 당시에는 누가 2인 비행 임무를 맡을지 정해지지 않았다. 길루스는 이 2인 탑승 비행이 머큐리 프로젝트와 아폴로 프로그램 사이의 필수적인 가교 역할을 할 것이라고 했는데, 따라서 이 프로젝트는 임시로 '머큐리 마크 IIMercury Mark II'로 명명되었다.

이후에 NASA 회보는 NASA가 미주리주 세인트루이스 소재 맥도넬McDonnell 항공회사와 협상 중이라고 밝혔다. 머큐리 우주선 시리즈와 마찬가지로 이 기업은 우선 계약 대상자로 지명되었다. 우주선은 무게가 약 1.8톤으로 머큐리 캡슐 무게의 2배였고, 머큐리 캡슐의 하이드래그high-drag 형태를 유지하면서도 이전 캡슐보다 내부 공간이 약 50% 더 넓었다. 계획에 따라 우주선은 마틴 마리에타Martin Marietta사가 제작한 새로운 부스터인 공군의 타이탄 IITitan II를 이용해 발사할 예정이었다. 이 프로그램의 예비 추정 비용은 약 5억 달러 수준이었다. 여기에는 약 12개의 우주선과 아틀라스-아제나Atlas-Agena, 그리고 타이탄 II 로켓 제작이 포함되었다. NASA 회보는 이 프로그램의 목표를 다음과 같이 소개했다.

> 2인승 비행은 1963~1964년에 시작되어야 한다. 먼저 전반적인 로켓-우주선 호환성과 시스템 엔지니어링 테스트를 위해 케이프 커내버럴에서 몇 차례 무인 탄도 비행을 시작한 다음, 몇 차례 유인 궤도 비행을 시도한다. 랑데부 비행과 실제적인 도킹 임무는 이 프로그램의 최종 단계에서 이루어질 것이다.
>
> 이 프로그램은 유인 랑데부 기술을 실험하는 최초의 수단을 제공한다. 동시에 2인승 우주선은 일주일 이상 지구 궤도 비행이 가능하다. 따라서 미래의 장기 궤도 비행과 달 착륙 비행을 위한 우주비행사 훈련이 필요하다.
>
> 현재 NASA의 우주비행사 7명이 이 프로그램에 참여하며, 이후

에 우주비행사가 단계적으로 추가될 수 있다.[10]

최종적으로 선택된 새 프로그램의 명칭은 워싱턴 DC의 NASA 본부 유인 우주비행 부서에 소속된 알렉스 나지Alex Nagy가 제안한 것이었다. 나지는 미국의 차기 유인 우주 프로그램의 명칭을 정하는 영예를 차지했을 뿐만 아니라, 고급 스카치 위스키 한 병을 부상으로 받았다. 1962년 1월 3일, NASA는 2인승 우주선의 명칭이 '쌍둥이'라는 의미를 지닌 라틴어 단어이자 황도대의 세 번째 별자리에 붙여진 천문학적 명칭인 '제미니Gemini'라고 공식 발표했다.[11]

2년 뒤 1964년 4월 8일, 제미니 우주선은 케네디 우주센터 19번 발사대에서 계획에 따라 타이탄 II 로켓에 실려 처음 발사되었다. NASA는 제미니 우주선이 궤도를 3회 선회한 직후 시험 비행이 종료되었다고 발표했다. 하지만 타이탄 II 로켓의 완전 연소된 2단계 로켓과 로켓에 실린 무인 우주선은 지구 궤도를 64회 선회했다. 제미니 우주선과 개조한 로켓엔진의 구조적 통합성을 점검하고 우주비행사가 우주선 내부에서 생존 가능한지 여부를 확인하는 이 시험 비행의 주요 목표는 성공적으로 달성되었다.

제미니 프로그램은 1965년 무인 제미니 2호가 1월 19일에 발사되면서 탄력을 받았다. 궤도에 도달한 최초의 제미니 발사와 달리, 이번 비행은 준궤도 비행으로서 우주선의 방열판 시험이 주요 목적이었다. 비행 목적은 모두 달성되었고 NASA는 최초의 유인 우주비행을 진행할 수 있게 되었다.

원래 앨런 셰퍼드가 부조종사 톰 스태퍼드와 함께 최초의 유인 제미니 비행의 선장으로 선정되었다. 하지만 셰퍼드는 여러 차례 구토 증상과 균형감각 상실을 경험하고, 결국 심각한 내이 질환인 메니에르병을

무인 제미니 우주선이 최초로 타이탄 II 발사체 상부에 실려 발사되는 모습

진단받았다. 1963년 10월, 그는 의학적으로 비행 부적합 판정을 받아 실망스럽게도 비행에서 제외되었고, NASA는 궤도를 세 바퀴 도는 비행 임무를 2차 제미니 비행 임무에 배정되었던 거스 그리섬Gus Grissom과 '신참 우주비행사' 존 영John Young에게 맡겼다. 영은 NASA의 두 번째 우주비행사 그룹 중에서 최초로 우주비행에 선발되었다. 이 비행의 주요 목적

NASA 최초의 제미니 승무원 거스 그리섬과 존 영

은 우주선의 유인 궤도 비행 능력을 입증하는 것이었다. 아울러 우주선 시스템의 성능과 우주비행사의 우주선 작동 능력을 평가하고, 전 세계 추적 네트워크의 작동을 점검하며, 착수 후 회수 시스템을 평가하는 것이었다.

머큐리 프로그램에서는 우주비행사들이 직접 우주선 명칭을 붙이는 것이 허용되었다. 하지만 NASA는 제미니 프로젝트에서 이를 허락하지 않고 비행 임무명과 숫자를 우주선의 호출 부호로 사용하기를 원했다. 이런 뜻밖의 규정에 그리섬은 짜증이 났고, 그는 제미니 우주선에 비공식적인 명칭을 부여함으로써 자신의 불편한 감정을 표현하기로 결심했다. 그는 우연히 브로드웨이 뮤지컬 〈가라앉지 않는 몰리 브라운The Unsinkable Molly Brown〉이 공연 막바지라는 기사를 읽고서 MR-4 비행 임무 때 머큐리 우주선을 바다에서 잃은 것에 대한 부담을 털어내고자 기자들에게 다음과 같이 말했다.

> 리버티 벨 7호를 회수하지 못한 것에 너무 민감하게 반응한다는 말을 들었습니다. 이런 생각에서 벗어나는 최선의 방법은 그 일에 대해 가벼운 농담을 하는 것이라고 생각합니다. 제미니 우주선은 내가 아는 한 절대 가라앉지 않습니다. 그래서 존과 나는 제니미 우주선을 '몰리 브라운Molly Brown'으로 부르기로 했습니다.[12]

NASA의 많은 관리들이 그리섬의 점잖지 못한 감각에 대해 재미있어 하면서도 그에게 좀 더 받아들일 수 있을 만한 이름을 제안해 달라고 하자, 그는 "알겠습니다. '타이타닉'은 어떻습니까?"라고 했다.

그리섬은 완고한 성격으로 유명했기 때문에 결국 NASA가 양보했다. 제미니 3호 우주선의 비공식적 명칭은 '몰리 브라운'이 되었지만, NASA는 미래의 승무원들에게는 똑같은 자유가 주어지지 않을 것이라고 경고했다.

1965년 3월 23일, 그리섬과 영은 제미니 3호 비행 임무를 위해 궤도로 발사되었다. 이륙할 때 그리섬은 장갑을 낀 두 손으로 발사 후 첫 50초 동안 그와 부조종사인 영의 사출 좌석을 작동시킬 수 있는 D-링을 꽉 붙잡았고, 영은 주 조종사와 우주선을 신뢰하여 두 손을 무릎에 올렸다. 다단식 로켓의 연소가 완료된 후 몰리 브라운은 최초의 타원 궤도 228×163km에 진입했다. 두 번째 궤도 선회를 시작하기 직전, 그리섬은

2개의 전진용 궤도 자세 및 기동 시스템Orbit Attitude and Maneuvering System (OAMS) 로켓을 작동시켜 승무원이 우주선의 지구 궤도 높이를 변경하는 능력을 시험했다. 그리섬은 몰리 브라운의 궤도를 가까스로 낮추어 원형 형태로 만들었고, 이로써 우주선의 경로를 변경하는 최초의 우주비행사가 되었다. 비행 중 내내 그는 우주선의 자세 제어 시스템을 시험하기 위해 여러 차례 궤도 변경 기동을 수행하기도 했다.[13] 한편 영은 미래의 비행을 위해 다양한 형태의 건조 음식과 주스를 테스트하느라 바빴다. 또한 우주선 시스템이 공급한 전기를 이용해 인간 혈액 샘플에 방사능을 쪼이고 무중력 상태에서 바다 성게 난자를 수정시켰다.

비행이 끝날 무렵 영은 그리섬에게 깜짝 선물을 했다. 월리 쉬라가 영에게 우주복 다리에 있는 주머니에 숨기라고 몰래 부탁한 것이었다. 그것은 호밀빵에 소금에 절인 쇠고기를 얹은 샌드위치였다. 쉬라는 케이프 커내버럴 근처의 인기 있는 울피 음식점에서 그것을 사서 밤새 냉장고에 보관해 두었었다. 그리섬은 활짝 웃으며 샌드위치를 받아서 한 입 먹었다. 하지만 부스러기가 사방에 떠다니기 시작하자 그는 서둘러 샌드위치를 우주복 주머니에 집어넣었다. 그것은 당시에는 웃고 넘길 만한 일이었지만, 나중에 두 우주비행사는 비승인 음식을 몰래 우주선에 반입하여 준비한 식단을 제대로 평가하지 못하게 했다는 이유로 심한 질책을 받았다.

재진입 준비 전 마지막 궤도 변경을 위해 기동할 때, 그리섬은 전진용 추력기를 작동시켜 궤도 최저 고도를 약 80km로 낮추었다. 이후 4개의 고체연료용 역추진 로켓을 점화하여 몰리 브라운을 지구로 귀환시키기 시작했다. 몰리 브라운은 충격과 함께 대서양에 착수했고, 우주선 이름대로 바다에 가라앉지 않았다. 그리섬은 주 낙하산을 펼쳤고, 계획대로 우주선 안에 그대로 탑승한 상태에서 헬기로 우주선을 들어올려 대기 중인 항공모함으로 이동하기로 결정했다. 그는 항공모함 인트레피드Intrepid호가 약 93km 떨어져 있다는 말을 들었다. 해군 잠수부들이 도착하여 우주선에 환상 부양 장치를 연결했을 때 몰리 브라운의 내부가 불편할 정도로 더워지기 시작했다. 우주선이 바다 물결에 따라 흔들리자 2명의 우주비행사는 메스꺼움을 느끼기 시작했다. 영은 나중에 "그것은 보트가 아니었습니다"라고 말했다.

제미니 시리즈의 최초 비행은 거의 아무런 문제 없이 완수되었다. NASA는 다음 임무인 제미니 4호를 이미 계획하고 있었다. 비행 후 존 영은 문제의 샌드위치를 플라스틱 상자에 넣어 공식적인 질책 서한과 함께 그의 사무실 책상에 진열했다.

미국의 우주 유영

1964년 7월 27일, NASA는 다음 해 6월에 시행될 제미니 4호 승무원을 2명의 신참 우주비행사로 구성할 것이라고 발표했다. 선장은 제임스 맥디비트James McDivitt 대위, 조종사는 에드워드 에드 화이트 2세Edward Ed White II였다. 초기 계획에 따르면 맥디비트는 지구 궤도를 선회할 동안 우주선의 해치를 열고 밖으로 머리를 내밀 예정이었다. 완벽한 우주 유영은 차후의 제미니 비행 때 수행할 계획이었지만, 1965년 3월 알렉세이 레오노프Alexei Leonov가 뜻밖의 선외 활동(EVA)을 수행하는 탓에 이 계획이 빨라지게 되었다. 두 사람은 완벽한 선외 활동 훈련을 시작했지만, 최종적으로 화이트가 미국인 최초의 우주 유영을 시도하기로 결정되었다. 이 임무는 휴스턴의 NASA 유인 우주선 센터에 있는 새로운 임무 통제센터로부터 관제를 받는 최초의 비행이기도 했다.

제미니 4호의 우주비행사 에드 화이트와 제임스 맥디비트

제미니 시리즈의 두 번째 유인 비행은 1965년 6월 3일 플로리다 케네디 우주센터의 19번 발사대에서 이륙하면서 시작되었다. 2단 타이탄 II 부스터 로켓은 제미니 우주선을 궤도에 성공적으로 올려놓았다. 맥디비트는 어댑터 모듈 측면에 있는 추력기 엔진을 잠깐 분사해 우주선의 방향을 돌렸다. 이후 그는 궤도를 선회하는, 연료가 고갈된 타이탄 상단 로켓과 랑데부를 시도했지만 포기했다. 그가 예상했던 양보다 훨씬 더 많은 연료를 사용했다는 사실이 드러났고, 미션 통제센터도 이에 동의했다.[14]

화이트는 두 번째 궤도 선회 때 선외 활동을 하기로 예정되어 있었다. 그는 이 계획을 준비했지만, 실패한 랑데부 탓에 너무 분주했던 터라 서두르지 않고 세 번째 궤도 비행 때까지 선외 활동을 연기하기로 합의했다. 선외 활동을 할 때 두 우주비행사는 헬멧을 닫고 우주선 내부 압력을 0으로 낮추었다. 화이트가 측면 해치를 열고 의자에서 일어섰고, 4분 뒤 모든 것이 정상이라는 것을 확인한 후, 해치 끝을 붙잡고 지구 상공 217km 지점에 있는 우주선 밖으로 나왔다. 그는 황금색 절연 테이프가 감긴 7.6m의 탯줄 케이블로 제미니 우주선과 연결되어 있었는데, 이 생명줄은 산소 공급선이자 통신선 역할을 했다. 화이트는 조심스럽게 작은 산소 제트 추력기를 발사하여 우주선 앞부분으로 나아갔고, 맥디비트는 최대 12분까지 계획된 화이트의 역사적인 선회 활동을 촬영했다.

화이트는 우주선 주위를 유영하는 동안 방향감각 상실 증상이 전혀 없었다고 보고했다. 정반대로 그는 유영할 때 아주 기분이 좋았다. 그 경험이 너무 황홀해서 맥디비트의 경고를 무시하고 허용된 시간을 초과해 머물렀다. 버뮤다 지상관제소의 교신 범위에 들어왔을 때 교신담당자 거스 그리섬은 몇 번이나 맥디비트에게 화이트를 우주선 안으로 들어오게 하라고 했다. 하지만 곧 휴스턴과 제미니 4호와의 통신이 끊겼다. 화이트는 마지못해 우주선 안으로 돌아왔지만 해치 잠금 장치에 문제가 생겼다. 이것은 조종실을 다시 가압할 수 없다는 뜻이었다. 이 문제는 결국 해결되었지만, 잠시 뒤 선외 활동 장비를 폐기하기 위한 두 번째 해치 개방 절차는 신중을 기하기 위해 취소되었고, 이로 인해 조종실 공간이 예상보다 좁아졌다.

에드 화이트의 선외 활동은 총 23분간 지속되었고 그에게 너무나 짧은 시간이었다. 나중에 그는 우주 유영이 전체 비행 임무 중 가장 편안한 시간이었고, 우주 유영을 끝내고 우주선으로 복귀하라는 명령이 일생

제미니 4호 비행에서 역사적인 선외 활동(EVA)을 수행하는 에드 화이트

중 "가장 슬픈 순간"이었다고 말했다.[15]

제미니 4호는 우주선의 착륙 시스템 컴퓨터 고장으로 목표 지역에서 68km 떨어진 대서양에 착수했다. 그 직후 해군 낙하산병이 대기 중인 헬기에서 낙하하여 우주선 주변에 환상 부양 장치를 설치하고 해치를 열었다. 활짝 웃고 있던 2명의 우주비행사가 두 번째 헬기로 인양되어 우주선 회수 항공모함 와습Wasp호로 이송되었다. 그들은 건강 상태를 검사 받고 임수 수행에 대해 보고한 뒤 휴식을 취했다.

그 무렵 고든 쿠퍼Gordon Cooper와 신참 우주비행사 찰스 피트 콘래드

Charles Pete Conrad가 8일간의 제미니 5호 비행 미션을 위해 준비하고 있었다. 이 미션은 소련 우주비행 지속 기록보다 3일 더 길 뿐만 아니라, 새로운 연료 전지를 시험하고 아폴로 우주비행사들이 달로 날아갔다가 돌아오는 데 걸리는 시간을 그대로 재현할 계획이었다. 이를 통해 NASA 의료진은 장기간의 무중력 상태가 신체에 미치는 영향을 평가하려고 했다. 우주선은 그들이 궤도로 방출하여 떠도는 소형 물체와 랑데부할 때 사용할 레이더 시스템을 갖추고 있었다. 공식적으로는 REPRadar Evaluation Pod(승무원들은 'Little Rascal'이라고 불렀다)라고 하는 축구공 크기만 한 이 물체에는 무선 응답기와 수신 비컨beacon, 섬광등이 장착되어 있었다. 다른 궤도 비행 물체를 추적하고 따라잡는 기술이 성공한다면, 1960년대 말

제미니 5호의 우주비행사 피트 콘래드와 고든 쿠퍼

까지 인간을 달에 착륙시키겠다는 NASA의 계획에 중대한 도약이 될 것이었다. 유인 달 착륙 계획은 랑데부와 도킹 기술이 필수였기 때문이다.[16]

발사 날짜가 몇 차례 연기되어 결국 1965년 8월 21일로 늦춰졌지만, 이날 발사와 궤도 진입은 완벽하게 이루어졌다. 비행 시작한 지 2시간 뒤 쿠퍼와 콘래드는 우주선 어댑터 뒤쪽에서 REP를 방출했다. 그들은 REP의 위치를 정확히 파악한 뒤, 이후의 랑데부를 위해 우주로 떠나가게 했다. 콘래드는 5시간 34분 동안 비행한 뒤 미션 통제센터에 REP가 우주선에서 600m 정도 떨어져 있고 눈으로 볼 수 있다고 전했다.

이때 콘래드는 연료 전지에 심각한 문제가 있다고 보고했는데, 이는 우주선의 전력 생산에 악영향을 미칠 수 있는 것이었다. 그들은 지상 통제센터가 해결 방법을 찾을 동안 전원을 차단하라는 지시를 받았다. REP 추적은 배터리가 소진되어 결국 중지되었고 연료 전지 문제가 지속되었다. 다행히도 연료 전지 문제가 마침내 해결되었고 최대 출력이 회복되어 비행을 계속할 수 있게 되었다. 레이더 시스템을 위해 새로 고안된 계획에 따라 우주비행사들은 가상의 궤도에서 모의 목표물과 랑데부했다. 비행 후반부에 그들은 별 어려움 없이 이를 수행하여 정확하게 랑데부 지점에 도착했다.

며칠이 지나 우주비행 지속 기록을 경신하기 시작할 즈음, 쿠퍼와 콘래드는 8일간의 비행 성과에 대해 부정적으로 느끼기 시작했다. 쿠퍼는 화를 내면서 그들이 수행할 실험 계획들을 비판하고 주어진 시간이 충분하지 않다고 했다. 콘래드는 비행 후 다음과 같이 말했다.

> 로맨스는 너무 빨리 끝났습니다. 우리는 정말 작은 공간에 갇혀 있었습니다. 무릎이 아프기 시작했는데 무릎 관절이 말라버린 것 같았습

니다. 통증이 느껴졌고 그곳에 있고 싶지 않았습니다. 그곳에 8일 이상 있으라고 했다면 미쳐버렸을 겁니다. 몸이 고통스럽고 정신 상태도 그다지 좋지 않았습니다. 나는 신참이었고 고든은 베테랑이었습니다. 우리는 1년 동안 함께 훈련받아 더 이상 서로 나눌 이야기도 없었습니다. 시스템이 고장 나 예정된 일을 수행하지 못했습니다. 우리가 한 일은 앉아 있는 것뿐이었습니다. 잘 수도 없고 피곤하지도 않았습니다. 몸도 불편하지 않고 아무 일도 하지 않았습니다. 무중력 상태는 사람을 무기력하게 만듭니다.[17]

비행을 마친 쿠퍼와 콘래드는 소련의 누적 우주비행 시간인 507시간 16분을 초과했고, 보스토크-5호의 발레리 비코프스키Valery Bykovsky가 세운 단일 비행시간 기록인 119시간 6분을 넘어섰다. 1965년 8월 29일, 제미니 5호의 비행 임무는 180시간 56분 동안 지구를 120회 선회한 뒤 서대서양에 성공적으로 착수하면서 종료되었다. 건강 검사 결과 긴 우주여행을 마친 두 우주비행사의 건강 상태는 매우 양호했다.

문제들, 그리고 우주에서 랑데부하는 방법

제미니 프로젝트는 처음 세 차례의 유인 우주비행을 통해 대단한 성과를 달성했다. 월리 쉬라Wally Schirra와 톰 스태퍼드Tom Stafford가 탑승한 제미니 6호 비행 임무는 아폴로 프로그램으로 나아가는 또 다른 중대한 발판을 제공하기 위해 계획되었다. 그들은 개조된 아제나 로켓의 상부 로켓, 즉 유인 우주선보다 90분 먼저 발사된 아제나 타깃 발사체Agena Target Vehicle(ATV)와 만나 도킹할 예정이었다.

아제나Agena는 한쪽 끝에 도킹 장비가 설치된 무인 우주선이었는데, NASA는 궤도 랑데부 기술을 훈련하기 위해 이를 이용했다. 길이 7.92m, 직경 1.52m의 원통형 아제나는 아틀라스Atlas 로켓 상부에 실려 발사되어 궤도에 근접하면 두 조각의 보호 덮개가 사출되고, 그 후 운반 로켓인 아틀라스 로켓에서 분리되어 저고도 원형 궤도에 진입한다.

1965년 10월 25일, 쉬라와 스태퍼드는 제미니 우주선 안에 밀봉되어 발사 준비를 마쳤다. 그들은 아제나 타깃 발사체(ATV)를 운반하는 아틀라스 로켓이 근처에서 성공적으로 발사되었다는 소식을 간절히 기다렸다. 발사는 예정대로 이루어졌지만, 6분 동안 상승한 후 아제나의 주 엔진이 점화되어 아틀라스에서 분리될 때 거대한 폭발과 함께 파편이 대서양으로 비 오듯이 떨어졌다. 19번 발사대에서 쉬라와 스태퍼드는 아제나의 폭발 소식을 들었고, 어쩔 수 없이 발사는 연기되었다.

몇 가지 비상 계획이 고려되었다. 맥도넬McDonnell의 제미니 우주선 수석 설계자 월터 버크Walter Burke가 시간을 갖고 아제나를 다시 준비할 동안, 사전 준비를 마친 또 다른 궤도 미션(제미니 7호)을 수행하자고 NASA에 제안했다. 그는 프랭크 보먼Frank Borman과 제임스 로벨James Lovell이 탑승하는 장기 비행 우주선을 예정대로 발사한 뒤, 곧이어 제미니 6호를 두 번째로 발사하자고 제안했다. 두 우주비행사는 지구 궤도에서 랑데부하지만 도킹은 하지 않을 예정이었다. 처음에는 주저했지만 NASA는 결국 버크의 생각에 동의했다. 의심할 여지없이 이는 4명의 승무원의 열정에 힘입은 것이었다.

추가 특별 훈련을 마친 후 제미니 7호 승무원들은 1965년 12월 4일 케네디 우주센터에서 발사되어 8분 뒤 궤도에 진입했다. 보먼과 로벨이 새로운 환경에 적응하고 과제를 수행할 동안, 지상에서는 8일 뒤 비행을 위해 제미니 6A호(명칭이 바뀌었다) 발사 준비를 계속 진행하고 있었다.

제미니 6호 우주비행사 톰 스태퍼드와 월리 쉬라

제미니 7호 우주비행사 제임스 로벨과 프랭크 보먼

긴장의 순간: 제미니 6A호의 발사 중단

12월 12일, 엄청난 노력 끝에 쉬라와 스태퍼드는 다시 우주선에 탑승해 카운트다운을 기다렸다. 이때는 제미니 7호가 117번째 궤도 비행을 마친 후였다. 카운트다운이 3초 지점에 이르자 타이탄 엔진이 점화되었다. 그러나 이륙 1.6초 전 엔진이 갑자기 멈추는 바람에 돌연 모든 것이 중단되었다.

업무 절차에 따라 두 우주비행사는 다리 사이에 있는 사출 핸들을 손으로 잡았고, 누구든지 두 사람의 비상 사출을 시작할 수 있는 상황이었다. 해치가 "쿵" 소리를 내며 개방되고 우주비행사들은 우주선에서 사출되어 발사대에서 멀리 떨어진 곳에 안전하게 낙하산을 타고 내려올 참이었다. 갑자기 "제미니 6호 정지하라"라는 명령이 내려졌다. 그들은 엄청난 딜레마에 직면했지만 위축되지 않았다. 완전히 가압된 추진체의 강력한 힘이 언제 폭발할지 모른 채 그들은 생명을 걸고 대담한 도박을 하고 있었다. 그들은 몇 초 기다리면서 장비를 살피며 압력이 안전한 수준까지 내려가 우주선에서 안전하게 사출될 때까지 사출 핸들을 꽉 쥐고 있었다. 이것은 생명을 잃을 뿐만 아니라, 불확실한 시간 동안 제미니 프로그램을 중단해야 할 수도 있는 대담한 결정이었다.

그때 제미니 7호는 발사기지 상공 위를 지나고 있었다. 제미니 7호 우주비행사들은 발사 장면을 볼 수 있었지만 예정대로 발사되지 못했다는 걸 알았다. 진행 상황과 승무원이 안전하다는 사실을 듣고 보먼이 무전으로 "제미니 6호가 점화되는 것을 보았습니다. 발사가 중지되는 것을 보았습니다"라고 말했다.[18]

기술자들은 즉시 사고를 조사하기 시작했다. 원인은 몇 센트밖에 안 되는 소형 전기 플러그가 타이탄 로켓 아랫부분에서 너무 일찍 빠졌고, 그로 인해 문제를 감지하는 메커니즘이 작동되어 엔진이 꺼진 것이었다. 우여곡절이 있었지만 그것은 사소한 수리였고, 곧 재발사 계획이 진행되었다.

3일 뒤인 12월 15일, 제미니 6A호가 마침내 발사되어 7시간 뒤 2개의 제미니 우주선이 계획된 랑데부에 성공했다. 두 우주선은 몇 차례 궤도를 선회하는 동안 근접하여 이동했고, 두 우주선의 승무원들은 쉬운 일이라고 보고했다. 가장 근접한 거리는 30cm로, 너무 가까워서 우주비행사들이 창문을 통해 서로를 볼 수 있었다. 우주선에 도킹 장치가 있었더라면 쉽게 연결될 수 있었을 것이다.

26시간 동안의 우주비행과 16회의 궤도 선회 비행을 한 뒤 쉬라는 계획대로 재진입을 시작하여 계획된 지점에서 불과 18km 떨어진 터크스Turks와 카이코스Caicos섬 북동쪽에 착수했다. 우주비행사와 우주선은 헬기로 회수되어 회수 항공모함 와습호로 이송되었다. 이틀 뒤 14일간의 긴 우주비행을 끝내고 착수한 보먼과 로벨은 지구 궤도를 206회 선회하는 신기록을 달성했다. 그들 역시 와습호 승무원에 의해 구조되었

역사적인 궤도 랑데부 중 제미니 7호 승무원이 바라본 제미니 6A 우주선

다. 쉬라와 스태퍼드는 케네디 우주센터로 신속하게 이송되었다. 새로운 비행시간 기록을 세웠지만, 비좁은 제미니 7호 우주선 안에서 2주간 보낸 것은 또다른 유형의 지속 기간이었다. 로벨이 비행 후 보고했듯이 그것은 남자 화장실에 갇혀 2주간을 보내는 것과 같았다.

우주에서 발생한 비상 상황

NASA는 앞서 제미니 6호가 ATV와 랑데부하고 도킹한다는 계획을 세웠다. 이제 이 계획은 제미니 8호의 우주비행사 닐 암스트롱Neil Armstrong과 데이비드 스콧David Scott이 수행해야 할 임무가 되었다. 스콧은 또한 지구 궤도를 한 차례 선회하는 동안 미국의 두 번째 우주 유영 임무를 수행하여 최소 95분 동안 우주선 밖에 머무를 예정이었다. 그리고 핸들바 형태의 가스 추진 추력기를 이용해 흰색 어댑터 구역 뒤편으로 이동하여 그곳에서 장시간 생명 유지에 필요한 산소 탱크인 백팩을 몸에 지고 8m 길이의 탯줄 케이블을 3배 더 긴 것으로 바꿀 계획이었다.

1966년 3월 16일, 14번 발사대에서 아틀라스-아제나가 이륙하고 발사탑이 제거될 때, 암스트롱과 스콧은 근처 19번 발사대에 위치한 제미니 우주선 안에서 이를 지켜보고 있었다. 그리고 101분 뒤 그들 역시 타이탄 II 로켓 상부에 실려 궤도로 발사되어 곧 있을 우주 추적을 준비했다.

스콧이 인도양 인도네시아 북쪽 끝 근처에서 약 122km 지점에 떨어진 아제나를 발견하고 빠르게 거리를 좁혔다. 이륙한 지 4시간 뒤 암스트롱과 스콧은 아제나를 따라잡았다. 목표 비행체를 선회하면서 비행체가 발사 때 손상되지 않았는지 확인한 후, 암스트롱은 제미니 우주선의 노즈 부분을 아제나의 도킹 장치에 넣을 수 있는 지점까지 조금씩 이동했다. 암스트롱은 역사상 최초로 두 우주선이 궤도에서 연결될 때 "정말 매끄러웠습니다"라고 말했다.

하지만 곧 제미니 우주선의 한 추력기가 갑자기 제멋대로 점화되어 도킹한 비행체가 회전하기 시작했다. 암스트롱은 즉시 추력기들을 켜서 회전을 바로잡았지만, 곧 똑같은 문제가 다시 발생했다. 아제나에 문제가 있다고 생각한 암스트롱은 자세 제어 시스템을 껐으나 문제가 해결되지 않았다. 두 우주선이 두 축으로 돌기 시작하자 상황이 더욱 악화되었다. 그들은 도킹을 풀고 아제나와 분리하기로 결정했지만, 이 역시 상황을 악화시켰다. 분리된 후 제미니 우주선은 더 빨리 돌기 시작해 초당 한 번씩 회전했다. 스콧은 이후에 "우리는 우주에서 공중제비를 돌았고 통제할 수 없었다. 상황은 더 악화되었다"[19]라고 기록했다.

회전 속도가 빨라지고 우주선이 빙글빙글 회전하자 우주비행사들은 의식을 상실할 심각한 위험에 처했다. 통제 불가능한 회전에도 불구하고

제미니 8호 우주비행사 닐 암스트롱과 데이비드 스콧. 두 사람 모두 달에 착륙했다.

그들은 계속 미션 통제센터와 교신했다. 마침내 고장 난 장비를 포함하여 추력기들을 가까스로 중지시키고 회전을 통제하기 위해 재진입 통제 시스템 추력기를 점화했다. 이로 인해 재진입 기동용 연료의 약 4분의 3을 사용했는데, 이는 임무 지침에 따르면 임무를 중단해야 한다는 뜻이었다. 미션 통제센터는 그들에게 임무를 끝내고 최대한 빨리 재진입하라고 지시했다. 암스트롱과 스콧은 역추진 로켓을 점화하고 7번째로 궤도를 선회하면서 아프리카 상공을 지날 때, 우주선 어댑터 부분을 폐기한 뒤 기나긴 재진입 절차에 돌입했다.

제미니 8호는 일본 오키나와에서 남동쪽 800km 떨어진 태평양에 착수했다. 회수선에서 멀리 떨어졌기 때문에 우주비행사들은 해군 구축함을 기다리며 바다 너울 속에서 3시간을 보내야 했다. 마침내 미국 군함 레너드 F. 메이슨Leonard F. Mason호가 현장에 도착해 탈진과 뱃멀미에 시달리는 우주비행사와 우주선을 안전하게 구조했다.

불규칙한 점화의 가장 유력한 원인은 전기 합선으로 추력기의 점화가 3초 동안 지속되었고 그 후 스위치를 끈 상태에서도 중단되었다가 다시 점화되었기 때문인 것으로 드러났다. 이후의 비행 임무에서는 각 추력기를 끌 수 있는 독립된 스위치 회로가 설치되었다. 암스트롱과 스콧은 치명적일 수 있었던 위기를 침착하고 전문적인 역량으로 극복한 일로 찬사를 받았다. 두 사람은 그 후 아폴로 계획에 참여하여 달 위를 걷게 되었다.

예비 우주비행사의 임무 승계

1966년 2월 28일 휴스턴의 청명한 겨울 아침, 제미니 9호 우주비행사 엘리엇 씨Elliot See와 찰스 바셋Charles Bassett이 NASA의 T-38 제트 항공기를 타고 유인 우주센터 인근 엘링턴Ellington 공군기지에서 이륙했다. 예비 승무원인 토머스 스태퍼드Thomas Stafford와 유진 서넌Eugene Cernan도 두 번째 T-38 제트 항공기를 타고 이륙했다. 4명의 비행사들은 세인트루이스의 맥도넬 항공기 공장까지 날아갔다. 그곳에는 임무에 사용될 제미니 우주선이 거의 완성 단계에 접어들고 있었다.

제미니 8호의 우주비행사 데이비드 스콧이 우주 유영을 포기하자 바셋이 NASA의 두 번째 우주 유영자 후보자가 되었다. 2대의 제트기가 휴스턴에서 이륙할 땐 완벽한 날씨였지만, 세인트루이스는 날씨가 점차 나빠지고 있었다. 눈·비와 안개, 구름이 자욱해 가시거리가 짧고, 최저 구름 고도는 183m에 불과했다. 도착했을 때 날씨는 더 악화되어 엘리엇은 기상 상태를 확인하기 위해 구름 아래로 비행하려고 했지만, 스태퍼

제미니 9호의 원래 우주비행사였던 엘리엇 씨(앞줄 왼쪽)와 찰리 바셋, 그리고 이들의 사망으로 GT-9A 비행 임무를 인계받은 예비 승무원 톰 스태퍼드(뒷줄 왼쪽)와 유진 서넌

드는 위협적인 구름과 눈에서 벗어나 위로 올라가려고 했다. 불행하게도 엘리엇은 활주로를 눈으로 확인하는 과정에서 너무 낮게 하강했고, T-38 항공기는 제미니 우주선이 보관된 맥도넬 항공기 공장 지붕에 충돌한 후 튕겨나와 인접한 주차장에 추락한 뒤 폭발했다. 두 사람은 항공기가 건물 지붕에 부딪힐 때 즉사했다.

NASA는 이 비극적인 사고 후유증에서 회복한 다음 스태퍼드와 서넌을 제미니 9호 비행 임무의 대체 우주비행사로 지명했다. 서넌에게는 이전에 찰스 바셋에게 배정된 선외 활동을 수행하는 과제가 주어졌다. 이 임무를 수행하려면 우주비행사 기동 장치 AMU Astronaut Maneuvering Unit를 사용해야 한다. 이 장비는 비행 전에 우주선 뒤편 흰색 어댑터 구역 안에 탑재되어 있었다. 미 공군이 개발한 AMU는 과산화수소 추력기와 양손 조절기가 장착된 추진 백팩이었다. 선외 활동을 수행할 동안 서넌의 임무는 화물칸으로 가서 AMU를 착용하고 사전에 할당된 여러 단순한 과업을 수행함으로써 궤도 비행하는 비행체 밖에서 작업을 수행하는 AMU의 기능과 적합성을 시험하는 것이었다.

1966년 5월 17일, 선장 톰 스태퍼드는 과거의 경험을 또 겪어야 했다. 7개월 전 제미니 6호 임무 때 월리 쉬라와 함께 경험한 것과 똑같이 아제나 타깃 로켓이 이륙 후 폭발했다. 아틀라스 운반 로켓은 문제없이 발사되어 5분간 비행했지만, 선체 바깥에 부착된 2개의 부스터 엔진 중 하나가 급격히 회전하더니 로켓이 계획된 경로를 이탈했다. 안타깝게도 이 오작동은 부스터 분리 예정 시각 0.5초 전에 벌어졌다. 아제나 타깃 발사체 ATV는 예정대로 분리되었지만 로켓은 잘못된 방향으로 날아갔고, 두 로켓은 대서양으로 추락했다.

제미니 미션 책임자 윌리엄 쉬나이더William Schneider는 "우리는 우주선을 잃었고, 임무는 취소되었습니다. 제미니는 오늘 비행하지 않을 것입니다"[20]라고 침통하게 발표했다. 지금은 제미니 9A로 이름이 바뀐 이 임무는 2주 이상 진행되지 않다가 다른 비행 계획이 수립되었다.

대체할 아제나가 없었기 때문에 스태퍼드와 서넌은 선외 활동은 계획대로 진행되지만 원래 계획한 모든 비행 임무를 수행하지 않을 것이라는 말을 들었다. 그들은 덜 복잡한 타깃 비행체인 증강된 타깃 도킹 어댑터Augmented Target Docking Adapter(ATDA)를 추적할 계획이었다. ATDA는 기동력이 없기 때문에 예정된 아제나와의 도킹과 그것을 이용한 제미니 우주선 전원 공급 활동—기본적으로 궤도 비행의 연료 탱크 역할을 한다—은 포기되었다.

ATDA는 1966년 6월 1일 궤도에 성공적으로 안착했다. 제미니-9A호는 곧장 발사되어야 했지만, 미션 통제센터의 컴퓨터 시스템이 고장 나서 실망스럽게도 다시 지연되었다. 몇 시간 만에 결함을 찾아 수리했지만, 비행은 ADTA가 성공적으로 랑데부할 위치에 올 때까지 연기해야 했다. 추가로 문제가 발생했다. 여러 가지 시험해 본 결과, ADTA가 완벽한 랑데부 궤도에 도달했지만 ADTA 앞면에 있는 섬유유리로 된 기체공학적 형태의 덮개가 완전히 분리되지 않았다. 이런 상황인 경우 우주비행사들은 궤도 도킹을 할 수 없다.

ADTA가 발사된 지 이틀 후는 스태퍼드와 서넌에게 세 번째 행운의 시간이었다. 6월 3일, 그들은 발사 후 6분 20초 만에 바라던 궤도에 도달했다. 4시간 동안 추적한 후 스태퍼드는 ADTA를 따라잡았고, 덮개가 여전히 그대로 있고 부분적으로 열려 있다는 것을 확인했다. 그는 휴스턴에 "기이하게 보이는 기계가 보입니다. 화난 악어가 이리저리 구르는 것 같습니다. … 사방으로 움직입니다"[21]라고 보고했다.

스태퍼드가 ADTA의 덮개를 떨어뜨리기 위해 살살 밀어 움직이는 방법이 논의되었다. 서넌은 우주 유영을 하면서 열린 덮개를 수동으로 분리하는 방법을 제안했다. 하지만 두 계획은 너무 위험해 거부되었다. 잠깐 ADTA를 선회한 후 스태퍼드는 안전 예방책으로 우주선과 '화난 악어' 사이에 약간 간격을 벌렸다.

유진 서넌의 우주 유영은 6월 5일에 시작되었다. 그가 마침내 계획된 2시간의 우주 유영을 위해 제미니 우주선에서 나왔을 때, 그는 선외 활동을 수행한 두 번째 미국인이 되었다. 그때는 몰랐지만 이 일로 인해 그는 하마터면 목숨을 잃을 뻔했다. 가압되어 뻣뻣해진 우주복은 그가 우주선 뒤쪽 어댑터 구역으로 이동하여 AMU를 착용하려고 할 때 상당히 불편했다. 또 다른 문제는 AMU가 보관된 방향으로 가려고 할 때 손잡이나 지지대가 없다는 것이었다. AMU를 몸에 착용하는 일이 엄청나게 힘들어서 남아 있는 힘을 모두 소진해야 했다. 설상가상으로 우주복의 기본적인 냉각 시스템이 제대로 작동하지 않아 과열이 발생했고, 그 결과 안면 보호창에 수증기가 생겨 시야가 흐려졌다. 너무 지치고, 너무 덥고, 거의 앞을 볼 수 없고, 안면 보호창을 닦을 방법이 없는 서넌은 심각한 곤경에 처했다. 그는 나중에 "주여, 난 지쳤습니다. 심장은 분당 약 115회 뛰고 … 땀이 엄청나게 흐릅니다"라고 당시 상황을 기록하였다. 그는 더 이상 선외 활동을 계속할 수 없어 AMU를 착용하는 것을 중단했다. 그는 열린 해치로 간신히 다시 돌아왔고, 스태퍼드는 그가 우주선 안으로 들어오도록 도와주고 해치를 닫았다. 서넌은 "내 인생에서 이렇게 지친 적은 없었습니다"라고 말했다.[22]

3일 동안 지구 궤도를 47회 선회한 2명의 우주비행사는 6월 6일 안전하게 착수하여 항공모함 와습호 승무원들에 의해 구조되었다.

톰 스태퍼드가 언급한 '화난 악어'의 모습

마지막 제미니 비행 임무

제미니 비행 임무는 세 차례 더 진행되었으며, 몇 가지 문제가 있었지만 잘 해결되어 모두 성공적으로 완료되었다. ATV와의 여러 차례 추가 도킹도 있었고, 이때 추진체를 이용해 기록적인 고도까지 올라갔다. 가장 주목할 만한 사건은 제미니 11호 우주비행사 피트 콘래드Pete Conrad와 딕 고든Dick Gordon이 도킹한 후 아제나의 엔진을 점화하여 약 1,370km 고도까지 올라간 것이었다. 우주 유영은 우주비행사 마이클 콜린스Michael Collins와 딕 고든, 버즈 올드린Buzz Aldrin에 의해 수행되었다.

제미니 12호 우주비행사들이 1966년 11월 11일 케네디 우주센터 발사기지에서 이륙했을 때, 해군 대령 제임스 로벨James Lovell과 공군 소령 버즈 올드린은 놀라운 성과를 거둔 제미니 프로그램의 마지막 비행을 준비했다. 불과 20개월 동안 1965년 3월 제미니 3호부터 시작해 2인승 우주선이 총 10회 발사대를 떠났다. 놀랍게도 평균 2개월마다 한 번씩 발사되었다.

4일간의 비행에 주어진 주요 과제 중 하나는 1965년 6월 에드 화이트Ed White가 별 과제 없이 20분 동안 우주 유영을 한 이래 모든 선외 활동을 어렵게 했던 주요 문제들을 해결하는 것이었다. NASA는 우주선 밖에서 수행하는 수동 작업은 매우 지치기 때문에 위험한 활동이라는 사실을 인식했다. 가장 최근에는 딕 고든이 제미니 11호 비행에서 심각한 피로 탓에 우주 유영을 단축해야 했다.

마지막 제미니 비행에서 마주칠 수 있는 상황에 잘 적응하기 위해 올드린은 메릴랜드주 볼티모어 근교 환경연구협회 건물에 특별히 설치한 수영장에서 선외 활동을 연습했다. 이곳에는 제미니 우주선 장비 구역과 아제나 도킹 장비가 실물 크기의 모형으로 설치되어 있었다. 그는

기록적인 고도까지 올라가 신기록을 세운 제미니 10호 우주비행사 존 영(왼쪽)과 마이클 콜린스(오른쪽)

무게추와 부양 장치를 갖춘 개조된 우주복을 입고 곧 있을 우주 유영에서 경험할 조건과 비슷한 환경에서 훈련했다.

발사 뒤 1시간 30분 만에 아제나 로켓은 계획된 랑데부와 도킹의 대상물 역할을 위해 안정적으로 궤도에 진입했다. 제미니 우주선이 발사대를 떠난 다음 두 우주비행사는 궤도를 선회하는 아제나와 103,000km의 '술래잡기 놀이tag game'를 시작해 마침내 발사 후 4시간 13분 만에 안정적인 도킹에 성공했다.

전날 궤도 비행을 하는 아제나와의 도킹에 성공한 올드린은, 비행 둘째 날 우주선 해치를 열고 2시간 13분 동안의 제한된 선외 활동을 수행했다. 그는 해치를 통과해 일어서서 자외선 천체 사진 촬영을 포함한 여러 가지 간단한 임무를 수행했다. 또한 그는 열린 해치와 아제나의 도킹 장치 사이에 핸드레일을 설치하여 다음날 완전한 우주 유영에 도움

새로운 고도 기록을 세운 제미니 11호 우주비행사 딕 고든(왼쪽)과 피트 콘래드(오른쪽)

이 되도록 했다.

다음날 로벨이 제미니 우주선 안에 있을 때, 올드린은 다시 해치를 열고 밖으로 나가 기록적인 2시간 9분 동안 이전의 우주 유영자들을 당황해 하고 지치게 했던 일들을 수행했다. 그들과 달리 그는 과도한 피로감을 느끼지 않았고 안면 보호창에 수증기도 생기지 않아 선외 활동을 단축할 필요가 없었다.

올드린은 올바른 접근 방법과 사전 수영장 훈련을 덕분에 선외 활동이 비교적 별문제 없이 완수할 수 있다는 점을 입증했다. 실무적인 관점에서 핸드레일과 손잡이가 추가되었고, 또한 올드린이 과도하게 힘을 들이지 않고 렌치를 돌리고 실험용 패키지를 회수할 수 있도록 허리끈이 추가되었다. 그는 더 많은 시간을 들여 작업을 완수하고 정기적으로 휴식 시간을 가졌다. 나중에 올드린은 볼티모어 수영장에서 오랜 시간 연습을 했기 때문에 우주 유영에 성공할 수 있었다고 말했다. 마지막에 두 우주비행사는 작업을 끝내고 긴장을 푼 채 재진입 준비 시간이 될 때까지 별다른 일 없이 실내에서 유영하면서 대화하고 음악을 들었다.

궤도를 59회 선회한 후, 11월 15일 수백만 명의 시청자가 TV 실황중계로 지켜보는 가운데 제미니 12호가 정확한 낙하 지점인 서대서양으로 착수했다. 착수 지점이 얼마나 정확했던지, 우주선이 낙하산을 펼친 채 하강했을 때 우주선 위를 맴돌고 있는 회수용 헬기가 보이고, 회수용 항공모함 와습호가 불과 5km 떨어진 지점에 대기하고 있었다. 두 우주비행사는 30분 만에 기쁨에 넘치는 얼굴로 와습호 갑판에 내렸다.

이로써 당시로는 가장 성공적이었던 유인 우주비행인 제미니 프로

제미니 시리즈의 마지막 우주비행사 버즈 올드린(왼쪽)과 제임스 로벨(오른쪽)

미국 유인 제미니 비행 임무

비행 임무	우주비행사	발사일	착륙일	궤도 선회 횟수
GT-3	버질 I. 거스 그리섬 존 W. 영	1965년 3월 23일	1965년 3월 23일	3
GT-4	제임스 A. 맥디비트 에드워드 H. 화이트 Ⅱ	1965년 6월 3일	1965년 6월 7일	62
GT-5	L. 고든 쿠퍼 Jr 찰스 피트 콘래드 Jr	1965년 8월 21일	1965년 8월 29일	120
GT-6A	월터 M. 쉬라 Jr 토머스 P. 스태퍼드	1965년 12월 15일	1965년 12월 16일	16
GT-7	프랭크 F. 보먼 Ⅱ 제임스 A. 로벨 Jr	1965년 12월 4일	1965년 12월 18일	206
GT-8	닐 A. 암스트롱 데이비드 R. 스콧	1966년 3월 16일	1966년 3월 17일	6
GT-9A*	토머스 P. 스태퍼드 유진 A. 서넌	1966년 6월 3일	1966년 6월 6일	47
GT-10	존 W. 영 마이클 콜린스	1966년 7월 18일	1966년 7월 21일	43
GT-11	찰스 피트 콘래드 Jr 리처드 F. 고든 Jr	1966년 9월 12일	1966년 9월 15일	44
GT-12	제임스 A. 로벨 Jr 에드윈 E. 버즈 올드린 Jr	1966년 11월 11일	1966년 11월 15일	59

* GT-9의 원래 우주비행사였던 엘리엇 씨와 찰스 바셋은 추락 사고로 사망함.

젝트는 끝이 났다. 파란만장했던 20개월 동안 우주비행사를 달에 보내기 위해 해결해야 할 거의 모든 문제가 해결되었다. NASA는 제미니 12호의 성공적인 종료 이후 다음과 같이 자랑스럽게 발표했다.

> 제미니 프로젝트는 총 19회의 발사, 2회의 초기 무인 시험 비행, 7회의 타깃 비행체, 10회의 유인 비행으로 구성되었다. 각 비행은 2명의

> 우주비행사를 지구 궤도에 올려놓았다. 머큐리와 아폴로 프로그램을 잇는 가교로 설계된 제미니 프로그램은 일차적으로 장비와 비행 절차를 테스트하고 미래의 아폴로 미션을 위하여 우주비행사와 지상 관제요원을 훈련시켰다. 이 프로그램의 목표는 장시간 비행, 우주선 조종 및 두 비행체의 지구 궤도 랑데부와 도킹 능력 테스트, 우주비행사와 지상 관제요원 훈련, 우주에서 각종 실험 수행, 선외 활동(똑바로 서기와 우주 유영), 정확한 착륙을 위한 적극적인 재진입 제어, 유인 우주선의 궤도 항해였다.[23]

제미니 프로젝트는 엄청난 성과를 달성하여 NASA 달 착륙 계획의 발판이 되었고, 향후 유인 비행 미션은 강력한 새턴Saturn 로켓 상부에 아폴로 우주선을 탑재하여 발사하는 것으로 계획되었다.

한편 소련이 이른바 달 착륙 경쟁을 위한 추가 계획을 연기했을 수 있다는 추측이 난무했다(나중에 거짓으로 드러났다). 제미니 12호가 2인승 우주선 프로그램을 성공적으로 마무리했을 때, 소련은 마지막 유인 우주선 보스호트-2호를 발사한 지 18개월이 지난 뒤였다. 이 기간에 NASA는 2인승 우주선 제미니를 8차례 궤도로 보냈고, 이것은 그때까지 소련이 발사한 유인 우주선 총 횟수와 같았다. 관심이 고조되는 가운데 미국인들은 NASA가 소련보다 앞서 1960년대 말까지 케네디의 인간 달 착륙 목표를 실현하기를 고대하고 있었다.

05

발사대에서 일어난 비극

1965년 말, NASA는 매우 성공적인 성과를 보여준 제미니Gemini 미션을 아폴로Apollo 프로젝트로 점차 전환하고 있었다. 첫 번째 유인 아폴로 궤도 비행이 다음 해 말 이전으로 예정된 상황에서, NASA의 우주비행사 운영책임자 데크 슬레이튼Deke Slayton은 첫 번째 아폴로 우주비행사를 선발할 때가 되었다고 판단했다.

슬레이튼은 당초에 아폴로 우주선의 첫 지구 궤도 비행 시험 선장으로 동료인 머큐리 우주비행사 앨런 셰퍼드Alan Shepard를 선택했다. 하지만 셰퍼드가 내이 질환인 메니에르병에 걸려 비행이 매우 불확실하게 되어 다른 사람을 찾아야 했다. 그는 나중에 회고록에서 "거스 그리섬Gus Grissom은 GT-6A 예비 조종사 임무에서 제외할 예정이어서 자연스럽게 아폴로 비행의 첫 번째 선장으로 선정되었다"[1]라고 밝혔다.

슬레이튼은 추가로 미국 최초의 우주 유영자 에드 화이트Ed White(제미니 4호)를 최초의 아폴로 조종사로 예정해 두었다. 이 시험 비행에는 달 모듈이 포함되지 않았기 때문에 슬레이튼은 비교적 경험이 적은 우주비행사를 세 번째 조종석에 탑승시킬 수 있다고 생각해 돈 아이셀Donn Eisele과 로저 채피Roger Chaffee를 후보자로 선택했다. 이 두 사람은 3그룹 소속의 우주비행사로서 달 착륙 우주복의 생명유지 시스템 시험 때 짝을 이루었다. 이 선택으로 승무원들의 호환성 문제가 발생하자 슬레이튼은 아이셀이 더 적합할 것으로 판단했다. 이렇게 하여 비공식적으로 그는 이 3명을 첫 번째 아폴로 우주비행사로 선정했다. 물론 공식 승인을 받기 위해 그 명단을 NASA 본부에 제출하는 과정이 남아 있었다.

승무원 명단을 NASA에 제출하기 전, 중대한 변화를 일으키는 운명적인 사건이 발생했다. 몇 달 전인 1964년 9월, 아이셀은 NASA KC-135 항공기를 타고 무중력 상태에서 훈련할 때 왼쪽 어깨가 탈구되었다. 부상은 곧 치료되었지만, 1966년 1월 아이셀은 운동을 하던 중 어깨가 다시 탈구되어 아쉽게도 그는 첫 번째 아폴로 승무원 명단에서 제외되었다. 슬레이튼은 로저 채피로 교체하여 최종적으로 NASA 본부에 로저 채피가 들어간 명단을 제출했다. 아이셀은 어깨 부상을 극복할 수 있는 추가 시간이 허락되었고, 월리 쉬라Wally Schirra와 월트 커닝햄Walt Cunningham과 함께 2차 아폴로 미션 승무원으로 잠정 배정되었다. 이와 같은 승무원 변경 과정은 아이셀의 첫 아내 해리엇 아이셀Harriet Eisele과 월트 커닝햄, 그리고 월리 쉬라가 죽기 전인 2007년에 저자에게 확인해 주었다.[2]

당초 아폴로 1호 미션 명칭은 AS-204였다. 'A'는 아폴로Apollo를, 'S'는 새턴Saturn 1B 발사체, '04'는 아폴로 미션의 네 번째 발사임을 나타냈다(숫자 2도 비행 명칭에 포함되었다). AS-204는 NASA의 공식적인 비행 명칭이지만 비공식 명칭인 아폴로 1호가 더 많이 알려졌다.

AS-204는 거스 그리섬에게 제미니 3호의 완전한 성공 이후 두 번째 시험 비행의 선장이 될 기회였다. 또한 그가 1961년 7월 리버티 벨 7호

아폴로 1호(AS-204) 승무원. (왼쪽부터) 에드 화이트, 거스 그리섬, 로저 채피

를 타고 MR-4 미션을 수행한 후, 두려움에 사로잡혀 해치를 개방해 우주선을 바다에 침몰시켰다는 입증되지 않은 소문의 혐의를 벗을 기회이기도 했다. 우주선 침몰과 관련된 소문에도 불구하고, (톰 울프Tom Wolfe의 소설에 기반한) 1983년의 영화 〈필사의 도전The Right Stuff〉에서 그리섬은 공포에 질린 조종사가 아니라 능숙하고 용감한 테스트 파일럿으로 나온다. 소문이 사실이었다면 NASA는 아폴로 우주선의 중요한 첫 비행은 고사하고 첫 번째 제미니 미션도 절대 그에게 맡기지 않았을 것이다.

1966년 11월 그리섬은 조만간 수행할 미션에 대해 여러 신문에 칼럼을 썼다. 이 글에서 그는 그 미션과 미국의 향후 우주 탐사에 대한 바람을 나타냈다. '세 번째 우주선 선장Three Times a Command Pilot'이라는 제목으로 발표된 글을 짧게 소개하면 다음과 같다.

리버티 벨 7호에서 나는 내내 깡통 속에 있는 인간이었다. 고맙게도 몰리 브라운Molly Brown은 내가 조종할 수 있는 기계였다. 이제 나는 에드 화이트, 로저 채피와 함께 아폴로 204 미션을 위해 달에 갔다가 돌아올 수 있도록 설계된 우주선에 탑승한다.

곧 나는 세 가지 미션, 세 가지 우주 프로그램을 하나씩 수행한 최초의 미국 우주비행사가 될 것이다. 조만간 탑승할 아폴로 우주선에 비하면 예전의 머큐리 리버티 벨 7호는 초기 소형 비행기와 같다. 하지만 당시 우리는 조종 가능성에 대해 그다지 관심을 두지 않았다. 우리는 이륙 과정에서 발생하는 중력과 우주 환경에서 인간이 생존할 수 있는지 알아보려고 했다. 그리고 우리는 인간이 생존할 수 있다는 사실을 배웠다.[3]

'조종실 화재!'

첫 번째 유인 아폴로 미션이 모두 잘 진행된 것은 아니었다. 관련자들은 모두 긴장하고 있었다. NASA는 용납할 수 없는 실망스러운 문제들로 인해 우려했고, 승무원들의 불안감도 점점 증가하고 있었다. 이런 상황에도 불구하고 미션을 위한 훈련은 계속되었고, 1967년 2월 21일 발사일은 변경되지 않았다. 모든 승무원은 새로운 우주선의 시험 비행에서 직면하는 위험을 받아들인 전문적인 테스트 파일럿이었다. 1966년 AP와의 인터뷰에서 시험 비행 우주선 선장인 거스 그리섬은 다양한 위험이 있다는 것을 알고 있다고 했다. "우리가 죽는다면 사람들이 나의 죽음을 받아들였으면 합니다. 우리는 위험한 일을 하고 있고, 무슨 일이 일어나더라도 그 일로 프로그램이 지연되지 않기를 바랍니다. 우주 정복은 생명을 걸 만한 가치가 있습니다"[4]라는 그의 말은 슬픈 예언이 되고 말았다.

카운트다운 절차를 포함한 우주선 전체 시스템에 관한 중요한 시험이 1월 27일에 예정되어 있었다. 그날 아폴로 우주선 012—노스 아메리칸 항공이 설계하고 제작한 아폴로 시리즈의 12번째 비행체—가 다음 달 실제 발사 때와 똑같이 케이프 커내버럴 공군기지 34번 발사대에서 새턴 1B 로켓에 탑재되어 있었다. 하지만 새턴 로켓에는 연료가 채워지지 않았다. 마지막 연료 주입 테스트는 2월 발사의 가까운 시점에 이루어지고, 지금은 승무원들이 '플러그 아웃' 테스트 또는 비행 준비 태세와 카운트다운 시범 테스트를 수행하는 단계였다. 이 시험은 우주선 조종실 내부를 100% 산소로 가압한 상태에서 이루어졌다. 이것은 우주선과 그 시스템을 검증하는 것으로, 특별히 위험한 시험이라고 여겨지지 않았다.

조종실을 순수 산소로 채우자는 결정은 우주선 설계 초기에 이루어졌다. 예상보다 우주선 무게가 증가하여 노스 아메리칸 항공 엔지니어들은 초과 중량을 줄이기 위한 모든 방법을 조사했다. 그들이 찾은 한 가지 대안은 순수한 산소 환경을 만드는 것이었다. 그러면 산소 20%와 질소 80%를 혼합한 것보다 훨씬 더 가볍고 덜 복잡한 환경제어 시스템Environmental Control System(ECS)을 설치할 수 있었다. 또한 질소가 승무원의 혈액으로 들어가 잠수병을 유발할 위험성도 줄었다. 이 시험에 사용된 고압 산소는 연소 위험이 어느 정도 있었지만, 순수한 산소는 머큐리와 제미니 우주선에서도 만족스러울 정도로 효과가 좋았다. 따라서 이 방법을 적극적으로 활용해야 한다는 결정이 내려졌다.

1월 27일 쌀쌀한 오후, 우주복을 입은 3명의 승무원이 이동용 밴을 타고 발사대로 갔다. 기술자들이 우주선 012에 전원을 연결하자 전류가 나선 형태로 두껍게 꼬인 몇 km 길이의 전선 다발을 타고 흘렀다. 이 전선은 바닥과 벽을 타고 구불구불 이어져 우주비행사의 의자 위와 아래에 있는 구멍까지 이어져 있었다. 제미니 우주비행사 존 영John Young은 나중에 회고록에서 제미니 우주선과 아폴로 우주선의 전선에는 중대한 차이가 있었다고 했다. 노스 아메리칸 항공은 예산 관리의 일환으로 노동비용을 절감하기 위해 아폴로 우주선의 전선을 기계로 꼬아 만들었기 때문에 전선의 일부 코팅이 너덜너덜해졌다. 영은 이 문제와 그 밖의 많은 문제에 대해 고민하고 더 값싼 대안들을 활용하는 방법을 모두 조사하여 노스 아메리칸 항공에 제시했다. 영은 "전선을 보고 문제가 있다는 걸 알았다. 사령선 안에서 그런 전선을 아주 많이 보았다"[5]라고 기록했다.

34번 발사대에 도착하자 우주비행사들은 엘리베이터를 타고 우주선 높이까지 올라가 화이트룸White Room이라는 곳으로 들어갔다. 이곳은 사방이 폐쇄된 작은 방으로 우주선으로 들어가는 보호용 출입구 역할을 하는 장소였다. 그들은 사령선으로 들어가 각자의 의자에 앉아 안전띠를 매고 오후 내내 진행될 점검과 테스트를 준비했다. 그들이 자리에 앉자 실제 이륙 때의 준비 절차와 마찬가지로 우주선의 통신 시스템과 산소 시스템이 연결되었다.

오후 2시 42분, 발사대 기술자들이 우주선 안쪽 해치를 닫았다. 머큐리와 제미니 우주선에서 사용된 바깥쪽으로 열리는 해치와 달리, 이 엄청나게 무거운 해치는 가압된 상업용 항공기의 문과 비슷하게 안쪽으로만 열렸다. 이 해치는 중앙에 앉은 에드 화이트Ed White의 머리 위쪽에 있었다. 1단계 우주선 개발에서 NASA는 해치에 폭발 볼트를 설치하여 우주비행사들이 비상 탈출하는 방법을 고려했지만, 그리섬의 머큐리 미션 때 그랬던 것처럼 해치가 뜻하지 않게 날아갈까봐 포기했다.

이 해치는 꺾여진 걸쇠들로 단단히 고정되어 있었고, 걸쇠를 풀려면 래칫 렌치를 사용해야 했다. 또한 상업 항공기와 마찬가지로 조종실의 내부 압력이 외부 대기 압력보다 더 높아 견고한 잠금 상태가 유지되었고, 해치를 개방하려면 먼저 사령선 내부 압력과 외부 압력이 똑같아질 때까지 공기압을 조절해야 했다. 그리고 래칫 렌치를 이용해 해치를 고정하는 6개 걸쇠 볼트를 풀어야 했다. 피난 시뮬레이션에서 이 과정은 최소 90초 정도 걸렸다. 우주비행사들이 이런 복잡하고 느린 시스템에 크게 불만을 드러내자 노스 아메리칸 항공에서 더 단순한 경첩 형식의 해치를 개발하고 있었지만, 우주선 012는 이미 케이프 커내버럴로 운송되었기 때문에 이번 비행에서는 그 해치를 이용할 수 없었다.

기술자들은 내부 해치를 닫고 고정한 뒤 외부의 승무원 출입용 해치를 닫았다. 그리고 마지막으로 부스터 보호캡을 잠갔다. 우주비행사와 지지탑 작업자 사이에는 총 3개의 잠금 해치가 있었다. 사령선 내부의 승무원들은 서둘러 100% 산소로 우주복과 조종실의 모든 가스를 제거했고, 조종실 내부 압력은 정상 비행 조건과 똑같이 16.7psi로 맞춰졌다.

얼마 후 점검 리스트를 확인할 때 사소한 문제들이 발생해 승무원들을 성가시게 만들었다. 한 점검 단계에서 그리섬은 우주복에 공급되는 산소에서 불쾌한 냄새가 난다고 보고했다. 그는 "버터밀크처럼 시큼한 냄새" 같다고 말했다. 그 후에는 우주선 운영 및 점검 빌딩Operations and Checkout Building과 34번 발사대 보호실 사이의 통신 시스템이 간헐적으로 단절되어 오후 5시 40분 가상의 카운트다운을 중지해야 했다. 40분 뒤 몹시 화가 난 그리섬이 지상 통제센터에 "두세 곳 건물 사이의 통신도 안 되는데 어떻게 달까지 갑니까?"라고 말했다. 아마 이것이 그의 마지막 말이었을 것이다.[6]

6시 30분 54초에 AC 버스 2 전압 측정값이 갑자기 엄청나게 상승했는데, 이는 합선 가능성을 나타낸 것이었다. 동시에 다른 계기판들은 승무원 우주복 안으로 산소 유입이 폭증했음을 나타냈다. 에드 화이트의 심장박동 수와 호흡 수가 갑자기 치솟았다. 그리고 그리섬의 좌석 왼쪽 아래에 있는 작은 패널의 벗겨진 전선에서 갑자기 아크 방전이 잠깐 발생한 것 같았다.

그 후 조종실의 기록은 군데군데 해석하기 어려운 부분이 있지만, 8초 후 우주비행사 중 한 명—아마도 채피Chaffee일 것이다—이 "이런!" 하는 소리를 질렀다. 우주선 내부에서 갑자기 움직이는 소리가 들렸다. 그리섬은 벨트를 풀고 의자에 무릎을 꿇고 헬멧으로 위쪽 계기판을 세게 쳐서 헬멧 윗부분에 깊은 자국이 남았다. 비상 훈련 때 그가 연습한 역할은 화이트의 머리 받침대를 낮추어 화이트가 왼쪽 어깨 뒤편으로 손을 뻗어서 래칫을 작동해 6개의 걸쇠를 동시에 푸는 것이었다. 이때 갑자기 화염이 우주선 내부 벽을 휩쓸었다. 가압된 산소가 연료 역할을 했다. 6시 31분 6초, 화이트로 추정되는 승무원이 "조종실에 불이 났어"라고 외치는 소리가 들렸다. 그는 내부 해치를 개방하기 전에 급히 산소 주입 호스를 차단했다.

로저 채피는 전등을 켜고 통신 링크를 열었다. 에드 화이트가 래칫 도구를 해치 슬롯에 넣는 모습이 TV 모니터에 잠깐 보였다. 그는 갑자기 두 손을 몸쪽으로 움츠리더니 다시 손을 뻗었고, 그리섬의 두 손도 보였다. 그들은 화이트가 해치를 여는 것을 도우려고 필사적으로 노력했다. 그다음 TV 화면들이 불타오르더니 꺼져버렸다. 대부분 그리섬의 측면에서 일어난 화염이 급속히 강렬해져 산소 튜브가 녹으면서 승무원의 닫힌 헬멧으로 들어갔다. 곧 화재로 인한 유독가스로 3명의 우주비행사가 질식하였다.

NASA 엔지니어들의 독자적인 연구 결과와 더불어 최근 연구에 따르면, 그리섬도 조종실에서 가압된 산소를 제거하려고 장갑 낀 손을 화염 속으로 뻗어 왼쪽 장비구역 위 선반에 있는 공기배출 밸브를 작동하려고 했으나 실패했다. 그가 밸브를 너무 세고 격렬하게 눌러서 밸브가 휘어졌음을 보여주는 증거도 있다. 하지만 그들이 치솟는 열기와 조종실 내부 압력에 어떻게 맞설 수 있었는지 의구심이 들기도 한다. 우주선 내부 온도는 엄청나게 상승하여 스테인리스강으로 만든 부품과 나일론 볼이 녹아서 장비 위로 흘러내릴 정도였다. 화이트의 안전 장비에도 이미 불이 붙었다.

화이트가 초인적인 노력을 기울였지만 결국 내부 해치를 열지는 못한 것으로 알려졌고, 또 그렇게 인정되고 있다. 내부 해치는 내부 압력으로 밀봉되었을 뿐만 아니라 격렬한 열기로 인해 팽창되었다. 화이트가 치명적인 매연으로 쓰러지기 전에 해치를 부분적으로 돌렸다는 증거가 있다.

우주선의 마지막 교신 내용은 채피가 절망적으로 "불타고 있어!"라고 말한 뒤, "심각한 화재가 났어!"라고 외치는 소리였다. 그다음 누군지 확인할 수 없는 사람의 날카롭고 고통스러운 외침 소리가 들렸다. 최초의 화재 인지 후 17초 뒤 사령선의 원격 측정과 통신이 완전히 단절되었다.

한편 조종실 내부 압력이 급격히 36psi로 높아져 채피의 헬맷과 인접한 우주선 선체가 갑자기 격렬하게 파열되었다. 화염과 연기, 잔해가 뒤섞인 불기둥이 틈새를 통해 인접한 화이트룸으로 분출되어 잠시 동안 우주선 외부를 뒤덮었다. 발사팀 요원인 존 트라이브John Tribe는 다음과 같이 회고했다.

> 화재경보가 울린 지 수 초 만에 우주선 내부가 폭발했다. 압력 용기가 파열되면서 사령선 출입문을 통해 화재 잔해가 뿜어져 나와 지지

대 8층 구간으로 흩어졌고, 기술자들이 불타고 발사대 대장의 탁자 위 종이에 불이 붙었다. 그리고 화염이 상부에 설치된 탈출 로켓 측면을 태웠다. 정말 위험한 상황이었다.

6명의 기술자가 2명씩 짝을 지어 검은 연기로 가득한 화이트룸으로 들어갔는데, 그들은 숨을 쉴 수도 없고 볼 수도 없었다. 해치를 여느라 손에 화상을 입었지만 끝내 열지 못했다. 안타깝게도 모두 헛수고였다.[7]

선체가 격렬하게 파열된 후 조종실 내부에서 산소가 빠르게 사라지고 불이 잦아들었다. 경보가 처음 울린 지 불과 5분 후 부스터 덮개 캡이 열리고, 뒤이어 내부 해치와 외부 해치가 열렸다. 숨 막히는 짙고 검은 연기가 우주선 내부에 자욱했고, 거의 5분이 지나서야 연기가 제거되어 우주비행사에게 접근할 수 있었다.

악몽 같은 광경이었다. 로저 채피는 여전히 좌석 벨트를 매고 있었고, 에드 화이트의 몸은 의자 위로 넘어져 있었다. 거스 그리섬은 조종실에서 산소를 제거하려고 했지만 실패한 뒤 우주선 바닥에 등을 대고 누운 채로 발견되었다. 그리섬과 화이트의 몸은 완전히 불탄 우주복과 너무 달라붙어 있어 처음에는 분리하기 어려웠다. 의사인 프레드 켈리Fred Kelly와 앨런 하터Alan Harter는 최대한 신속하게 이들을 확인한 후, 슬프게도 3명의 우주비행사가 사망했다고 발표했다.

3명의 우주비행사는 최초 화재 발생 후 약 17초 만에 의식을 잃었고, 화재로 인한 유독가스 흡입으로 질식사한 것으로 결론이 났다. 그들은 몸에 다양한 수준의 심한 화상을 입었지만, 해치가 제시간에 열렸다면 우주복의 보호 기능 덕분에 살아남았을 것이다.

하룻밤 사이에 150억 달러짜리 미국 우주 프로그램이 극적으로 중

승무원의 시신이 수습된 후 촬영한 불에 타버린 아폴로 1호 우주선 내부

단되었고, 화재 원인에 대한 결론이 나올 때까지 재개되지 않았다. 가장 명백하고 과소평가된 요인은 순수한 산소 환경이었다. 화재 다음날 조사 위원회가 구성되었다.

3개월 뒤 아폴로 204 검토위원회 위원장이자 랭글리 연구센터 책임자 플로이드 L. 톰슨Floyd L. Thompson은 매우 비판적인 예비 보고서를 발표하면서 우주비행사 3명의 사망 원인으로 무사안일을 지적했다. 보고서의 결론은 이 미션과 우주선에 관련된 사실상 거의 모든 사람을 비판하는 내용이었다. "이번 시험 비행에서는 충분한 안전 예방책을 세우지도, 준수하지도 않았다"고 그는 결론내렸다. 사고의 직접적인 주요 원인은 밀폐된 조종실의 가압 산소, 우주선의 대규모 연소 물질 사용, 쉽게 손상되는 전선, 글리콜 혼합물을 운반하는 연소성 파이프, 승무원 탈출 대책 부족, 불충분한 승무원 구조 및 의료 지원 준비 등이라고 밝혔다. 완성하는 데 거의 일 년이 걸린 3천 페이지 분량의 보고서는 "설계, 엔지니어링, 제조, 품질 관리상의 결함은 물론, 빈약한 설치, 설계, 기술을 보여주는 수많은 사례"를 언급했다.[8] 아울러 우주선이 NASA로 인계될 때 113개의 중대한 기술 지시 사항이 이행되지 않았음이 밝혀졌다. 화재로 내부가 불탄 우주선의 전선 다발 안에서 소켓 렌치가 발견되기도 했다. 앞서 언급했듯이 화재 원인이 확실하게 규명된 것은 아니었다.

보고서의 권고사항 중 하나는 가연성 재료를 우주선에서 모두 제거하라는 것이었고, 이는 새로운 불연성 합성섬유 개발로 이어졌다. 화재 후 NASA는 미래의 아폴로 우주복이 약 540°C의 온도를 견뎌야 한다고 규정했다. 해결책은 테프론Teflon을 코팅한 미세 유리섬유로 이루어진 베타클로스beta-cloth라는 섬유에서 발견되었고, 이 섬유는 우주복의 가장 바깥층에 사용되었다.

보고서는 또한 신속하게 분리되는 비상 해치의 개발과 설치, 전반적인 엄격한 화재 예방책, 전선과 ECS 개량, 지상에 있는 동안 가압 순수 산소 환경 포기, 수 초 내 조종실 압력을 낮추는 비상 환기 시스템을 요구했다. 또한 NASA 전체에 만연한 무사안일 문제를 심각하게 제기하고 즉각적인 변화를 통해 해결해야 한다고 지적했다.

3명의 예비 승무원 중 한 사람이었던 월트 커닝햄은 후에 다음과 같이 회고했다.

> 극심한 혼란 중에서 노스 아메리칸 항공은 인간이 만든 것 중 가장 위대한 기계를 만들어야 했다. 24번 발사대 화재로 인해 이런 불가피한 재건설 과정을 거치지 않는다면, 다섯 번의 미션으로 달에 도착하는 것은 불가능할 것이라고 확신한다.[9]

유도 항법 및 제어 시스템 책임자—나중에는 비행 책임자—인 게리 그리핀Gerry Griffin은 다음과 같이 회고했다.

그 비행은 많은 문제가 있었다. 아폴로 1호는 비극적인 사건이었고 우리는 정말 좋은 친구들을 잃었다. 하지만 그것이 이 프로그램을 구했을 수도 있다. 우리가 달로 가는 여정에서 그와 같은 일을 겪지 않았다면 이 프로젝트는 아마 끝났을 것이다.[10]

윌리와 월트, 그리고 돈의 미션

1967년 9월, 발사대 화재라는 비극이 있은 지 8개월 뒤, 노스 아메리칸 항공은 완전히 새로운 설계 및 개발에 기초해 아폴로 사령선을 만들었다. 여기에는 수많은 화재 예방 조치와 신속 개방 해치도 포함되었다. 이 해치는 압축 질소 실린더 덕분에 5초 만에 열 수 있었다.

순수 산소 환경 문제는 승무원이 궤도에 있을 때만 필요하기 때문에 타협점을 찾았다. 발사대에 있을 때 조종실의 공기는 산소 60%, 질소 40%를 유지하다가, 궤도로 올라가면 100% 산소로 바뀌었다. 궤도에 진입하면 산소 공급이 5psi로 유지되고 중력이 약한 상태에서는 대류가 거의 이루어지지 않아 우주에서 발생하는 화재는 지상보다 훨씬 느리게 확산되기 때문에 훈련받은 승무원들이 화재를 진화하기가 훨씬 더 쉬워졌다. 또한 우주비행사의 몸 안에 질소가 들어 있는 경우 우주 유영과 같은 활동 때 위험한 가스 거품이 발생할 수 있으므로 우주에서 순수 산소를 호흡하면 훨씬 더 안전해진다.

NASA는 아폴로 프로그램을 재개하기 시작했다. NASA는 사고가 발생하자 예비 승무원 윌리 쉬라, 월트 커닝햄, 돈 아이셀이 최초의 아폴로 미션을 맡게 된다고 발표했다. 한편 치명적 타격을 받은 아폴로 204 미션을 '아폴로 1호'라고 명칭을 바꾸었다. 1968년 9월 20일, 쉬라는 이

것이 그의 마지막 우주 미션이 될 것이라고 하며 NASA를 떠나기 전에 미션을 꼭 성공시키겠다는 결의를 다졌다. 또한 아폴로 7호에 대해 승무원 안전에 관한 한 어떠한 양보도 없다고 말했다.

아폴로 1호 승무원의 사망과 첫 번째 유인 아폴로 미션 사이에 몇 차례의 새턴 로켓 시험 비행이 진행되었다. NASA는 일정 변경을 통해 이전에 아폴로 미션 2호와 3호로 명명된 미션을 포기하기로 결정했다. 아폴로 4호(1967년 11월 9일 발사된 첫 번째 무인 새턴 V 로켓 시험), 아폴로 5호(달 탐사 원형 모듈을 새턴 1B 로켓에 실어 발사하는 테스트), 아폴로 6호(두 번째 무인 새턴 V 로켓 테스트)를 통해 무인 비행 시험이 진행되었다. 화재 후 첫 번째 유인 비행은 아폴로 7호였다.

1968년 10월 22일 아침, 발사대 화재 사고 21개월 만에 아폴로 7호 승무원들이 사망한 동료들에게 배정되었던 미션을 완수하기 위해 사령

첫 번째 아폴로 미션을 수행하게 된 아폴로 1호의 예비 승무원. (왼쪽부터) 돈 아이셀, 월리 쉬라, 월트 커닝햄

발사대에서 아폴로 7호를 지구 궤도로 보낼 준비를 하고 있는 새턴 1B 로켓

선 101호에 착석하였다. 그들은 고통을 통해 중대한 교훈을 배웠다. 쉬라는 나쁜 관행이나 엉성한 일 처리를 용인하지 않는 엄격하고 단호한 선장이 되었다. 그는 우주선의 모든 시스템, 장비, 기구를 개발하고 설치하는 과정을 감독했다. 쉬라와 동료 승무원들은 미국인 우주비행사를 달로 데려갈 아폴로 우주선을 검증하는 중대한 역할을 맡게 되었다.

이 미션은 아폴로 1호 승무원이 목숨을 잃은 34번 발사대에서 시작되었다. 긴장이 고조된 것은 분명했지만, 선장을 맡은 월리 쉬라는 임무에 대한 자신감이 있었다. 어느 시점에 그는 발사대 주변에서 돌풍이 불고 강해지는 것에 대해 우려를 표했고, 바람이 더 세게 불면 비행을 연기해야 하는지 문의했다. 22층 높이의 새턴 1B 발사체를 크게 신뢰했지만, 그래도 제한 조건들은 있었다. 풍속이 35km/h가 되자 한계치에 도달했고 이와 동시에 카운트다운이 로켓 점화 단계에 도달해 발사가 시작되었다. 나중에 쉬라는 해변에 강한 바람이 불어와 새턴 로켓에 부딪히고 있었기 때문에 발사를 연기해야 했다고 말했다. 그는 "누군가 규정을 어겼습니다. 나는 아닙니다. 당시 나는 위태로웠습니다"[11]라고 불평했다.

오전 11시 3분, 거대한 새턴 1B 로켓이 매초 2,720리터의 연료를 태우며 발사대에서 이륙했다. 로켓은 직선을 그으며 푸른 플로리다 하늘로 치솟았다. 1단 로켓은 비행 후 170초에 분리되었고, 그 후 2단 로켓엔진이 점화되어 최대 추력에 도달했다. 이륙 후 8분 만에 아폴로 7호는 궤도에 진입했고, 쉬라는 "꿈결처럼 날고 있습니다"라고 보고했다. 이륙한 지 3시간 후 궤도를 거의 두 바퀴 돌았을 때 우주비행사들은 처음으로 중요한 비행 기동을 수행했다. 그들은 폭발 볼트를 이용하여 사령선과 서비스 모듈 CSM을 이제 연료가 고갈된 2단 로켓에서 분리했다.

쉬라는 우주에서 첫날 코감기에 걸려 지상 통제센터가 몇 가지 시험 일정을 변경하라고 하자 약간 화를 냈다. 그리고 다음날이 아니라 그날 TV 방송을 진행하라는 요구에 더 화를 냈다. 그는 정해진 비행 일정을 바꾸기 전에 엔지니어 안전 측면을 먼저 고려해야 하고, 적절한 순서에 따라 진행해야 한다고 생각했다. 그날의 중요한 테스트는 부스터와 랑데부를 시도하는 것이었다. 그는 나중에 "나는 그 일을 중요하지 않는 다른 일과 섞고 싶지 않았습니다"라고 회고했다. 이러한 분노와 코감기에도 불구하고 쉬라는 다른 승무원들과 함께 우주에서 라이브 TV 방송을 진행했다. 그는 농담을 던지며 모든 사람이 베테랑 우주비행사에게 기대했던 '즐거운 익살꾼'의 모습을 보여주었다.

비행과 테스트가 진행되면서 새로 설계된 사령선이 매우 훌륭한 우주선이라는 사실이 분명해졌다. 승무원들은 탁월하게 자신의 임무를 수행했고 우주선에 대한 신뢰가 점점 커졌다. 하지만 쉬라는 계획되지 않은 실험과 테스트 수행을 요구하자 점차 동요했다. 계획된 궤도 비행 163회 중 134회 때 예정에 없던 또 다른 테스트를 요구하자, 그는 미션 통제센터에 "이 테스트를 생각해 낸 바보의 이름을 알았으면 좋겠습니다. 정말 알고 싶군요. 지상으로 돌아가면 그와 개인적으로 대화를 나누고 싶습니다"[12]라고 대답했다. 동료 승무원들도 새로운 테스트를 수행하라는 압력에 불만을 드러내며 퉁명스러운 태도를 보인다는 것을 알고, 드디어 그는 계획에 없던 테스트나 실험을 더 이상 하지 않을 것이라고 교신했다.

비행이 끝날 무렵 미션 통제센터와 쉬라 사이에 또 다른 긴장이 발생했다. 그는 승무원이 재진입 단계를 수행할 때 감기로 부비강 압력이 높아져 고막이 터질 수 있기 때문에 헬멧을 벗어야 한다고 주장했다(하지만 커닝햄과 아이셀은 쉬라처럼 심한 감기에 걸리지 않았다). 그 결과 교신 책임자인 머큐리 우주비행사 데크 슬레이튼과 무뚝뚝할 정도로 짧은 대화만 나누게 되었다.

쉬라는 논쟁에서 이겼고, 그리고 비행을 마친 후 NASA를 떠날 거라고 이미 발표했기 때문에 비행 후 결과에 대해서는 염려하지 않았다. 승무원들은 한 시간 전에 미리 충혈 완화제를 복용한 후 헬멧을 쓰지 않고 재진입했고, 이후의 보고에 따르면 귀에 아무런 문제가 없었다. 이로써 이후 아폴로 미션 승무원들은 헬멧을 쓰지 않고 재진입하게 되었다.

아폴로 7호 사령선은 예정된 곳에서 불과 2km 떨어진 대서양에 착수했다. 우주선이 거꾸로 뒤집혔지만, 우주선 주위로 유색의 부양백이 자동으로 부풀어 오르면서 곧 자세를 바로잡았다. 지쳤지만 기쁨으로 가득한 3명의 우주비행사들은 헬기로 구조되어 우주선 회수함 에섹스Essex 호 갑판에 내렸다. 43분 뒤 검게 탄 사령선도 갑판에 도착했다.

비행 책임자 크리스 크래프트Chris Kraft는 쉬라가 미션 동안 힘들게 했지만 칭찬할 수밖에 없다고 나중에 인정했다. 크래프트는 "비행 때 가끔 그가 우리를 힘들게 했지만 기술적인 업무 수행은 탁월했습니다. 머큐리, 제미니, 아폴로 미션에서 그는 모두 세 번 비행했지만 한 번도 실수하지 않았습니다. 그는 유능한 테스트 파일럿이었고 세 번의 비행에서 매우 훌륭했습니다"[13]라고 말했다.

아폴로 7호는 월리 쉬라의 마지막 우주비행 임무였다. 그는 미국 최초의 3개 우주 프로그램인 머큐리, 제미니, 아폴로에서 비행한 경력을 가진 유일한 우주비행사로서 NASA에서 은퇴했다. 아폴로 7호 승무원 중 그 누구도 다시 우주를 비행하지 않았다. 돈 아이셀Donn Eisele은 아폴로 10호 미션의 예비 사령선 비행사로 일했으며, 1970년에 우주비행사실에서 은퇴한 후 1987년 일본 여행 중 갑작스러운 심장마비로 사망했다. 월트 커닝햄Walt Cunningham은 후속 스카이랩 프로그램에서 관리직으로 계속 일하다가 승무원 배정을 받지 못하자 1971년에 NASA를 떠났다.

7일간의 아폴로 7호 미션을 통해 새턴 부스터와 아폴로 우주선에 대한 테스트를 완료했다. 인간을 달에 보내기 위한 프로그램의 첫 단계는 인간과 기계 양측면에서 큰 성과를 얻었고, 그에 따라 다음 아폴로 8호 미션도 승인되었다. 암살된 존 F. 케네디 대통령이 7년 전에 선언했던 유인 달 착륙 목표 달성이 손에 잡힐 정도로 가까워졌다는 자신감이 점점 커져갔다.

소련 수석 로켓 설계자의 죽음

보스토크와 보스호트 우주선 비행에 대한 찬사와 정치적 압력 이후에도 여전히 베일에 싸였던 소련의 수석 로켓 설계자 세르게이 코롤료프Sergei Korolev는 우주비행사를 궤도와 달까지 데려갈 새로운 형태의 우주선에 집중했다. 1962년 그의 설계팀은 N-1이라는 거대한 신형 부스터 연구를 시작했는데, 이 강력한 로켓은 승무원을 달까지 싣고 갈 수 있었다.

1966년 1월 5일, '소유즈Soyuz'('연합'이라는 뜻)라는 새 우주선을 한창 개발하고 있을 때, 병들고 지친 그는 전년도에 대장암을 진단받은 후 직장에서 폴립을 제거하는 수술을 받으려고 모스크바 병원에 입원했다. 자신의 전문 분야는 아니었지만 보건장관 보리스 페트로프스키Boris Petrovsky는 코롤료프의 주장에 따라 직접 대장 수술을 집도했다. 까다로운 수술은 아니었지만 그가 주먹만한 용종을 우연히 발견하고 큰 혈관이 갑자기 터지자 상황이 심각해졌다. 코롤료프는 장기간의 야만적인 노동수용소 수감생활의 후유증으로 이미 심장이 매우 약한 상태에서 출혈로 인해 심장박동이 갑자기 멈췄다. 필사적인 노력에도 그는 다시 살아나지 못했고, 그의 생애는 수술대 위에서 끝나버렸다. 그날은 그의 59세 생일 이틀 전인 1월 14일이었고, 그로 인해 소련 우주 프로그램은 치유할 수 없는 막대한 타격을 입게 되었다.

그의 사후에야 비로소 코롤료프의 이름이 소련 국민과 전 세계에 널리 알려졌다. 그의 로켓 및 우주선 개발팀은 최초의 우주선 스푸트니크Sputnik와 세계 최초의 우주비행사 유리 가가린Yuri Gagarin을 우주로 올려보냈다. 그의 천재성은 그의 사후 50년이 지난 오늘날까지도 그의 로켓과 우주선들이 여전히 우주를 날고 있다는 믿기 힘든 사실을 통해 확인할 수 있다.

살아있을 동안 코롤료프는 미카일 양겔Mikhail Yangel이나 블라디미르 첼로메이Vladimir Chelomei, 발렌틴 글루시코Valentin Glushko 같은 다른 로켓 설계자들이 제시한 계획을 수용하지 않으려고 계속 노력했다. 안타깝게도 그의 죽음은 수준 낮은 소장 로켓 설계자들이 새로운 시도를 할 수 있는 문을 열어주었고, 이것은 소련 우주 프로그램의 미래에 재난이 되었다. 결국 코롤료프를 오랫동안 도와주었던 동료이자 수석 부책임자였던 49세의 바실리 미신Vasily Mishin이 그의 후계자가 되었다. 미신은 1967년에 달 궤도를 비행하고 다음 해에 우주비행사를 달 표면에 착륙시키겠다는 전임자의 계획을 달성하라는 정부의 압력에 계속 시달렸다. 그는 심각한 자금 부족과 취약하고 파편화된 인프라 시설, 야만적인 업무량, 달 경쟁에서 기술적으로 우월한 미국을 추월하라는 상부의 요구에 대해 잘 알고 있었다. 기록에 따르면 미신의 설계팀이 수행한 첫 번째 유인 우주비행은 엄청난 재난으로 끝났다.

세르게이 코롤료프의 때 이른 죽음과 능력이 부족한 후계자들에 의한 엄청난 실패가 달 탐사 경쟁에서 소련이 결국 패배하게 된 확실한 원인이라는 점은 부인할 수 없는 사실이다. 코롤료프가 대장 수술에서 살아남아 소련 우주 프로그램의 수석 설계자로서 중요한 역할을 계속했다면 상황이 어떻게 전개되었을지 알 수는 없다. 하지만 그의 유명한 공학기술과 탁월한 설계 능력은 달 탐사 경쟁을 분명히 훨씬 더 박빙으로 만들었을 것이다.

우주비행사의 죽음

파벨 벨랴예프Pavel Belyayev와 알렉세이 레오노프Alexei Leonov가 보스호트-2

호를 타고 비행한 후 비록 지체되긴 했지만 승무원과 우주선이 안전하게 귀환한 지 25개월이 지났다. 이 공백기 동안 미국은 전체 제미니 프로그램—총 10회 비행—을 성공적으로 완수했다. 미국 우주비행사들은 NASA가 달로 갈 준비가 되었음을 설득력 있게 입증했다. 궤도 도킹과 랑데부에 성공했고, 우주 유영도 점점 수준을 높여 매우 다양한 차원에서 성공적으로 수행하였다. 우주비행사들은 달에 갔다가 돌아오는 장기 우주비행을 시험하기 위한 확대된 미션을 수행했다. 반면 소련의 달 계획은 평균 2개월마다 한 번꼴로 유인 비행에 성공한 제미니 미션에 비해 뒤처지게 되었다.

1967년 4월 23일, 타스 통신은 오랫동안 고대했던 발표를 했다. 소련이 소유즈-1호의 성공적 발사로 다시 우주 탐사에 복귀했다는 것이었다. 소유즈-1호에 탑승한 우주비행사 블라디미르 코마로프Vladimir Komarov 대령은 이전에 보스호트-1호 미션을 지휘했던 사람이었다. 이로써 그는 소련 우주비행사 최초로 우주를 두 번 비행한 사람이 되었다.

그 당시 소유즈 우주선의 이름에 많은 관심과 추측이 집중되었다. 소유즈soyuz라는 단어는 '연합'이라는 뜻이다. 이것은 또 다른 소련 우주선과의 도킹이 임박했음을 암시하는 것일까? 아니면 궤도를 비행할 동안 승무원들을 교체한다는 말인가? 역사가 보여주듯이 전문가들의 추측이 옳았다. 이 최근 비행에 대한 뉴스가 발표되었을 때 소유즈-2호를 실은 로켓이 이미 바이코누르 발사대에 세워져 있었고, 3명의 우주비행사 발레리 비코프스키Valery Bykovsky, 예브게니 크루노프Yevgeny Khrunov, 알렉세이 옐리세예프Alexei Yeliseyev가 코마로프를 따라 궤도로 올라가 소유즈-1호와 결합할 준비를 하고 있었다. 야심 차지만 위험한 이 비행 계획에 따르면, 크루노프와 옐리세예프는 도킹 후 우주선에서 나와 우주 유영으로 코마로프의 소유즈-1호까지 가야했다. 그 후 3명의 우주비행사는 소유

불운한 소유즈-1호 미션을
수행한 소련 우주비행사
블라디미르 코마로프 대령

즈-1호를 타고 지구로 귀환하고, 비코프스키는 소유즈-2호를 이용해 혼자 귀환할 예정이었다. 하지만 두 번째 비행은 실행되지 못했다.

나중에 밝혀진 바에 따르면, 이륙 직후 코마로프는 우주선의 심각한 결함을 보고했고, 미션을 완수하려고 열심히 해결책을 찾았다. 주요 문제는 우주선의 전력을 공급하는 2개의 태양 패널 중 하나가 펼쳐지지 않은 것이었다. 아울러 많은 시도에도 불구하고 자동 방향 조정 시스템이 고장 난 후 코마로프는 소유즈-1호의 방향을 수동으로 조정할 수 없었다. 비행이 심각한 문제에 봉착하자 다음날 예정된 소유주-2호의 발사가 연기되었고, 점차 발사가 취소될 가능성이 커졌다.

곧 코마로프가 우주선의 기술적인 문제를 해결할 수 없다는 점이 분명해졌다. 27시간 뒤, 그의 용기 있는 노력은 헛수고가 되었고 그는 조기 귀환을 준비하라는 지시를 받았다. 코마로프는 재진입을 위해 소유즈-1

호를 조정하려고 시도했지만 성공하지 못했다. 하지만 19번째 궤도를 비행할 때 두 번째 시도가 성공했고, 제동 로켓이 점화되자 우주선이 대기권으로 떨어졌다. 몇 분 뒤 재진입으로 인한 강렬한 열이 발생하는 가운데 코마로프는 침착하게 작은 보조 낙하산과 주 낙하산을 펼칠 준비를 했다. 하지만 끔찍한 상황이 벌어졌다. 보조 낙하산은 계획대로 펼쳐졌지만 주 낙하산이 보관함에 걸려 나오지 않았다. 비상 계획을 실행하여 예비 낙하산을 이용하려고 했지만, 안타깝게도 예비 낙하산 줄이 보조 낙하산 줄과 엉켜버려 예비 낙하산도 펼쳐지지 않았다.

코마로프는 자신이 심각한 곤경에 빠졌고 하강하는 캡슐의 추락 속도를 늦출 방법도 없이 지상으로 곧장 떨어지고 있다는 사실을 깨달았을 것이다. 그가 할 수 있는 일이라곤 앉아서 피할 수 없는 죽음을 기다리는 것뿐이었다. 소유즈-1호는 빠른 속도로 지면과 충돌한 뒤 70cm 높이의 잔해더미로 변했고 그는 즉사했다. 정상적인 착륙 전에 잠시 점화하도록 설계된 고체연료 제동 로켓—엄청난 속도에서는 완전히 무용지물이었다—은 충격으로 폭발했고, 파편화된 모듈은 곧 불길에 휩싸였다.

그 후 몇 년 뒤 사고 장면을 찍은 영상이 공개되었는데, 일부가 땅에 묻힌 채 불타고 있는 우주선 잔해와 불길을 진화하려는 지상 구조팀의 필사적인 노력이 담겨 있었다. 불길이 잡히고 잔해의 열기가 식자, 소유즈-1호의 잔해 속에서 끔찍하게 타버린 코마로프의 유해를 빼내 모스크바로 이송했다.

코마로프의 죽음에 관한 뉴스가 방송되자 소련과 세계는 크나큰 슬픔과 당혹감에 휩싸였다. 한때 여러 차례 우주 프로그램의 성공과 명성을 자랑했던 소련으로서는 코마로프의 비극적이고 설명할 수 없는 죽음이 엄청난 충격으로 다가왔다.

코마로프의 유해는 1967년 4월 26일 완전한 군례를 갖추어 붉은 광장의 크렘린 성벽 묘지에 안장되었다. 이 장례식에는 슬픔에 빠진 미망인과 침울한 정치인들, 충격을 받은 동료 우주비행사들과 수천 명의 모스크바 시민들이 참석해 영웅의 죽음을 애도했다.

이 불운한 비행에 관한 한 가지 놀라운 사실이 수년 동안 공개되지 않은 채 남아 있었다. 소유즈-1호 미션에서 코마로프의 예비 우주비행사가 세계 최초의 우주인 유리 가가린이었다는 것이다.[14] 그는 오랫동안 두 번째 비행을 위해 노력하였고, 소련 관리들은 국가의 영웅인 그의 생명을 다시 위험에 빠뜨리고 싶지 않았지만 그의 요구에 동의해 예비 비행사 자리를 조건부로 허락한 것이었다. 일 년 남짓 후인 1968년 3월 27일, 가가린이 자신의 비행 자격을 요구하기 위한 지속적인 노력의 일환으로 미그-15기 훈련 비행 중 사망할 것이라고는 아무도 알지 못했다. 그 역시 사망 후 크렘린 성벽 묘지에 묻혔다.

보통 그렇듯이 소련 우주당국은 코마로프의 구체적인 사망 과정을 즉시 비밀에 부쳤고, 따라서 그의 죽음에 관한 추하고 쓸모없는 소문이

블라디미르 코마로프가 비행한 소유즈-1호 우주선을 묘사한 그림

많이 퍼졌다. 그중 하나는 그가 궤도에 있을 때 심하게 망가진 우주선을 타고 재진입할 경우 생존 가능성이 없다는 것을 알자, 우주 당국이 그의 아내 발렌티나Valentina를 크림반도의 미션 통제센터로 불러 불운한 남편에게 작별 인사를 하게 했다는 것이다. 또 다른 소문에 따르면, 알렉세이 코시긴Alexei Kosygin 수상이 코마로프와 대화를 하면서 소련 우주 프로그램 역사에서 그와 그의 불가피한 희생이 국가의 자랑이라고 말했다고 한다.

더 놀랍게도 지구로 떨어지는 소유즈-1호에 무선 채널을 맞추었던 터키 소재 미국 무선기지국에 관한 이야기들이 널리 퍼지기 시작했다. 그들은 코마로프의 가슴 아프고 격정적인 마지막 말을 들었다고 한다. 코마로프는 우주선이 문제투성이라는 것을 알면서도 그 문제를 해결하기도 전에 너무 일찍 발사하면서 그에게 탑승하라고 명령한 소련 정부를 저주했다고 한다. 오늘날까지도 이런 끔찍한 소문이 퍼져 있지만, 조금만 조사해도 이런 소문들이 완전히 잘못되었다는 것을 알 수 있다. 이 비행 프로그램의 미션 통제센터는 크림반도 서부의 예프파토리야Yevpatoriya에 있었고 아내 발렌티나는 북쪽으로 1,400km 떨어진 모스크바 집에 있었기 때문에, 아내의 통제센터 방문은 시간적으로 불가능했다. 아울러 미션 통제센터와 우주비행사 간의 교신은 하강 모듈이 다른 2개의 우주선 모듈과 분리된 직후 끊어졌고, 이는 귀환하는 우주선에서 일어나는 완전히 정상적인 과정이었다. 이온화 공기가 캡슐을 둘러싸기 때문에 몇 분간 무선 통신이 완전히 불가능하며, 따라서 재진입 단계에서 어떤 사람도 코마로프와 교신할 수 없었을 것이다.[15]

1992년 저자는 우주비행 경력이 없는 (지금은 사망한) 우주비행사 알렉산더 페트루셴코Alexander Petrushenko와 서신을 교환했다. 그는 당시 미션 통제센터에 있었고 코마로프와 마지막 교신을 한 사람이었다. 교신할 동

소유즈-2호에 탑승할 예정이었던 예브게니 크루노프와 선장 발레리 비코프스키, 알렉세이 옐리세예프

안 페트루센코는 코마로프가 매우 침착하게 재진입 전 마지막 교정 기동을 완료하고 조기 귀환을 준비하고 있다고 보고했다고 했다. 그 이후 코마로프와의 교신이 끊어졌다.[16]

이 비극적인 사건에 대한 좋은 소식들도 있었지만, 이 또한 수십 년 동안 공개되지 않았다. 소유즈-2호가 다음날 계획대로 발사되었다면 발레리 비코프스키, 예브게니 크루노프, 알렉세이 옐리세예프 역시 십중팔구 사망했을 것이다. 끔찍한 비극을 조사한 결과에 따르면, 소유즈-2호의 낙하산 보관함이 소유즈-1호와 똑같은 설계 결함을 갖고 있었고, 따라서 낙하산은 또다시 펼쳐지지 못해 우주선 탑승자들은 결국 사망했을 것이다.

06

달에서 바라본 광경

기록에 따르면, 1968년 11월 12일 우주비행사를 처음 우주로 보낸 지 7년 만에 NASA는 가장 담대한 결정을 내렸다. 그날 미국은 아폴로 8호를 달로 보내 NASA의 달 착륙 프로그램을 수행하기로 결정함으로써 다른 세계에 최초의 인간—아직 누구인지 확정되지 않았다—을 착륙시키는 목표에 매우 근접하게 되었다.

일정대로 아폴로 8호가 발사되었다면 오늘날 우리가 기억하는 똑같은 수준의 자부심과 감탄으로 기억되지 않을 것이다. 아폴로 7호의 성공적인 지구 궤도 시험 비행 이후 계획된 미션은 달 착륙선Lunar Module(LM)을 지구 궤도로 보내 점검하는 것이었다. 모든 것이 잘 진행된다면 또 다른 달 착륙선이 달 궤도에서 사령선에서 분리된 뒤 2명의 우주비행사를 태우고 달 표면에 착륙할 예정이었다. 아폴로 8호 미션은 우주비행사를 달로 보내는 미션에서 매우 중요한 단계였다. 하지만 미국인들은 몇 개월 후 최초로 우주비행사를 달에 착륙시키는 그다음 아폴로 미션을 고대하고 있었다. 하지만 지구 주위를 선회하는 다른 선행 미션은 그것이 NASA의 달 착륙 계획에 아무리 중요하다 해도 일반인들의 관심을 크게 끌지 못했다.

아폴로 8호 미션의 목표를 완전히 바꾼 주요 의사결정자들은 (1968년 10월 제임스 웹James Webb 국장 퇴직 후) 당시 NASA 국장 권한대행이었던 토머스 페인Thomas Paine, 유인 우주비행 부책임자 조지 뮬러George Mueller, 아폴로 프로그램 책임자 새뮤엘 필립스Samuel Phillips였다. 발사가 몇 차례 연기되면서 미션 일정에 심각한 차질이 생기자, 1968년 8월 아폴로 우주선 프로그램 관리자 조지 M. 로George M. Low는 곤경에 빠졌다. 사령선과 서비스 모듈 CSM은 아폴로 7호 시험 비행 동안 이미 충분히 검증되었지만, 최초의 유인 달 착륙선 개발은 중요한 문제점들이 많이 발생해 지연되고 있었다. 기본 원형 모듈은 그해 1월 유인 아폴로 5호 미션에서 새턴 1B 로켓 상부에 실어 성공적으로 시험 비행을 마쳤지만, 유인 비행 착륙선은 착륙선을 설계하고 개발했던 그루먼Grumman 항공사의 엔지니어들만큼 완벽하게 다룰 수 있어야 했다.

조지 로는 비극적인 발사대 화재 이후 첫 번째 유인 아폴로 미션인 아폴로 7호를 발사할 때 1960년대의 끝이 빠르게 다가오고 있다는 사실을 숙고했다. 아울러 그는 소련이 1969년 말까지 달 주위에 한두 명의 우주비행사를 보내는 계획을 은밀히 추진하고 있음을 암시하는 정보 보고서에 대해서도 잘 알고 있었다. 그래서 1968년 8월 9일, 그는 유인 우주센터 책임자 로버트 길루스Robert Gilruth를 만나 아폴로 8호 사령선과 서비스 모듈 CSM을 달 주변으로 보내 그 기능을 입증하고, 달 착륙선 시험 비행 임무를 아폴로 9호에 맡기는 문제에 대해 논의했다. 이 계획을 지지했던 길루스는 우주비행사팀을 이끄는 데크 슬레이튼Deke Slayton과 비행 운영책임자 크리스 크래프트Chris Kraft와 상의했다.

NASA의 역사 기록 부서는 50년 후인 2018년에 이 상황을 돌아보면서, 다음 단계는 앨라배마주 헌츠빌의 마셜 우주비행센터Marshall Space Flight Center(MSFC)와 케네디 우주센터Kennedy Space Center(KSC), NASA 본부의 관리자들에게 지지를 얻는 것이었다고 했다.

> 같은 날 오후, 네 사람은 헌츠빌로 날아가서 MSFC 책임자 베르너 폰 브라운Wernher von Braun, KSC 책임자 커트 데버스Kurt Debus, NASA 본부 아폴로 프로그램 책임자 새뮤얼 C. 필립스Samuel C. Phillips와 다른 몇몇 사람을 만났다. 그들은 10월의 아폴로 7호 미션이 성공한다는 전제하에 달 미션 계획에서 심각한 기술적 장애를 발견하지 못했다. 폰 브라운은 새턴 V가 안전하게 임무를 수행할 것임을 자신했고, 데버스는 KSC가 12월에 로켓 발사를 준비할 것이라고 믿었다. 그들은 다음 주에 NASA 본부에 모여 이 계획을 최종적으로 평가하고 NASA 국장 제임스 E. 웹James E. Webb과 유인 우주비행 부책임자 조지 E. 뮬러George E. Mueller에게 보고하기로 합의했으며, 그때까지 새로운 계획을 비밀에 부치기로 했다. 유인 우주선 센터 대표단은 휴스턴으로 돌아갔다. 그곳에서 로는 긴 하루의 마지막 일정으로 사령선 CSM(노스 아메리칸 록웰North American Rockwell)과 달 착륙선 LM(그루먼 에어로스페이스Grumman Aerospace)의 계약 책임자들에게 자신의 계획을 간단히 알려주고 조언을 들었다.

일단 이렇게 합의가 되자 슬레이튼은 아폴로 8호와 9호 승무원에게 각 미션의 중요한 변경 내용을 알려주었다.

> 슬레이튼은 아폴로 9호 선장인 프랭크 보먼Frank Borman에게 전화를 걸었다. 보먼과 승무원들은 캘리포니아주 다우니Downey에서 사령선

을 테스트하고 있었다. 슬레이튼은 보먼에게 휴스턴으로 돌아오라고 지시하고 달 주위를 선회하는 새로운 아폴로 8호 미션을 전달했다. 보먼은 즉시 받아들였다. 이 미션은 1968년 12월에 보먼이 사령선 조종사Command Module Pilot(CMP) 제임스 A. 로벨James A. Lovell, 달 착륙선 조종사Lunar Module Pilot(LMP) 윌리엄 A. 앤더스William A. Anders와 함께 아폴로 8호를 타고 달 착륙선(LM)은 탑재하지 않은 채 달 주위를 선회하는 것이었다. 원래 아폴로 8호 미션에 배정되었던 우주비행사 팀원은 선장 제임스 A. 맥디비트James A. McDivitt, 사령선 조종사(CMP) 데이비드 R. 스콧David R. Scott, 달 착륙선 조종사(LMP) 러셀 L. 슈바이카트Russell L. Schweickart였다. 이들은 1969년 초 아폴로 9호를 타고 지구 궤도에서 최초로 LM 테스트를 진행하게 되었다. 슈바이카트는 이미 LM전문가였고 앤더스는 LM에 대한 경험이 없었기 때문에 비행 임무를 교체하는 것이 타당했다. 맥디비트는 비행 임무 교체에 동의했다. 그는 슈바이카트의 경험이 유용하게 활용되어 최초의 LM 조종사가 되길 원했다.[1]

미션 일정에 따라 아폴로 8호 승무원들은 지구 궤도에서 가늘고 긴 형태의 달 착륙선(LM)을 최초로 테스트하기 위해 훈련하고 있었다. 하지만 8월 19일 NASA는 12월 비행 준비가 지연된 탓에 이번 비행에서는 LM 없이 진행된다고 발표했다. 아폴로 8호를 연기하는 대신, 아폴로 프로그램 책임자 새뮤얼 C. 필립스Samuel C. Phillips는 NASA가 1960년대가 끝나기 전에 케네디 대통령의 유인 달 탐사 목표를 달성하기 위해 프로그램을 진전시킬 다른 옵션을 찾고 있다고 말했다. 1968년 8월 초부터 NASA 고위 관리자들은 아폴로 8호가 달 선회 임무 또는 달 궤도 진입 임무를 맡는 것이 가능한지 숙고하고 있었다. 그들은 모든 옵션을 탐색하고, 미션 비행 선장 프랭크 보먼Frank Borman, 사령선 조종사 짐 로벨Jim Lovell, 달 착륙선 조종사 빌 앤더스Bill Anders를 비롯해 임무와 관련된 모든 관계자들과 상의한 뒤 새로운 비행 과제를 수행해야 한다는 합의에 이르렀다. 사실 아폴로 8호 미션에서는 달 착륙선이 탑재되지 않았기 때문에 앤더스의 직책명은 적절하지 않았다.

1968년 11월 12일, NASA 본부는 아폴로 8호의 미션이 달 궤도를 선회하는 비행으로 바뀌었다고 발표했다. 이것으로 아폴로 8호 미션 목적에 관한 몇 주간의 NASA 내부의 고민과 일반인들의 추측은 끝이 났다.[2] 발사는 잠정적으로 12월 21일로 예정되었고, 크리스마스 이브와 크리스마스 때 20시간 이상에 걸쳐 달 궤도를 10회 선회하는 것이 목표였다.

예정일인 12월 21일, 아폴로 8호는 36층 높이의 새턴 V 1단 로켓엔진에서 오렌지색 화염이 거대하게 분출되면서 발사되었다. 로켓엔진의 추진력은 총 1억 8천만 마력이었다. 컴퓨터 시스템이 종 모양의 5개 F-1 엔진이 점화되어 제대로 작동하는지 확인하는 8초 동안 로켓은 발사대에서 굉음을 내뿜었다. 이후 새턴 V가 막대한 추진력—약 500대의 전투기 추진력과 같았다—으로 힘들게 이륙했고, 12초 후에 122m의 발사탑이 제거되면서 요란한 소리와 함께 플로리다 창공으로 날아갔다. 로켓의 화염과 연기가 150m 정도 이어졌다.

여러 단계를 거친 후 아폴로 8호 우주선이 궤도에 성공적으로 도달했다. 다음 3시간 동안 지구 궤도를 두 바퀴 돌면서 수천 개의 시스템을 점검했다. 드디어 미션 통제센터로부터 달 전이궤도 투입Trans-Lunar Injection(TLI) 준비가 되었다는 말이 들려왔다. 3단 로켓을 재점화하여 우주선을 달로 가는 궤도로 이동시키는 추력 기동을 진행했다. 지구 중력의 영향을 피하기 위해 우주선 속도가 28,000km/h에서 39,200km/h 정도로 높아졌다. 달로 가는 여정은 비교적 평온했다. 다만, 프랭크 보먼에게 설사로 인해 잠시 메스꺼움과 열이 발생했다.

지구에서 326,200km 떨어진 지점에서 아폴로 8호 승무원들은 우주 행성 간 '대분기점'을 지나 지구의 영향을 벗어나 달의 중력권 안으로 들어갔다. 그들은 달의 중력에 영향을 받는 최초의 인간이 되었다. 그들은 지구의 흐릿한 모습을 TV 방송으로 내보냈고, 선장인 보먼은 그 지리적 특성을 설명했다.

1968년 크리스마스 이브에 아폴로 8호는 엔진을 성공적으로 점화하고 달 궤도로 들어갔다. 3명의 승무원은 삭막하고 척박한 평지 위를 날

달 궤도를 비행한 아폴로 8호 승무원. (왼쪽부터) 짐 로벨, 빌 앤더스, 프랭크 보먼

아가며 97km 아래의 달 표면을 경외감을 가지고 바라보았다. 로벨이 다음과 같이 보고했다.

> 휴스턴, 이 고도에서 바라본 광경은 굉장합니다. 우리가 지도에서 배운 특징들을 쉽게 알아볼 수 있습니다. 토양 색은 희끄무레한 회색 같고, 발자국이 많이 찍혀 지저분한 해변 모래 같습니다. 파리의 회반죽 같습니다. 지면이 자세히 보입니다.[3]

달 궤도를 네 번째 선회하면서 보먼이 우주선을 천천히 회전시킬 동안, 승무원들은 계속 회색빛의 구멍이 숭숭 나 있는 달 표면을 바라보았다. 갑자기 빌 앤더스가 "오 이런, 저기를 봐요! 지구가 떠오르고 있어요. 와우, 정말 아름다워요!"라고 외쳤다. 그는 달 지평선 위로 지구가 떠오르는 장면을 촬영할 시간이 아주 짧다는 것을 알고 서둘러 카메라를 찾

빌 앤더스가 찍은 빛나는 지구돋이Earthrise 모습. 지구가 달 위에 있는 모습이 널리 알려졌지만 이 사진의 방향이 바른 모습이다.

았다. 그리고 스웨덴제 고급 하스블라드Hasselblad 500C 카메라에 필름을 넣고 빠르게 사진을 찍었다. 로벨이 "찍었어?"라고 묻자 앤더스가 그랬다고 했다. '지구돋이Earthrise'라는 별명이 붙은 이 사진은 우주 시대의 가장 상징적인 이미지 중 하나가 되었다.[4]

크리스마스 이브에 아폴로 8호 달 미션과 관련하여 영원히 기억될 만한 또 다른 일이 있었다. 승무원들은 비록 그 모습은 보이지는 않았지만 텔레비전 방송을 했다. 그들은 카메라를 달 표면으로 향한 채 지구인들에게 크리스마스 인사를 보냈다. 그다음 뜻밖에도 3명의 우주비행사는 한 사람씩 성서의 창세기 첫 10구절을 읽기 시작했다. 빌 앤더스가 1~4절을 먼저 읽었는데 첫 구절은 "태초에 하느님이 천지를 창조하시니라"로 시작되었다. 이어서 짐 로벨이 5~8절을 읽었고, 마지막으로 프랭크 보먼이 9~10절을 읽었다. 끝으로 "지금까지 아폴로 8호 승무원이었습니다. 굿나잇, 행운을 빕니다. 메리 크리스마스, 아름다운 지구에 사는 여러분 모두에게 하느님의 축복이 함께 하길 빕니다"라는 말로 생방송을 마쳤다. 성서 낭독은 실용적인 성향의 NASA 간부들에게 약간 충격으로 다가왔지만, 그들의 반응은 전 국민이 느낀 것과 똑같은 감정이었다. 그것은 믿음, 평화, 기쁨과 발견의 감동적인 메시지였고, 크리스마스의 정신을 공유하는 것이었다. 요즘 사람들은 기독교 신앙과 관련된 성서 낭독에 대해 눈살을 찌푸릴지도 모르겠지만, 보기 드문 이 소중한 순간에 미국인들은 아폴로 8호 승무원이 달 궤도에서 전해준 경외스럽고 심오한 모습을 보고 하나가 되었다. 크리스마스에 전 세계에 전해진 3명의 미국 우주비행사의 음성은 무한한 우주에서 지금껏 전해진 가장 강력하고 의미심장한 방송이었다.

가장 중요한 기동—달 중력의 견인력에서 사령선을 분리하기 위한 점화—을 할 시간이 되었을 때, 우주선은 달 뒤편에서 궤도 비행을 하고 있어 지상 통제센터와 교신이 되지 않았다. 승무원들은 엔진 점화에 실패한다면 달 궤도에 갇히고 산소 공급이 결국 바닥난다는 것을 알고 있었다. 다행히도 엔진은 점화되었고 미션 통제센터와 통신도 재개되었다. 기쁨에 찬 로벨의 첫 마디는 "산타클로스는 분명히 있습니다"라는 말이었다.

지구로 돌아오는 여정이 끝날 무렵, 승무원들은 우주선의 서비스 모듈 부분을 사출하고 재진입을 위해 뭉뚝한 방열판이 진행 방향으로 오도록 사령선의 방향을 바꾸었다. 당시와 그 이후의 아폴로 승무원들이 지구로 귀환하는 비행 속도는 외계로 나가는 비행 속도보다 훨씬 더 빨랐다. 그들은 약 40,000km/h에 달하는 엄청난 속도로 대기권과 부딪혔다. 비교하자면 우주비행사는 오늘날 약 10km 고도를 정기적으로 운항하는 항공기와 지상과의 거리를 단 1초에 비행한다.

불덩어리와 같은 재진입에서 생존한 승무원들은 낙하산 전개와 그 이후의 태평양 바다에 떨어지는 충격에 대해 준비했다. 모두 계획대로 진행되어 우주선은 요크타운Yorktown호에서 불과 5.5km 이내에 착수했다. 몇 분 만에 헬기가 아폴로 8호 승무원의 머리 위로 날아와 교신했다. 3명의 우주비행사가 안전하게 요크타운호에 승선하자, 15명의 의료진이 4시간 동안 그들을 검진한 후 건강 상태가 양호하다고 보고했다.

아폴로 8호가 발사되던 해에 진상이 확실히 밝혀지지 않는 사건이 발생했다. 대통령 후보자 로버트 케네디와 민권운동가 마틴 루서 킹 목사가 암살당한 것이었다. 프랭크 보먼은 한 여성으로부터 다음과 같은 전보—수많은 전보 중 하나였고 아쉽게도 폐기되었다—를 받았다고 말했다. "아폴로 8호 승무원들에게 감사드립니다. 당신들이 1968년을 구했어요."

좌절된 달 착륙

애써 부인했지만 소련은 은밀히 달에 도달하려고 시도했다. NASA는 이런 노력을 둘러싼 비밀에 대해 깊이 우려했지만, 소련의 계획에 유인 달 탐사가 포함되는지 알지 못했다. 1965년 3월 8일, 당시 NASA의 국장 제임스 웹James Webb은 상원 우주위원회에서 이 사안에 대해 다음과 같이 증언했다.

> 우리는 소련이 달 착륙, 또는 아폴로 미션과 똑같은 구체적인 목표를 선정했는지 알지 못합니다. … 그들이 새턴 V 로켓과 같이 큰 부스터를 만들고 있다는 증거는 없습니다. … 미국 정부에 가장 소중한 정보는 그들이 매우 포괄적인 기본 프로그램을 수행하여 그들에게 유익하다고 생각하는 미션을 선택하는 데 필요한 모든 역량을 개발하고 있다는 것입니다.[5]

나중에 NASA가 발견했듯이 소련은 아폴로 프로젝트와 아주 비슷한 달 주변 선회 비행과 달 착륙 비행을 위한 계획을 발전시키고 있었다. 중요한 차이점은 NASA의 3인 승무원 대신 2명의 우주비행사가 탑승한다는 것뿐이었다. 한 명의 우주비행사가 달 표면으로 내려갈 동안 다른 비행사는 달 궤도에 남아 있는 방식이었다. 1966년 1월 수석 로켓 설계자 세르게이 코롤료프Sergei Korolev가 죽기 전, 그는 N-1이라는 거대한 새로운 부스터를 설계하는 작업에 적극적으로 참여했다. 이것은 그가 달에 착륙할 우주선(Lunnity Korabl(LK), Lunnity Korabl은 '달 비행체'라는 뜻)을 운반하기 위해 개발하던 로켓이었다.

달 궤도에서 메인 우주선에서 분리한 후 우주비행사는 달 지면에서

110m 높이까지 올라가 그곳에서 공중에 뜬 상태에서 안전한 착륙 지점을 찾는다. 이후 수동으로 LK(원래 명칭은 L-1)를 조종하여 그 지점으로 날아가 그곳이 적당하지 않아 착륙선이 넘어질 수 있다고 판단되면 착륙을 중단한다. 베테랑 우주 유영자 알렉세이 레오노프Alexei Leonov를 포함한 몇몇 선임 우주비행사들은 Mi-4 헬기, 그리고 원심분리기 팔에 부착된 LK 시뮬레이터를 이용해 몇 시간 동안 착륙 연습을 했다. 그는 비행 경력이 없는 우주비행사 올레그 마카로프Oleg Makarov와 한 팀이 되었는데, 올레그는 달 궤도를 비행하는 메인 우주선을 조종하기로 예정되었다.

미국이 달 착륙 프로그램을 대담하고 빠르게 추진한 반면에 소련의 계획은 주로 N-1 발사체의 지연 탓에 한참 뒤처지자, 레오노프는 개인적으로 크게 좌절감을 느꼈다. 레오노프에게 더 안 좋은 소식은 1968년 9월 14일 프로톤-K/D 로켓에 실려 발사된 무인 존드 5호Zond 5 미션이 달 전이궤도 투입에 성공했다는 것이었다. 이 우주선은 마침내 우주복을 입은 실물 크기의 마네킹은 물론 거북과 다른 생물들을 싣고 달 주위를 선회했다. 레오노프는 소유즈 7K-L1의 개량형인 존드 5호가 원래 2명의 우주비행사를 태우고 달 주위를 비행하기로 계획되었다는 사실을 알았다. 하지만 앞선 두 차례의 존드 미션 실패로 승무원을 잃을지도 모른다는 두려움으로 경계심이 확산되었다. 조심성 없이 선전물을 찾던 흐루쇼프 시절은 오래전에 사라졌다. 이 미션은 성공적이었고, 달 전이궤도 투입 비행을 마친 후 존드 5호와 승무원들은 바다에 무사히 착수하여 소련 회수팀에 의해 바로 구조되었다. 레오노프는 그와 마카로프가 이 우주선의 승무원이 될 수도 있었다는 사실을 알았다.[6]

한편 강력한 N-1 로켓 개발을 지속한 결과 길이 105m의 엄청나게 강력한 로켓이 탄생했다. 하지만 1969년 2월 21일 바이코누르 우주기지에서 최초의 시험 발사가 이루어졌지만 대실패로 끝났다. N-1 로켓은

80초 동안 상승한 뒤 30개의 1단 엔진이 너무 일찍 꺼지는 바람에 발사 장소에서 멀리 떨어진 곳에 추락했다. 그곳에서 발사 장면을 목격한 레오노프에 따르면, 로켓의 첫 비행에서 그런 실패는 전혀 놀라운 일이 아니었다. 그가 말했듯이 로켓에는 치명적인 결함이 있었다.

> 로켓에는 2개의 동심원 형태로 30개의 엔진이 배치되어 있었다. 그 엔진들이 모두 동시에 점화될 때 두 동심원 사이에 진공상태가 발생해 로켓을 손상하고 불안정하게 만들었다. 발사 전에 이 점을 발견하지 못한 것은 30개 엔진을 동시에 시험할 시설이 없었기 때문이다.[7]

레오노프는 두 번째 N-1 발사 현장에 참석했지만, 이번에도 소련 우주 프로그램은 대참사로 끝났다. 로켓은 발사 후 몇 초 만에 거대한 화염에 휩싸여 발사대로 넘어졌다. 2년 뒤 1971년 6월, 그리고 다시 1972년 11월, 두 번의 N-1 발사는 완전히 실패하여 두 로켓이 모두 파괴되었다. 또 다른 발사가 계획되었다. 이번에는 L-3 우주선(달 착륙을 위해 개조한 소유즈 우주선)을 운반할 예정이었지만, 1974년 5월 N-1/L-3 프로그램이 취소되었다.

레오노프는 나중에 회고록에서 아폴로 8호의 달 궤도 미션 성공, 그리고 아폴로 9호 승무원들이 지구 궤도에서 NASA 달 모듈 테스트에 성공한 소식을 들었을 때 깊은 좌절감을 느꼈다고 밝혔다.

> 그때 나는 우리가 미국을 이길 수 없다는 걸 알았다. 확정 날짜가 발표되지 않았지만, 우리는 최종 목표인 달 착륙이 시도되기 전에 아폴로 미션이 한 번 더 진행될 것이라고 생각했다. 우리는 계획된 일정대로 달 미션들을 절대 완수할 수 없었다.[8]

놀랍게도 소련 역시 개량된 달 착륙선인 LK-3을 제작했다는 사실을 1989년까지 철저히 비밀로 했다. 그해 매사추세츠 공대의 항공공학자들이 모스크바 항공연구소에서 공학 실험실을 견학하면서 건물 구석에 볼품없는 우주선이 놓여 있는 것을 보았다. 그들이 안내자에게 그것이 무엇인지 묻자, 그는 달 착륙을 위해 만든 실제 우주선이라고 알려주었다. 그들은 재빨리 사진을 찍고 고국으로 돌아온 뒤 이 놀라운 발견을 언론에 발표했다. 12월 18일,《뉴욕타임스》는 1면 머리기사를 '소련, 이제 달 탐사 경쟁을 인정하다'[9]로 장식했다.

실물 크기의 LK-3 공학 모델은 러시아에서 런던 과학박물관으로 수송되어 2016년 3월까지 '우주시대의 탄생Birth of the Space Age' 전시전에서 공개되었다.

궤도 위의 스파이더Spider와 검드롭Gumdrop

1969년 1월 3일, 아폴로 9호 미션에 배정된 새턴 V 로켓이 거대한 무한궤도 트랙터에 실려 7시간의 여정을 거쳐 39A 발사대로 수송되었다. 이는 1960년대 말까지 달에 우주비행사를 보낸다는 케네디의 약속의 성패를 결정짓는 임무였다. 처음으로 계약사인 그루먼 항공사가 제작한 사령선과 서비스 모듈Command and Service Module(CSM), 취약해 보이는 달 착륙선Lunar Module(LM) 등 모든 우주선 구성 모듈들이 함께 결합되었다. NASA는 처음에는 달 착륙선(LM)을 달 여행 모듈Lunar Excursion Module(LEM)이라고 불렀는데, 나중에 '여행Excursion'이라는 단어가 오해의 소지가 있다고 보고 명칭에서 제외했다. 하지만 머리글자 'LEM'은 교신 목적으로 유용하여 그대로 유지되었다.

전 머큐리 우주비행사이자 비행 승무원 운영책임자인 데크 슬레이튼은 기본적으로 LM은 하강부와 상승부 두 부분으로 구성된다고 설명한 적이 있다.

> 하강부는 박스 형태로 그 밑에 4개의 발이 달려 있었다. 상승부는 곤충처럼 생긴 승무원 조종실이었는데, 상승부 위쪽에는 도킹 포트, 앞쪽에는 승무원이 밖으로 나갈 수 있는 해치가 각각 있었다.[10]

달에서 떠날 때 상승부 아래 있는 엔진이 점화되면 상승부와 하강부가 분리되고 하강부는 달 표면에 영구적으로 남게 된다.

1968년 크리스마스에 최초로 인간을 달 주변으로 보낸 아폴로 8호의 비행은 매우 성공적이었고, 이제 LM도 비행할 준비가 되었다. 아폴로 9호 미션을 진행할 수 있게 되자 조지 로George Low와 다른 많은 사람들은 크게 안도했다. 비행을 준비하는 과정에서 미션 통제센터와 교신할 때 승무원들이 식별 부호인 사령선(CM)과 달 착륙선(LM)의 호출 부호를 정할 수 있도록 허락되었다. 제니미 3호 미션 이후 처음 허락된 것이었다. 우주선이 둘이기 때문에 각 우주선에 다른 호출 부호를 붙이는 것이 타당했다. 교신 목적을 위해 LM은 피라미드 형태를 고려해 '스파이더Spider', CM은 젤리 과자인 '검드롭Gumdrop'이라고 불렀다.

2월 28일 토요일에 예정된 발사는 승무원들이 감기에 걸리는 바람에 사흘 연기되었다. 의사들은 승무원들이 매일 18시간 동안 훈련을 받은 탓에 완전히 지쳤기 때문이라고 했다. 3월 3일 월요일에는 모든 것이 준비되어 강력한 새턴 V 로켓이 거의 완벽하게 카운트다운 후 이륙했다.

10일간의 미션이 시작된 지 2시간 후 CM 검드롭은 S-1VB의 3단 로켓에서 분리되었다. 그 뒤 CM은 180도 회전한 다음 이제는 노출된 상태인 LM 스파이더가 보관된 3단 로켓을 향해 나아갔다. 사령선 조종사 데이비드 스콧의 안내에 따라 검드롭은 S-1VB에 접근해 앞부분이 스파이더와 결합되었고, 도킹이 확실하게 완료된 후 사령선과 서비스 모듈(CSM)이 뒤로 빠져서 LM과 결합했다. 결합된 우주선은 연료를 소모한 3단 로켓에서 분리되었고, 3단 로켓은 결국 대기권으로 재진입해 바다 위에서 연소될 것이었다. CSM 뒤쪽에 있는 엔진이 점화되어 결합된 우주선을 더 높은 고도인 약 503km까지 밀어 올렸다. 이제 향후 며칠 동안 테스트 일정을 수행할 준비가 되었다. 승무원들은 발사일의 나머지 시간과 화요일 내내 사령선의 시스템을 점검하고 주 엔진을 테스트했다. 미션 셋째 날, 맥디비트와 슈바이카트는 연결 터널을 통과해 달 착륙선으로 이동했고 검드롭에는 스콧만 남았다. 두 우주비행사는 LM의 조종 로켓을 테스트하는 동안 '셔츠 소매 환경shirt-sleeve environment'(우주선 내에서 특별한 보호장비 없이 지낼 수 영역: 옮긴이)을 시험해 보았다. 그들은 헬멧을 벗고 6분 동안 텔레비전 쇼를 진행했다. 그들이 스파이더의 주 하강 엔진을 6분 동안 점화하자 가속이 붙었고, LM의 외부 절연 호일 뭉치가 일부 벗겨져 버렸다. 그들은 이 사실을 알았지만 우려할 문제는 아니라고 생각했다.

슈바이카트는 우주선과 연결된 생명유지 시스템 대신 산소를 공급하고 이산화탄소를 제거하며 물순환 스위치로 체온은 낮게 유지해 주는 백팩을 착용하고 우주 유영을 할 예정이었다. 그러나 안타깝게도 그는 메스꺼움을 느껴 구토를 했다고 보고했다. NASA는 선외 활동 때 헬멧 안에 구토를 해 숨이 막혀 사망할 수 있는 위험을 감수할 수 없어 우주 유영은 중단되었다. 이후 넷째 날 슈바이카트는 몸 상태가 훨씬 더 나아져 선외 활동을 부분적으로 재개했다. 제한적인 우주 유영 동안 그는 섬유유리로 만든 '황금색 슬리퍼'를 신고 달 착륙선 밖으로 나가는 플랫폼에 올라서서 그곳에서 두 우주선과 지구, 달의 모습을 사진으로 담았다. 그의 선외 활동은 38분 정도 진행되었지만, 그해 말에 달 착륙선 우주비행사가 사용할 크고 무거운 우주복을 테스트하는 중요한 기회였다. 아울러 스콧은 CM 해치를 열어 슈바이카트가 달 착륙선 '플랫폼'에 서 있는 모습을 사진으로 찍었다.

다섯째 날 데이비드 스콧은 스파이더에서 분리되어 달 착륙선에서 180km 뒤로 물러났다. 사령선에서 분리된 맥디비트와 슈바이카트는 4시간 동안 스파이더와 앞서거니 뒤서거니 하면서 비행했다. 그리고 상승 엔진과 하강 엔진을 점화하여 주요 성능을 테스트한 뒤 하강부를 사출했다. 달 착륙선과 사령선은 6시간 22분 동안 분리한 뒤 다시 랑데부하여 연결되었고, 곧바로 맥디비트와 슈바이카트는 사령선으로 돌아왔다. 모든 것이 준비되자 스파이더의 나머지 상승부가 분리되었고, 충분히 멀어진 후 스파이더의 엔진이 연료가 완전히 고갈될 때까지 6분 동안 원격 점화되었다. 이로 인해 스파이더가 치솟아올라 지구 중력이 그것을 서서히 대기권으로 끌어당길 수 있는 더 높은 타원 궤도로 진입했다. 스파이더는 12년 뒤인 1981년 10월 23일에 지구 대기권에서 파괴되었다.

아폴로 9호 승무원들은 사령선 비행 경험을 더 많이 쌓으면서 다섯째 날의 남은 시간을 보낸 뒤 재진입을 준비했다. 대서양 서부 지역의 기상 악화로 그들의 귀환은 궤도를 한 바퀴 더 돌아 152회째로 연기되었다. 그들은 원래 귀환 지점에서 남쪽으로 772km 떨어진 곳으로 떨어졌는데, 그곳의 기상과 바다는 훨씬 더 고요했다. 회수 함선인 항공모함 과달카날Guadalcanal호는 밤을 새워 새로운 착수 지역으로 이동하라는 지시를 받았다. 스콧은 나중에 다음과 같이 회상했다.

우리는 아폴로 9호의 착륙에 성공하였다. 목표 지점으로 내려와 항

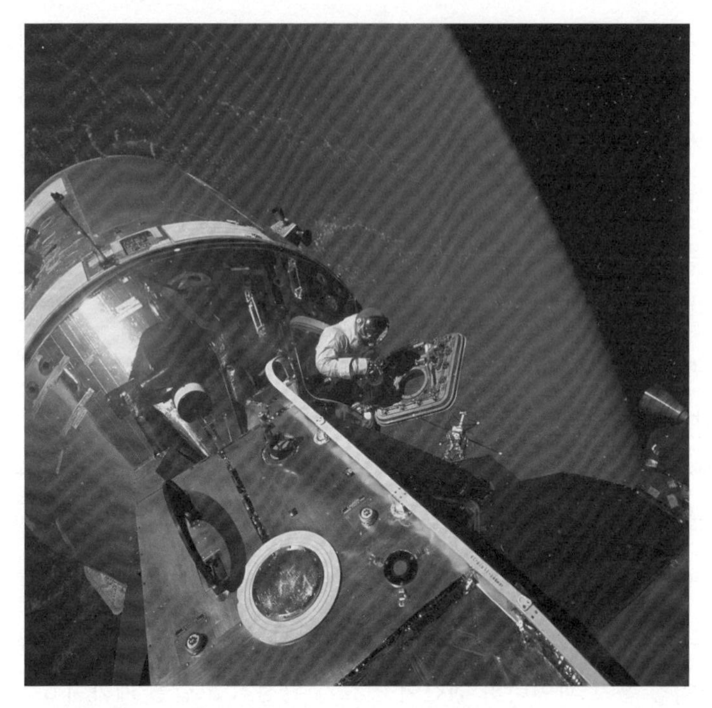

러셀 슈바이카트가 찍은 사진으로 지구 궤도에서 도킹한 아폴로 9호 CM 검드롭과 LM 스파이더. 검드롭의 열린 해치에 서 있는 선장 데이비드 스콧의 모습이 보인다.

> 공모함 옆으로 착수했다. 헬기가 우리를 인양하려고 준비 중이었고, 멋진 식사도 기다리고 있었다. 우리는 바하마에 잠시 들렀다가 휴스턴으로 갔다. 그곳 활주로에서 가족들이 우리를 기다리고 있었다.[11]

아폴로 9호 미션은 달로 가는 중요한 단계로서 달 착륙선에 대한 중요한 공학적 테스트를 할 수 있었다. 이 비행은 이후의 달 착륙 미션과 같이 극적인 유명세를 얻지 못했지만, 우주 역사가들은 이 비행이 NASA가 아폴로 프로젝트의 다음 단계—유인 달 착륙을 시뮬레이션하기 위한 아폴로 10호 미션—로 나아가는 데 필요한 모든 자료를 제공했다고 보고 있다.

달로 가는 마지막 단계

1968년 11월 14일, 제미니 베테랑 우주비행사 톰 스태퍼드Tom Stafford와 존 영John Young, 유진 서넌Gene Cernan은 달로 비행하는 아폴로 10호 미션 수행자로 선발되었다. 이 미션은 다음 미션—아폴로 11호 미션에서 우주비행사가 최초로 달에 착륙하여 걸을 예정이었다—을 위한 중요한 예행 연습으로 달 표면 위 수 km까지 하강하는 것이었다. 아폴로 11호 비행 추진 여부는 아폴로 10호의 성과에 달려 있었다.

8일간의 아폴로 10호 비행 계획에는 실제 달 착륙을 제외하면 사실상 다음 비행 임무에서 수행할 모든 것이 포함되었다. 이 미션 계획에 의하면 스태퍼드와 서넌은 영을 사령선에 남겨두고 달 착륙선 안으로 들어가서 달 표면에서 15.6km 이내 고도까지 하강한다. 그런 다음 다시 비행하여 사령선으로 돌아와서 도킹하고, 다시 달 착륙선을 분리하여 폐기한다. 그리고 2시간 30분 뒤 달 궤도에서 사령선의 주 엔진을 점화하고 지구로 돌아오는 것이었다. 승무원들이 훈련할 동안 즐거운 일 중 하나는 달 착륙선과 사령선에 호출 부호명을 붙이는 것이었다. 그들은 각각 '스누피Snoopy'와 '찰리 브라운Charlie Brown'이라는 호출 부호명을 선택했다. 이렇게 하여 만화 〈피너츠Peanuts〉에 나오는 캐릭터들이 그들의 비행을 위한 마스코트가 되었다.

발사일은 일찌감치 1969년 5월 18일로 예정되었고, 그날 거대한 로켓이 39B 발사대에 세워졌다. 이날만 새턴 V 로켓 발사를 위해 이 발사대를 사용할 수 있었다. 39A 발사대는 이미 아폴로 11호 7월 발사 준비를 하고 있었기 때문이다. 그날 오후 12시 49분에 아폴로 10호 비행이 시작되어 3명의 우주비행사는 당시까지 가장 위험하고 가장 야심 찬 유인 우주 미션을 위해 출발했다. 이륙 후 12분이 지나자 미션 통제센터는 아폴로 10호가 지구 대기 궤도에 도달했다고 발표했다.

우주선의 모든 시스템을 철저히 점검한 후 달 횡단 작전에 대한 승인이 떨어졌다. 새턴 S-1VB의 3단 로켓 엔진이 굉음을 내며 점화되었고 아폴로 10호가 달로 가는 경로로 비행하기 시작했다. 로켓 연료가 소진되자 존 영은 CSM을 분리하고 180도 회전하여 로켓의 위쪽 구멍을 마주 보게 했다. 그 구멍에는 스누피가 로켓에서 분리되길 기다리고 있었다. 영은 조심스럽게 LM 스누피와 도킹하여 그것이 들어 있던 로켓에서 끄집어냈다. 그다음 그는 우주선의 방향을 돌려 달로 가는 안정적인 경로로 향했다.

외계 비행 여정은 비교적 평온했고, 승무원들은 각자 자신과 멀어져 가는 지구의 모습을 텔레비전 생중계로 지구에 있는 사람들에게 전송했다. 3일 뒤, 그들은 주 엔진을 성공적으로 점화해 처음으로 달의 타원 궤도에 진입했다. 서넌은 "이 엔진 정말 훌륭하네요"라고 말했다. 엔진은 111km의 원형 궤도를 확보하기 위해 다시 점화되었다.

9번째 궤도 비행 때 스태퍼드와 서넌은 부드러운 우주복을 입고 달 착륙선과 사령선을 연결하는 터널을 유영하여 통과해 달 착륙선에 동력을 공급하는 긴 과정을 시작했다. 궤도를 세 번 더 돌고 난 뒤 모든 준비가 끝났고, 그들은 분리를 '시작'하라는 지시를 받았다. 존 영이 분리 과정을 담당했는데, 도킹 걸쇠가 철컥 하며 열리고 영은 신중하게 찰리 브라운을 후진시켜 스누피에서 분리했다. LM 우주비행사들이 철저하게 점검을 마치자, 이제 스누피 하강부의 엔진을 점화할 시간이었다. 영이 동료들에게 "안녕, 6시간 후에 다시 만납시다"라고 짧은 작별 인사를 건네자, 서넌은 "헤어져 있을 동안 잘 지내요"라고 응답했다.

하강 엔진이 계획된 59초 동안 완벽하게 점화했고, 더 낮은 달 궤도로 내려가기 시작했다. 서넌은 나중에 회고록《더 라스트 맨 온 더 문The

달 착륙에 한 발 더 다가선 아폴로 10호 승무원. (왼쪽부터) 유진 서넌, 톰 스태퍼드, 존 영.

Last Man on the Moon》에서 다음과 같이 회상했다.

> 우리가 아래로 아래로 급강하하자 달은 회색빛 큰 원이 아니라 평평해졌고 지평선이 보였다. 마치 애리조나 사막 위를 비행하는 것 같았다. 아래로 내려다보았던 분화구 벽이 이제는 쭉 뻗은 산맥처럼 독특하고 위협적인 모습으로 다가왔다. 우리가 봉우리 아래에 있었기 때문이었다. 바위가 깔린 평지는 점점 크게 보였고, 그림자가 협곡 양쪽 벽 아래로 길게 드리워졌다. 협곡의 평평한 상부는 날아다니는 작은 벌레와 같은 우리 우주선 위에 높이 서 있는 듯했다.[12]

하강할 때 스태퍼드와 서넌은 지구돋이Earthrise의 빛을 보고 놀랐다. 그것은 앞서 아폴로 8호 승무원들이 경탄하며 바라보았던 광경이었다. 낮은 궤도에 진입하자 계획한 과제를 시작했다. 가장 중요한 일 중 하나는 고요의 바다에서 아폴로 11호의 착륙 후보지 사진을 찍는 것이었다. 또한 착륙용 레이더를 테스트하면서 동시에 스누피의 컴퓨터를 계속 주시했다. 이를 통해 실제 착륙 이전에 활동을 그대로 재연하여 차후의 아폴로 미션에 영향을 줄 수 있는 모든 문제를 파악하려고 했다.

시간이 빨리 흘러 찰리 브라운에 있는 영과 랑데부를 하기 위해 돌아갈 준비를 할 시간이 되었다. LM의 하강부가 사출되고 상승 엔진을 점화할 준비를 할 때 갑자기 큰 문제가 발생했다. 스누피가 완전히 미친 듯이 회전하다가 위아래로 곤두박질했다. 그들을 사령선으로 자동으로 안내할 레이더는 더 큰 목표물인 달에 맞추어져 있었다. 심각한 곤경에 빠진 그들이 15초 동안 문제를 해결하려고 노력할 때, 켜져 있던 마이크를 통해 화를 내는 소리가 몇 마디 들렸다. 몸이 요동치는 가운데도 스태퍼드는 힘들게 컴퓨터를 중단시키고 수동제어 모드로 바꾸었다. 나중에 밝혀졌듯이 2초만 더 통제권을 상실했다면 그들은 달과 충돌했을 것이다.

스태퍼드는 크게 놀란 미션 통제센터에 힘든 상황이 해결되었다고 전했다. 그리고 방금 전의 놀라운 상황에도 불구하고 그들은 예정대로 상승부의 엔진을 점화했다. 스누피는 찰리 브라운에서 분리된 지 5시간 30분 만에 다시 접근하여 도킹했다. 도킹 걸쇠가 찰칵 하며 결합되었다. 그들이 다시 달 뒤쪽으로 지나갈 때 스누피를 사출했다. 3명의 우주비행사 중 둘은 완전히 지쳐 9시간 동안 앉아서 수면을 취했다.

달 궤도를 31번째 돌고 난 뒤 CSM의 주 엔진이 완벽하게 점화되면서 아폴로 10호 승무원들은 지구로 복귀하는 여정을 시작했다. 미션은 거의 완수되었다. 55시간 뒤 재진입이 가까웠을 때 서비스 모듈이 사출

1969년 7월 16일 아폴로 11호 승무원을 싣고 달로 가는 여정을 시작한 새턴 V 로켓 ▶

되고, 사령선은 우주선의 뭉툭한 끝이 대기권과 마주하도록 선체를 회전시켰다. 재진입은 모두 순조롭게 진행되었고, 찰리 브라운은 주 낙하산을 펼치고 프린스턴Princeton호 근처에 착수하여 8일 3분 23초의 대장정을 끝냈다.

미국 전역에서 환호성이 터졌고 NASA는 더욱 기뻐했다. 달을 떠날 때 발생한 컴퓨터 문제—재빨리 문제의 원인을 찾아 수정하였다—에도 불구하고 달 착륙 프로그램의 다음 비행을 계속 진행할 수 있었다. 이제 더 큰 과제인 아폴로 11호 미션을 향해 나아갈 때가 되었다.

07

거대한 도약

1969년 1월 9일 저녁, 앨런 셰퍼드Alan Shepard가 미국 최초의 유인 우주비행 미션의 선장으로 지명된 지 8년 후, NASA는 같은 해 7월로 계획된 아폴로 11호 미션의 승무원을 공식적으로 발표했다. 다섯 번째 유인 아폴로 미션이었고, 앞서 계획된 두 번의 임무인 아폴로 9호와 10호 미션에서 심각한 문제가 발생하지 않는다면 아폴로 11호 승무원들은 최초로 달 착륙을 시도할 예정이었다. 이것은 작고한 존 F. 케네디 대통령이 1960년대 말까지 이 기념비적인 목표를 달성하겠다는 약속을 성취한다는 뜻이기도 했다. 다음날 아침, NASA 당국은 휴스턴 유인 우주선 센터에 열린 기자회견에서 아폴로 11호 승무원들을 소개했다.

NASA 유인 우주선 센터의 1969년 1월 24일 자 《라운드업Roundup》 잡지에 따르면, 아폴로 11호가 아폴로 프로그램에서 최초의 달 착륙 미션으로 간주되긴 하지만, 앞선 두 번의 아폴로 9호와 10호 미션 중 어느 하나가 아폴로 11호가 다른 비행 임무를 수행할 필요성을 보여준다면 '달 착륙 미션이 이후의 비행으로 미루어질' 가능성도 있었다.

제미니 승무원과 마찬가지로 모든 아폴로 승무원들의 선발은 임의로 결정되지 않았고 많은 요소들이 고려되었다. 선발 프로세스는 1963년 10월 머큐리 우주비행사 데크 슬레이튼Deke Slayton이 비행 승무원 운영 부책임자 겸 우주비행사실 관리책임자로 임명되면서 처음 그 토대가 마련되었다. 그는 미션 수행 승무원을 선발하는 책임을 단독으로 맡게 되었다. 물론 그가 선택한다 해도 최종적으로 NASA의 승인을 받아야 했다. 제미니 3호 비행 임무 때 슬레이튼은 앨런 셰퍼드가 원래 선장으로 선정되었지만 만성질환으로 비행이 불가능하게 되자 거스 그리섬Gus Grissom을 프랭크 보먼Frank Borman과 함께 미션 선장으로 선택하려고 했다. 하지만 곧 그는 두 사람이 모두 강한 성격이어서 화합하기 힘들다고 판단했다. 그들을 장시간 폭스바겐 앞좌석 크기 정도의 우주선에 함께 있게 했다면 재난이 발생할 것 같았다. 그는 신중하게 보먼을 차후 미션으로 옮기고 존 영John Young으로 대체했다. 존은 나중에 그리섬과 잘 어울리는 탁월한 승무원으로 평가되었다.

슬레이튼은 일차적으로 각 미션의 목적에 따라 승무원들의 업무 윤리, 기술, 재능, 화합 가능성에 기초해 승무원을 선택했다. 그다음 그는 승무원은 먼저 미션의 예비 승무원 역할을 수행해야 한다는 규칙을 만들었다. 이 규칙을 제대로 적용할 경우 승무원은 다음 두 번의 비행 임무에서 제외되고, 그다음 세 번째 비행 임무에서 승무원의 역할을 맡게 된다. 이 규칙은 제미니 프로젝트에서 잘 적용되었고, 아폴로 프로그램에서도 그랬다. 물론 질병, 부상, 은퇴로 인한 개별적인 변동은 몇 차례 있었다.

이런 순환 시스템에 따라 닐 암스트롱Neil Armstrong, 버즈 올드린Buzz Aldrin, 마이크 콜린스Mike Collins가 아폴로 11호의 승무원으로 선정되었다. 선정 과정에 몇 가지 변동이 있었다. 원래 달 착륙선 조종사 임무를 맡았던 프레드 하이즈Fred Haise가 콜린스로 대체되었고, 콜린스는 사령선

아폴로 11호 달 착륙 미션을 위해 선발된 3명의 NASA 우주비행사. (왼쪽부터) 닐 암스트롱, 마이클 콜린스, 버즈 올드린

조종사 역할을 맡게 되었다. 올드린의 역할은 사령선 조종사에서 달 착륙선 조종사로 바뀌었고, 또한 달에서 걷는 임무를 맡게 되었다. 그들은 이 비행으로 최초의 달 착륙 승무원이 될 예정되었지만, 이전의 많은 비행에서 문제가 발생했기 때문에 아폴로 11호가 임무를 완수한다는 보장이 전혀 없었다.

아폴로 11호 승무원

선발된 3명의 승무원들은 제미니 프로젝트에서 비행 미션을 수행한 경력이 있었다. 닐 올던 암스트롱Neil Alden Armstrong은 아폴로 11호 선장으로 발표되었다. 민간 연구용 항공기 X-15 조종사였던 그는 오하이오주 와파코네타Wapakoneta에서 1930년 8월 5일에 태어나 일리노이주 출신의 자넷 시론Janet Shearon과 결혼했다. 그들은 두 아들 에릭Eric, 마크Mark와 딸 카렌Karen을 두었는데, 슬프게도 딸은 유아기에 사망했다. 그는 한국전쟁 때 해군 조종사로 78차례 전투 임무를 수행하여 3개의 공군 메달을 받았다. 전쟁 후 그는 인디애나주 퍼듀대학에 입학하여 1955년 항공공학 석사학위를 받았고, 졸업 후 국가항공자문위원회National Advisory Committee for Aeronautics(NACA) 산하기관인 루이스Lewis 비행추진연구소에 입사했다. 이 연구소는 1958년 NASA 루이스 연구센터로 개명하였고, 그 후 1999년 선구적인 머큐리 우주비행사 존 글렌John H. Glenn을 기리기 위해 NASA 존 H. 글렌 연구센터로 다시 개명했다. 여기서 그는 벨 X-1B를 포함하여 수많은 고성능 항공기를 시험 비행했다. 1958년 말 암스트롱은 NACA X-15 로켓 항공기 프로그램을 위해 최초로 선발된 3명의 조종사 중 한 사람이 되었다. 1960년부터 1962년까지 그는 고정익固定翼 우주선을 타고 7차례 비행했지만, 미 공군이 인정하는 우주 경계 고도인 80km를 넘지 못했다.[2]

한때 암스트롱은 미 공군의 X-20 다이나-소어Dyna-Soar 프로그램에 참여했는데, 이것은 다양한 군사적 목적과 정찰 임무에 사용할 수 있는 삼각익三角翼 우주항공기를 개발하는 프로젝트였다. 그리스어 대문자 델타(Δ)의 형태를 상징하는 명칭인 삼각익은 나중에 우주왕복선space shuttle에서 채택되어 이용된다.

타이탄 3C의 상부에 탑재하여 발사된 검은색의 다이나-소어가 지구 궤도에 도달하여 임무를 완료하면 조종사가 활공 비행으로 활주로로 돌아오는 방식이었다. 이 방식은 이후의 우주왕복선에서도 똑같이 사용되었다. 하지만 프로그램 비용이 급증하고 군사적 용도의 가능성에 의문이 제기되면서 X-20 다이나-소어 프로그램은 1963년 중단되었다.

X-20 프로젝트가 중단되기 전인 1962년, 닐 암스트롱은 NASA의

우주비행사 선발 및 훈련에 지원하여 9명으로 구성된 두 번째 우주비행사 그룹에 선발되었다. 그는 처음으로 엘리엇 씨Elliot See와 함께 제미니 5호의 예비 선장 역할을 했고, 이후 데이비드 스콧David Scott과 함께 제미니 8호의 선장으로 최초의 비행 임무를 부여받고 1966년 3월 16일 궤도로 발사되어 궤도를 선회하는 무인 ATV와 랑데부한 후 다른 우주선과 최초로 도킹을 수행했다. 그 뒤 우주선의 추력기 고장으로 결합된 우주선이 심하게 회전하기 시작해, 승무원들은 아제나Agena를 분리할 수밖에 없었다. 그들은 제미니의 통제권을 회복한 뒤 나머지 미션을 중단하고 재진입하라는 명령을 받고 무사히 귀환했다.

암스트롱의 다음 임무는 제미니 11호의 예비 선장 역할이었다. 이 비행 미션이 시행되자 그는 아폴로 8호의 예비 승무원으로 지명되었다. 아폴로 8호 승무원이 미션을 성공적으로 수행하였기 때문에 당시 운영 중인 승무원 순환 시스템에 따라 암스트롱은 아폴로 11호의 선장으로 확정되었다.

아폴로 11호의 달 착륙선 조종사로는 버즈 올드린Buzz Aldrin이 선정되었다. 1930년 1월 20일 뉴저지주 군인 가문에서 태어난 그는 항공 관리자이자 전직 육군항공대 조종사의 아들이었고, 그의 어머니 마리온Marion은 놀랍게도 성이 문Moon이었다. 오랜 군인 전통을 이어온 가정에서 자란 올드린은 웨스트포인트 육군사관학교에 입학하여 1951년 학사학위를 받았다. 그 후 미국 공군으로 한국에 배치되어 2년 동안 66차례의 전투 임무를 수행했다. 올드린은 3년 동안 장군 보좌관과 비행 강사로 일한 후 조안 아처Joan Archer와 결혼했다. 그는 1959년 MIT에 입학하여 1963년 항공학과 우주항행학 박사학위를 받았는데, 학위논문 주제는 유인 궤도 비행체의 랑데부 기술에 관한 것이었다. 전년도에 그는 두 번째 우주비행사 그룹에 들어가기 위해 NASA에 지원했지만, 테스트 파일럿

자격이 없어 탈락했다.[3] 그 당시 그와 조안에게는 세 자녀 제니스Janice, 제임스James, 앤드루Andrew가 있었다. 올드린은 세 번째 우주비행사 모집에 지원하여 1963년 10월 14명의 새로운 NASA 우주비행사 중 한 사람이 되었다.

3년간의 훈련 후 올드린은 첫 미션으로 제미니 7호 미션을 수행했던 비행 사령관 짐 로벨Jim Lovell과 함께 제미니 10호 비행의 예비 우주비행사로 배정받았다. 기존 승무원 순환 시스템에서 따르면, 예비 승무원은 두 번의 비행에서 제외된 후 그다음 미션에서는 승무원이 된다. 이론적으로는 그는 제미니 13호 미션에 참가해야 하지만 그 비행은 실제 존재하지 않았다. 제미니 프로젝트가 제미니 12호로 끝나기 때문에 그가 제미니 미션을 수행할 기회가 완전히 사라져 올드린은 크게 실망했다. 그런데 제미니 9호 승무원인 엘리엇 씨Elliot See와 찰스 바셋Charles Bassett이 1966년 2월 미주리주 세인트루이스에서 항공기 사고로 사망하는 일이 벌어졌다. 이것은 예비 승무원인 톰 스태퍼드Tom Stafford와 유진 서넌Gene Cernan이 승무원이 된다는 뜻이었다. 그에 따른 승무원 변경에 따라 로벨과 올드린은 예비 승무원이 되었고, 그다음 마지막 유인 탐사 미션인 제미니 12호의 승무원이 되었다.[4]

2명의 우주비행사는 제미니 프로젝트의 마지막 미션을 매우 성공적으로 수행했다. 1966년 11월 11일에 발사된 4일간의 비행 동안 올드린은 NASA 최초로 우주 유영을 성공시켰고, 5시간 30분 동안 선외에서 활동했다. 올드린은 제미니 12호에서 궤도 랑데부와 능숙한 선외 활동 경험 덕분에 전직 X-15 조종사이자 제미니 8호 선장 닐 암스트롱과 함께 아폴로 2호 미션에서 달 착륙선 조종사로 참여하게 되었다.

한편 마이클 콜린스Michael Collins는 1930년 10월 31일 이탈리아 로마에서 이탈리아 주재 미 대사관 무관 공군 소장 제임스 콜린스James Collins

와 버지니아 콜린스Virginia Collins의 작은아들로 태어났다. 3명의 아폴로 11호 승무원들은 모두 1930년에 태어났다. 콜린스의 가족이 미국으로 돌아온 후 그는 웨스트포인트 육군사관학교에 입학하여 1952년에 졸업했다. 그 뒤 그는 공군에 입대하고, 1957년에 매사추세츠주 보스턴 출신의 패트리샤 피네간Patricia Finnegan과 결혼하여 3명의 자녀 캐시Kathy, 앤Ann, 마이클 주니어Michael Jr.를 낳았다. 많은 파견근무와 승진을 거처 1960년 8월 클래스 60C에 있는 공군 실험 비행 테스트 파일럿 학교로 배치되었는데, 이곳에서 그는 수업 브리핑에 참석했고 많은 항공기들을 조종하고 성능 평가를 수행했다. 그때 강사 중 한 사람이 미래의 우주비행사 톰 스태퍼드였고, 같은 교육과정생 중에는 프랭크 보먼Frank Borman과 짐 어윈Jim Irwin이 있었다. 교육과정을 마친 후 콜린스는 신형 전투기를 테스트하기 위해 캘리포니아주 에드워드 공군기지로 전보되었다. 1962년 그는 에드워드 공군기지에 위치한 항공연구 비행학교에 입학해 미래 군사 우주비행 가능성을 대비해 훈련했고, 1963년 5월 훈련을 모두 이수했다. 이후 에드워드에서 비행 테스트 장교로 계속 머물다가 NASA 우주비행사 모집에 지원하여 선발되었다. 그는 NASA의 세 번째 우주비행사 그룹에 합류했고 그중 한 사람이 아폴로 11호 미션에서 그의 동료가 될 버즈 올드린이었다.

콜린스는 존 영John Young—거스 그리섬과 같이 최초의 제미니 미션을 수행했다—과 함께 제미니 7호 미션에서 예비 우주비행사 임무를 수행한 뒤, 제미니 10호 미션에 배정되었다. 미션은 1966년 7월 18일 케네디 우주센터 발사장에서 시작되었다. 이 미션에서 그들은 다른 ATV와 랑데부와 도킹을 수행했고, 도킹 해제 후 두 번째 ATV를 추적하여 완벽하게 랑데부를 하였으며, 그 뒤 콜린스는 두 번의 우주 유영을 수행했다.

1966년 9월, 콜린스는 두 번째 유인 아폴로 미션에서 선장 프랭크 보먼, 사령선 조종사 톰 스태퍼드와 함께 달 착륙선 예비 승무원 역할을 맡았다. 하지만 3개월 뒤 그는 거대한 새턴 V 로켓에 실려 처음으로 발사된 세 번째 유인 아폴로 미션에 재배정되었다. 1967년 1월 아폴로 1호 승무원의 사망으로 몇 가지 변화가 생겼다. 그해 11월 아폴로 8호 미션에서 그는 사령선 조종사로, 프랭크 보먼은 선장으로, 빌 앤더스는 달 착륙선 조종사로 각각 선정되었다. 1968년 콜린스는 다리 문제가 생겼는데, 진찰 결과 경추 디스크 탈출 진단을 받아 2개의 척추뼈를 융합하는 수술이 필요했다. 결국 그는 아폴로 8호 승무원에서 제외되고 짐 로벨Jim Lovell이 대신하게 되었다. 수술에서 완전히 회복한 후 그는 또 다른 승무원으로 선발될 수 있었다.[5] 데크 슬레이튼은 콜린스가 달 궤도를 선회하는 아폴로 8호 미션에서 기회를 놓친 것을 아쉬워했고, 그가 다가올 미션에서 제일 먼저 임무를 수행할 자격이 있다고 생각했다. 그는 결국 아폴로 11호 미션에서 사령선 조종사(CMP) 임무를 맡았다.

최초로 달에 도착한 인간

1969년 7월 16일 수요일, 흥분한 100만 명 이상의 사람들이 케이프 케네디에 모여 자동차나 캐러밴, 텐트 등을 이용해 캠핑하면서 달로 가는 아폴로 11호를 실은 강력한 새턴 V 로켓의 발사 장면을 지켜보았다. VIP 스탠드에 모인 사람 중에는 최초로 대서양 단독 횡단 비행을 하여 아메리카의 '외로운 독수리Lone Eagle'로 불리는 찰스 린드버그Charles Lindbergh도 있었다. 전 세계에서 온 수천 명의 기자와 카메라맨, 영상촬영자가 분주하게 장비를 설치했다. 그날 카운트다운이 시작될 때 전 세계에서 10억 명의 인구가 텔레비전 중계 장면을 시청한 것으로 추정되었다. 신문기자 존 맨스필드John Mansfield는 나중에 이 역사적인 사건에 대해 다음과 같이 기록했다.

> 예정된 이륙 시간보다 정확히 8.9초 전에 새턴 V의 1단계 로켓엔진이 점화되었다. 지축을 흔드는 굉음과 함께 거대한 달 로켓은 3,447톤의 추력을 만들어냈고, 9시 32분 정각에 미션 통제센터는 자랑스러운 목소리로 "이륙했습니다!"라고 전 세계에 알렸다. 그 순간 이동식 발사대 타워의 서비스 연결부가 로켓에서 분리되고 분당 약 19만 리터의 물이 분사되어 타워가 로켓의 엄청난 화염에 녹지 않도록 냉각하기 시작했다. 로켓 아래 화염 참호에 있는 특수 제작된 화염 배출 통로가 이륙 시의 열기로 인한 충격을 감당했는데, 막대한 물을 퍼부었는데도 내화 콘크리트와 화산재로 만든 화염 참호 표면이 유리로 변했다.[6]

새턴 V의 1단계 로켓은 발사 후 몇 분 만에 연료를 모두 소진하고 분리되었고, 바로 2단계 로켓이 점화되어 아폴로 11호를 밀어올려 지구 궤도와 더 가까워졌다. 2단계 로켓도 연료 소진 후 분리되었고, 3단계 로켓이 점화되었다. 승무원들은 성공적인 궤도 진입을 보고했다.

지구를 한 바퀴 반 선회할 동안 승무원과 지상의 미션 통제센터는 우주선과 그 시스템에 대한 여러 가지 확인 점검을 수행했다. 새턴 V의 3단계 로켓이 다시 점화되어 암스트롱과 올드린, 콜린스는 지구 궤도 밖으로 벗어나 달로 가는 경로로 이동하여 44,000km/h의 속도로 여행하기 시작했다. 곧이어 사령선 컬럼비아Columbia호와 서비스 모듈(이 2개를 합쳐 CSM이라고 한다)이 3단계 로켓에서 분리되고 콜린스의 통제하에서

180도 회전했다. 그런 후 CSM은 3단계 로켓 쪽으로 다시 이동하였는데, 달 착륙선 이글Eagle은 접힌 형태로 3단계 로켓 안에 들어 있었다. 콜린스는 이글의 도킹 접합부로 서서히 움직여 확실한 결합을 확인한 뒤 연료가 소진된 로켓 케이스에서 LM을 부드럽게 꺼냈다. 이 과정을 성공적으로 마친 뒤 아폴로 11호는 달을 향해 비행했다. 비행은 별문제 없이 예정대로 진행되었고, 승무원들은 몸을 편히 기댄 채 느긋하게 잠을 잤다. 다음날 미세한 경로 조정이 있었고, 3명의 우주비행사는 지구가 천천히 그들 뒤편으로 사라질 때 텔레비전 방송을 했다.

3일 동안 우주를 여행한 후 우주선의 주 엔진이 약 6분 동안 점화되었고, 우주선의 뒷면을 앞으로 한 채 속도를 충분히 늦추어 달 중력에 끌리게 했다. 약 4시간 후 다른 엔진을 짧게 점화하여 우주선의 균형을 잡고 달의 근접 원형 궤도로 진입했다.

모든 것이 준비되자 암스트롱과 올드린은 콜린스와 작별 인사를 했다. 콜린스는 사령선 컬럼비아호에 혼자 남았고, 두 사람은 비좁은 달 착륙선으로 옮겨탄 후 해치를 닫았다. 모든 것을 확인한 후 그들은 LM 시스템에 동력을 넣고 접힌 랜딩 기어를 펼친 뒤 컬럼비아호에서 분리했고, 콜린스는 안전한 거리로 물러났다. 암스트롱과 올드린은 달 착륙선의 랜딩 기어를 앞으로 하고 앞부분을 아래로 기울인 상태로 비행하다가 하강 엔진을 점화하여 달 표면으로 향했다.

이 과정은 너무나 원활했고 아무런 문제도 발생하지 않았다. 2명의 우주비행사는 몸을 뒤집은 채 아래를 보며 달 표면으로 내려갔다. 그들은 갑자기 알람이 숫자 '12 02, 12 02'를 반복적으로 나타내자 혼란스러워졌다. 동력 하강 때 몇 차례 12 02 알람과 한 번의 12 01 알람이 발생했는데, 이것은 컴퓨터가 과부하가 걸려서 프로그램을 다시 시작할 필요가 있다는 뜻이었다. 컴퓨터는 항상 스스로 오류를 수정하지만 많은 사람에게 '중단'이라는 단어는 우려할 만한 일이었다. 다행히도 미션 통제 센터의 비행 통제관들이 지난 달 시뮬레이션 때 이와 똑같은 이상 현상을 이미 경험한 적이 있었다. (착륙 중단을 요청할 수 있었던) 우주선 유도책임자 스티브 베일스Steve Bales는 알람이 무슨 의미인지 정확히 알았고 착륙을 계속 진행했다. 알람 소리가 날 때마다 베일스는 침착하게 암스트롱과 올드린에게 착륙을 계속 '진행'하라고 했다.

약간의 항로 오차와 계획된 수준보다 빠른 하강 속도 탓에 예정된 착륙 지점보다 약 6.5km 더 가서 바위로 가득한 거대한 분화구로 향하고 있었다. 승무원들은 이글호가 경사지에 착륙하면 달 궤도로 다시 올라가지 못할 수도 있다는 것을 알고 있었다. 그들은 더 적절한 착륙 지점을 찾아야 했고, 달 착륙선의 귀중한 연료가 서서히 소진되고 있었다. 암스트롱은 나중에 다음과 같이 회상했다.

> 마침내 밖을 내다볼 수 있게 되었을 때 비행 고도가 너무 낮아 멀리 바라볼 수 없었기 때문에 중요한 표지물을 찾을 수 없었다. 크고 인상적인 분화구인 웨스트 크레이트West Crater가 있었지만 당시에는 그것을 확신할 수 없었다. 지표면에 가까웠을 때 우리는 그 분화구에 못 미치는 지점에 착륙하는 것을 고려했고, 그곳이 자동 시스템이 우리를 안내하는 지점인 것 같았다. 하지만 약 300m 아래로 내려갔을 때 시스템이 분화구로 둘러싸인 바위 평지의 좋지 않은 지역에 착륙을 시도하고 있는 것이 명확해졌다. 나는 바위 크기를 보고 놀랐는데 어떤 것은 소형차 정도로 컸다. 당시 우리는 매우 빠른 속도로 그곳에 다가가는 것처럼 느꼈다. 물론 그런 상황에서는 시간이 약 3배 속도로 흘러간다.[7]

수동 제어로 전환한 뒤 암스트롱의 경험과 훈련이 제 몫을 했다. 그는 수년 동안 가장 빠른 제트기를 조종하며 연마한 정교한 감각을 이용해 침착하게 분화구에서 벗어났다. 그들은 모든 움직임을 휴스턴으로 보고했다. 그들의 목소리에는 자신감이 있었지만 문제는 여전했다. 착륙할 장소가 없었다. 거대한 바위와 지표면의 파편들이 사방에 흩어져 있었다. 결정적인 문제는 소중한 연료가 점점 고갈되고 있다는 것이었다.

올드린은 한결같이 명확한 목소리로 암스트롱에게 "9미터, 희미한 그림자" 등 항법 자료를 계속 알려주었다. 휴스턴의 미션 통제센터는 "30초 후면 연료가 고갈됩니다"라고 경고했다.

잠시 뒤 달 착륙선 아래에 매달린 긴 탐침이 달 표면에 닿았을 때, 상황을 우려하던 미션 통제센터는 올드린으로부터 고대하던 교신을 받았다. "가볍게 착륙했습니다! 좋습니다. 엔진 정지. 하강 엔진 명령 정지." 암스트롱은 고요의 바다에 부드럽게 착륙했다. 그는 숨을 깊게 내쉬며 보고했다. "휴스턴, 여기는 고요의 기지Tranquility Base입니다. 이글호가 착륙했습니다."

아슬아슬한 순간이었다. 단 몇 초만 지연되었더라도 엔진이 꺼졌을 것이고, 그렇게 되면 이글호는 지표면으로 추락했을 것이다. 긴장으로 말문이 막혔던 미션 통제센터의 동료 우주비행사 찰리 듀크Charlie Duke는 "알았다, 고요의 기지. 많은 사람이 숨이 넘어갈 지경이었습니다. 이제 안도의 한숨을 쉬고 있습니다. 대단히 감사합니다"라고 교신했다. 2명의 우주비행사는 축하 인사를 나누고, 비상상황이 발생할 경우 재빨리 달 착륙선을 지표면에서 이륙시킬 준비를 했다. 하지만 모든 것이 순조로운 상태였다.

닐 암스트롱의 달 착륙은 실제로 아주 순조롭게 진행되었다. 달 착륙선은 착륙 시 넘어짐과 충돌에 대비해 충격을 흡수할 수 있는 가벼운 알루미늄 소재와 벌집 구조로 특수 제작되었다. 업무 절차에 따르면 이글호가 지표면에서 몇 m 위에 도달하면 엔진을 끄게 되어 있었다. 암스트롱은 아주 부드럽게 착륙하여 달 착륙선의 랜딩 기어는 전혀 충격을 받지 않았고, 그로 인해 달 착륙선 조종실은 예상보다 지면에서 약간 더 위에 놓이게 되었다.

비행 일정에 따라 우주비행사는 4시간 휴식 시간을 갖게 되어 있었지만, 암스트롱은 전혀 쉬지 않았다. 모든 것이 예정대로 진행되었고 달 착륙선의 상태도 매우 좋았다. 두 우주비행사는 전혀 졸리지 않다며 더 빨리 달 착륙선 밖으로 나가 달에서 걸을 수 있게 해달라고 요청했고, 미션 통제센터는 이를 승인했다.

하지만 선외 활동을 하기 전에 아직도 점검해야 할 부분이 많았고 장비들도 준비해야 했다. 사전에 잘 준비된 절차였고 달 위를 걷고 싶다는 그들의 열망이 크다 해도 그 어떤 것도 간과할 수 없었다. 이글호가 달 표면에 착륙하고 감압한 지 6시간 21분 후 암스트롱은 안쪽으로 열리는 우주선 해치를 열었다. 전 세계의 사람들이 엄청난 기대감으로 숨죽이며 자부심과 함께 적잖은 걱정으로 텔레비전에 바짝 다가앉았을 때, 암스트롱은 가느다란 달 착륙선 사다리를 내려와서 TV 카메라를 작동시켰다. 처음으로 유령 같은 회색빛의 검고 하얀 이미지—잠시 위아래가 뒤집어졌다—가 갑자기 전 세계 TV 화면에 비춰지고 우주복을 입은 사람이 이글호 아래로 조심스럽게 내려오는 모습이 보였다.

미국 현지 시간 오후 10시 56분, 닐 암스트롱은 자신이 사다리 발판 위에 서 있다고 보고했다. 사다리 맨 아래 발판은 예상보다 훨씬 더 높았고, 이는 우주비행사가 약간 느린 동작으로 발판 아래로 점프해야 한다는 의미였다. 이러한 동작은 지구 중력의 6분의 1인 곳에서는 그다지 어려운 일이 아니었다. 암스트롱은 주변을 둘러보고 발판이 달 지표면의 흙 안으로 1~2인치 들어가 있다는 것을 알았다. 그는 이 흙을 "매우 고운 가루 같다"고 묘사했다.

암스트롱은 발판에서 걸음을 옮기겠다고 말했고, 전 세계는 함께 숨을 죽였다. 그는 장갑을 낀 오른손으로 사다리를 잡고 왼발을 뻗어 달 표면에 최초의 인간 발자국을 찍었다. 그다음 그는 "한 인간에게는 작은 발걸음이지만 인류에게는 거대한 도약입니다"라고 영원히 잊히지 않을 말을 했다.

전 세계의 사람들이 암스트롱의 머나먼 모험을 지켜보며 매혹된 채 환호성을 질렀다. 사람들은 토양 샘플을 모아 우주복 왼쪽 바지 주머니에 넣는 장면도 지켜보았다. 20분 후 버즈 올드린이 달 표면에서 합류했다. 그는 주변을 둘러보고 "장엄한 적막함"이라고 경탄하며 말했다.

그들은 몇 가지 의례적 절차를 밟아야 했다. 먼저 이글호의 랜딩 기어에 붙어 있는 명판의 덮개를 벗기는 일이었다. 명판에는 "지구에서 온 인간이 처음으로 달에 발을 내딛다. 서기 1969년 7월. 우리는 모든 인류를 대신하여 평화를 갖고 왔다"라고 적혀 있었다. 또한 달 지면에 미국 국기도 꽂았다. 두 사람은 중력이 지구의 6분의 1인 곳에서 이리저리 움직이는 데 거의 어려움이 없다고 보고했다. 처음에는 조심스럽게 걸었지만, 점점 자신감이 생기자 이글호 앞에서 점프하고 깡충깡충 뛰고 캥거루처럼 뛰기도 했다. 그들은 또한 흙과 돌 샘플을 담고, 실험 결과를 지구로 전송하기 위해 여러 실험을 준비했다.

그러던 중 달 위를 걸은 두 우주비행사는 닉슨 대통령의 전화 메시지를 듣기 위해 대기하라는 요청을 받았다. 닉슨은 암스트롱과 올드린에게 다음과 같이 말했다.

두 사람이 수행한 일을 통해 하늘이 인간 세상의 일부가 되었습니다.

달에 찍힌 발자국

여러분과 고요의 바다에서 나눈 대화는 평화롭고 평온한 지구를 만드는 우리의 노력을 배가하도록 힘을 줍니다. 인류 역사에서 말할 수 없이 소중한 한순간, 지구의 모든 사람은 진정으로 하나입니다. 당신들이 한 일에 하나같이 자부심을 느낍니다. 당신들이 지구에 무사히 돌아오길 한마음으로 기원합니다.

올드린이 마지막 실험 준비를 마치고 암스트롱이 많은 샘플을 수집한 후, 그들은 이글호로 돌아오기 전에 달의 지진을 기록하는 수동 지진계와 달의 표면과 지구 표면 간의 정확한 거리를 기록하는 레이저 거리 측정 반사기를 설치했다. 수집한 샘플을 달 착륙선으로 옮긴 후, 올드린과 암스트롱은 다시 LM으로 올라가서 안으로 들어가 해치를 닫고 밀봉

했다. 그들은 모두 합해 2시간 30분 이상 선외 활동을 수행하고 약 1km를 걸어다녔다. 암스트롱은 큰 분화구를 찾기 위해 이글호에서 60m 정도 떨어진 곳까지 걸어가기도 했다. 그들이 수집한 달의 돌과 흙의 무게는 21.55kg였다.

안전하게 이글호 안으로 들어온 다음, 지쳤지만 의기양양한 두 우주비행사는 우주선을 다시 가압하고 장비를 벗어 집어넣은 뒤 편히 앉아 잠깐씩 수면을 취했다. 암스트롱은 선내에 친 해먹에서 자고, 올드린은 바닥에 몸을 웅크리고 잤다. 5시간 후 그들은 컬럼비아호에 있는 콜린스에게 돌아갈 준비를 했다.

일정에 따라 정확하게 상승 엔진이 점화되자 이글호는 하강부 플랫폼을 남겨두고 이륙했다. 신속한 출발이었다. 몇 초 만에 달 지표면 위로 높이 솟아 컬럼비아호와 랑데부 과정을 실행할 준비를 했다. 랑데부 마지막 단계에서 콜린스는 오른쪽 창문에서 이글호가 접근하는 모습을 분명히 보았다. 그의 임무는 컬럼비아호의 도킹 장치를 유도하여 LM의 보조 낙하산 아래에 있는 소켓 안으로 집어넣는 것이었다. 이때 우주선 머리 쪽에 있는 3개의 걸쇠가 두 모듈을 결합할 것이었다. 미국 동부 시간 기준 오후 5시 40분, 미션 통제센터는 결합된 우주선을 아폴로 11호라고 부르며 두 모듈이 도킹에 성공했다고 발표했다. 콜린스가 "친구가 있으니 좋네요"[8]라고 입심 좋게 말했다.

달 위를 걸은 2명의 우주비행사는 우주복과 장비에 묻은 달의 흙을 깨끗이 제거한 뒤 달에서 채집한 샘플과 장비들을 사령선으로 옮겼다. 도킹한 지 4시간 후 두 우주선 사이의 해치가 밀폐되고 도킹 링을 둘러싼 소형 장약들이 점화되었다. 이글호는 천천히 표류하여 몇 주 동안 달 궤도에 머물다가 많은 연구자들의 노력에도 불구하고 알아내지 못한 위치에서 결국 달과 충돌할 것이다.

20세기에 가장 많이 알려졌으며 상징적인 이미지 중 하나인 달 위의 버즈 올드린의 모습. 올드린의 헬멧 바이저에 닐 암스트롱이 보인다.

사령선 컬럼비아호와 랑데부하기 위해 돌아가는 달 착륙선 이글호

그 후 달의 뒤편을 선회할 때 콜린스는 서비스 추진 시스템Service Propulsion System(SPS)의 엔진을 점화해 2일 반나절 떨어진 지구로 귀환하는 경로를 설정했다. 귀환 여정에서 필요한 것은 계획대로 중간에 경로를 수정하고 서비스 모듈을 사출하는 것뿐이었다.

케이프 케네디에서 발사된 지 8일 3시간 18분 만에 아폴로 11호 사령선 컬럼비아호가 하와이에서 남서쪽으로 약 1,480km 떨어진 태평양에 착수했다. 이 지점은 회수함 호넷Hornet호에서 불과 19km 떨어진 곳이었다. 착수 후 몇 분 만에 해군 잠수부들이 대기 중인 헬기에서 뛰어내려 파도에 일렁이는 우주선 주위에 부양 장치를 고정함으로써 우주선을 똑바로 세워 침몰을 방지했다.

오케이 신호가 떨어지자 승무원들은 안에서 컬럼비아호 해치를 열어 세 벌의 생물학적 격리복을 받았다. 가능성은 낮지만 그들이 달에서 유해한 박테리아를 묻혀올 수 있기 때문이었다. 승무원들은 우주선에 나와 포비딘-요오드povidine-iodine 용액으로 몸을 닦은 후 헬기를 타고 호넷함으로 이동하여 이동용 의학적 격리시설 안에 머물렀다(에어스트림 카라반Airstream Caravan을 개조한 것이다). 창문을 통해 닉슨 대통령과 인사를 나눈 뒤, 우주비행사를 실은 격리 밴은 제트기에 실려 미국으로 신속하게 이동했다. 우주비행사들은 비행기 안에서 3주 동안 머물다가 의사의 허락을 받고 가족과 재회를 했다.

케네디 대통령의 1961년 대국민 약속은 마침내 이루어졌고 인류의 가장 위대한 과학적 과업이 달성되었다. 아폴로 11호 승무원들이 지구로 돌아온 뒤 닉슨 대통령은 직접 그들과 인사를 나누면서 "이번 주는 이 세상이 창조된 이래로 세계 역사에서 가장 위대한 한 주입니다"라고 말했다. 과장된 표현이긴 하지만, 1969년 7월에 인류 역사 전체에서 처음으로 두 지구인이 다른 세계의 지표면을 걸었다는 사실은 부인하지 못할 것이다.

번개를 맞다

NASA의 두 번째 유인 달 착륙 미션은 이륙하자마자 거의 중단될 정도로 위태로웠다. 모두 해군 출신 승무원이 탑승한 아폴로 12호는 1969년 11월 14일 플로리다주 케네디 우주센터의 39A 발사대에서 발사되어 폭우와 먹구름 속에서 상승을 시작했다. 실제로 기상은 발사 결정에 영향을 주지 않았는데, 닉슨 대통령이 VIP석에 앉아 있다는 사실이 발사 강

아폴로 12호의 승무원 피트 콘래드와 딕 고든, 앨런 빈

행에 영향을 주었을지도 모른다.

발사 후 36.5초, 그리고 다시 52초 때 예상 외의 두 번의 번개 탓에 중대한 전기적 장애가 발생했다. 첫 번째 낙뢰 시 구름에서 지상으로 번개가 쳐서 우주선 승무원 구역의 경고등과 알람이 켜졌다. 교신이 교란되었고 여러 장치들과 시계가 고장 나고 3개의 연료 전지가 모두 끊어졌다. 두 번째 번개는 구름 속에서만 머물고 지상에 떨어지지 않았다. 하지만 그 영향으로 새턴 V 로켓의 항법 시스템이 고장 났고, 우주선의 모든

누전 차단기에 붉은 신호가 들어왔다. 선장 피트 콘래드Pete Conrad가 미션 통제센터에 "어떻게 된 건지 모르겠습니다. 모든 것이 나가버렸습니다"라고 보고했다.

비행 후 사고 보고서에 따르면, NASA의 마셜 우주비행 센터에서 "발사체가 우주센터 위를 지나가는 약한 한랭전선과 관련된 약한 전기가 흐르는 환경 속으로 발사되었다. 이후 분석에 의하면 한랭전선의 전류가 자연적인 번개를 만들기에는 너무 약하긴 했지만, 로켓과 이온화된 전기적 전도성을 띤 배기가스 기둥이 전하를 발생시켜 두 번의 번개를 발생시켰다"[9]라고 밝혔다고 한다. 휴스턴 미션 통제센터 비행통제사 존 아론John Aaron의 콘솔 모니터에 무의미한 숫자들이 나타났다. 그는 스크린에 나타난 혼란스러운 데이터가 무인 비행 시뮬레이션 때 보았던 것과 비슷하며, 그것이 전압 교란으로 발생했다는 것을 즉시 알아차렸다. 그는 신속하게 비행 책임자 게리 그리핀Gerry Griffin에게 알려 승무원들이 신호처리 장치를 보조 상태로 돌려 시스템을 리셋 하게 했다. 다행히도 달 착륙선 조종사 앨런 빈Alan Bean이 그 말의 의미와 스위치 위치를 정확히 알고 관성 유도 장치를 수동으로 재조정했다. 시스템을 리셋 한 직후 연료 전지가 온라인 상태로 돌아왔고 존 아론의 스크린에 다시 정상 데이터가 나타났다.[10]

2005년 전 NASA 비행책임자 진 크란츠Gene Kranz는 아폴로 12호 미션을 위협했던 작은 사고와 미션 통제센터의 대처로 비행 능력을 회복한 것에 대해 다음과 같이 밝혔다.

> 3명의 승무원이 지구 궤도로 올라가는 고장 난 우주선 안에 있었다. 제대로 작동하는 것은 부스터 유도 시스템뿐이었다. … 미션 통제센터가 이 미션을 살릴 수 있는 시간은 2분뿐이었다. 비행통제사가 우

> 주선에 탑재된 기기를 다시 살리기 위해 무선 전화를 걸었고, 우리는 연료 전지로 반응 물질이 다시 흐르게 하려고 큰 소리로 지시사항을 전달하기 시작했다. 2분 안에 항법 시스템을 살려내야 했고, 결국 아폴로 12호 미션을 살릴 수 있었다. 우리는 승무원을 궤도로 올려보내 궤도를 한 바퀴 선회할 동안 그들을 점검하면서 달 경로 진입을 연기했고, 그리고 마침내 대담하게 그들을 달로 보내기로 결정했다.[11]

승무원과 지상 통제센터가 점검한 결과 비행을 중단할 이유가 없는 것으로 밝혀지자, 피트 콘래드와 앨런 빈, 사령선 조종사 딕 고든은 궤도에 도달했고, 그다음 '폭풍의 바다'라는 달 목적지로 계속 진행하는 일에 집중했다.

11월 19일, 콘래드와 빈은 서베이어Surveyor 분화구의 북서쪽 가장자리에 정확하게 착륙했다. 2년 전인 1967년 4월 20일에 달에 착륙한 무인 탐사선 서베이어 3호와의 거리가 182m밖에 안 될 정도로 매우 정확하게 착륙했다.

유명한 농담꾼인 신장 170cm의 피트 콘래드는 달에 발을 내디딜 때 닐 암스트롱보다 조금 더 가벼운 마음으로 "야호! 닐에게는 작은 발걸음일지 모르지만 나에게 큰 발걸음이었어"라고 소리친 다음 달 표면을 폴짝 뛰며 나아갔다. 앨런 빈은 달 표면에서 콘래드와 합류한 후 활동을 기록하기 위해 컬러 TV 카메라를 설치했는데, 삼각대 위에 놓을 때 카메라가 태양 정면을 향하자마자 카메라 센서가 타버렸다. 그래서 지구의 TV 시청자들은 우주비행사들이 달을 걷는 모습이 아닌 검은 화면을 볼 수밖에 없었다.

달에서 3시간 56분 동안 선외 활동을 하는 동안, 콘래드와 빈은 미국 국기를 꽂고 월석을 모으고 최초의 아폴로 달 지표면 실험 패키지

서베이어 3호 우주선을 조사하고 있는 아폴로 12호 선장 피트 콘래드. 달 지평선에 달 착륙선 인트레피드호가 보인다.

Apollo Lunar Surface Experiments Package(ALSEP)를 전개했다. 다음날 3시간 49분 동안의 두 번째 선외 활동 때 두 우주비행사는 서베이어 분화구에 가서 이후 지구에서 분석하기 위해 몇 가지 샘플을 채취했다.

달에서 31시간 31분을 보낸 뒤 달 착륙선 인트레피드Intrepid호는 달의 흙과 먼지를 날리면서 딕 고든이 탑승한 CSM 양키 클리퍼Yankee Clipper호와 랑데부하기 위해 이륙했다. 랑데부는 이륙 후 3시간 30분 뒤 이루어졌다. 양측의 우주비행사가 다시 만나자 콘래드와 빈은 곧장 양키 클리프호로 이동하려고 했지만, 공포에 질린 딕 고든은 그렇게 하지 못했다. 그는 우주복이 달의 먼지로 더러워졌고, 입자들이 떠다니면서 예민한 장치를 손상시킬 수 있다는 걸 알았다. 그는 "피트, 내 우주선에 그렇게 들어오면 안 돼! 옷을 벗어!"라고 외쳤다. 콘래드와 빈은 서로 바라보며 어깨를 으쓱하더니 말 그대로 옷을 전부 벗었다. 그들이 마침내 사령선 안으로 들어갔을 때, 그들은 웃고 있었고 완전히 벌거벗은 상태였다.

재미있는 시간이 끝나고 모든 우주복과 샘플, 장비를 인트레피드호로 옮긴 후 상승 모듈이 분리되었고, 이는 나중에 달과 충돌할 것이었다. ALSEP 지진계가 충돌로 인한 여파를 감지하여 그 자료를 미션 통제센터로 보내주었지만, 이때도 정확한 충돌 위치를 알지 못했다.

달 궤도를 45바퀴 선회하고 승무원을 태운 양키 클리퍼의 엔진이 점화되었다. 승무원들은 고향으로 향하는 도중에 엄청난 장관을 이루는 일식을 보았다. 우주선은 11월 24일 태평양에 떠 있는 회수함 호넷Hornet호 근처에 착수했다. 아폴로 11호 승무원과 마찬가지로 콘래드와 빈, 고든은 아폴로 격리 카라반으로 이동하여 그곳에 3주 동안 머물면서 유해한 박테리아를 묻혀오지 않았는지 확인했다.[12]

우주에서의 생존

1970년 4월, 전 세계 사람들은 4일 동안 긴장감으로 가득한 끔찍한 시간을 보냈다. 그들은 아폴로 13호 우주비행사 짐 로벨Jim Lovell, 프레드 하이즈Fred Haise, 잭 스위거트Jack Swigert가 우주선 안에서 죽지 않고 생존하기 위해 필사적으로 싸우며 지구로 귀환하는 모습을 숨죽이며 지켜보아야 했다. NASA의 세 번째 달 탐사를 위해 발사된 지 55시간 뒤, 극저온 산소 시스템의 폭발로 서비스 모듈의 측면이 날아갔다. NASA는 달 착륙을 중단하고 산소 공급이 고갈되기 전에 승무원을 지구로 귀환시키는 전례 없는 방법을 필사적으로 찾았다. 아폴로 13호 미션은 큰 문제가 발생해 목표를 달성하지 못했지만, 역경에 맞서 생존을 위해 필사적으로 싸우는 영웅적 이야기가 되었고 나중에 장편 영화로도 제작되었다.

달에 발사할 아폴로 13호의 사령관 짐 로벨과 잭 스위거트, 프레드 하이즈

주요 문제는 예정된 발사 이틀 전에 발생했다. 사령선 조종사 켄 매팅리Ken Mattingly를 대체해야 하는 일이 벌어진 것이었다. 2주 전, 승무원과 예비 승무원들은 가족과 함께 마지막 주말을 편안하게 보냈다. 하지만 나중에 아이 중 하나가 홍역에 걸린 사실이 드러났다. 아동기 때 홍역에 걸리기 때문에 모든 승무원은 깨끗했지만, 검사 결과 매팅리는 그렇지 않았다. 홍역에 걸렸었는지 확실하지 않았고 가능성은 희박했지만, NASA는 그를 10일간의 임무에 보내고 싶지 않았다. 그동안 홍역이 발

병할 수도 있기 때문이었다. 토론 끝에 NASA는 매팅리를 충분한 훈련을 받은 예비 사령선 조종사 잭 스위거트Jack Swigert로 대체하기로 결정했다. 매팅리는 나중에 아폴로 16호 미션에 참여하게 되었지만, 당시 그로서는 받아들이기 어려운 결정이었다.

1970년 4월 11일, 아폴로 13호는 10일 동안 달까지 갔다가 돌아오는 일정으로 발사되었다. 이 비행의 목적은 선장 짐 로벨과 달 착륙선 조종사 프레드 하이즈가 달의 프라마우로Fra Mauro 고지대에 착륙하는 것이었다. 새턴 V 로켓이 그들을 하늘로 올려보냈을 때 이 미션을 지속하는 데 몇 가지 문제가 있었는데, 이는 비행 책임자인 진 크란츠Gene Kranz가 다음과 같이 설명한 것을 보면 알 수 있다.

> 이 미션은 신뢰에 기반한다. 750만 파운드의 추력으로 발사되는 로켓을 타려면 엄청난 헌신이 필요하다. 마음을 바꿀 수도 없고 되돌릴 수도 없다. 신뢰를 통해 매초를 카운트다운할 수 있으며, 모든 가능한 기회를 활용한다. 동력 비행 2단계에서 엔진 하나가 꺼져버렸고, 우리는 신속하게 남아 있는 4개의 엔진을 살펴보았다. 다른 엔진들은 잘 작동하고 있었다. 우리는 엔진들의 연소 중지 시간을 새로 계산해 승무원들에게 전달했다. 모든 것이 계속 잘 작동하여 무사히 지구 궤도에 도착했다. 우리는 궤도에서 우주선을 점검하고, 2시 30분 뒤 달을 향해 비행하기 시작했다.[13]

S-4B 단계는 계획대로 점화되었고, 우주선의 위치 전환과 달 착륙선과의 도킹도 문제없이 이루어졌다. 아폴로 13호 승무원들은 달과의 랑데부를 향해 비행했다. 이후 4월 13일 저녁, 비행을 시작한 지 55시간 만에 서비스 모듈의 극저온 산소 시스템 고장으로 심각한 폭발이 발생했

고, 모듈의 측면이 찢어져 갑자기 아비규환 상태로 바뀌었다. 소중한 산소가 우주로 새기 시작했다.

이 모든 것은 동료 우주비행사이자 교신담당자 잭 루스마Jack Lousma가 스위거트에게 계기판의 스위치를 돌리는 일상적인 작업인 '크리오-스터cryo-stir'를 실행하라고 하였을 때 시작되었다. 스위치를 작동하면 서비스 모듈에 있는 탱크 안에 남은 산소량에 관한 정보가 전달되었다. 비행승무원 운영책임자 데크 슬레이튼은 이후에 "우리는 나중에 탱크 안에 피복이 벗겨진 전선이 있다고 판단했습니다. 발사 전 몇 주 지상 테스트를 수행할 동안 실수로 절연 피복이 벗겨진 것이었습니다. 크리오-스터 작동으로 스파크가 발생해 탱크 안에서 발화를 일으켰던 겁니다. 압력이 너무 높아 폭발하면서 서비스 모듈의 측면이 찢어져 버렸습니다"[14]라고 설명했다.

승무원들은 처음에는 유성이나 궤도를 도는 우주 쓰레기가 우주선과 충돌한 것으로 생각했다. 하지만 산소가 급속하게 유출되고 있는 것이 분명해졌다. 스위거트가 사령선 오디세이Odyssey호에서 내다보며 "무언가 유출되고 있는 것 같습니다. 가스 같은데요"라고 말했다. 미션 통제센터의 비상, 환경, 소모품 관리 계기판에 빨간 불이 깜빡이기 시작했을 때, 짐 로벨의 "휴스턴, 문제가 생겼습니다"라는 목소리가 들려왔다. 이것은 모든 달 착륙 계획을 즉시 중단한다는 의미였다. 슬레이튼은 나중에 "오디세이에 전기를 공급하는 연료 전지가 곧 작동하지 않기 시작했습니다. 산소 압력이 떨어지기 시작했고요. 비행책임자 진 크란츠와 팀원들이 무슨 조치를 해도 전혀 도움이 될 것 같지 않았습니다. 오디세이는 죽어가고 있었죠"[15]라고 했다.

미션 통제센터가 생명을 살릴 해결책을 제시하려고 필사적으로 애쓸 동안, 승무원들은 침착했지만 심각한 곤경에 빠졌다는 것을 알았다.

진 크란츠는 다음과 같이 회상했다.

> 둘째 날이 끝날 즈음 승무원들은 지구에서 약 32만km 떨어져 있었다. 그들은 달 지표면에서 약 88,000km 떨어져 있었고, 달의 영향력으로 진입하는 미션 단계에 들어가고 있었다. 이곳은 지구의 중력 경계에서 벗어나 달의 중력권으로 들어가는 지점이었다. 약 4시간이라는 매우 짧은 시간 동안 두 가지 미션 중단 옵션이 있었다. 하나는 달의 앞부분을 도는 것이고, 다른 하나는 달을 완전히 한 바퀴 도는 것이었다. 신속하게 결정을 내려야만 했다. 이 옵션을 실행할 수 있는 시간이 점점 지나가고 있기 때문이었다.[16]

다행히도 그들은 달로 가는 도중이었고 달 착륙 후 귀환하는 중이 아니라서 달 착륙선 아쿠아리스Aquarius를 갖고 있었다. 초기의 공포가 가라앉자 모든 사람이 힘들고 시도해 보지 않은 일에 매진할 수 있었다. 승무원들은 점점 지치고 추워졌지만, 미션 통제센터의 조언을 따라 달의 저편을 돌아 지구로 향하기 위해 힘들게 엔진을 점화했다.

전력과 난방, 컴퓨터가 없고 추진 시스템도 이용할 수 없는 상태에서 로벨과 하이즈, 스위거트는 아쿠아리스로 대피해 그것을 구명보트로 이용해야 한다는 말을 들었다. 아울러 비좁은 생활공간에서 치사량 수준으로 증가할 가능성이 있는 이산화탄소를 제거하는 방법도 찾아야 했다. 그들은 우주선에 실린 물건을 창의적으로 활용해 이 문제를 해결해야 했다.

승무원들은 3명이 내쉬는 호흡이 달 착륙선의 이산화탄소 '집진기'에 과도한 부담을 준다는 걸 알았다. 집진기는 기본적으로 수산화리튬이 가득 찬 필터를 이용해 이산화탄소를 흡수했다. 사령선에도 집진기가 몇 개 있었지만 아쿠아리스의 집진기와는 크기와 형태가 달랐다. 달 착륙선은 실린더형 집진기를 사용하지만 오디세이의 집진기는 정육면체였다. 그것은 사각형 못을 둥근 구멍에 끼워 맞추려고 하는 것과 같았다. NASA의 엔지니어들은 우주선에 있는 장비를 효과적으로 활용하는 방법을 찾아 구두로 전달하고자 했다. 우주비행사들은 우주복의 호스, 덕트 테이프, 양말을 이용해 사각형 집진기의 형태를 바꾸어 달 착륙선 필터 시스템의 둥근 구멍에 가까스로 맞추었다.

또한 거의 자지도 못하고 얼어붙을 정도로 추운 조건에서 일하느라 탈진한 그들은 끌어모을 수 있는 작은 전력이라도 최대한 저장하여 두 번의 경로 변경 작업을 수행할 방법을 찾아야 했다. 그들은 이것을 완벽하게 수행해냈다.

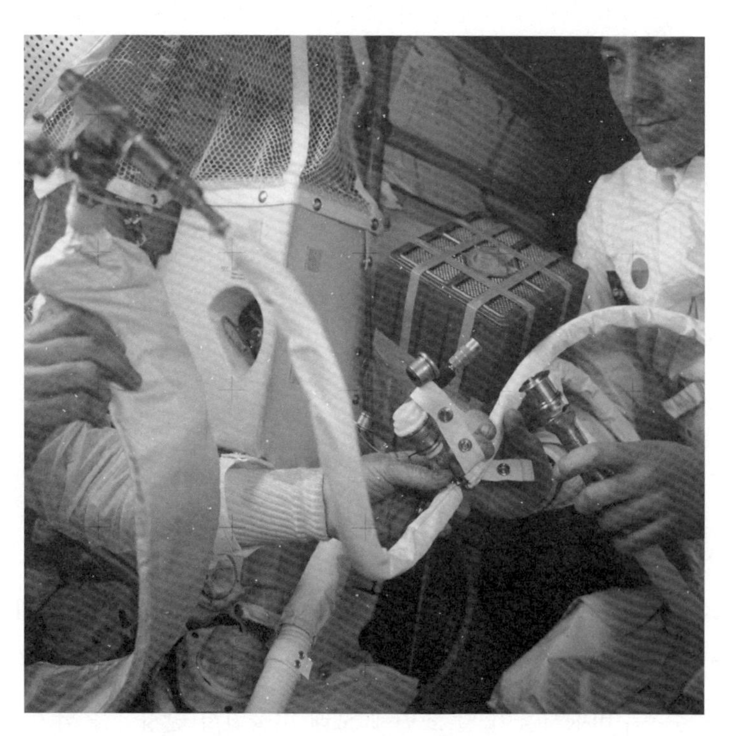

우주선 내 모든 재료를 활용해 즉석에서 생명을 구하는 장비를 만들어야 했던 아폴로 13호 승무원들

그것은 시간과의 싸움이었다. 4월 16일, 승무원들은 사령선 오디세이로 다시 이동하여 전원을 켰고 서비스 모듈을 사출했다. 그들은 처음으로 달 착륙선을 포기하게 만든 손상된 범위를 온전하게 보고 사진을 찍을 수 있었다. 이제 (그들의 생명을 구했던) 아쿠아리스를 분리하고 재진입을 준비할 시간이 되었다. 구명보트 역할을 했던 달 착륙선이 서서히 분리되어 떠나가는 것을 보며 로벨은 "안녕, 아쿠아리스, 고마워"라고 감사의 말을 했다. 아쿠아리스는 곧 대기권으로 재진입하여 연소될 것이었다.

교신책임자 조 커인Joe Kerwin은 승무원들이 대기권으로 진입할 때 맹렬한 화염과 통신 단절 상태에서 살아남기를 기도하며 오디세이를 계속 호출했다. 하지만 아무런 응답이 없었다. 잭 스위거트의 침착한 목소리가 들리자 비로소 모든 사람이 안도하며 환호성을 질렀다. "오케이, 조." 정말 아슬아슬한 순간이었다. 승무원들은 약 6일 동안 힘든 비행을 마치고 항공모함 이오지마Iwo Jima호가 보이는 곳으로 착수했다. 매우 지쳤지만 의기양양한 3명의 승무원은 항공모함 갑판에 섰을 때 자신들이 우주 사상자가 되어 아폴로 달 착륙 프로그램이 중단될 수도 있었다는 사실을 깨달았다.

달을 잃다

미국은 아폴로 11호 미션의 성공으로 우주 경쟁에서 승리했다. 미국은 달 착륙 경쟁에서 소련을 이겼지만 승리의 기쁨은 급격히 줄어들었다. 더 많은 우주비행사들이 달 표면에 오래 머물면서 발자국을 남기자, 한때 이 위대한 도전에 매혹되었던 미국인들은 점차 아폴로 프로그램에 대해 무관심해지기 시작했다. 더 나아가 어떤 사람들은 의원들과 함께 긴급한 사회문제가 대두된 상황에서 NASA가 월석을 추가로 수집하는 데 수백만 달러를 지출하는 이유를 알고 싶다며 문제를 제기했다. 우주비행사가 지구의 6분의 1 중력이 작용하는 달 표면에서 즐겁게 이리저리 뛰어다니는 광경은 많은 이들에게 지루한 일이 되었고, NASA의 달 탐사 미션에 대한 공적인 지지는 급격히 줄었다. 아폴로 13호의 생사를 건 극적인 비행은 유인 우주 미션의 위험에 대해 충분히 보여주었지만, 일단 승무원들이 안전하게 지구로 돌아오자 많은 사람들은 추가 우주 탐사에 대해 무관심해졌다.

아폴로 13호 미션 이전인 1970년 1월, NASA는 심각한 예산 문제에 직면하자 어쩔 수 없이 비행 계획에서 아폴로 20호 미션을 없애기로 결정했다. 작고한 케네디 대통령이 옳았다. 우주비행사를 다른 세계에 착륙시키는 미션은 기념비적일 정도로 막대한 비용이 소요되는 활동이었다. 8개월 후인 1970년 9월 2일, 다시 예산이 감축되었고 NASA는 또 다른 두 건의 달 탐사 미션을 포기했다. 아폴로 18호와 19호 미션이 취소되었고, 미션 목표 수정에 따라 마지막 세 건의 비행 명칭이 아폴로 15, 16, 17호로 바뀌었다.

그럼에도 달 탐사 프로그램은 마지막 세 건의 아폴로 미션이 취소된 후에도 4개월 동안 계속되었다. 아폴로 14호가 1971년 1월 31일 달을 향해 발사되어 세 번째로 달에 착륙하는 미션을 수행했다. 선장 앨런 셰퍼드와 달 착륙선 조종사 에드거 미첼Edgar Mitchell이 앞서 아폴로 13호의 목표 지점이었던 프라마우로Fra Mauro 고지대에 착륙했다. 휴스턴의 달과 행성 연구소Lunar and Planetary Institute는 다음과 같이 기술했다.

착륙 지점은 프라마우로 고지대의 방사형 산등성이들 사이 넓고 얕

> 은 계곡으로, 임브리움Imbrium 분지 끝에서 약 500km 떨어진 곳이다. 북쪽으로 360km 지점에 주요 분화구인 코페르니쿠스Copernicus가 있고, 그 분화구에서 나오는 밝은 빛이 착륙 지역의 많은 부분을 덮고 있다. 착륙 지점에서 가까운 지역의 특징은 초기의 장방형 콘cone 분화구 형태라는 것이다. 이 분화구의 직경은 약 340km이며, 착륙 지점의 동쪽 산등성이까지 이른다.[17]

앨런 셰퍼드는 아폴로 14호 미션을 통해 한 번 더 우주로 비행하려는 그의 오랜 바람을 이루었다. 10년 전 그는 최초로 우주를 비행한 미국인이 되었지만 비행 시간은 15분에 불과했다. 페이스 7호Faith 7에 탑승한 고든 쿠퍼의 머큐리 미션 이후 그는 마지막 한 번의 장시간 머큐리 우주비행을 하기 위해 자신이 알고 있는 모든 것을 시도하고, 케네디 대통령을 포함한 모든 중요한 인맥과 접촉했다. 급기야 그는 예비 머큐리 캡슐(쿠퍼의 미션을 위한 예비 우주선인 15B 우주선)을 이용할 수 있다고 주장했다. 하지만 대통령은 답변을 슬쩍 피하며 셰퍼드를 NASA 국장 제임스 웹James Webb에게 보냈다. 제임스는 머큐리 프로그램이 종료되었다는 단호한 입장이었고, NASA의 대다수 직원은 제미니 프로젝트를 추진하느라 분주했다.

그때 셰퍼드는 어지러움을 유발하는 내이 질환인 메니에르병에 걸렸고, 그로 인해 우주비행사 자격과 최초의 제미니 비행을 위한 기회를 잃게 되었다. 그는 자신의 우주비행사 경력이 끝났다고 실망하면서 우주비행사실 책임자라는 임시 역할을 침울하게 받아들였다. 1968년 그는 위험한 귀 수술을 성공적으로 마치고 현역 우주비행사 자격을 회복했다. 아폴로 미션 수행에 대한 간절함으로 셰퍼드는 순환 시스템에 따라 아폴로 10호의 예비 선장이며 아폴로 13호 선장을 맡게 된 고든 쿠퍼Gordon

Cooper를 대신하여 먼저 아폴로 13호 선장 임무를 수행할 가능성에 대해 데크 슬레이튼Deke Slayton과 의논했다. 그런데 쿠퍼가 아폴로 훈련에서 점차 비협조적이고 나태한 모습을 보였고, 이것을 파악한 셰퍼드는 망설임 없이 머큐리 비행 동료인 쿠퍼를 쫓아내고 선장 역할을 맡게 되었다. 이런 처사에 질색한 쿠퍼는 NASA를 혐오하며 그만두었다. 다음 문제는 셰퍼드와 승무원들이 충분한 훈련을 받지 못했다는 것이었다. 이 문제는 셰퍼드의 승무원과 아폴로 14호의 승무원을 교환하는 방식으로 해결하여, 짐 로벨의 잘 훈련된 승무원들이 아폴로 13호를 맡게 되었다.

이렇게 해서 아폴로 14호 승무원이 정해졌다. 선장은 앨런 셰퍼드, 사령선 조종사는 스튜어트 루사Stuart Roosa, 달 착륙선 조종사는 에드거 미첼Edgar Mitchell이었다. 승무원들은 모두 이전에 비행 미션을 경험한 적이

아폴로 14호 미션 선장으로 복귀한 앨런 셰퍼드(가운데)와 스튜어트 루사(왼쪽), 에드거 미첼(오른쪽)

없었으며, 아폴로 14호가 달로 비행할 때 그들의 우주비행 경험은 모두 합해서 15분에 불과했다.

이 비행에서 승무원들은 달 표면에서 이용할 수 있는 모듈식 장비 수송 도구Modular Equipment Transporter(MET)를 추가로 실었다. 바퀴가 2개 달린 접이식 카트로, 우주비행사가 이전보다 달 착륙선에서 더 멀리 이동할 수 있었다. 아울러 카트를 이용해 몇 가지 도구와 카메라, 휴대용 자기 탐지기를 운반할 수 있었다.

달에서 33.5시간 머물 동안 셰퍼드와 미첼은 달에서 두 차례 선외 활동을 수행하면서 달 지면에서 총 9시간 넘게 보냈는데, 선외 활동 범위는 달 착륙선 안타레스Antares에서부터 3.5km 정도까지였다. 또한 열 가지 실험을 수행했고 특별히 흥미로운 지역과 지형을 조사하고 사진을 찍었다. 지구에서 연구 및 분석을 하려고 수집한 돌과 흙은 43kg에 달했다.

두 번째 선외 활동에서 셰퍼드와 미첼은 착륙 지점에서 약 90m 위에 있는 콘cone 분화구 가장자리에 도달하고자 했다. 그들이 분화구 안으로 들어가려고 할 때 미션 통제센터가 선외 활동 시간이 다 되었으니 있는 곳에서 몇 가지 샘플을 모아서 안타레스로 돌아가라고 경고했다. 이 선외 활동에서 셰퍼드는 우주비행사가 달에서 가장 먼 거리를 이동하는 신기록을 세웠는데, 이동 거리는 약 2.74km였다.

아폴로 14호 미션에서 가장 기억에 남는 일은 앨런 셰퍼드가 땅을 파는 도구 손잡이와 그가 가져간 클럽 헤드를 이용해 변형된 골프채를 만들어 달 지표면에서 한 손으로 2개의 골프공을 친 일일 것이다. 셰퍼드는 골프공이 '아주 멀리' 날아갔다고 웃으며 말했다. 하지만 실제로는 가압 우주복을 입은 상태에서 한 손으로 스윙할 때 그는 거의 힘을 줄 수 없었고, 골프공은 겨우 몇 미터 날아갔다.

2월 6일, 안타레스가 달에서 이륙하여 스튜어트 루사Stuart Roosa가 조종하는 CSM 키티호크Kittyhawk와 성공적으로 도킹했다. 이 미션은 1971년 2월 9일 안전하게 착수하여 종료되었다. 그들은 달이 멸균 상태라는 사실이 입증된 탓에 이동용 격리시설에 한동안 머물러야 하는 고통을 겪을 필요가 없었던 최초의 승무원이었다. 이번 미션의 승무원들과 미래의 아폴로 승무원들은 격리 기간이 없어져 크게 안도했다.

역사적인 운전

아폴로 15호는 훨씬 더 긴 기간 동안 더 광범위한 달 탐사를 위해 계획된 세 번의 미션 중 첫 미션이었다. 이 미션에서는 월면月面 작업차Lunar Roving Vehicle(LRV)가 처음으로 이용되었다. 1971년 7월 26일 현지 시간 오전 9시 34분, 케네디 우주센터 발사단지에서 계획대로 이륙한 후, 승무원들은 해들리Hadley 골짜기에 인접한 아페닌Appennine 산맥 기슭 근처에 착륙할 때까지 거의 문제없이 비행했다. 달 궤도에 도달한 후 선장 데이비드 스콧David Scott과 달 착륙선 조종사 짐 어윈Jim Irwin은 달 착륙선 팰컨Falcon호로 이동했고, 알 워든Al Worden이 CSM 엔데버Endeavour호에 혼자 남았다. 달 착륙선은 해들리 골짜기 근처의 어두운 평지에 착륙했는데, 이 지역은 지질학적으로 탐사할 것이 많은 곳이었다. 3일 동안 세 차례의 달 선외 활동 시간에 스콧과 어윈은 기록적인 18시간 37분 동안 달 표면과 다양한 지형을 탐사했다.

LRV를 이용한 임무는 대성공이었다. 2명의 우주비행사는 이 차량을 이용해 27km를 돌아다니면서 77kg 이상의 샘플을 수집하고 지표면 3m 아래 땅속 샘플을 채취했으며, 여러 계측 장비를 설치하여 실험을 하고 수백 장의 사진을 찍었다.

8월 2일, 팰컨호의 단독 엔진이 점화되자 상승부 엔진이 이륙하면서 쓸모없는 하강부가 분리되었고, CSM이 달 궤도를 50회째 선회할 때 팰컨호는 랑데부와 도킹에 성공했다. 74회째 궤도 선회 때 서비스 모듈에서 소형 인공위성인 PFSParticles and Fields Subsatellite를 발사했고, 바로 다음 궤도를 선회할 때 엔데버Endeavour호는 2분 21초 동안 길게 엔진을 연소하면서 지구로 귀환하는 비행을 시작했다.

8월 5일, 알 워든은 최초로 심우주 선외 활동을 수행했다. 그는 생명선을 매달고 사령선을 나와 조심스럽게 서비스 모듈 뒤로 올라가 과학 장비 모듈Scientific Instrument Module(SIM)에 설치된 카메라의 필름 카세트를 회수하여 해치로 돌아왔다. 이때 짐 어윈은 카세트를 받기 위해 몸을 반쯤 해치 밖으로 내밀었다. 사령선 안에 있는 데이비드 스콧과 마찬가지로 그는 보호용 우주복을 입고 있었다. 그가 해치 안으로 들어가자

아폴로 15호의 선장 데이비드 스콧과 사령선 조종사(CMP) 알 워든, 달 착륙선 조종사(LMP) 짐 어윈

달 착륙선 팰컨호 앞에서 미국 국기에 경례를 하고 있는 짐 어윈

워든은 엔데버호 안으로 서둘러 들어갈 필요가 없다는 미션 통제센터의 동료 우주비행사 칼 헤니즈Karl Henize의 말을 들었다. 하지만 워든은 해야 할 임무에만 집중했다. 그는 엔데버호 안으로 들어와서 해치를 닫을 때, 헤니즈의 조언을 받아들여 주변에 펼쳐진 놀라운 광경을 둘러보았어야 했다는 걸 깨달았다. 그는 신발을 특수 안전장치에 고정한 채 짐 어윈이 유영을 하며 제 위치로 돌아가길 기다리는 동안 재빨리 주변을 둘러보았다. 그때 워든이 했던 생각은 그가 나중에 쓴 회고록에 잘 나타나 있다.

> 나는 이 순간까지 내가 어디에 있는지 감각이 없었다. 우주선 해치로 뱀처럼 느슨하게 연결된 생명선과 발에만 의지한 채 우주선 옆에 똑바로 서 있을 때, 옆에 거대한 하얀 고래가 있는 심해의 어둠 속에 있는 것 같다는 느낌이었다. 태양이 내 뒤에 낮게 떠 있었고, 서비스 모듈 외부에 튀어나온 부분에는 모두 깊은 그림자가 드리워져 있었다. 태양이 눈부시게 밝다는 것을 알았기 때문에 태양을 볼 엄두가 나지 않았다. 고개를 다른 방향으로 돌리자 내 주변에는 아무것도 없었다. 가장 가까운 행성에서 수십만 km 떨어진 곳에 떠 있지 않다면 경험할 수 없는 느낌이었다. 그것은 깊고 어두운 바다도 아니고, 밤하늘도 아니고, 내가 이해할 수 있는 또 다른 넓고 트인 공간도 아니었다. 그 캄캄함은 수십억 km까지 펼쳐져 있어 도저히 이해할 수 없었다.[18]

워든은 깊이 후회하며 결국 신발을 특수 안전장치에서 빼고 몸을 돌려 역사적인 18분간의 여행을 마치고 안으로 들어갔다. 하지만 그가 놀라서 입을 다물지 못하게 만든 한 가지 더 놀라운 광경이 있었다. 그는 해치에서 반쯤 나와 있는 짐 어윈을 보았는데, 그의 뒤로는 거대한 은빛 달이 걸려 있었다. 그때 갖고 있던 카메라를 꺼냈더라면 우주탐사 역사상 가장 유명한 사진 중 하나를 찍었을 것이다.

아폴로 15호는 이틀 후 호놀룰루 북쪽 태평양에 착수하여 12일 7시간의 여정을 마쳤다. 곧이어 승무원들은 헬기로 착수 목표 지점 근처에 있던 회수함 오키나와Okinawa호로 수송되었다.

데카르트 탐사

마지막 미션에서 두 번째 유인 달 탐사이자 3개의 포괄적인 달 탐사 미션 중 두 번째인 아폴로 16호는 1972년 4월 16일 케네디 우주센터의 39A 발사대에서 거의 완벽하게 이륙했다. 모든 것이 순조로웠다. 사령선 캐스퍼Casper호에 켄 매팅리Ken Mattingly만 남기고 선장 존 영John Young과 달 착륙선 조종사 찰리 듀크Charlie Duke가 탑승한 달 착륙선 오리온Orion호가 달 궤도에서 동력 기동하면서 달로 하강할 준비를 했다.

매팅리는 착륙 실패 가능성에 대비하여 캐스퍼호를 조정하여 달 궤도에서 오리온호와 랑데부하여 도킹하는 연습을 해야 했는데, 이때 사

아폴로 16호의 사령선 조종사(CMP) 켄 매팅리와 선장 존 영, 달 착륙선 조종사(LMP) 찰리 듀크

령선의 방향 조정 로켓엔진의 시험 점화가 필요했다. 시험하는 동안 고장이 감지되어 매팅리는 달 착륙 미션이 수행되기 전에 복구해야 했다. 6시간 동안 영과 듀크는 오리온에 탑승한 채 인내심을 갖고 기다렸다. NASA가 테스트 결과 필요할 경우 문제를 해결할 수 있다고 판단하자, 영은 안도하면서 착륙을 진행할 수 있었다.

영과 듀크는 노련하게 오리온호를 조종하여 4월 20일 달 중앙부 고지대의 데카르트Descartes 산맥 서쪽 끝에 착륙했다. 그들은 달 표면에서 총 71시간 2분 머물면서 월면 작업차(LRV)의 도움을 받아 20시간 14분 동안 세 차례의 선외 활동을 수행했다. 그들은 26km 이상을 탐사하여 총 96.6kg의 월석과 샘플들을 수집하고, 계측 장비를 설치하여 여러 가지 시험을 수행하고, 드릴을 이용해 땅속 샘플을 채취했다. 세 번째 선외 활동은 비행 일정을 엄격하게 지키기 위해 5시간 49분 동안 진행되었는데, 착륙 지연 탓에 이전 두 번의 선외 활동보다 약 2시간 짧았다. 이번 활동의 하이라이트는 달에서 본 것 중 가장 큰 바위를 찾은 것이었다. 그들은 이 바위에 '하우스 락House Rock'이라는 별명을 붙였다. 세 번째 선외 활동을 마칠 무렵, LRV를 포기하고 데카르트 지역을 떠날 준비를 하기 전, 영이 듀크를 오리온호 근처에 두고 LRV가 최고속도 18km/h로 혼자 선회하도록 조정하여 출발시키자 많은 먼지가 일었다.

LRV에 탑재된 카메라는 휴스턴 미션 통제센터에서 조종할 수 있었다. 이 카메라는 오리온호의 상승 엔진 점화 장면과 오리온호가 상승하여 사령선 캐스퍼호와 랑데부하여 도킹하는 장면을 기록할 수 있었다. 달 궤도를 64회 선회한 뒤 캐스퍼호 승무원들은 소형 인공위성을 발사하고 이제는 텅 빈 오리온호를 분리했다. 아폴로 16호는 캐스퍼호의 엔진을 점화하여 지구로 향했다. 귀환 여정에서 매팅리는 이전 미션의 알 워든Al Worden과 비슷한 심우주 선외 활동을 수행했는데, 1시간 24분 동

LRV에 설치된 비디오카메라를 통해 본 오리온호 상승부의 이륙 장면

안 우주선 밖에 머물면서 SIM에서 필름 카세트를 회수했다. 승무원들은 회수선인 항공모함 타이콘데로가Ticonderoga호에서 불과 1.5km 떨어진 지점으로 착수했고, 37분 후 항공모함에 탑승했다.[19]

달 위의 마지막 인간

달 착륙선 챌린저호 하강부에 설치된 사다리에는 스테인리스강으로 만든 명판이 붙어 있는데, 명판에는 "1972년 12월, 여기서 인간이 최초의 달 탐사를 마치다. 우리가 품은 평화의 정신이 모든 인류의 삶에도 머물기를"이라고 적혀 있다. 아폴로 미션의 마지막 달 표면 선외 활동은 타우러스-리터로우Taurus-Littrow 계곡에서 이루어졌는데, 그 이름은 주변을

둘러싼 타우러스 산맥과 근처의 거대한 리터로우 분화구에서 딴 것이었다. 이곳을 선택한 것은 오래된 고지대와 보다 최근의 화산활동 지역에서 아주 다양한 샘플을 수집할 수 있기 때문이었다. 이 마지막 달 탐사 미션은 선장 진 서넌Gene Cernan의 지휘 아래 이루어졌고, 지질학자 해리슨 슈미트Harrison Schmitt가 함께했다. 그들은 마지막 선외 활동을 마치고 수집한 모든 샘플 자료와 장비들을 안전하게 챌린저호에 실은 다음, 잠시 회고할 시간을 가졌다.

서넌이 달을 떠날 준비를 하면서 새로운 우주 개척에 도전한 첫 세대의 마지막 발자국을 달에 남겼지만, 다시 달로 돌아갈 계획은 알려지지 않았다. 언변이 좋은 서넌은 "앞으로 당분간 나의 발자국이 마지막이 될 것이기 때문에 오늘 미국의 도전이 인간의 미래 운명을 만들었다는 말을 남기고 싶습니다. 우리는 왔던 대로 타우러스-리터로우를 떠납니다. 별일이 없으면 우리는 온 인류를 위한 평화와 희망을 안고 다시 돌아올 것입니다"라고 말한 다음, 슈미트를 따라 가느다란 사다리를 올라가 비좁은 챌린저호 조종실로 들어갔다.[20] 진 서넌은 당시에는 몰랐지만 2017년 그의 사망 당시까지 달에 발을 디딘 마지막 사람으로 역사책에 여전히 남아 있었다.

달을 11번째와 12번째로 방문한 서넌과 슈미트는 세 차례의 선외 활동 동안 이전의 모든 아폴로 미션보다 더 오랜 22시간 5분 동안 달 표면에 머물렀고, 가장 긴 거리인 35.4km를 탐사했다. 이것으로 야심찬 아폴로 달 착륙 프로젝트는 성공적으로 종료되었다.

아폴로 17호는 사소한 컴퓨터 문제로 2시간 40분 지연된 후 1972년 12월 7일 오전 00시 33분에 케네디 우주센터 34A 발사대에서 발사되었다. 궤도 역학 탓에 거대한 새턴 V 로켓은 처음으로 야간에 발사되었다. 아폴로 17호 승무원은 선장 진 서넌, 사령선 조종사(CMP) 론 에반스Ron

Evans, 달 착륙선 조종사(LMP) 해리슨 슈미트였다. 슈미트는 교체된 멤버였고 원래는 LMP 역할은 우주비행사 겸 전직 X-15 조종사 조 엥글Joe Engle이었다. 마지막 세 번의 아폴로 미션인 아폴로 18호, 19호, 20호가 취소되자 지질학자인 슈미트는 자신의 지질학적 배경이 매우 소중하다는 것을 입증할 수 있는 달 비행 기회가 갑자기 사라진 것을 알게 되었다. 그 후 슈미트가 마지막 승무원이 돼야 한다는 압력이 NASA에 가해졌고, 결국 엥글은 마지막 달 착륙 미션에서 LMP 자리를 잃게 되었다.[21] 이륙하는 순간, 새턴 로켓의 잘 제어된 5개의 거대한 F1 엔진이 격렬한 화염을 뿜고 굉음을 내면서 플로리다의 밤하늘을 타오르는 여명으로 바꾸었다.

지구 궤도에 무사히 도달하자 승무원들은 잠시 S-IVB 3단 로켓 점화를 준비했다. 그 뒤 "달을 향해 진입하라"라는 반가운 지시가 떨어졌

마지막 달 착륙 미션인 아폴로 17호의 승무원들. 달 착륙선 조종사 해리슨 슈미트(왼쪽), 사령선 조종사 론 에반스(오른쪽), 선장 진 서넌(앞줄)

아폴로 유인 달 탐사 미션(1968~1972년)

아폴로 미션	승무원(CDR/CMP/LMP)	발사일 및 착륙일	주요 성과
아폴로 7호 (AS-7)	월터 M. 슈미트 Jr 돈 F. 아이셀 R. 월터 커닝햄	1968년 10월 11일 1969년 10월 22일	아폴로 1호 화재 후 최초의 유인 아폴로 비행
아폴로 8호 (AS-8)	프랭크 F. 보먼 2세 제임스 A. 로벨 Jr 윌리엄 A. 앤더스	1968년 12월 21일 1968년 12월 27일	달 주변을 선회한 최초의 유인 비행
아폴로 9호 (AS-9)	제임스 A. 맥디비트 데이비드 R. 스콧 러셀 L. 슈바이카트	1969년 3월 3일 1969년 3월 13일	지구 궤도에서 최초의 달 착륙선 테스트
아폴로 10호 (AS-10)	토머스 P. 스태퍼드 존 W. 영 유진 A. 서넌	1969년 5월 18일 1969년 5월 26일	최초의 달 착륙 리허설 성공
아폴로 11호 (AS-11)	닐 A. 암스트롱 마이클 콜린스 에드워드 E. 버즈 올드린	1969년 7월 16일 1969년 7월 24일	최초의 인간 달 지면 보행
아폴로 12호 (AS-12)	찰스 피트 콘래드 Jr 리처드 F. 고든 Jr 앨런 L. 빈	1969년 11월 14일 1969년 11월 24일	두 번째 달 착륙 성공
아폴로 13호 (AS-13)	제임스 A. 로벨 Jr 존 L. 잭 스위거트 Jr 프레드 W. 하이즈 Jr	1970년 4월 11일 1970년 4월 17일	CSM 폭발 후 미션 중단
아폴로 14호 (AS-14)	앨런 B. 셰퍼드 Jr 스튜어트 A. 루사 에드거 D. 미첼	1971년 1월 31일 1971년 2월 9일	최장 달 선외 활동과 최초의 달 골프 치기
아폴로 15호 (AS-15)	데이비드 R. 스콧 알프레드 M. 워든 제임스 B. 어윈	1971년 7월 26일 1971년 8월 7일	달에서 최초로 월면 작업차 이용
아폴로 16호 (AS-16)	존 W. 영 토머스 K. 매팅리 2세 찰스 M. 듀크 Jr	1972년 4월 16일 1972년 4월 27일	월면 작업차를 이용한 달 탐사 최장 시간 기록
아폴로 17호 (AS-17)	유진 A. 서넌 로널드 E, 에반스 Jr 해리슨 H. 잭 슈미트	1972년 12월 7일 1972년 12월 19일	마지막 아폴로 미션과 달에 착륙한 마지막 인간

'블루 마블Blue Marble'로 널리 알려진 지구 전체 사진. NASA는 승무원 전체의 공로로 돌리고 있지만, 해리슨 슈미트가 외계로 가는 여정 중에 찍은 것으로 추정된다.

고, 이 확인 메시지가 전달되자 3단 로켓의 엔진이 다시 점화되어 우주비행사의 몸이 뒤로 밀리면서 우주선은 약 40,000km/h까지 가속했다. 지구 궤도에서 벗어나 달을 만나러 가고 있었다.

아폴로 17호의 달로 향하는 3일간의 여정은 분주했지만 원활했고 별다른 일은 없었다. 달 궤도에 진입하자 3명의 우주비행사는 다음날 달의 타우러스-리트로우 지역의 산맥 가장자리에 착륙할 준비를 하기 시작했다. 목적지는 둘레 길이가 610m인 분화구였다. 여기에는 오래된 화산에서 나온 재로 가득 차 있어 달에서 가장 오래된 물질과 가장 최근의 물질을 채취할 수 있을 것으로 추정되었다. 이전의 아폴로 승무원이 이 지역을 찍은 고해상도 이미지 덕분에 이 분화구는 특별한 관심의 대상이 되었는데, 서넌과 슈미트는 비행 훈련을 받을 때 고 케네디 대통령 행정부를 기리며 이곳을 '카멜롯Camelot'이라고 불렀다.

CSM 아메리카America호의 분리는 모두 순조롭게 이루어졌고, 이곳에는 론 에반스만 남게 되었다. 착륙도 완벽하게 이루어져 LM 챌린저호는 달 궤도에서 달 표면을 향해 12분간 동력 기동한 후에도 하강부에 여분의 연료가 남았다. 서넌은 LM의 사다리를 내려가서 주위를 돌아보고 착륙 지점 동쪽에 있는 높은 언덕을 나이 많은 100세 노인의 피부 조직에 비유했다. 슈미트 역시 주변의 황량한 광경에 매혹되어 이전의 5차례의 달 탐사에서 발견된 암석과는 "다른 종류의 암석이 있다"고 보고했다.

미국 국기를 착륙 지점에 꽂은 뒤 서넌과 슈미트는 전기 월면 작업차(LRV)를 타고 지역을 탐사하기 시작했다. 월면 작업차의 펜더가 망가져 흙이 차량 안팎에 달라붙는 바람에 잠시 수리해야 했지만, 이것은 당시 기준으로 가장 길고 복잡한 3인조 선외 활동이었다.

가장 장거리 선외 활동은 샘플을 채취할 특별한 장소와 지층을 찾기 위해 챌린저호에서 8km를 달려간 것이었다. 이 중 한 곳에 오렌지색 흙이 있었는데, 슈미트는 이것이 최근에 화산활동이 있었고 달에 물이 존재할 가능성을 암시하는 것일지도 모른다고 생각했다. 그는 월석을 채집하여 이것은 "모든 크기와 형태의 조각들이 융합된 혼합물이며, 여러 색깔이 조합되어 있어 매우 평화롭게 공존하는 듯하다"고 보고했다. 또 다른 과제는 원자력을 동력으로 하는 과학 기지를 세우는 것이었고, 이 기지는 즉시 데이터를 지구로 보내기 시작했다.[22]

기록적으로 75시간 동안 머물며 주어진 작업을 끝낸 뒤 서넌과 슈미트는 달에서 이륙할 준비를 했다. 이전과 마찬가지로 월면 작업차에 탑재된 컬러 TV 카메라가 챌린저호가 이륙하여 쏟아지는 잔해물 속에서

선외 활동 6번 지역에 있는 거대한 트레이시 록Tracy's Rock 옆에 선 해리슨 슈미트

어둠 속으로 치솟아오르는 장면을 찍어 전송했다. 챌린저호는 계속 상승하여 3일 동안 혼자 아메리카호를 타고 달 궤도에 머물던 론 에반스와 만날 준비를 했다.

두 번째 시도 끝에 어렵게 도킹이 성공한 서넌과 슈미트는 연결 통로를 통해 아메리카호로 이동하여 에반스와 반갑게 재회했다. 그들은 지구로 돌아오는 동안 101.6kg의 샘플을 아메리카호로 옮겼다. 과학자들은 돌과 토양, 그리고 지질학자 슈미트의 귀환을 간절히 고대하고 있었다. 승무원들이 달 착륙선 챌린저호를 폐기한 후—나중에 달로 추락했다— 약 2일 동안 더 달 궤도에 머물렀기 때문에 과학자들은 잠시 조급함을 참아야 했다. 승무원들은 근접 촬영한 달 데이터를 수집하고 관찰을 하며 시간을 보냈는데, 그들은 자신이 마지막 달 방문자가 될 수도 있다는 걸 알았다.

귀환하는 길에 론 에반스는 SIM에서 필름 카세트를 회수하기 위해 관례적인 심우주 선외 활동을 66분 동안 수행했다. 케네디 우주센터에서 이륙한 지 12일 반나절 후 아메리카호는 회수함 타이콘데로가Ticonderoga호와 가까운 곳에 착수했다. 잠수부들이 환상 부양 장치를 설치하자 3명의 우주비행사가 우주선에서 나왔고, 곧장 항공모함으로 옮겨져 건강 검진과 임무 수행 보고를 했다.

아폴로의 달 착륙 프로그램은 종료되었지만 여섯 차례의 성공적인 미션 수행으로 많은 샘플을 얻게 되었다. NASA에 따르면, 1969~1972년 동안 여섯 차례의 아폴로 미션으로 382kg의 월석과 땅속 샘플, 자갈, 모래, 먼지 등을 수집했다. 여섯 차례의 비행으로 여섯 곳의 각각 다른 달 탐사 지역에서 2,200점의 샘플을 가져왔다.[23]

08

소련의 좌절과 스카이랩

아폴로 17호 이후 달 착륙 프로그램의 종료가 임박하자, NASA는 취소된 세 번의 아폴로 달 착륙 미션에서 발사 예정이었던 새턴 로켓과 하드웨어를 활용하여 유인 궤도 실험실을 제작하는 방향으로 활동의 초점을 돌렸다. 한편 소련은 강력한 4개의 N-1 로켓을 잃은 후 우주비행사를 달로 보내는 계획을 중단하고 소유즈Soyuz 프로그램을 다시 시작했다.

불운한 소유즈 미션에서 블라디미르 코마로프Vladimir Komarov가 사망한 지 18개월 후 소유즈-2호가 바이코누르 우주기지에서 무인 우주선으로 발사되었다. 그 뒤를 이어 3일 후 게오르기 베레고보이Georgi Beregovoi가 조종하는 소유즈-3호가 궤도로 발사되었다. 소유즈-3호는 무인 우주선 소유즈-2호와 도킹할 계획이었다. 소유즈 프로그램은 계속 여러 가지 문제가 발생하였다. 베레고보이가 소유즈-2호와 수동 도킹을 시도했지만 실패했고, 시도할 때마다 자동 시스템을 계속 무시했다. 그 결과 방향 전환용 연료를 대부분 소비하여 그는 활동을 중단하고 지구로 돌아올 수밖에 없었다. 믿기 어렵지만 그는 그의 우주선을 기준으로 볼 때 소유즈-2호 우주선이 거꾸로 뒤집혀 있다는 사실을 깨닫지 못했다. 소련 매체들은 이 실패를 축소하기 위해 모든 미션 목적이 달성되었다고 보도했지만, 베레고보이는 다시는 우주로 비행하지 못했다.

1969년 1월, 아폴로 프로그램이 최초의 유인 착륙을 앞두고 한창 진행 중일 때, 블라디미르 샤탈로프Vladimir Shatalov가 소유즈-4호를 타고 하늘로 올라가 다음날 궤도에서 3명의 승무원을 태운 소유즈-5호와 만났다. 1월 16일, 도킹은 성공적으로 이루어졌다. 이는 미국과 소련을 통틀어 최초로 두 사람이 탑승한 우주선이 궤도에서 연결된 것이었다. 그들이 함께 만났을 때 소유즈-5호 승무원인 예브게니 크루노프Yevgeny Khrunov와 비행 엔지니어 알렉세이 옐리세예프Alexei Yeliseyev가 야스트랩Yastreb(독수리Hawk) 우주복을 입고 다른 우주선까지 선외 활동을 했다. 두 사람은 소유즈-5호에 보리스 볼리노프Boris Volynov만 남겨두고 소유즈-4호에 타고 있던 샤탈로프와 만났다. 승무원 이동과 도킹 해제 후 2대의 소유즈 우주선은 분리되었다. 다음날 소유즈-4호가 재진입하여 성공적으로 착륙함으로써 비행을 마쳤고, 혼자 비행하던 볼리노프는 그다음 날 착륙했다.[1]

소유즈-6호는 9개월 뒤 궤도로 발사되었고, 이어서 다음날 소유즈-7호가 발사되었다. 그다음 날 소유즈-8호가 궤도에서 결합 미션의 일환으로 다른 2대의 우주선과 만났다. 3대의 우주선이 최초로 궤도에서 함께 머물렀는데, 총 7명의 우주비행사가 탑승하고 있었다. 3대의 우주선의 주요 목적은 소유즈-7호가 소유즈-8호와 도킹하고 근처에 있던 소유즈-6호의 승무원이 전체 활동 과정을 사진으로 찍는 것이었다. 유감스럽게도 도킹은 성공하지 못했고(타스 통신은 이 도킹이 비행에서 당초 계획된 것이 아니었다고 보도했다). 3대의 소유즈 우주선은 차례로 한 대씩 귀환하여 안전하게 착륙했다.

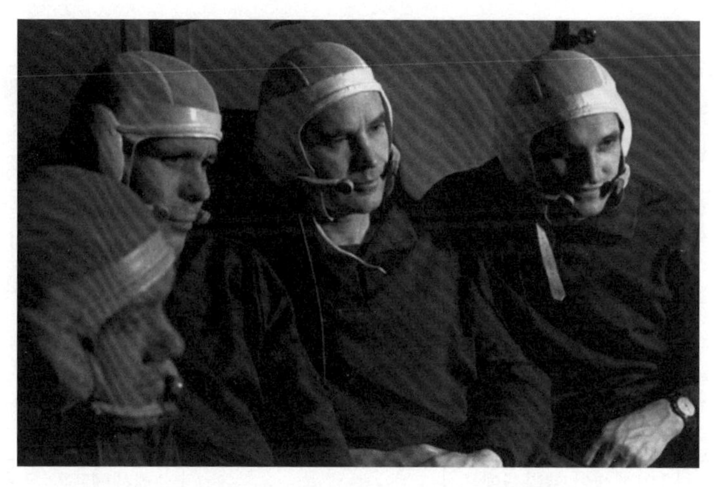

소유즈-4호와 소유즈-5호의 도킹 미션에 참여한 4명의 우주비행사. (왼쪽부터) 알렉세이 옐리세예프, 예브게니 크루노프, 블라디미르 샤탈로프, 보리스 볼리노프

유인 우주비행에 대한 소련 일부 지도층의 관심이 급격히 떨어졌지만, 강력한 권한을 지닌 총서기장 브레즈네프는 지구 궤도를 선회하는 우주정거장 프로그램을 즉시 실행하겠다고 선언했다. 그는 특별히 미국이 그와 비슷한 프로그램을 개발하는 데 관심을 보이는 것을 의식했다. 브레즈네프는 비상 협력 프로그램을 통해 소련의 모든 설계 기관들이 함께 미국의 스카이랩Skylab보다 앞서 민간 우주정거장을 개발, 제작, 발사하라고 명령했다.

1971년 4월 19일, 세계 최초의 우주정거장 샬루트-1호Salyut-I('장기 궤도 정거장'이라고도 한다)가 지구 저궤도로 발사되어 고도 200~220km에서 지구를 선회했다. 타스 통신은 우주실험실이 88.5분마다 적도에서 51.6도 각도로 지구 궤도를 돈다고 보도했다. 또한 샬루트-1호가 "설계와 기내 시스템, 우주에서 과학 연구와 실험을 수행하기에 완벽한 요소를 갖추고"[2] 발사되었다고 전했다. 추가로 이 정거장이 정상적으로 작동하고 있다고 발표했지만, 정거장의 규모나 궤도로 사람을 실어 나를 수 있는

소련의 소유즈 미션

우주선	승무원	발사일	착륙일	미션 목표/결과
소유즈-1	블라미르 코마로프	1967년 4월 23일	1967년 4월 24일	미션 실패: 낙하산 실패 후 우주비행사 사망
소유즈-2	없음	1968년 10월 25일	1968년 10월 28일	소유즈-3호와 도킹할 목적의 시험 비행
소유즈-3	게오르기 베레고보이	1968년 10월 28일	1968년 10월 30일	소유즈-2호와 도킹 실패
소유즈-4	블라디미르 샤탈로프	1969년 1월 14일	1969년 1월 17일	소유즈-5호와 도킹 성공, 선외 활동을 통해 2명의 승무원 이동
소유즈-5	알렉세이 옐리세예프 예브게니 크루노프 보리스 볼리노프	1969년 1월 15일	1969년 1월 18일	옐리셰예프와 크루노프가 소유즈-4호로 이동, 볼리노프가 혼자 남음
소유즈-6	게오르기 쇼닌 발레리 쿠바소프	1969년 10월 11일	1969년 10월 16일	소유즈-7호와 8호의 연합 궤도 미션
소유즈-7	아나톨리 필리포첸코 블라디미르 볼코프 빅토르 고르바트코	1969년 10월 12일	1969년 10월 17일	소유즈-6호와 8호의 연합 비행
소유즈-8	블라디미르 샤탈로프 알렉세이 옐리세예프	1969년 10월 13일	1969년 10월 17일	소유즈-6호와 7호의 연합 비행
소유즈-9	안드리안 니콜라예프 비탈리 세바스티아노프	1970년 6월 1일	1970년 6월 19일	살류트 우주정거장 미션에 앞서 내구성 시험 비행으로 지연 발사

지에 대한 세부적인 내용은 제공하지 않았다. 그럼에도 서구 사회는 살루트-1호의 유인 발사가 임박한 것으로 크게 기대했다.

4일 후 4월 23일 이른 아침, 소유즈-10호가 샬루트-1호와 도킹하기 위해 우주로 발사되었다. 이 우주선에 탑승한 블라디미르 샤탈로프와 알렉세이 옐리셰예프, 최초의 민간인 우주 여행자 니콜라이 루카비시니코프Nikolai Rukavishnikov는 우주선을 조종하여 궤도를 돌고 있는 정거장에 성공적으로 도착했다. 그들은 샬루트-1호가 86번째 선회하고 소유즈-10호가 12번째 선회할 때 도킹 기동을 시작했다. 승무원이 직면한 첫 번째 문제는 접근 각도 때문에 양쪽 도킹 부분이 완전히 결합하는 자동 하드 도킹automatic hard docking에 성공하지 못한 것이었다. 소유즈-10호는 결국 수동으로 도킹했지만 15분 뒤 샤탈로프가 도킹 등을 켤 수 없다고 보고했다. 이는 우주선과 정거장 간의 전기 연결이 이루어지지 않았음을 시사했다.

지상 원격 측정으로 두 우주선이 아직 9cm 간격으로 분리되었음을 알 수 있었고, 따라서 도킹 메커니즘에서 밀봉이 불가능해졌다. 샬루트-1호에 탑승할 수 없게 된 승무원들은 좌절감을 느끼며 지상에서 보내는 추가 지시를 기다리는 수밖에 없었다. 그들은 지상 통제센터의 지시에 따라 가능한 변수를 모두 시도하였다. 샤탈로프는 억지로 도킹을 하려고 계속 시도했지만 전혀 통하지 않았다. 5시간 30분 후 정거장에 접근하는 소프트 도킹soft-docking을 시도할 때, 시도를 종료하고 뒤로 물러나라는 명령이 내려졌다.

그 후 복잡한 문제가 다시 발생했다. 샤탈로프가 최선을 다해 노력했지만 정거장의 도킹 앞부분과 연결된 소유즈의 탐침이 풀리지 않은 것이다. 한 가지 해결책은 소유즈-10호의 궤도 모듈을 사출하여 샬루트-1호에 부착해 두는 것이었다. 하지만 이렇게 되면 미래의 소유즈 미션은 더 이상 도킹할 수 없고, 결과적으로 이 정거장은 폐기되어야 한다는 뜻이었다. 마침내 지상 통제센터는 승무원들이 도킹 메커니즘의 누전 차단기를 내릴 수 있다는 것을 발견했다. 전력 공급을 차단하면 탐침을 자동으로 풀 수 있었던 것이다. 다행히 이 방법이 통했다. 도킹이 분리되었고 승무원들은 귀환하라는 지시를 받았다. 하지만 재진입할 때 또 다른 문제가 발생했다. 유독한 연기가 우주선을 가득 채우기 시작하자 루

카비슈니코프가 기절했던 것이다. 그럼에도 착륙은 정상적으로 이루어져 3명의 승무원은 무사히 돌아왔다.[3]

충격적인 패배

애초에 게오르기 도브로볼스키Georgi Dobrovolsky, 블라디슬라프 볼코프Vladislav Volkov, 빅토르 파차예프Viktor Patsayev는 샬루트-1호 우주정거장으로 가는 소유즈-11호 미션의 예비 승무원 역할에 배정되었다. 이 비행의 승무원은 6년 전 역사적인 우주 유영으로 유명한 알렉세이 레오노프Alexei Leonov, 소유즈-6호 미션의 베테랑 발레리 쿠바소프Valery Kubasov, 그리고 첫 우주비행에 나서는 표트르 콜로딘Pyotr Kolodin이었다. 이들은 궤도를 순환하는 정거장과의 도킹 실패 후 조기 귀환할 수밖에 없었던 소유

훈련 도중 쉬고 있는 소유즈-11호 승무원 빅토르 파차예프와 블라디슬라프 볼코프, 게오르기 도브로볼스키

즈-10호 비행의 예비 승무원이었는데, 원래 이전 승무원들을 위해 계획된 장기 미션을 맡게 되었다.

비행 준비는 순탄하게 진행되었다. 그러나 발사 일주일 전 쿠바소프가 정기 검진에서 폐질환으로 보이는 병에 걸린 것으로 나타났다. 나중에 이것은 바이코누르 발사기지에서 흔히 사용되는 살충제에 대한 단순한 알레르기 반응으로 밝혀졌다. 원래는 쿠바소프를 승무원 명단에서 빼고 예비 팀의 항공 엔지니어 블라디슬라프 볼코프로 대체할 계획이었으나, 발사일이 가까운 시점에 승무원을 변경하면 비행에 큰 차질을 줄 수 있어 전체 승무원을 예비 승무원으로 대체하기로 결정하였다. 레오노프는 그 결정에 격분했지만 결정은 바뀌지 않았다. 도브로볼스키는 설계 엔지니어 빅토르 파차예프와 함께 미션 선장을 맡았고, 볼코프 역시 승무원이 되었다.

전체 승무원 변경으로 인한 여러 문제에도 불구하고 발사는 1971년 6월 6일 오전 4시 55분에 진행되었다. 소유즈-11호는 바이코누르 발사대를 떠나 굉음을 내며 궤적을 따라 순조롭게 궤도에 진입했다. 앞서 실패한 미션과 달리 소유즈-11호는 다음날 샬루트-1호와 성공적으로 도킹하여 승무원들이 궤도를 도는 실험실로 이동할 수 있었다. 이들은 우주정거장에 처음 들어간 승무원들이었다. 결합된 두 우주선은 길이 21.4m, 총 용적 100m³로 우주비행사들이 일하고 쉬고 자기에 충분한 공간이었다. 승무원 명단과 함께 도킹 성공 소식이 모스크바 라디오를 통해 방송되었다.

미션을 시작한 지 2주 후, 3명의 우주비행사는 5년 전 제미니 7호에 탑승한 NASA 우주비행사 프랭크 보먼Frank Borman과 제임스 로벨James Lovell이 세운 우주 체류시간 기록을 깼다. 그들은 계속 비행하여 나중에는 소유즈-9호 승무원 안드리안 니콜라예프Andrian Nikolayev와 비탈리 세

바스티아노프Vitaly Sevastyanov의 약 18일 동안의 미션 기록을 갱신했다. 하지만 이 비행은 문제가 없지 않았는데, 한 가지 심각한 문제는 승무원들이 정거장 시스템의 한 곳에서 작은 전기 화재를 감지한 것이었다. 그로 인해 정거장 내부가 매캐한 연기로 가득 찼다. 다행히 그들은 불을 끄고 작업 일정을 재개할 수 있었다. 당시 다른 문제들과 마찬가지로 소련 우주 책임자들은 사고에 대한 보고 내용을 즉시 부인하고 은폐했으며, 몇 년 뒤에야 알려지게 되었다.

6월 29일, 궤도에 머문 지 약 24일 후—제미니 7호 체류 기간의 2배—승무원들은 소유즈 11호를 타고 재진입했다. 도브로볼스키는 살류트-1호에서 우주선을 도킹 해제하고 지구로 귀환할 준비를 했다. 3명의 승무원은 보호용 우주복을 착용하지 않고 재진입함으로써 위험한 상황이 초래될 가능성이 있긴 했지만, 우주비행사에게 더 큰 공간과 편안함을 제공했다.

추가로 궤도를 세 바퀴 돌고 난 후 도브로볼스키가 지상통제소에 하강할 준비가 되었다고 알렸다. 곧이어 소유즈-11호는 대기권으로 진입했고 지상과의 모든 교신이 끊어졌다. 무선 전파는 재진입 시 열과 이온화 현상을 뚫을 수 없기 때문에 보통 약 4분 동안 지속되는 교신 단절은 정상적인 상태이다. 몇 분 뒤 하강하는 우주선과 무선 교신이 연결되었지만 침묵만이 흐르고 있었고, 지상 통제센터는 승무원을 반복적으로 호출했다.

잠시 후 카자흐스탄의 스텝 지대에 착륙한 우주선은 모든 것이 아주 정상 상태인 것으로 밝혀졌다. 우주선 회수 헬기가 하늘을 수색하다가 검게 탄 소유즈 하강 모듈이 붉고 흰 거대한 낙하산 아래에 달려서 떨어지는 모습을 발견하고 보고했다. 우주선이 지상에 근접하자 제동 로켓이 자동으로 점화하여 승무원을 위해 충돌 충격을 흡수했다. 우주선이 땅에

소유즈-11호와 살류트-1호가 연결되는 모습을 묘사한 그림

착륙하여 기울어지자 헬기가 근처에 내렸고 구조자들이 달려갔다. 회수팀에 따르면, 우주선이 측면으로 놓여 있어 승무원을 우주선에서 꺼내기가 불편했던 것을 제외하면 보통의 경우와 별다른 차이가 없었다. 지상 통제센터는 우주선의 무선 장치가 고장 났을 것이라고 판단했다.

엄청난 흥분 속에서 구조자들이 검게 탄 우주선 측면으로 달려갔지만, 기이한 고요와 침묵뿐 아무런 반응이 없었다. 해치를 열어보니 3명의 우주비행사가 미동 없이 의자에 앉아 있었는데, 이마에는 심한 타박상이 보였고 귀와 코에서 피가 흐른 흔적이 있었다. 해치를 통해 이들을 밖으로 서둘러 옮기고 인공호흡을 했지만 실패했다. 암울한 소식이 모스크바로 전해졌고, 정부 관리들은 끔찍한 소식을 공개할 수밖에 없었다.[4]

서구 사회는 3명의 우주비행사의 죽음에 대해 공포심을 보였고, 특히 소련 우주 당국자들이 비극의 원인에 대해 계속 입을 굳게 다물자 즉시 우려를 나타냈다. 우주비행사의 주요 생체 기관이 오랜 무중력 상태에서 약해지고 그 후 갑작스러운 중력 스트레스로 완전히 파괴되어 사망했을 수도 있다고 추측했다.[5] 사망자들이 미국의 장기 우주 계획에 심각한 영향을 줄 수 있기 때문에 미국은 신속하고 협조적인 대답을 요구했다. NASA는 궤도 우주정거장 스카이랩에서 아폴로 이후 장기간의 과학연구 미션들을 검토하고 있었다. 승무원들은 이 우주정거장에서 소유즈-11호 승무원들이 궤도에서 보낸 23일을 쉽게 넘어설 것이었다. 12일 후 소련은 미국의 요구에 어느 정도 답했지만 중요한 세부 내용을 숨겼다. 그들은 3명의 우주비행사가 갑작스러운 감압에 의한 색전증과 혈관 속 공기 방울 때문에 사망한 사실만 밝혔다.[6]

3년 뒤 소련 당국자들은 마침내 감압의 실제적인 원인에 대해 공개했다. 궤도에서 하강 모듈과 서비스 모듈이 분리될 때 작은 압력 균형 밸브가 열린 것이 감압의 원인이었다. 이 밸브는 우주선이 공기밀도가 더 높은 대기권으로 하강할 때 조종실과 그 주위의 바깥 공기압 사이에 공기압을 같게 만드는 역할을 했는데, 비극적이게도 궤적을 따라 귀환할 때 이 밸브가 너무 일찍 열렸고 조종실의 공기가 급격히 유출되었던 것이다. 3명의 우주비행사는 모두 압력복이나 발사와 재진입 시 사용하는 헬멧을 착용하지 않았기 때문에 완전히 무방비 상태였다. 그들이 공기 유출을 알고 유출 지점을 찾으려 했다는 것을 알려주는 증거가 있었다. 하지만 우주의 진공상태에 노출된 상황에서 세 사람은 비행 신기록을 세운 뒤 불과 몇 분 만에 급격히 의식을 잃고 질식되어 사망했다.[7] 공기 유출 부위에 손가락만 갖다 대었다면 생명을 구할 수 있었을 것이다.

드보로볼스키와 볼코프, 파차예프를 위해 엄숙한 국가장이 거행되었고 3명의 시신에는 민간 복장이 입혀졌다. 장례와 화장이 이루어진 후 세 사람의 유골은 앞서 사망한 유리 가가린과 블라디미르 코마로프 묘지와 가까운, 모스크바 크렘린 성벽 묘지에 매장되었다. 그들은 그곳에 유골이 매장된 세 번째, 네 번째, 다섯 번째 우주비행사였으며, 또한 마지막 우주비행사이기도 했다. 나중에 소련이 해체되면서 크렘린 성벽 묘지에 매장하는 관례는 끝이 났다.

원래 3개월 동안만 궤도에 머물도록 설계된 샬루트-1호 우주정거장은 다시 사용되지 않았다. 우주정거장의 수명을 연장하기 위해 더 높은 고도로 올렸지만, 10월 전기 고장 이후 정거장의 반응 제어 시스템이 점차 통제할 수 없게 되었다. 지상의 통제력을 상실하기 전에 최대한 빨리 샬루트-1호를 궤도에서 이탈시켜 태평양에 안전하게 추락시키기로 결정되었다. 1971년 10월 10일, 지상관제소가 우주정거장의 주 엔진을 점화했다. 세계 최초의 우주정거장은 궤도에서 175일을 체류한 후 대기권으로 진입하여 대부분 불타고 잔해는 바다로 떨어졌다.

스카이랩: 미국 최초의 우주정거장

원래 아폴로 애플리케이션 프로그램으로 알려진 스카이랩Skylab은 아폴로 달 탐사 설비를 개조해 미국 최초의 우주정거장으로 만들자는 계획에서 출발했다. 스카이랩 실험실을 지구 궤도에 설치하여 태양학, 항성천문학, 우주물리학, 지구자원, 생명과학과 재료과학 연구를 위한 특별한 플랫폼으로 이용할 목적이었다. 이 프로그램은 방문 승무원들이 우주에서 장기간 머물며 생활하고 일하는 데 필요한 기술과 실제 상황을 배우는 특별한 시설로 계획되었다.

스카이랩은 당시까지 궤도로 발사된 가장 큰 우주선으로, 인간이 거주할 수 있는 모든 시설을 갖추었기 때문에 신문들은 스카이랩을 '우주의 집'이라고 묘사했다. 1973년 5월부터 1974년 2월까지 3개의 우주비행사 팀이 스카이랩을 방문해 28일, 59일, 84일 동안 정해진 연구 미션을 각각 수행했다. 스카이랩은 단순히 미국 우주비행사를 위한 임시 연구 공간만이 아니라 NASA의 미래 비전에 선구자 역할을 했다. NASA는 이곳을 '우주의 논리적 다음 단계', 즉 지구 궤도에 만드는 영구적인 인간 거주지라고 불렀다. 하지만 스카이랩이 새턴 V 운반 로켓에 실려 우주로 발사되는 과정에서, 그리고 그 후 우주정거장에 심각한 문제들이 발생하여 전체 프로그램이 거의 중단될 위기에 처했다.

스카이랩은 새턴 V 3단 로켓의 적재함에 실려 1973년 5월 14일 오후 5시 30분 케네디 우주센터 39A 발사대에서 이륙했다. 스카이랩은 새턴 V와 분리된 후 거의 완벽하게 436km 고도에 진입했고, 예정대로 발사 후 15분 만에 우주정거장을 둘러싼 덮개가 분리되었다.

지상 통제센터에서 이상 유무를 점검한 결과 중요한 준비 과정이 대부분 완료된 것이 확인되었다. 아폴로 텔레스코프 마운트Apollo Telescope Mount(태양 관측 장비)가 서비스 위치로 90도 회전했고, 이것에 부착된 4개의 태양 패널도 펼쳐졌다. 이 중요한 단계를 해결할 동안 비정상적인 현

1973년 5월 14일 스카이랩 우주정거장 발사 장면

상이 감지되었다. 원격 측정에 따르면 미소 유성체 방어막 역할을 겸하는 방열판이 정상적이지 않은 것으로 나타난 것이다. 그 결과 실험실 내부의 온도가 치솟았고, 아울러 실험실 구역 외부 측면에 있는 주요 태양전지판을 펼치기 위해 보낸 신호에 계속 반응이 없었다. 따라서 스카이랩의 전력 생산량은 설계 수준보다 상당히 낮았다.

이러한 문제의 원인이 곧 밝혀졌다. 로켓이 발사대에서 상승할 때 극심한 가속력이 발생했기 때문이었다. 우주 쓰레기 유입으로부터 승무원들을 보호하고 실험실을 가리는 역할을 하는 미소 유성체 방어막이 찢어져 떨어져 나갔고, 그 과정에서 실험실 양측에 설치된 2개의 태양전지판 중 하나도 파손되었는데, 남아 있는 태양전지판도 잔해물과 엉켜 궤도에서 완전히 펼쳐지지 못했다. 스카이랩이 궤도에 성공적으로 안착하여 이론적으로는 최초의 승무원이 거주할 준비가 되었지만, 현재 상태로는 우주정거장의 내부 온도가 약 77°C 수준이어서 생존할 수 없었다.

지상 통제센터는 스카이랩의 방향을 조정하여 태양에 가장 최소한으로 노출되게 하여 실내 온도를 약간 낮출 수 있었다. 하지만 NASA는 문제가 있는 정거장을 포기할지, 아니면 아직 시도하지 않은 많은 작업 절차—몇 차례의 위험한 선외 활동이 포함될 수도 있다—를 통해 문제를 해결하도록 승무원을 훈련하는 방법을 고안할지 결정해야 했다. 스카이랩 외부에서 수행하는 작업 중 하나는 임시 미소 유성체 방어막을 급히 만들어 떨어져 나간 부분을 대체하고, 일부만 펼쳐진 태양전지판을 완전히 펼쳐 정상 전력을 정거장에 공급하는 것이었다. 위험 요인은 분명히 높았지만 승무원들이 동의하여 계획을 계속 진행할 수 있었다.

엔지니어, 기술자, 우주비행사를 포함하여 스카이랩과 관련된 모든 사람이 스카이랩을 구할 실행 가능하고 혁신적인 방법을 찾기 시작했다.

촉박한 시간 압박 속에서 진행된 이 마라톤과 같은 공동의 노력은 나중에 NASA의 '5월의 11일Eleven Days in May'이라고 알려지게 되었다.

한 가지 문제는 실험실 안에 설치된 소형 에어록을 이용하여 해결할 수 있었다. 에어록은 계획된 실험을 위해 진공상태의 우주로 나갈 때 사용하기 위한 것으로, 8m의 버팀대 끝에 접을 수 있는 대형 마일라Mylar 파라솔을 만들어 이것을 에어록 밖으로 펼쳐 태양에 많이 노출된 정거장 측면에 설치하는 것이었다. 승무원이 이 작업 과정을 중성부력의 시뮬레이터 풀장에서 시험하여 여러 차례 개선한 뒤 파라솔 조립품을 케네디 우주센터로 보내 스카이랩으로 가는 최초의 유인 미션 발사를 준비했다.

심하게 엉켜서 꼼짝하지 않은 태양전지판 문제는 앨라배마주 헌츠빌의 마셜 우주비행센터 엔지니어들이 맡았고, 그들은 간단하지만 실용적인 해결책을 내놓았다. 철물점에서 흔히 판매하는 긴 막대기가 달린

최초로 스카이랩 상주 임무를 맡은 승무원들. (왼쪽부터) 조셉 커윈, 피트 콘래드, 폴 웨이츠

나무 전지 가위를 이용하자는 것이었다. 엔지니어들은 이 도구에 대해 몇 가지 개선 방안을 마련하여 현지 제조기업에 전해주었고, 해당 기업은 나무 전지 가위에 기반해 3m의 접이식 막대기에 매단 튼튼한 케이블 절단 도구를 제작하여 케네디 우주센터로 보냈다. 승무원 폴 웨이츠Paul Weitz는 아폴로 사령선의 해치를 열고 서서 케이블을 절단하는 특별 훈련을 받았다.[8]

정상화된 스카이랩

1973년 5월 25일, 당초 계획보다 10일 뒤 새턴 1B 로켓에 실린 아폴로 우주선은 스카이랩 2호(SL-2) 승무원들을 태우고 발사되었다. 모든 것이 순조로웠고, 찰스 피트 콘래드Charles Pete Conrad와 조셉 커윈Joseph Kerwin, 폴 웨이츠Paul Weitz는 이륙 후 약 10분 만에 궤도에 도달했다. 콘래드는 곧장 우주선을 조종하여 랑데부 경로로 이동했고, 7시간 40분 후에는 고장 난 스카이랩 정거장에 가까이 다가갔다.

스카이랩 근처를 비행한 뒤 콘래드는 미소 유성체 방어막과 태양전지판 한 개가 사라졌다고 휴스턴에 확인해 주었다. 태양전지판은 햇빛을 전기로 바꾸어 정거장에 제공하는 데 사용되었다. 남아 있는 태양전지판은 방어막에서 떨어져 나온 얇은 알루미늄 조각이 태양전지판 덮개에 엉켜서 일부만 펼쳐져 있었다. 3명의 우주비행사는 우주복과 밀폐된 헬멧으로 완벽하게 보호된 상태였다. 콘래드는 신중하게 사령선을 기동하여 스카이랩으로 다가갔다. 우주선 해치를 연 다음 커윈이 웨이츠의 다리를 꽉 붙든 상태에서 웨이츠는 열린 해치를 통해 케이블 절단기를 손에 쥐고 서서 40분 동안 쓰레기를 자르려고 했지만, 결국 실패했고 태양전지판은 꿈쩍하지 않았다. 너무 지친 웨이츠는 결국 절단 시도를 포기할 수밖에 없었다. 그는 몸을 우주선 안으로 넣고 해치를 닫았다.

도킹을 시도했을 때 아폴로 도킹 탐침이 작동하지 않자 지친 우주비행사들은 다시 좌절감을 느꼈다. 세 번째 시도 후 미션 통제센터는 콘래드에게 캐치 작동기를 제어하는 스위치에 결함이 있는 것 같다고 알렸다. 승무원들은 이 문제를 해결하기 위해 장비를 제대로 착용했는지 다시 확인해야 했다. 먼저 우주선을 감압해야 스위치를 우회하는 전선을 연결할 수 있었고, 기본적으로 시스템은 '비상 시동' 시스템이었다. 태평양 위를 비행하는 동안 다시 시도하자 캐치가 완벽하게 작동했고 하드 도킹이 비로소 완료되었다. 콘래드가 "이야! 우리가 하드 도킹을 해냈어!"라고 지상 통제센터에 전하자, 교신담당자 리처드 트룰리Richard Truly가 "잘했어!"라고 응답했다. 그의 목소리는 미션 통제센터에 있던 사람들의 환호에 묻혀 거의 들리지 않았다. 이후 교신에서 콘래드는 지난 21시간 동안의 힘든 일들을 돌아보면서 "우리도 문제가 있었고 당신들도 문제가 있었어요. 저녁을 먹었으니 자고 싶군요. 아침 일찍 일을 시작하겠습니다"라고 말했다. 미션 통제센터도 이에 동의했고, 우주비행사들은 오랜 작업 뒤 의자에 편안하게 앉아 잠을 잘 수 있었다.[9]

다음날 5월 26일, 긴 잠에서 깨어난 승무원들은 연결 통로를 통해 스카이랩으로 뒤늦게 들어갔다. 승무원들은 손상된 정거장의 과열된 벽 마감재에서 발생한 유독가스가 남아 있을지 몰라 가스마스크를 쓰고 있었다. 안전이 확인되자 3명의 우주비행사는 제한된 전력에 의해 돌아가고 있는 스카이랩 수리에 열중했다. 정거장 내부가 답답할 정도로 더워서 승무원들은 20분마다 에어록으로 다시 돌아와야 했는데, 그들은 이것을 '몸을 식히는 휴식 시간cooling break'이라고 불렀다.

첫 번째 작업은 태양 연구용 에어록을 통해 7.3×6.7m 크기의 거대한 파라솔을 설치하는 것이었다. 그다음 종이처럼 얇은 파라솔을 텐트 지지대와 같은 조립식 알루미늄 버팀대 위에 펼쳤다. 이 작업을 마친 후 사령선으로 돌아와 우주정거장이 사람이 거주할 수 있을 정도로 온도가 낮아지는지 3일 동안 확인했다. 미션 통제센터는 이후에 원격 측정 결과 내부 온도가 상당히 떨어져 차광막이 제대로 효과를 보이는 것 같다고 보고했다. 기대한 대로 편안한 수준으로 온도가 떨어지자 3명의 우주비행사는 드디어 비좁은 우주선에서 나와 이동할 수 있었다.[10]

온도가 27°C로 일정하게 유지되자 승무원들은 스카이랩으로 들어가서 모든 시스템을 작동시켜 연구소를 준비하고 정상적인 궤도 활동을 시작했다. 그들은 안전하게 궤도에 머물며 천체와 지구, 장기적인 미세중력 노출에 대한 인간 신체의 반응을 연구할 수 있다고 생각했다. 콘래드와 커윈, 웨이츠는 우주에서 침대가 3개인 이층집으로 이주를 마치고, 식당에서 기자회견 방송을 하고, 사진 촬영용 둥근 창문을 통해 438km 아래에 지나가는 태평양 해변 전체를 보여주었다. 콘래드는 8분짜리 기자회견에서 "문제가 해결된 것 같습니다. 28일간의 스카이랩 비행이 성공하기를 고대합니다. 지금 우리는 아주 좋은 상태입니다"[11]라고 밝혔다. 하지만 그들 앞에는 한 가지 중요한 일이 남아 있었다.

그들에게는 우주에서 수행할 가장 힘든 수선 작업이 남아 있었다. 이와 비견할 만한 것은 17년 후의 허블 우주망원경 수리일 것이다. 스카이랩 우주비행사들은 6월 7일 극적인 우주 유영으로 남아 있는 주요 태양전지판을 펼치는 데 성공했다. 콘래드는 커윈의 도움을 받아 꿈쩍하지 않은 태양전지판 위로 핸드레일을 설치했다. 그는 이 줄을 잡고 태양전지판이 완전히 펼쳐지지 못하게 붙드는 알루미늄 조각까지 나아갔다. 콘래드가 커다란 볼트 절단기를 이용해 알루미늄 조각을 제거하자 태양전지판이 완전히 움직일 수 있게 되었다. 그다음 그가 패널에 밧줄을 매고 손으로 90도 각도로 잡아당기자 배터리가 충전되면서 중요한 추가 전력이 스카이랩으로 흐르기 시작했다. 전체 작업을 완벽하게 성공하여 스카이랩은 마침내 완전하게 작동했다. 스카이랩 2호의 승무원 3명은 우주정거장을 다시 살려냈을 뿐만 아니라 전체 스카이랩 프로그램을 구했다.

그다음 몇 주 동안 웨이츠와 커윈은 최대한 많은 연구와 조사에 집중했다. 28일간의 미션이 끝났을 때 그들은 아폴로 텔레스코프 마운트Apollo Telescope Mount를 이용하여 계획된 태양 관측 과제의 81%를 마친 상태였다. 그리고 지구 자원 실험 패키지Earth Resources Experiment Package(여섯 가지 원격 센서 시스템으로 가시광선, 적외선, 전자파를 감지하여 데이터를 지구과학과 기술 평가를 수행하는 지상의 많은 연구자에게 제공한다)를 이용하여 지구 관측 과제의 88%, 의학 실험의 90% 이상을 완수했다.

6월 18일, 스카이랩 2호 우주비행사들은 2년 전 불운한 소유즈-11

선외 활동을 통해 꼼짝하지 않던 태양전지판이 움직이도록 만들고 있는 조셉 커윈(위)과 피트 콘래드(아래)

호 승무원들이 세운 24일간의 우주 체류 기록을 갱신했다. 이틀 후 콘래드와 웨이츠는 96분의 우주 유영을 통해 지구 귀환을 위해 ATM에서 필름 보관통을 회수하고 새것으로 교체했다. 이 일을 마지막으로 수행한 후 3명의 우주비행사는 7월에 두 번째 승무원들이 도착할 때까지 스카이랩을 정지시킬 준비를 했다.[12]

6월 22일, 승무원들은 아폴로 우주선으로 이동하고 장비를 착용한 후 도킹을 해제했다. 근접 비행하며 검사를 할 동안, 스카이랩을 사진으로 찍은 후 지구로 귀환하기 위해 서비스 모듈의 엔진을 점화했다. 그들은 샌디에이고 남서쪽 1,280km 지점, 회수함 타이콘데로가Ticonderoga호에서 약 10km 떨어진 곳에 착수했다. 그 후 우주선이 인양되어 항공모함으로 옮겨졌는데, 3명의 승무원은 해치에서 나와 약간 불안정했지만 도움 없이 걸을 수 있었다.

승무원 교체

1973년 7월 28일, 스카이랩 우주정거장을 이용해 두 번째 승무원들이 궤도 실험실에서 기록적인 56일간 체류를 예상하며 케네디 우주센터에서 이륙했다. 탑승한 스카이랩 3호 승무원은 아폴로 2호 미션에서 달 표면에서 걸었던 앨런 빈Alan Bean과 오웬 개리엇Owen Garriott, 잭 루스마Jack Lousma였다.

도킹 작업은 순조롭게 진행되었지만, 서비스 모듈의 4개 클러스터 중 하나에서 로켓 연료용 유성 액체인 히드라진hydrazine 추진제가 누출되었다. 아폴로 우주선이 지구로 귀환하려면 완벽한 상태여야 했기 때문에 이것은 우려할 만한 상황이었다. 빈은 압력 감소를 보고하면서 우주선

외부에 눈 같은 입자가 보인다고 말했다. 이런 상황에서도 승무원들은 별문제 없이 비어 있는 우주정거장에 도착했다.[13]

NASA가 59일로 연장한 이 장기 미션은 시작이 좋지 않았다. 루스마가 먼저 우주적응 증후군에 걸리고, 그다음 개리엇과 빈이 같은 증상을 보였다. 그러나 곧 메스꺼운 증상이 사라졌고 그들은 거대한 우주정거장에서의 생활에 적응하기 시작했다. 6일 후 우주선에서 아주 유독한 히드라진 추진제 유출이 다시 감지되었고, 미션 통제센터는 이에 대해 매우 우려했다. NASA는 스카이랩 3호 승무원이 추진체 누출로 인해 우주선을 타고 귀환할 수 없게 될 경우에 대비해 비상 구조 계획을 준비하는 데 매진했다. 추진제 누출로 우주선의 자세 제어 시스템은 최소한의 기동만 가능했다. 또 다른 아폴로 우주선에 급히 5개의 의자를 설치하고, 우주비행사 돈 린드Don Lind, 반스 브랜드Vance Brand로 구성된 구조팀이 준비훈련을 시작했다.[14]

두 번째 스카이랩(SL-3)의 체류 승무원. (왼쪽부터) 오웬 개리엇, 잭 루스마, 앨런 빈

스카이랩에는 두 번째 도킹 포트가 있었는데, 스카이랩 3호 승무원들은 이를 이용해 구조용 우주선에 탑승하여 5명의 우주비행사가 모두 지구로 귀환할 수 있었다. 그러나 모든 준비에도 불구하고 이 계획은 결국 불필요한 것으로 여겨져 중단되었다. 빈과 승무원들이 문제가 당초에 생각했던 것보다 심각하지 않다고 판단했기 때문이었다. 그들은 4개의 추력기 중 2개만 사용하여 안전하게 기동할 수 있다고 말했다.

초기에 발견된 질병 때문에 엿새가 지연된 후 처음 계획된 우주 유영을 시작할 수 있었다. 선장인 빈은 해치 구역에서 남아 루스마와 개리엇이 생명줄을 달고 유영하면서 처음 방문했던 승무원들이 설치한 기존 차광막 위로 V자 형태의 더 튼튼한 새 차광막을 세우는 모습을 지켜보았다. 새 차광막은 한쪽 구석에 주름이 잡혀 있었는데, 그들은 그것을 단단히 고정했다. 또한 4개의 태양 망원경 카메라의 필름을 교환했고, 실험을 준비했으며, 정거장의 미심쩍은 냉각 시스템 누출을 점검했으나 이상이 없었다. 그들은 장장 6.5시간 동안 우주 유영한 뒤 스카이랩으로

선외 활동을 하며 스카이랩 밖에 새로운 차광막을 세우고 있는 잭 루스마

다시 들어갔고, 냉각수 유출이 없다는 걸 알고 안심했다. 그들은 정거장의 온도가 더 이상 떨어지지 않아 우주정거장에서의 장기 체류가 훨씬 더 편안해졌다고 보고할 수 있었다.[15]

SL-3 승무원들은 우주에서 59일을 보내고 지구 궤도를 858회 선회한 후 미션을 마치고 샌디에이고 남서쪽 태평양에 착수했다. 스카이랩에 머무는 동안 루스마는 정거장 밖에서 두 차례의 우주 유영을 성공적으로 수행했다. 초기에 질병으로 3명의 우주비행사가 마음고생을 했지만, 결국 그들은 주어진 연구과제를 모두 완수하고, 아울러 원래 예정되지 않았던 과제까지 수행했다.

우주의 '반란'

세 번째이자 마지막 스카이랩(SL-4) 미션 승무원은 1966년 3월의 제미니 8호 미션 이후로 처음으로 신참 우주비행사로만 구성되었다. 하지만 공동 선장인 제리 카Jerry Carr와 빌 포그Bill Pogue는 군에서 테스트 파일럿 경험이 많은 사람이었다. 태양 물리학자 에드 깁슨Ed Gibson은 1년간의 제트기 조종사 훈련을 받고 공군 조종사 자격을 얻어 1965년 6월 NASA에 의해 과학자 겸 우주비행사로서 선발되었다. 드디어 기록적인 85일간의 궤도 실험실에 체류하기 위해 출발했다. 그들은 최근 발견된 코호테크Kohoutek 혜성이 12월 말에 태양 주위를 고리 모양으로 이동할 때 처음으로 관찰하는 행운을 누릴 예정이었다.

원래는 1973년 11월 10일로 예정되었지만, 아쉽게도 두 차례 발사가 연기된 후 마지막 스카이랩 미션이 시작되었다. SL-4는 6일 뒤 새턴 1B 로켓 상부에 실려 39B 발사대에서 이륙했다. 아폴로 우주선은 완벽하게 발사되어 우주에서 5차례 궤도를 돌며 추적한 후 우주정거장을 따라잡고 도킹할 준비를 했다. 그러나 카가 처음 시행한 두 차례의 도킹 시도는 실패로 끝났고, 세 번째 시도에서 우주선을 움직여 도킹 포트 안으로 넣는 데 성공했다. 그가 하드 도킹 성공을 보고하자 많은 사람들이 안도했고, 그들은 다음날 스카이랩 정거장으로 들어갔다.

승무원들은 우주정거장에 체류할 동안 내내 바쁠 것으로 예상하긴 했지만, 꽉 찬 업무 일정 탓에 먹고 자고 쉴 시간이 거의 없었다. 12주간의 미션 동안 매일 매시간 단위로 계획이 잡혀 있었고 작업 결과는 제때 확보해야 했다. 피로와 불만이 쌓이자 그들은 점차 짜증을 내게 되었다.

스카이랩 체류 초기에 빌 포그가 메스꺼움 때문에 한 차례 구토했다. 카는 판단 부족으로 지상 통제센터에 포그의 메스꺼운 느낌만 보고하면서 멀미약을 먹고 예정된 식사를 걸렀다고 덧붙였다. 그와 깁슨은 이 문제를 놓고 논의한 후 NASA의 의사들이 구토 사실을 알면 과도하게 반응할까 염려해 그런 내용을 언급하지 않았다. 지상 통제센터는 비공개 통신 연결 때 보내온 일상적인 정보와 함께 지상으로 전송된 테이프 녹음을 통해 포그의 실제 상태에 대해 처음으로 알게 되었다. 승무원들은 교신 자료에 구토 행위가 녹음되었는지 몰랐던 것이다. 이 사실을 알게 된 우주비행사실 책임자 앨런 셰퍼드는 격노하면서 포그의 병을 은폐한 카를 꾸짖었다. 셰퍼드는 공개적인 통신 연결 때 카에게 "매우 심각한 판단 실수를 한 것 같군요. 당신들의 상태를 우리에게 알려주지 않았어요. 지상에 있는 우리는 당신들을 도와주려고 있는 겁니다. 문제가 생기면 최대한 신속하게 알려주길 바랍니다"라며 질책했다. 카는 "알겠습니다. 맞습니다. 어리석은 판단이었습니다"라고 깊이 뉘우치고 사과했다.[16]

승무원들은 연구와 일상적 업무들을 계속 수행했다. 포그와 깁슨은 우주 유영을 하면서 안테나를 고치고 태양 망원경 카메라의 필름을 교체했다. 그들의 우주 유영 시간은 6시간 34분으로 새로운 최고 기록이었다. 정거장 안에서의 연구 업무가 긴박하고 또 끊임없이 계속되자, 승무원들은 점차 화를 내며 여가 시간을 더 많이 달라고 요구했다. NASA는 아무런 반응도 하지 않은 채 계획된 일정대로 진행되기를 원했을 뿐만 아니라 승무원들에게 추가 업무와 실험을 계속 지시했다.

크리스마스를 보내고 3일 후인 12월 28일, 과로하여 피로해진 승무원들은 궤도를 한 바퀴 돌 때마다 지상과 무선 교신 상태를 유지하지 않는 실수를 범했다. 이것은 단순한 실수였다. 승무원들은 차례로 지상의 호출을 듣고 응답하기로 되어 있었는데, 그날은 부주의하게도 3명 모두의 무선이 꺼져 있었다. 과도한 업무량 때문에 일어난 실수였다. 그들은 이런 상황을 깨닫고 정상적인 무선 교신을 재개했다. 이후 통신 교환에

세 번째이자 마지막 스카이랩(SL-4)의 승무원 제리 카와 에드 깁슨, 빌 포그

서 그들이 자유롭게 불만을 제기하자, NASA도 결국 동의하고 승무원들에게 추가 여가 시간을 허용했다. 궤도를 한 바퀴 돌 동안 교신하지 않은 일에 대해 열정이 지나친 기자들은 승무원들이 항의의 표시로 의도적으로 만 하루 동안 무선을 껐다고 했고, 이는 승무원들이 '반란'을 일으켰다는 부정확한(지금도 지속되는) 보도로 이어졌다.

다음날 승무원들은 코호테크 혜성이 태양의 온도와 중력에 얼마나 영향을 받는지 파악하기 위해 카메라들이 이 혜성을 향하도록 조정했다. 그다음 날인 12월 30일, 포그와 깁슨은 우주 유영을 통해 혜성이 태양과 가장 가까운 거리인 2,100만km 지점을 지나는 모습을 더 선명하게 포착했다. 그들은 이후 당시 서독 지역이었던 함부르크 관측소의 체코 태생 천문학자 루보시 코호테크Luboš Kohoutek와 무선 송신기로 대화를 나누었다.[17]

SL-4 승무원들은 국제 날짜 변경선을 93분마다 한 번씩 지나면서 1974년으로 갔다가 다시 1973년으로 되돌아오기를 16회 반복하는 기이한 기록을 세웠다. 2월 8일, SL-4 우주비행사들은 모든 일차적인 과제를 완수했을 뿐만 아니라 몇 가지 추가적인 시험과 실험을 수행했고, 이제 스카이랩을 떠날 시간이 되었다. 궤도에서 기록적인 83일 4시간 38분 12초를 보낸 후, 그들은 스카이랩에서 분리되고 몇 차례 더 궤도를 선회한 후 대기권으로 재진입하여 샌디에이고 남서쪽 태평양으로 착수했다. 우주선은 곧 헬기에 의해 회수되어 항공모함 오키나와호로 옮겨졌다.

비행 후 종합 검진과 임무 보고와는 별개로, 몇 차례 승무원들과의 비공개 토론이 이루어졌을 것으로 보이지만, 스카이랩 미션 동안 승무원들의 무분별한 행동에 대해 어떤 징계 조치도 없었던 것 같다. 제리 카의 2008년 전기 《84일간의 세계일주Around the World in 84 Days》[18]에도 그런 토론이 전혀 언급되어 있지 않다. 하지만 3명의 우주비행사 중 아무도 다시 우주로 비행하지 못했다. 1975년 아폴로-소유즈 테스트 프로젝트를 제외하면 그 이후의 미션이 전혀 없었고, NASA가 우주왕복선 프로젝트로 전환하면서 많은 선구적인 우주비행사들이 다른 일을 위해 NASA를 떠났다는 점을 고려할 때 이것은 이상한 일은 아니었다.

1977년경 우주왕복선 프로그램을 시작했을 무렵, NASA는 원래 승무원을 추가로 스카이랩으로 보낼 작정이었다. 잠정적인 계획에 따르면, 최초의 우주왕복선 승무원들이 엔진을 우주정거장에 부착하여 폐기된 우주정거장을 더 높은 고도로 올리고, 그 후 미션을 통해 스카이랩을 다시 정비하여 연구를 수행할 예정이었다. 하지만 이 계획은 이후 중단되었다. 그 이유 중 하나는 태양 활동이 증가하면서 대기밀도가 약간 증가하여 정거장이 지구 궤도를 돌 때 항력이 증가했기 때문이었다. 그로 인해 우주왕복선을 운영하기 훨씬 전에 스카이랩의 궤도가 취약해져 대기권 진입 시 완전히 연소될 수 있어 이 계획은 폐기되었다. 우주정거장은 결국 대기권으로 진입했고, 마지막 몇 시간 동안 지상 통제센터는 스카이랩의 방향을 조정하여 파편이 인구밀집 지역에 떨어질 위험을 최소화하려고 노력했다. 1979년 7월 11일 계획대로 정거장이 연소되면서 파편이 인도양에 떨어졌지만, 일부 큰 파편들이 다행히도 사람이 거의 없는 호주 서부 외딴 지역에 떨어졌다.

1975년 1월로 다시 돌아가서, 엄청난 예산 삭감으로 두 번째로 제안된 스카이랩 정거장(스카이랩-B)이 취소된다는 슬픈 소식이 전해졌다. 두 번째 우주정거장 방문 승무원 중에는 SL-3 승무원들을 구하는 미션을 위해 앞서 훈련받은 우주비행사도 포함되었다. 돈 린드Don Lind도 그들 중 한 사람이었다. 린드는 나중에 "반스 브랜드Vance Brand, 나, 빌 르누아르Bill Lenoir는 두 번째 스카이랩을 향해 비행할 예정이었다"라며 다음과 같이 회상했다.

SL-4 승무원이 궤도에 83일 동안 체류한 후 귀환 비행을 준비할 때 스카이랩 우주정거장이 궤도에 있는 모습을 마지막으로 찍은 사진

우리는 스카이랩 1호 비행의 마지막 두 번을 지원했고, 반스와 나는 구조 비행 임무를 수행하기로 예정된 승무원이었다. 따라서 두 번째 스카이랩 비행을 수행할 것이라는 점은 아주 명백했다. 그러던 중에 예산이 삭감되어 그 비행이 취소되었고, 우주선은 용접 토치로 두 동강이 나서 지금 항공우주박물관(미국 국립항공우주박물관)에 전시되어 있다. 그것은 세계에서 가장 비싼 25억 달러짜리 박물관 전시물일 것이다. 그러니까 나는 실행하지 못할 두 번의 비행을 위해 6년 반 동안 훈련을 한 셈이다.[19]

09

소유즈/샬루트 미션의 부활

1973년 9월 27일, 스카이랩 3호 승무원들이 미국 우주정거장에 59일 동안 방문하고 착수한 지 2일 만에 2명의 소련 우주비행사가 지구 궤도로 발사되었다. 2년 전 소유즈-11호 우주비행사 3명이 샬루트-1호 우주정거장에서 귀환하다가 사망한 후 첫 우주비행이었다.

소유즈-12호 선장은 공군 대령 바실리 라자레프Vasily Lazarev, 비행 엔지니어는 올레그 마카로프Oleg Makarov였다. 소련은 우주복을 입지 않은 채 아무런 보호 없이 비행한 3명의 우주비행사로부터 혹독한 교훈을 얻었다. 승무원은 부피가 큰 우주복을 입는 2명으로만 제한하고 세 번째 우주비행사는 없앴다. 이전의 관례와는 달리, 1965년 3월의 보스호트-2호 미션 이후 처음으로 이제 우주비행사들은 이륙, 도킹, 재진입 시 가압 우주복을 입게 되었다.

소유즈-12호 미션의 원래 계획은 2명의 우주비행사가 1973년 4월 3일 발사된 샬루트-2호 우주정거장과 도킹하는 것이었다. 두 승무원이 샬루트-2호와 도킹하는 임무를 위해 훈련을 받았고 발사가 임박했다는 소문이 모스크바 전역에 퍼졌다. 그런데 그 뒤로 모든 것이 조용해졌다. 나중에 우주정거장의 초기 궤도가 이전 정거장인 샬루트-1호보다 더 높고 타원형에 더 가깝다는 사실이 보도되었다. 프로톤-K 운반 로켓의 성능이 불완전한 탓이었을 것이다. 궤도 경로에서 많은 파편이 발견되어 로켓의 D-1 상단 부분이 폭발했을 수도 있다는 추측을 낳았다. 1984년 10월 미국 상원에 제출된 1976~1980년 소련 우주 프로그램 보고서에는 다음과 같이 기록되어 있다.

> 4월 14일 실제로 문제가 발생했다. 보고에 따르면 샬루트 우주정거장이 태양전지판과 버팀대에 설치된 랑데부 레이더와 무선 응답기가 파괴되는 '심각한 고장'이 발생해 정거장이 원격 측정 보고 없이 우주에서 뒹굴고 있다는 것이었다. 우주정거장은 많은 조각으로 분리되었고 일부는 이를 추적할 수 있을 정도로 그 크기가 컸다. 하지만 대부분은 아주 작고 신속하게 파괴되었다. 폭발이나 추력기의 잘못된 점화 탓이었다. 하지만 많은 사람이 D-1 상단 부분이 폭발하여 잔해가 우주정거장을 손상했다고 생각했다.[1]

우주정거장의 남은 선체는 5월 28일에 마침내 궤도를 이탈해 재진입하면서 연소되었다. 소련 관리들은 이 실패를 덮기 위해 샬루트-2호의 계획된 활동이 성공적으로 이루어졌고, 모든 탑재 시스템과 과학 장비들은 정상적으로 작동했다고 했다. 상당한 시간이 흐른 후에야 정거장의 파괴 이면에 숨겨진 모든 사실이 드러났다.

1973년 9월 27일, 당초 도킹 임무를 부여받았던 라자레프와 마카로프가 탑승한 우주선이 2일간의 비행을 위해 발사되었다. 그들은 새로 설계된 소유즈 7K-T 우주선을 타고 이틀간 궤도에서 보내면서 우주선에 탑재된 향상된 시스템을 통합적으로 점검하고 시험했다. 아울러 다양한 비행 조건에서 수동 조종과 자동 조종을 시험하고, 분광 사진 기술을 이용해 지구의 지상 일부를 촬영했다. 이틀간의 소유즈-12호의 비행은 9월 29일 착륙하면서 안전하게 종료되었으며, 나중에 소련 우주 책임자들은 이것을 '무결점 미션'이라고 했다. 이후 2인승 비행인 소유즈-13호는 8일간의 궤도 비행 임무를 성공적으로 마쳤다.

샬루트-3호라는 또 다른 우주정거장—NASA 스카이랩 우주정거장의 약 4분의 1 크기—이 1974년 6월 26일 발사되어 궤도에 도달했다. 보스토크 우주선의 베테랑 우주비행사 파벨 포포비치Pavel Popovich 선장의 지휘 아래 소유즈-14호 승무원들이 샬루트-3호와 첫 번째 도킹을 힘들게 수행했다. 그는 1974년 7월 3일 비행 엔지니어 유리 아르투킨Yuri Artyukhin과 함께 발사되어 궤도에서 16일간 머문 후 도킹을 해제하고 안전하게 지상으로 귀환했다.

다음 미션인 소유즈-15호는 전혀 성공적이지 않았다. 겐나디 사라파노프Gennady Sarafanov와 레브 데민Lev Demin(우주로 비행한 최초의 할아버지)은 이글라Igla 도킹 시스템의 고장으로 샬루트-3호와의 도킹에 실패하여 이틀간의 비행을 마치고 귀환할 수밖에 없었다.

이전 미션의 실패에도 불구하고 1974년 12월 2일 발사된 소유즈-16호는 샬루트 정거장과 도킹할 계획이 없었다. 이 우주선은 다음 해에 계획된 미국-소련 연합 아폴로-소유즈 테스트 프로젝트에 사용될 우주선과 동일했다. 이 비행의 주요 목적은 이 역사적인 국제 우주 만남을 위한 절차를 미리 연습하고 시뮬레이션하는 것이었다. 궤도에서 6일 동안 머문 후 선장 아나톨리 필립첸코Anatoli Filipchenko와 비행 엔지니어 니콜라이 루카비시니코프Nikolai Rukavishnikov는 지구로 재진입하여 카자흐스탄의 눈 덮인 초원 지역에 안전하게 착륙했다.

소유즈-16호 미션이 끝난 지 5주 만인 1974년 12월 26일, 또 다른 유인 우주선이 발사되어 지구 궤도로 향했다. 이번은 1974년 12월 26일에 발사된 샬루트-4호 우주정거장과의 도킹이 목표였다. 이전 우주정거장인 샬루트-3호가 아직 궤도에 있었지만 1975년 1월 24일 의도적으로 궤도에서 이탈시켰다. 소유즈-17호의 선장 알렉세이 구바레프Alexei Gubarev와 민간인 비행 엔지니어 게오르기 그레첸코Georgi Grechko가 탄 우주선이 1월 11일에 발사되어 샬루트-4호와 성공적으로 도킹했다. 그들은 우주정거장에서 머물다가 30일간의 미션을 마치고 귀환했다. 이것은 당시까지 소련에서 최장기 유인 우주비행이었다.

소련의 우주 활동은 1975년 4월 14일 소유즈-18호 발사 후 거의 재난에 가까운 시련을 겪었다. 소유즈-18호에는 앞서 소유즈-12호에서 한 팀을 이루었던 바실리 라자레프Vasily Lazarev와 올레그 마카로프Oleg Makarov가 탑승했다. 목표는 샬루트-4호와 도킹하여 궤도 우주정거장에서 60일 동안 체류하는 것이었다. 하지만 이 계획은 심각하게 틀어졌다. 이륙 직후 소유즈 운반 로켓이 경로를 이탈하기 시작해 저절로 연소가 중지되었다. 소유즈 우주선은 경로를 벗어난 로켓에서 폭발하듯이 분리되어 1,600km 떨어진 시베리아 서부 인적이 드문 거친 알타이 산맥에 안전하게 착륙했다. 다행히 우주비행사들이 다치지 않았지만, 소련 당국은 부스터 로켓이 몇 초 더 오래 연소했더라면 우주선이 중국에 떨어져 큰 외교 문제가 될 수도 있었다는 사실을 더 우려했다.[2] 그 후 재발사하기로 결정되었지만 승무원은 교체되었다. 이 실패한 비행은 공식적으로 소유즈-18A로 명명되었다.

거의 참사에 가까운 소유즈-18A 발사 실패 뒤 6주가 지난 후, 선장 표트르 클리무크Pyotr Klimuk와 비행 엔지니어 비탈리 세바스티아노프Vitaly Sevastyanov가 5월 24일 샬루트-4호 우주정거장과의 랑데부와 도킹을 위해

두 번째 미션을 함께 수행한 올레그 마카로프와 바실리 라자레프. 소유즈-18호 미션은 부스터 로켓이 발사대 상공에서 폭발하면서 거의 재난으로 끝났다.

바이코누르 발사대에서 이륙했다. 그들이 우주정거장에 머무는 시기는 다음 소련 우주선 발사 시기, 즉 미국 아폴로 우주선과의 도킹을 위한 소유즈-19호 발사 시기와 겹쳤다. 클리무크와 세바스티아노프는 총 63일이라는 당시로서는 소련 최장기 우주 미션을 수행했다.

우주에서의 악수

1972년 5월, 미국과 소련의 많은 협력 과제에 관한 논의의 결과로, 미국의 닉슨 대통령과 소련의 지도자 브레즈네프는 연합 우주 미션 계획을 공식화했다. 그들은 모스크바 정상회의에서 1975년 미국과 소련의 우주인이 연합하여 역사적인 지구 궤도 비행을 하기로 합의했다. 이 합의는 양국 우주 당국 간의 18개월 이상의 기술적 논의에서 절정을 이루었고,

정상회의 둘째 날에 서명되었다. 다른 여러 합의 가운데 전략무기를 제한하는 협정도 있었다.

합의된 계획은 3명의 우주비행사를 실은 아폴로 우주선이 2명의 우주비행사를 태우고 이미 궤도로 발사된 소련 소유즈 우주선과 만나 도킹하는 것이었다. 특별히 개발된 도킹 장치와 호환성이 있는 에어록 덕분에 도킹 후 두 우주선 간의 압력 차이를 조정할 수 있었다. 그 후 그들은 이틀 동안 함께 우주선 안에서 머물면서 몇 가지 실험을 수행할 계획이었다. 이것은 두 초강대국 간의 데탕트 분위기를 상징하는 것만이 아니라, 완전히 다른 두 유형의 우주선이 필요시 국제 우주 구조를 실행하는 실제적인 수단을 보여준 것이기도 했다. 비행 날짜는 잠정적으로 1975년 7월로 정해졌다.

도널드 데크 슬레이튼Donald Deke Slayton은 원래 1962년 두 번째 궤도 머큐리 미션을 수행하기로 선정되었는데, 그해 3월 의료 검사에서 심장 박동이 불규칙하게 뛰는 심방세동 질환이 발견되어 선정이 취소되었다. 그로서는 중대한 타격이었지만 그는 계속 NASA에 머물며 유인 우주선 센터의 비행승무원 운영책임자로서 미래 비행승무원 선발에 핵심적인 역할을 했다. 그는 오랫동안 직접 우주로 비행할 꿈을 포기하지 않았고, 체력을 유지하기 위해 우주비행사 체육관에서 조깅과 운동을 하고 좋아하는 담배도 끊었다. 1972년 그는 추가로 의료 검사를 받아 통과했고 우주비행사 자격도 회복했다. 슬레이튼은 아폴로-소유즈 테스트 프로젝트Apollo–Soyuz Test Project(ASTP)에 관한 이야기를 듣고 그것이 공식적으로 발표되기 전에 러시아어 수업을 듣기 시작했다. 그리고 승무원으로 선발되기 위해 ASTP 승무원 선발 책임을 유인 우주선 센터 책임자 크리스 크래프트Chris Kraft에게 넘겼다. 마지막 달 착륙 미션인 아폴로 17호 비행을 마친 직후, 크래프트는 ASTP 승무원으로 선장 톰 스태퍼드Tom Stafford, 사령

아폴로-소유즈 테스트 프로젝트의 미국과 소련의 연합 승무원들. (윗줄) 선장 톰 스태퍼드와 알렉세이 레오노프, (앞줄) 데크 슬레이튼, 반스 브랜드, 발레리 쿠바소프

선 조종사 반스 브랜드Vance Brand, 도킹 모듈 조종사 데크 슬레이튼을 발표했다. 슬레이튼은 원했던 선장은 아니었지만 황홀해 했다. 그는 머큐리 우주비행사로 선발된 후 16년 만에 마침내 우주로 비행하게 되었다. 4명의 우주비행사 지원 팀은 카롤 밥코Karol Bobko, 밥 크리펜Bob Crippen, 딕 트룰리Dick Truly, 밥 오버마이어Bob Overmyer로 구성되었다. 1973년 5월 24일, 소련의 승무원과 예비 승무원 명단이 발표되었다. 승무원은 1965년 보스호트-2호 미션에서 최초로 우주 유영을 수행한 알렉세이 레오노프Alexei Leonov, 1969년 소유즈-6호를 타고 비행한 발레리 쿠바소프Valery Kubasov였다.

그 후 2년 동안 과학자와 우주비행사들로 구성된 팀들이 미국과 소련을 오가기 시작했다. 이를 통해 중요한 기술 정보와 훈련을 교환하고 새로운 장비와 절차를 만들 수 있었다. 그것은 때로 쉬운 일이 아니었으며, 수십 년 동안의 지독한 경쟁과 불신을 극복해야 했다. 두 냉전 적대국 간의 뚜렷한 경계심에도 불구하고, 특히 이 국제 프로젝트의 핵심 참여자—3명의 미국 우주비행사와 2명의 소련 우주비행사—사이에는 동료 의식이 생겨나기 시작했다. 전체 프로그램이 성공하려면 5명이 서로 깊이 존중해야 한다는 점이 일찍부터 인식되었고, 실제로 승무원들은 곧 서로 존중하면서 상대방의 가정을 방문하고 개인적인 파티도 열었다. 특히 궤도에 있는 동안 소통을 하기 위해 상대방의 언어를 배워야 했기 때문에 우정이 싹텄다. 레오노프는 2개의 언어, 즉 영어와 스태퍼드의 오클라호마 사투리를 배워야 했다고 웃으며 말했다.

미숙한 설계 탓에 소유즈는 궤도 도킹 사업에서 상대적으로 수동적인 역할을 담당했는데, 미국 측의 모든 관계자는 외교적 차원에서 그런 결함을 언급하지 말라는 경고를 들었다.

1975년 7월 15일, 3명의 미국 우주비행사가 케이프 커내버럴에서 아폴로 사령선과 서비스 모듈Command and Service Module(CSM), 그리고 그 앞에 아폴로 도킹 모듈Apollo Docking Mmodule(ADM)—양쪽 끝에 승무원 이동을 위한 도킹 시설을 갖춘 에어록—을 탑재하고 이륙했다. 그들은 바이코누르 발사기지에서 7시간 30분 전에 먼저 발사된 2인승 소유즈-19호 우주선을 쫓아갔다. 이 발사 장면은 최초로 텔레비전을 통해 소련 전역에 생방송되었다.

이틀 후 궤도에서 많은 기동을 통해 아폴로 CSM이 급격하게 소유즈-19호와 가까워졌다. 5명의 승무원 모두 도킹 과정 중의 돌발상황에 대비한 예방조치로 가압 우주복을 착용하고 있었다. 하지만 모든 것이 완벽하게 진행되었다. 7월 17일 휴스턴 기준 오전 11시 9분, 레오노프가 "도킹 시작!"이라고 말했다. 잠시 후 스태퍼드가 "도킹되었습니다. 성공했습니다. 모든 것이 훌륭합니다"라고 말했고, 레오노프가 안도하며 "소

유즈와 아폴로가 지금 악수를 나누고 있습니다"라고 응답했다.[3]

3시간 뒤 도킹 보안 검사를 마치고 레오노프와 쿠바소프가 도킹 모듈로 이어지는 소유즈 해치를 열었다. 스태퍼드가 7분 후 도킹 모듈의 다른 끝에 있는 해치를 열었고 그와 레오노프는 두 우주 강국 간 협력의 상징적 몸짓으로 잠시 포옹을 나누었다. 스태퍼드가 러시아어로 "만나서 반갑습니다"라고 말하자 레오노프가 영어로 "만나서 매우 기쁩니다"라고 대답했다. 스태퍼드와 슬레이튼은 브랜드를 잠시 아폴로 CSM에 남겨두고 유영을 하며 소유즈 우주선으로 들어가서 쿠바소프와 인사를 나누었다. 양국의 우주비행사들은 소련의 지도자 브레즈네프와 미국의 대통령 포드와 공식적으로 인사를 나눈 후 선물을 교환하고 텔레비전 카메라 앞에서 상대방 국기를 들어올리고 의례적인 일을 수행한 다음, 작은 녹색 탁자에 둘러앉아 레오노프와 쿠바소프가 준비한 간소한 식사를 했다.[4]

아폴로 우주선에서 잠시 즐거운 시간을 보내고 있는 데크 슬레이튼과 알렉세이 레오노프

1975년 7월 15일 발사된 소유즈-19호(위)와 아폴로 우주선(AS-18이라고도 함)

이후 이틀 동안 양국 우주비행사들은 상대방 우주선을 정기적으로 방문하여 의학과 과학 실험을 하고 식사를 나누고 텔레비전 인터뷰를 하는 모습을 지구인들에게 보여주었다.

드디어 두 우주선을 분리할 시간이 되었다. 우주선이 성공적으로 분리된 후 우주선의 제어용 로켓들이 6초간 점화하자, 아폴로 CSM이 소유즈-19호에서 떨어져 약간 더 위쪽의 느린 궤도인 고도 223.7~226.9km로 진입했다. 아폴로 승무원들은 소유즈 우주선이 약 1km 아래에서 점점 멀어지는 모습을 보았다. 아폴로 승무원들이 3일간 더 궤도에 남아 있는 동안 소유즈 승무원들은 지구 귀환을 준비했다. 그들은 중앙아시아 대초원 지대에 먼지구름을 일으키며 성공적으로 안착했다. 두 우주비행사는 약간 휘청거리기는 했지만 건강 상태는 양호했다.

USA
UNITED STATE

아폴로 승무원들이 3일 후 재진입에 성공한 뒤 상황은 그다지 좋지 않았다. 그들은 15,000m 고도에서 하강할 때 지구 착륙 시스템의 2개 스위치 중 하나를 선택해야 했는데, 실수로 그렇게 하지 않고 원상태로 유지되었다. 그 직후 사령선 내부는 비행 후 승무원의 표현에 의하면 "갈색 빛이 도는 노란 가스"로 가득 찼다. 이것은 나중에 고도 제어 추력기의 산화제로 사용되는 부식성이 매우 강한 4산화질소로 밝혀졌다. 승무원들은 하강할 때 마지막 몇 분 동안 가스를 흡입했고, 착수한 후 산소 마스크를 쓰려고 했으나 브랜드의 마스크가 잘 맞지 않아 결국 의식을 잃고 말았다. 해군 잠수부들이 최대한 빨리 달려가 부양용 백을 설치해 우주선의 자세를 바로 세웠고, 스태퍼드가 해치를 열고 신선한 바다 공기를 우주선 안으로 들여보냈다. 항공모함 뉴올리언스New Orleans호에서 불편한 밤을 보낸 후 항공모함은 진주만에 입항했고, 세 사람은 호놀룰루 트리플러Tripler 군병원으로 이송되어 그곳에서 48시간 동안 의사들에게 건강 검진을 받았다. 그들은 많은 검사와 면밀한 생체 신호 모니터링을 거친 후 모두 퇴원했다.

두 우주 강국 간 화해 분위기가 크게 진전하여 나중에 다른 우주 분야의 협력으로 이어졌지만, 마지막 아폴로 미션은 비극으로 끝날 뻔했다. 3명의 NASA 우주비행사와 미국 우주 프로그램 전체에 위기의 순간이었다.[5]

계속된 소유즈 프로그램

미국과 소련의 유명한 우주선 도킹 프로젝트 이후 소유즈 우주선은 계속 우주를 비행했다. 소유즈-20호는 우주선 시스템의 장기적인 개선 시험의 일환으로 1975년 11월 17일 무인 우주선으로 발사되어 샬루트-4호와 로봇 도킹을 완벽하게 이루어냈다. 이 무인 우주선은 궤도에서 3개월 머문 후 도킹 해제 절차를 진행하라는 명령 신호를 전달받았다. 소유즈-20호는 1976년 2월 16일 재진입하여 낙하산을 이용해 카자흐스탄에 착륙했다.

그 후 2년간 사람이 체류하지 않은 샬루트-4호가 지구 궤도에 머물 동안 세 번째이자 마지막 알마즈Almaz 우주정거장(샬루트-5호라고 명명)이 1976년 6월 22일에 발사되었고, 소유즈-21호와 소유즈-23호의 두 승무원이 이곳에 머물렀다. 또 다른 미션인 소유즈-22호는 우주정거장과 도킹하지 않고 지구 관측 임무를 수행했다. 1977년 2월 7일 발사된 소유즈-24호는 샬루트-5호 우주정거장과 연결하는 마지막 비행 미션이었다. 6개월 후인 8월에 샬루트-5호는 궤도를 이탈했다.

다음 달인 9월 29일에 샬루트-6호가 궤도로 발사되었고, 10일 후 소유즈-25호가 선장 블라디미르 코발료노크Vladimir Kovalyonok와 비행 엔지니어 발레리 류민Valery Ryumin을 태우고 궤도 실험실과 랑데부와 도킹을 위해 발사되었다. 약 24시간의 비행 후 다섯 번의 시도에도 승무원들이 우주정거장의 도킹 걸쇠를 맞물리게 할 수 없게 되자, 소련 지상통제소는 도킹을 포기할 것을 지시했다. 연료와 배터리 전력이 줄어들자 그들은 궤도에서 이틀 더 보낸 뒤 귀환하라는 지시를 받고 10월 11일 카자흐스탄 첼리노그라드Tselinograd 북서부에 착륙했다. 이것은 약 3년 동안 소유즈 비행 혹은 도킹 시스템의 실패로 인해 소련 우주비행사들이 지구로 강제로 귀환한 세 번째 사례였다.

소유즈-26호 승무원들이 1977년 12월 10일 발사 후 샬루트-6호와 완전하게 도킹하자 소련 우주 책임자들은 크게 안도했다. 선장 유리 로마넨코Yuri Romanenko와 비행 엔지니어 게오르기 그레첸코Georgi Grechko는 우주정거장을 방문했고, 한 달 뒤에는 소유즈-27호 우주선을 타고 두 번째 도킹 포트로 접속한 블라디미르 즈하니베코프Vladimir Dzhanibekov, 올레그 마카로프Oleg Makarov와 만났다. 타스 통신은 이중 도킹에 대해 "소련 과학기술의 중대한 성취이며, 앞으로 과학과 국가 경제를 위해 외계 우주를 활용할 수 있는 폭넓은 지평을 열었다"[6]고 강조했다.

이때 일주일간의 '방문 우주비행사' 미션이라는 장기 인터코스모스Interkosmos 시리즈도 시작되었다. 이 프로그램은 초보적인 훈련을 받은 소련연방 소속 국가의 우주비행사들이 소련 선장과 함께 샬루트-6호 우주정거장과 도킹하여 그곳에 머무는 것이었다.

소련의 우주비행과 더 많은 기록

1980년 6월, 소련은 소유즈 T 우주선을 이용해 샬루트-6호와 이후 샬

소유즈 T-7호의 승무원들. (왼쪽부터) 레오니트 포포프, 알렉산드르 세레브로프, 스베틀라나 사비츠카야

루트-7호 우주정거장으로 가는 일련의 유인 비행 미션을 시작했다. 이 비행 중 세 번째 비행에서 3명의 승무원 중 한 사람인 스베틀라나 사비츠카야Svetlana Savitskaya라는 여성은 19년 전 발렌티나 테레시코바Valentina Tereshkova 이후 두 번째 소련 여성 우주비행사가 되었다. 사비츠카야는 선장 레오니트 포포프Leonid Popov, 비행 엔지니어 알렉산드르 세레브로프Aleksandr Serebrov와 함께 소유즈 T-7호 미션의 승무원으로 참여했다.

비행 둘째 날인 1982년 8월 20일, 그들은 궤도를 돌고 있는 샬루트-6호 우주정거장과 도킹하는 데 성공하고, 5월 14일부터 샬루트-5호 미션의 상주 승무원이었던 아나톨리 베레조보이Anatoli Berezovoi, 발렌틴 레베데프Valentin Lebedev와 만났다. 샬루트-6호에서 일주일 동안 일한 후 세레브로프와 사비츠카야는 지구로 귀환하기 위해 소유즈 T-5호 우주선을 탔고, 소유즈 T-7호 우주선은 다른 승무원들이 사용하도록 우주정거장에 남겨두었다. 남은 승무원들은 우주에서 기록적인 211일을 보내고 지구로 귀환했다.[7] 1984년 7월 17일, 사비츠카야는 블라디미르 즈하니베코프Vladimir Dzhanibekov, 이고르 볼크Igor Volk와 함께 12일간의 소유즈 T-12호/샬루트-7호 미션을 위해 두 번째로 우주로 날아갔다. 7월 25일 그녀는 여성 최초로 우주정거장 밖에서 우주 유영을 했다. 3시간 35분 동안 선장 즈하니베코프가 지켜보는 가운데 사비츠카야는 역사적인 선외 활동 동안 납땜 실험과 용접 실험을 진행했다.[8]

새로운 유형의 우주비행사

당초 계획에 따르면 미국 우주왕복선 프로그램은 1978년 이전에 시작될 예정이었다. 하지만 많은 개발 과제가 지연되었고, 특히 비행체의 주요 엔진과 열에 취약한 타일, 수많은 다른 부품의 개발이 지연되었다. 장기간의 지연과 차질로 인해 운용 가능한 우주비행사의 수가 크게 줄자, NASA는 새로운 우주비행사를 모집하여 우주왕복선에 적합한 훈련을 시킬 필요가 있다고 판단했다.

1976년 7월 8일, NASA는 우주왕복선 우주비행사 후보자 모집 공고를 했는데, 신청 원서 제출은 다음 해 6월 30일까지였다. NASA는 모집 공고에서 "차별 철폐 프로그램을 적용해 새로 선발되는 우주비행사 후보자에 자격을 갖춘 소수집단과 여성을 포함시킬 예정이며, 따라서 소수자와 여성 후보자들은 용기를 내서 지원하기 바랍니다"[9]라고 밝혔다. 지난날 머큐리, 제미니, 아폴로 우주선의 승무원들은 테스트 파일럿 경험을 가진 남성이거나, 제트기 조종사 훈련을 받기 원하는 과학자들이었다. NASA는 여성과 소수집단 출신 우주비행사를 선발하지 않은 것에 대해 많은 비판을 받았다. 이제 한때 존재했던 장벽들이 사라졌고, 여성

NASA 최초의 여성 우주비행사들. (윗줄 왼쪽부터) 캐시 설리번, 섀넌 루시드, 안나 피셔, 주디 레스닉, (앞줄 왼쪽부터) 샐리 라이드, 레아 세던

NASA가 1978년 선발한 최초의 아프리카계 미국인 우주비행사들. (왼쪽부터) 론 맥네어, 기언 블루포드, 프레드 그레고리

과 소수집단 출신자들이 공개적으로 용기를 내어 우주비행사에 지원할 수 있게 되었다.

NASA는 마감날까지 8,079명의 신청자를 접수했는데, 이 중 1,544명이 여성이었다. 우주비행사 지원자는 1,261명, 새로 발표된 미션 전문가 지원자는 6,818명이었다. 최종적으로 신청자는 208명으로 압축되었다. 1977년 8월, 지원자 중 첫 번째 그룹이 존슨Johnson 우주센터에 도착하여 일주일간의 개인 면접과 신체 및 정신의학 검사를 받기 시작했다.

1978년 1월 16일, NASA 국장 로버트 A. 포쉬Robert A. Frosch가 그해 말 우주비행사 후보자 훈련을 시작할 35명의 후보자를 선발했다고 발표했다. 여기는 6명의 여성과 최초의 아프리카계 미국인 후보자 3명, 최초의 아시아계 미국인 후보자 1명이 포함되었다. 35명 중 15명은 우주비행사 후보자, 20명은 미션 전문가 후보자였다.

NASA는 후보자 명단을 발표하면서 신임 후보자들은 7월 1일 존슨 우주센터에서 27명의 현역 우주비행사들과 만나 2년 동안 훈련을 받고, 우주왕복선 미션이 제대로 준비되면 비행 미션을 수행할 것이라고 말했다.[10]

인터코스모스 프로그램의 손님들

앞서 언급한 인터코스모스Interkosmos 시리즈는 세간의 주목을 받아 널리 알려진 소련의 우주비행 프로그램이다. 이 시리즈는 공산주의 쇠퇴기에 소련의 선전 도구가 되었다. 또한 국제적인 '연구 우주비행사' 프로그램으로 홍보되었기 때문에, 여기에 참여하는 9개 동구권 국가와의 연대—하지만 아주 미약한—를 보여주는 수단으로도 설계되었다. 이 국가들이 제공한 유자격 조종사들은 모스크바에서 훈련받은 후 궤도를 도는 샬류트Salyut(이후에는 미르Mir) 우주정거장에 일주일 동안 '손님'으로 방문하는 미션에 참여했다.

이 프로그램은 1967년 4월에 시작되었다. 당시 바르샤바 조약을 체결한 사회주의 국가인 불가리아, 쿠바, 체코슬로바키아, 동독, 헝가리, 몽골, 폴란드, 루마니아의 군사 지도자들은 소련의 관리 아래 우주탐사와 연구활동에 동참하는 일에 관심을 표명했다. 인터코스모스 프로그램은 소련 로켓을 이용해 연구 위성을 발사하기 시작했다. 프로그램은 아주 잘 진행되었고, 9년 뒤인 1976년 7월 16일 소련은 회원국들의 많은 방문 우주비행사들을 훈련하여 소유즈와 샬루트 우주선에 태워 비행한다는 추가 협정을 맺었다. 각 참여국은 2명의 유자격 제트기 조종사 후보자를 제공했는데, 그들은 1976년 12월 훈련을 위해 모스크바 외곽에 위치한 스타시티Star City 우주비행사 훈련센터에 집결했다.

1978년 3월 훈련을 위해 파견된 첫 번째 그룹은 체코슬로바키아, 폴란드, 동독이 각각 2명씩 보낸 후보자들이었고, 두 번째 그룹은 불가리아, 쿠바, 헝가리, 몽골, 루마니아에서 왔다. 프로그램이 원활하게 진행되면서 베트남에서 온 2명의 후보자가 1979년 초 합류했는데, 각 후보자는 특별한 미션 훈련을 위해 선임 우주비행사에게 할당되었고, 그 후 소련 선장과 함께 두 후보자 중 더 나은 후보자를 승무원으로 지명했다. 이것은 대부분 선전 활동이었기 때문에 인터코스모스 비행사들은 비행 중에 단순한 시험이나 실험을 수행했을 뿐, 시스템 관련 업무는 하지 않았다. 사실 체코인 조종사 블라디미르 레멕Vladimir Remek은 비행 후 '현행범' 우주인이라는 말을 들었는데, 그 이유를 묻자 그는 웃으며 "아, 간단해요. 샬루트에 있을 때 내가 스위치나 다이얼, 또는 무언가 만지려고 할 때마다 언제나 소련인들이 '손대지 마!'라고 소리치며 내 손을 때렸거든요"라고 대답했다. 이것은 사실일 가능성이 없지만 그럴듯한 이야기이다.

1978년 3월 2일, 모스크바에서 대대적인 축하 속에 레멕 대위는 소련인과 미국인이 아닌 최초의 우주비행사가 되어 우주로 날아갔다. 그는 알렉세이 구바레프Alexei Gubarev와 함께 소유즈-28호를 타고 7일간의 일정으로 당시 우주비행사 유리 로마넨코Yuri Romanenko와 게오르기 그레첸코Georgi Grechko가 체류하고 있던 샬루트-6호 우주정거장으로 갔다. 이 방문 우주비행사의 비행은 전 세계에서 상당한 관심을 불러일으켰고, 선전의 관점에서 이 프로그램은 대단한 성공으로 평가되어 계속되었다.

두 번째 인터코스모스 비행인 소유즈-30호는 1978년 6월 27일 발사되었다. 폴란드 우주비행사 겸 연구자이자 공군 장교인 미로스와프 헤르마제프스키Mirosław Hermaszewski는 선장 표트르 클리무크Pyotr Klimuk와 함께 7일간의 일정으로 샬루트-6호로 날아갔다. 당시 우주정거장에 체류

인터코스모스 참여자 체코인 블라디미르 레멕(가운데)과 알렉세이 레오노프(왼쪽), 선장 알렉세이 구바레프(오른쪽)

하던 소련 승무원은 블라디미르 코발료노크Vladimir Kovalyonok와 알렉산드르 이반첸코프Aleksandr Ivanchenkov였다.

그 후 3년 동안 샬루트-6호 우주정거장으로 가는 인터코스모스 비행이 7차례 더 진행되었다. 참여한 방문 우주비행사 겸 연구자는 지그문트 옌Sigmund Jähn(동독), 게오르기 이바노프Georgi Ivanov(불가리아), 베르탈란 파르카스Bertalan Farkas(헝가리), 팜 뚜언Pham Tuan(베트남), 아르날도 타마요 멘데즈Arnaldo Tamayo Mendez(쿠바), 위그데르데미딘 구라차아Jügderdemidiin Gürragchaa(몽골), 두미트루 프루나리우Dumitru Prunariu(루마니아)이며, 이들을 각각 소련인 선장과 함께 비행했다. 단 한 번 발생한 위기는 소유즈-33

인터코스모스 미션(1978~1988년)

소유즈 미션	참여국	승무원	예비 승무원	발사일	우주 정거장
소유즈-28호	체코슬로바키아	알렉세이 구바레프 블라디미르 레멕	리콜라이 루카비시니코프 올데리히 펠차크	1978년 2월 3일	샬루트-6호
소유즈-30호	폴란드	표트르 클리무크 미로스와프 헤르마제프스키	발레리 쿠바소프 제논 얀코프스키	1978년 6월 27일	샬루트-6호
소유즈-31호	동독	발레리 비코프스키 지그문트 옌	빅토르 고르바트코 에버하르트 쾰러	1978년 8월 26일	샬루트-6호
소유즈-33호	불가리아	니콜라이 루카비시니코프 게오르기 이바노프	유리 로마넨코 알렉산드르 알렉산드로프	1979년 4월 10일	샬루트-6호
소유즈-36호	헝가리	발레리 쿠바소프 베르탈란 파르카스	블라디미르 자니베코프 벨라 마자리	1980년 5월 26일	샬루트-6호
소유즈-37호	베트남	빅토르 고르바트코 팜 뚜언	발레리 비코프스키 부이 탄 리엠	1980년 7월 23일	샬루트-6호
소유즈-38호	쿠바	유리 로마넨코 아르날도 타마요 멘데즈	예브게니 크루노프 호세 아르만도 로페스 팔콘	1980년 9월 18일	샬루트-6호
소유즈-39호	몽골	블라디미르 자니베코프 위그데르데미딘 구라차아	블라디미르 랴호프 마이다르자빈 간조리	1981년 3월 23일	샬루트-6호
소유즈-40호	루마니아	레오니트 포포프 두미트루 프루나리우	유리 로마넨코 두미트루 데디우	1981년 5월 14일	샬루트-6호
소유즈 T-6호	프랑스	블라디미르 자니베코프 알렉산드로 이반첸코프 장 룹 크레티앵	레오니트 키짐 블라디미르 솔로비요프 패트릭 보드리	1982년 6월 24일	샬루트-7호
소유즈 T-11호	인도	유리 말리셰프 겐나디 스트레칼로프 라케시 샤르마	아나톨리 베레조보이 게오르기 그레첸코 라비시 말호트라	1984년 4월 2일	샬루트-7호
소유즈 TM-3호	시리아	알렉산드르 빅토렌코 알렉산드르 알렉산드로프* 모하메드 패리스	아나톨리 솔로비예프 빅토르 사비니흐 무니르 하빕	1987년 7월 22일	미르호
소유즈 TM-5호	불가리아	아나톨리 솔로비예프 빅토르 사비니흐 알렉산드르 알렉산드로프	블라디미르 랴호프 알렉산드르 세레브로프 크라시미르 스토야노프	1988년 7월 6일	미르호
소유즈 TM-6호	아프카니스탄	블라디미르 랴호프 발레리 폴랴코프 압둘 아하드 모만드	아나톨리 베레조보이 게르만 아르자마조프 모하메드 다우란	1988년 8월 29일	미르호
소유즈 TM-7호	프랑스	알렉산드르 볼코프 세르게이 크리칼레프 장 룹 크레티앵	알렉산드르 빅토렌코 알렉산드로 세레브로프 미셸 토지니	1988년 11월 26일	미르호

*소련의 우주비행사이며, 같은 이름의 불가리아 우주비행사와 혼동하지 말 것.

호가 샬루트-6호 우주정거장과 도킹에 실패하면서 발생했다. 그로 인해 승무원 니콜라이 루카비시니코프Nikolai Rukavishnikov와 불가리아인 게오르기 이바노프는 어쩔 수 없이 조기에 귀환했다. 이처럼 단축된 미션을 제외하면 우주정거장으로 갔다가 돌아오는 모든 인터코스모스 비행은 몇 가지 변수가 있긴 했지만 대체로 7일간 진행하도록 계획되어 특정 참가국에 대한 편애가 없다는 것을 보여주었다.

소유즈-40호 미션으로 초기 인터코스모스 프로그램은 종지부를 찍었다. 하지만 샬루트-7호가 기존의 오래된 우주정거장을 대체하면서 이 프로그램을 확대하여 다른 국가들도 포함시키기로 결정했다. 단, 이것은 기존의 인터코스모스 비행이 아니며 '국제적 미션International Missions'이라고 불렀다. 소유즈-40호에는 루마니아인 두미트루 프루나리우Dumitru Prunariu가 소련연방에서 참여한 아홉 번째 방문 우주비행사 겸 연구자로서 탑승했다. 이후의 미션은 1982년 프랑스 우주인 장 룹 크레티앵Jean-Loup Chrétien을 시작으로, 궤도에서 연구를 수행하기 위해 비용을 지불한 국가에서 보낸 방문 우주비행사들을 싣고 발사되었다.

이후의 인터코스모스 미션 중 단 두 건만 1982년과 1984년에 샬루트-7호로 비행하여 1986년 2월 20일 발사된 미르 우주정거장과 도킹하여 체류했다. 4차례의 미션 이후 국제적 비행 시리즈는 소유즈 TM-7호와 함께 막을 내리게 되었는데, 이 미션을 통해 크레티앵은 소련 우주정거장을 두 번째 방문했다. 불가리아인 우주비행사의 최초 비행이 샬루트-6호와 도킹에 실패했기 때문에 불가리아에 두 번째 우주 미션이 배정되었고, 이번에는 미르 우주정거장과 성공적으로 도킹했다. 하지만 원래 방문 연구자였던 게오르기 이바노프Georgi Ivanov는 소유즈-33호의 예비 우주비행사 알렉산드르 알렉산드로프Aleksandr Aleksandrov로 교체되었다.[11]

10년간 진행된 프로그램 과정에서 몇 가지 우주 '최초' 기록이 달성되었다. 예를 들어 소련과 미국 출신이 아닌 최초의 우주비행사(블라디미르 레멕), 최초의 국제 우주비행사(레멕과 구바레프), 최초의 아시아 우주비행사(팜 뚜언), 최초의 흑인 우주비행사(아르날도 타마요 멘데즈), 최초의 인도 우주비행사(라케시 샤르마) 등이다.

우주왕복선-미르Shuttle-Mir 프로그램

소련의 우주정거장 미르Mir('평화' 또는 '세계'라는 뜻)는 당시까지 건설된 가장 크고 복잡한 우주선이었고, 또한 궤도에서 몇 가지 개별적인 모듈을 조립한 최초의 우주선이었다. 이러한 모듈 중 첫 번째는 1986년 2월 19일 바이코누르Baikonur 우주기지에서 발사된 핵심 모듈(DOS-7)이다. 미르의 최초 체류자인 레오니트 키짐Leonid Kizim과 블라디미르 솔로비요프Vladimir Solovyov는 1986년 3월 중순에 이곳에 도착하여 5월 5일까지 머물렀다. 그 이후 4년 동안 다른 3개의 모듈이 핵심 모듈에 결합되었는데, 1987년에 크반트Kvant-1(천체물리학 모듈), 1989년에 크반트-2(확장 모듈), 1990년에 크리스탈Kristall 기술 모듈이 그것이다.

이후 몇 년 동안 많은 소유즈 승무원들이 미르와 도킹하였고, 우주비행사들이 거대한 우주 실험실에 체류하는 일은 거의 일상이 되었다.[12] 이런 비행에는 인터코스모스 프로그램에서 방문 우주비행사를 싣고 나르는 비행도 포함되었다. 이 기간 주목할 만한 방문자로는 일본 언론인 도요히로 아키야마Toyohiro Akiyama(1990년 소유즈 TM-11)와 주노 프로젝트Juno Project의 일환으로 1991년 소유즈 TM-12호로 비행하기로 한 영국의 헬렌 샤먼Helen Sharman이 있다.

셰필드에서 성장한 헬렌 샤먼은 화학에 관심을 갖고 1984년 셰필드 대학에서 학위를 받았으며, 그 후 런던 버크벡 대학에서 박사학위를 받았다. 그녀는 1987년 슬라우Slough의 마스 리글리Mars Wrigley 제과회사에서 식품 화학자로 일했는데, 2년 후 라디오에서 흥미로운 '구인' 광고를 듣게 된다. 영국 최초의 우주비행사가 되고 싶은 사람을 모집하며 관련 경험은 필요 없다는 내용이었다. 선발된 사람은 '주노Juno 프로젝트'라는 미션에 따라 우주정거장 미르로 우주 비행할 예정이었다. 이 프로그램은 소련 대통령 고르바초프의 글라스노스트glasnost(개방) 정책의 일환으로 소련과 영국의 관계를 증진하기 위해 마련된 공동 협력 사업이었다. 초기 재원은 브리티시 에어로스페이스British Aerospace, 메모렉스Memorex, 인터플로라Interflora, 아이티비ITV 같은 영국의 민간 후원 기업 컨소시엄이 제공했다. 신청자들은 약 13,000명에 달해 경쟁이 치열했다. 샤먼은 과학 연구와 식품기술 분야에 탄탄한 배경을 갖고 있었고, 건강했으며, 외국어에도 소질이 있었다. 결국 그녀는 2명의 최종 후보자 중 한 사람이 되어 육군 소령 티모시 메이스Timothy Mace와 함께 훈련을 받기 위해 모스크바로 갔다. 그 후 그녀는 미션을 수행할 사람으로 최종 선발되었다. 샤먼은 1991년 5월 18일 소유즈 TM-12호 우주선을 타고 발사되어 우주에서 8일 동안 지냈다. 그녀는 미르 우주정거장에서 일주일 동안 머물다가 5월 26일 소유즈 TM-11호를 타고 지구로 귀환했다.

15년 동안 미르를 방문한 우주비행사는 100명이 넘는다. 이 중 가장 주목할 만한 사람은 1985년 우주비행사로 선발된 러시아인 세르게이 크리칼레프Sergei Krikalev다. 그는 소유즈 TM-7호를 타고 1988년 미르로 날아가서 약 6개월 동안 그곳에 머물렀다. 1991년 5월 그는 두 번째로 3명의 승무원 중 한 사람으로 소유즈 TM-12호 미션을 수행하기 위해 미르로 날아갔다. 크리칼레프는 5개월 후인 10월에 귀환할 예정이었다. 하지

'최후의 소련 시민'이 된
세르게이 크리칼레프

만 다음 2개의 미션이 취소되자 그는 체류 기간을 연장하는 데 동의했다.

그가 지상으로 돌아왔을 때, 한때 강대국이었던 소련은 몰락의 길을 걷고 있었다. 탱크들이 거리를 질주하자 고르바초프 정권이 급격히 기울어졌다. 고르바초프는 불가피함을 인정하고 사임했고 1991년 12월 26일 소련은 해체되었다. 이 엄청난 격변 속에서 미르호에 체류 중인 우주비행사 세리게이 크리칼레프와 알렉산드로 볼코프가 어떻게 될지 아무도 확신할 수 없었다. 그들이 발사된 장소인 바이코누르 우주기지와 계획된 착륙 지점은 이제 새로운 독립국가인 카자흐스탄 공화국이 되었다. 미션은 결정이 내려질 때까지 더 연장되었다. 크리칼레프와 우크라이나인 볼코프는 미르호와 도킹되어 있는 소유즈 우주선을 이용해 곧장 귀환할 수 있었다. 하지만 그들이 미르호를 포기하면 그것은 우주정거장의 종말을 의미하는 것이었고, 그래서 그들은 계속 머무르며 새로운 소식을 기다리기로 했다.

마침내 크리칼레프는 새로운 승무원이 3월에 미르호를 향해 발사되고 그가 귀환할 것이라는 소식을 들었다. 대체 승무원이 도착했고 크리칼레프는 볼코프와 독일인 우주비행사 겸 연구자 클라우스-디트리히 플라드Klaus-Dietrich Flade와 함께 소유즈 TM-13호 우주선을 타고 지구로 귀환할 수 있게 되었다. 그들은 1992년 3월 25일 카자흐스탄 아르칼리크Arkalyk 인근에 착륙했다. 당시 크리칼레프와 볼코프의 유니폼에는 소련 휘장이 부착되어 있고 우주복 주머니에는 공산당원 카드가 들어 있어 그들은 서방 언론에 '최후의 소련 시민'으로 알려지게 되었다. 크리칼레프가 우주에서 10개월 지내는 동안 세계가 완전히 바뀌었다. 그의 출생지인 레닌그라드Leningrad는 이전 지명인 상트페테르부르크Saint Petersburg로 바뀌었다.[13]

미르호의 미국인

1993년 NASA 관리자와 러시아 우주 프로그램 관리자는 양국의 상호 이익을 위해 미국 우주왕복선이 미르 우주정거장과 만나 도킹하기로 합의했다. 이 협정에는 러시아 우주비행사가 우주왕복선 미션에 참여하고, NASA 우주비행사가 미르 실험실에 오랫동안 머무르면서 러시아 우주비행사와 함께 일하는 내용도 포함되었다. 이 협력 작업은 이후 국제우주정거장International Space Station(ISS)을 함께 건설하고 장기 체류하는 과제를 위한 필수적인 선결 과제였다. 아울러 자금난에 봉착한 우주 프로그램을 계속 진행하려는 러시아에 매우 절실한 자금을 제공해 주었다.

우주왕복선-미르Shuttle-Mir 프로그램은 1994년에 시작하여 예정된 종료 시점인 1998까지 계속되었다. 4년 동안 많은 일들을 성취하였고, 바로 이 시기에 중요한 우주 이벤트도 많이 수행되었다. 예를 들어 러시아 우주비행사 세르게이 크리칼레프가 최초로 미국 우주왕복선을 타고 비행하여 1994년 12월에 우주왕복선 디스커버리호를 타고 발사된 STS-60 승무원과 합류했다. 크리칼레프는 1998년 12월 두 번째 우주왕복선 미션을 수행했는데, 이때 그와 NASA 우주비행사 로버트 카바나Robert Cabana는 최초로 우주왕복선 엔데버Endeavour호에서 국제우주정거장(ISS)으로 들어가서 미국 모듈 유니티Unity의 조명을 켰다.

미국 우주비행사들이 미르호 장기 체류 미션에 참여했기 때문에 NASA는 자원자를 모집했다. 어떤 사람에게는 이것이 인기 있는 경력 전환이었지만, 어떤 사람에게는 완전히 다른 우주 프로그램에 따라 모스크바에서 6개월 동안 훈련받고 동시에 러시아어 단기 학습 과정을 이수하는 것은 그다지 매력적이지 않은 일이었다. 특히 러시아를 한때 적으로 간주했고 냉전 시대의 적이라는 불신이 아직 남아 있는 군인들에게 더 그랬다. 하지만 전 미 해병대 대위이자 과학자인 노먼 타가드Norman Thagard는 이 일에 열정적이었다. 그는 1995년 3월 14일 러시아 우주비행사 블라디미르 데주로프Vladimir Dezhurov와 겐나디 스트레칼로프Gennadi Strekalov와 함께 소유즈 TM-21호 우주선을 타고 발사되었다. 그들은 미르-18호 미션에서 총 115일 동안 28개 실험을 진행했다.

1995년 6월 27일, 우주왕복선 아틀란티스Atlantis호가 STS-71 미션을 수행하기 위해 러시아 우주비행사 2명이 포함된 7명의 승무원을 싣고 케네디 우주센터 발사대에서 이륙했다. 이는 아틀란티스호에는 14번째 미션이었고, 100번째 미국 유인 우주비행이었다. 주요 미션 목적은 미르 우주정거장과 만나 도킹하는 것이었다. 아울러 미·러 연합 생명과학 연

STS-71 미션 시 미르호 우주정거장과 도킹한 아틀란티스호

미르호 우주정거장에 체류한 NASA 우주비행사

우주비행사	미르 도착일	출발일	체류 기간
노먼 타가드	1995년 3월 16일	1995년 6월 29일	115일
섀넌 루시드	1996년 3월 24일	1996년 9월 19일	179일
존 블라하	1996년 9월 19일	1997년 1월 15일	118일
제리 리넨저	1997년 1월 15일	1997년 5월 17일	122일
마이클 포일	1997년 5월 17일	1997년 9월 28일	134일
데이비드 울프	1997년 9월 28일	1998년 1월 29일	119일
앤디 토머스	1998년 1월 25일	1998년 6월 4일	130일

구를 수행하고, 미르에 필요한 물품을 재공급하며, 2명의 러시아 우주비행사 아나톨리 솔로비예프Anatoli Solovyev와 니콜라이 부다린Nikolai Budarin을 우주정거장으로 수송하고, 타가드와 데주로프, 스트레칼로프를 지구로 데려오는 것이었다. NASA의 대니얼 골딘Daniel Goldin 국장은 이 비행을 미국과 러시아 사이의 "우정과 협력의 새로운 시대"를 여는 서막이라고 말했다.

이틀 후 아틀란티스호는 중앙아시아 상공 395km에서 미르호에 조심스럽게 접근했다. 왕복선 선장 로버트 후트 깁슨Robert Hoot Gibson은 2시간에 걸쳐 천천히 아틀란티스호를 조종하여 매초 30cm의 속도로 미르 우주정거장으로 다가갔다. 아틀란티스호는 계획된 시간보다 불과 2초 앞서 112톤 무게의 미르 정거장과 도킹했고, 이로써 당시로서는 지구 궤도에서 가장 큰 우주선이 탄생했다.

아틀란티스호는 5일 동안 미르호와 도킹 상태로 있은 뒤 타가드와 소유즈 우주선 동료들과 함께 우주정거장에서 분리되어 지구로 귀환했고, 솔로비예프와 부다린은 미르호의 새로운 체류 승무원으로 남았다. 1994년 2월부터 1998년 6월까지 NASA는 11차례 우주왕복선 미션을 미르호로 보내 7명의 미국 우주비행사가 우주정거장에서 장기간 체류했다.

1996년 3월 22일 발사된 STS-76 미션에서 섀넌 루시드Shannon Lucid는 미르호와 도킹하는 세 번째 우주왕복선 미션에 탑승한 6명의 NASA 우주비행사 중 하나였다. 그녀는 3월 31일에 다른 5명의 승무원이 미르호를 떠나 대기권으로 재진입할 때 우주정거장에 남아 있었다. 루시드는 러시아 우주정거장에서 179일 동안 연구 관련 활동을 수행하고 1996년 9월 26일 STS-79 미션 승무원들과 함께 아틀란티스호를 타고 귀환했다.

미르호의 문제

우주정거장 미르호에는 1986년 발사에서부터 2000년 운영 종료까지 다양한 국가 출신의 104명의 사람들이 방문했다. 미국 44명, 소련과 러시아 42명, 프랑스 6명, 독일 4명, 아프가니스탄, 오스트리아, 불가리아, 캐나다, 일본, 슬로바키아, 시리아, 영국 각 1명이었고, 그중 여성이 11명이었다.

미르호는 15년 동안 수행한 엄청난 과업으로 유명하지만, 한편으로 일부 승무원을 극도의 위험에 빠뜨리는 몇 차례의 위기도 겪었다. 궤도를 선회하는 승무원들에게 가장 위협적인 위험 중 하나는 화재다. 1997년 2월 미르호의 산소 발생기에 15분간 화재가 발생해 우주선이 파괴되고 NASA 우주비행사와 의사 제리 리넨저Jerry Linenger를 포함한 당시 6명의 체류자가 사망할 뻔했다.

2월 23일, 미르호에 산소를 발생시키기 위한 점화 과정 중 크반트Kvant 모듈 안에서 갑자기 화재가 발생했다—나중에 리튬 과염소산염 용기에 문제가 있었던 것으로 밝혀졌다. 경보가 울리면서 화염이 토치램프처럼 쏟아져 나왔고 불타는 용기에서 금속이 녹아 흘러나오고 숨 막히는 짙은 연기가 우주정거장을 가득 채웠다. 리넨저는 나중에 "연기가 그렇게 빨리 퍼질 줄 예상하지 못했습니다. 화재는 예상보다 거의 10배 빠르게 우주정거장으로 퍼졌습니다"[14]라고 회상했다.

우주정거장에서 대피할 때 비상 '구명보트'로 사용할 수 있는 도킹된 2대의 소유즈 우주선으로 가는 통로 2개 중 하나가 짙은 연기로 막혀버렸다. 이것은 사실상 탑승한 6명의 승무원 중 3명만이 대피할 수 있다는 의미였다. 일부 승무원은 가까스로 산소마스크를 착용했지만, 리넨저는 산소마스크가 제대로 작동하지 않아 화재와 싸우기 위해 다른 마스크를 작용해야 했다. 그들은 차례로 3대의 소화기를 이용해 불길을 잡았지만 화재 진압은 매우 어려운 일이었다. 무중력 상태에서는 뉴턴의 반작용 원리에 의해 소화기를 작동하는 사람이 뒤로 밀리는 것을 막기 위해 다른 승무원이 붙잡아야 하기 때문이었다. 리넨저는 화재가 약 14분 동안 지속된 후 꺼졌다고 기억했다.

연기가 어느 정도 사라지자 리넨저가 5명의 승무원을 진찰했는데, 다행히 연기 흡입으로 크게 다친 사람은 없었다. 또한 놀랍게도 우주정거장에 회복 불가능할 정도의 손상도 없었고, 미르호는 계속 정상적으로 움직였다. 승무원 교체 이후 리넨저는 1997년 5월 24일 아틀란티스호의 STS-84 승무원들과 함께 지구로 돌아왔다. 그들이 궤도에서 머문 기간은 총 132일이었다.

몇 주 후 또 심각한 사고가 발생했다. 1997년 4월, 무인 화물선 프로그레스Progress M-34호가 발사되어 미르호의 크반트-1 모듈의 뒤쪽 포트로 도킹했다. 2개월 뒤인 6월 24일, 계획된 도킹 테스트가 시작되어 프로그레스호가 수동 조종으로 모듈에서 분리되어 우주정거장 옆으로 이동했다. 다음날 승무원 알렉산드르 라주트킨Aleksandr Lazutkin과 NASA 우주비행사 마이클 포일Michael Foale은 바실리 치블리에프Vasily Tsibliev가 화물 우주선 로켓을 점화하여 원격 시스템을 이용해 영상 화면에서 기동을 모니터링하면서 조심스럽게 프로그레스호를 도킹 포트로 후진시키는 것을 주의 깊게 지켜보았다. 영상 화면은 프로그레스호에 탑재된 카메라에서 전송된 것이었다. 상황이 급격히 공포로 바뀌었다. 치블리에프가 빠르게 접근하는 우주선을 뜻밖에 제대로 통제하지 못했기 때문이었다. 그가 제동 로켓을 점화했지만 너무 늦었다.

나중에 라주트킨은 돌진하는 프로그레스호를 '상어처럼 위협적인' 모습이었다고 묘사하면서 "반점으로 뒤덮인 검은 물체가 아래로 지나가는 것을 보았습니다. 아주 가까이 보였습니다. 그때 엄청난 충격이 발생했고 우주정거장 전체가 흔들렸습니다"[15]라고 덧붙였다. 7.15톤의 우주정거장이 스펙트르Spektr(스펙트럼Spectrum) 모듈에 장착된 태양전지판과 세게 부딪친 후 스펙트르 모듈과 충돌했다. 태양전지판에 구멍이 뚫리고 냉각 장치가 찌그러졌으며 스펙트르 모듈 선체가 손상되었다. 잠시 후 승무원들은 우주정거장에서 공기가 유출되는 소리와 함께 귀가 터질 것 같은 느낌을 받았다. 그들은 충돌로 인한 단전으로 어둠 속에서 힘들게 기어들어가 절단 도구를 찾아 손상당한 스펙트르 모듈로 이어지는 선들을 절단하고 해치를 안전하게 닫아야 했다. 한편 치블리에프는 프로그래스Progress 우주선—나중에 궤도에서 이탈되었다—을 기동하여 회전하고 있는 우주정거장에서 분리했다. 지상 통제센터는 로켓을 점화하여 우주정거장의 회전을 통제하고 손상을 입지 않은 태양전지판을 태양 쪽으로 향하도록 조정하여 조명과 전력을 복구했다.

이처럼 재난에 가까운 피해와 지속적인 컴퓨터와 전력 단전 문제, 공기 누출에도 불구하고 승무원들은 미르호 미션을 계속 진행했다. 하지만 문제는 아직 끝나지 않았다. 9월 영국계 NASA 우주비행사 마이클 포일Michael Foale을 포함한 3명의 체류 승무원은 미국 군사 위성이 우주정거장으로 접근할 때 소유즈 우주선 안으로 대피해 비상 도킹 해제를 준비했다. 군사 위성은 미르호를 근소한 간격(1km 미만으로 추정)을 두고 스쳐 지나갔다. 상황이 안전해진 후에야 3명의 승무원은 소유즈 우주선을 떠나 미르호로 돌아올 수 있었다.

곧 NASA는 문제가 계속 발생하고 노후화된 미르호에 재투자하는 대신, 자금난을 겪는 러시아에 새로운 국제우주정거장 건설에 관한 재정적 약속을 지키라고 압박을 하기 시작했다.

미르호는 1,600번의 장비 고장과 중대한 도킹 충돌, 끔찍한 선내 화

미르호 우주정거장에서 장기 체류한 7명의 미국 우주비행사. (앞줄 왼쪽부터) 노먼 타가드, 존 블라하, 제리 리넨저, 데이비드 울프, (뒷줄 왼쪽부터) 앤디 토마스, 섀넌 루시드, 마이클 포일

재를 포함하여 파란만장한 역사를 거쳐왔다. 2001년 3월 23일, 미르호의 종말이 다가왔다. 러시아 우주 당국이 미르호를 궤도에서 이탈시키자, 122톤의 구조물이 재진입 시 맹렬한 열기에 의해 부서지고 남은 잔해는 남태평양으로 떨어졌다.

10

우주왕복선과 국제우주정거장

우주왕복선은 경외감을 불러일으키면서도 우려스러운 비행체였다. 날개가 달린 웅장한 우주선으로 궤도까지 비행한 뒤 일반 활주로에서 무동력 착륙 방식으로 귀환할 수 있었다. 1981년부터 5대의 우주왕복선—NASA는 궤도 선회 우주선이라고 부르기도 했다—은 130회 이상 미션을 수행했는데, 이는 30년 동안 미국 우주 프로그램의 탁월한 견인차가 되었으며, 전 세계 수많은 사람들을 사로잡은 공학의 금자탑이었다.

이와 같은 많은 성과와 격찬에도 불구하고 우주왕복선의 실패는 사람들을 매우 가슴 아프게 했다. 특히 우주왕복선 챌린저호와 7명의 승무원이 1986년 1월 28일 열 번째 발사된 후 73초 만에 폭발했을 때 가장 가슴 아파했다. 그 후 17년 뒤인 2003년 2월 1일, 또 다른 7명의 우주비행사를 태운 NASA 최초의 우주왕복선 컬럼비아호가 대기권에 진입할 때 완전히 파괴되었다.

우주 탐사에는 종종 막대한 대가가 따른다. NASA도 인간이 불변의 중력 법칙을 거슬러 대기권을 벗어나 위험한 우주로 여행할 때 일어날 수 있는 재난을 비켜갈 수 없었다. 그럼에도 미국의 우주왕복선 미션은 인간의 놀라운 도전과 창의성을 보여준 역사적인 프로그램이었다.

놀라운 기계 장치

베테랑 우주비행사이자 선장인 존 영John Young은 교신이 15분간 단절된 후 마침내 연결되자 "안녕하세요, 휴스턴! 컬럼비아호입니다"라고 놀라울 정도로 차분하게 말했다. 휴스턴 미션 통제센터의 모든 사람들이 일어나서 일제히 기쁨과 안도의 함성을 질렀다. 그들은 악수를 하고 서로의 등을 두드리고 축하의 의미로 시가를 잘라서 물었다. 몇 분 후 열에 손상된 흔적이 있는 우주왕복선이 푸른 하늘을 가르며 모하비Mojave 사막 에드워드 공군기지의 메마른 호수 바닥 활주로로 활강하는 것을 화면으로 지켜볼 수 있었다.

컬럼비아호가 감속하자 극적인 이중 소닉 굉음이 사막에 울려 퍼졌다. 조종사 밥 크리펜Bob Crippen이 웃으며 "멋진 방식으로 캘리포니아에 왔어요!"라고 말했다. 5분 후 우주왕복선의 바퀴가 땅에 닿았는데, 당시 50만 명의 관중이 착륙 장소에 모여 있었다. 9초 후 우주선의 앞바퀴가 활주로에 닿았고, 곧이어 미국의 최신 우주선이 끓어오르는 듯한 사막 공기 속에서 멈추었다. 미션 통제센터는 활기찬 목소리로 "귀환을 환영합니다. 컬럼비아호, 아름답습니다. 정말 멋집니다!"라고 전했다.

이 최초의 우주왕복선 귀환은 미국 우주 프로그램의 개척 단계에 멋진 종지부를 찍었다. 흰색과 분홍색 줄무늬가 그려진 커다란 낙하산과 일회용 우주선이 바다로 떨어지고 헬기에 의해 회수되는 모습은 이제

최초의 우주왕복선 궤도 미션 STS-1의 승무원 존 영(왼쪽)과 밥 크리펜(오른쪽)

사라졌다. 그 대신 완전히 새로운 우주여행 시대가 다가왔다. 수십 회 미션을 수행하고 일반 활주로에 항공기처럼 착륙할 수 있는 재사용 우주선 시대가 열린 것이다.

첫 20년간 인간의 우주비행 역사에서 믿기 힘든 진보가 일어났다. 하지만 미국은 목표를 더 높이 잡고 있었다. 컬럼비아호는 단순히 날개가 달린 놀라울 정도로 복잡한 비행기 그 이상이었다. 미국인들이 자국의 역량에 대해 의문을 제기하고 있을 때, 그들에게 절실했던 기술 역량에 대한 확신을 제공해 주었다. 미국인들은 불과 6년 전 많은 사람들이 반대했던 베트남 전쟁에서 패하여 낙심한 상태였다. 더 최근에는 미국인 구조 헬기가 이란 사막에서 격추당하기도 했다. 그리고 스리마일Three Mile섬의 원자력 발전소에서 노심이 부분적으로 녹아내리는 사고가 발생했고, 자동차 산업의 중심지 디트로이트는 아시아에서 수입된 자동차의 맹공에 휘청이고 있었다.

최초의 우주왕복선—커크Kirk 선장의 가상 스타트랙Star Trek 우주선을 따라서 엔터프라이즈Enterprise호라고 명명했다—은 특별히 개조한 보잉 747 화물기 윗부분에 실려 무동력 접근 및 착륙 시험을 하긴 했지만, 컬럼비아호의 첫 비행은 우주왕복선을 처음으로 우주로 보내는 비행을 통해 이루어졌다. 이 비행이 우주 운송 시스템Space Transportation System 비행의 첫 임무를 뜻하는 STS-1이며, 이것이 우주왕복선의 공식적인 명칭이다. NASA의 가장 훌륭한 우주비행사 두 사람이 우주선의 키를 잡았다. 50세의 선장 존 영은 이번이 다섯 번째 우주비행이었다. 그는 이전에 두 번의 제미니 미션을 성공적으로 완수하였고, 아폴로 프로그램에서는 달까지 두 번 비행했다. 43세의 신참 우주비행사 밥 크리펜은 해군 조종사로서 지금은 폐지된 미 공군 유인 궤도 실험Manned Orbiting Laboratory(MOL) 프로그램에서 NASA 우주비행단으로 자리를 옮겼다.

이 미션의 기본적인 목표는 우주왕복선과 승무원들의 안전한 발사와 귀환을 입증하고 전체 우주왕복선을 구성하는 우주왕복선 자체, 고체로켓엔진, 외부 연료탱크의 '통합' 성능을 확인하는 것이었다. 기내에는 개발 비행 장비Development Flight Instrumentation(DFI)와 공기역학적 계수 식별 패키지Aerodynamic Coefficient Identifications Package(ACIP) 2개 장비가 있었으며, 각 장비에는 온도, 스트레스, 가속도 기록 센서와 측정 기기가 들어 있었다.

STS-1는 새로운 궤도 우주선이 승무원을 태우고 이륙하는 최초의 시험 비행이었다. 이번 시험 비행과 이후 세 번의 시험 비행을 위해 컬럼비아호에는 록히드 마틴Lockheed Martin사의 초음속 SR-71 '블랙버드Blackbird' 항공기를 위해 개발했던 일종의 사출 좌석이 설치되었다. 록히드 마틴사는 영과 크리펜에게 상승 시(최대속도 마하 3 정도) 위기가 발생하거나 우주왕복선이 재진입 후 아음속subsonic에 가까워졌는데도 활주로에 도달하지 못할 경우 탈출할 기회를 제공했던 것이다. 시험 비행이 완료되고 우주왕복선이 제 기능을 발휘하는 것으로 발표된 후, 사출 좌석이 너무 무거워 다수의 승무원에게 하나씩 제공할 수 없다고 판단하여 조종사를 위해 장착된 2개 좌석은 작동이 정지되었고, 아홉 번째 미션 후 사출 좌석은 완전히 제거되었다. 우주비행사들은 상승 또는 하강 때 비행 속도가 아음속을 넘어갈 때 우주왕복선에서 비상 탈출하는 것이 치명적이라는 사실을 알았다. 나중에 챌린저호와 컬럼비아호가 파괴되었을 때 승무원들은 반응할 여유 시간이 1,000분의 수초밖에 없었기 때문에 사출 좌석이 있었다 해도 생명을 구하지 못했을 것이다. 게다가 가상 상황에서 2개의 고체 로켓 부스터가 폐기되기 전에 승무원이 사출되어도 결국은 로켓엔진에서 나오는 뜨거운 화염 속에서 사망했을 것이다. 또한 로켓이 분리된 뒤라고 해도 우주왕복선은 고도가 너무 높고 엄청난 속도로 비행하기 때문에 사출할 수 없을 것이다. 컬럼비아호는 폭발할 때 생존 불가능한 61km 고도의 중간권을 뚫고 음속의 18배 속도로 비행했다. 두 경우 모두 사출된 승무원들의 몸은 초음속의 상승과 하강으로 발생한 엄청난 폭발로 인해 즉시 산산조각이 났을 것으로 추정된다.

우주왕복선은 에어버스Airbus A320 항공기 크기와 비슷했지만 이중 삼각 날개가 있었다. 길이는 37m로 1903년 12월 오빌 라이트Orville Wright가 만든 최초의 동력 비행기와 같았다. 왕복선의 동체는 대부분 알루미늄 합금으로 만들어졌고, 엔진은 주로 티타늄 합금으로 이루어졌다. 우주왕복선 동체의 아랫부분은 재진입시의 엄청난 열기로부터 기체를 보호하기 위해 개별적으로 제작된 세라믹 타일이 부착되어 있었다.

각 왕복선에는 3개의 주 엔진이 장착되었고 거대한 외부 연료탱크에서 연료를 공급받았다. 최대 출력은 27,500MW로서 3,700만 마력이었다. 동력원인 액체수소는 영하 252°C로 저장되었고, 엔진 연소실의 온도는 3,350°C로 철의 끓는점보다 500°C 더 높았다. 엔진에 연료를 공급하는 고압 터보 펌프의 회전속도는 37,000rpm이었는데, 그중 하나는 액체질소 기둥을 공기 중으로 58km까지 쏘아 올릴 수 있었다.

우주왕복선의 사양

길이: 37.237m

날개폭: 23.79m

높이: 17.86m

자체 중량: 78,000kg

총 이륙 중량: 110,000kg

화물 적재 공간: 4.6×18m

이륙!

컬럼비아호의 운명의 날은 우연하게도 유리 가가린이 기념비적 우주비행을 한 날로부터 20년 뒤인 1981년 4월 12일에 찾아왔다. 이틀 전 여러 가지 기술적 문제와 왕복선에 탑재된 다목적 컴퓨터 시스템의 타이밍 불일치가 겹쳐 카운트다운이 연기된 바 있었다. 컬럼비아호는 케네디 우주센터 39A 발사대에서 오전 7시 3초에 드디어 발사되었다.

컬럼비아호의 이륙으로 발사대에 심한 혼란이 생긴 것은 케이프 커내버럴 기지의 엔지니어들에게 이상한 일이 아니었다. 왕복선 고체 로켓 아래에서 쏟아지는 하얀 화염이 3,300°C에 달해 케이블을 태우고 물을 뿌리는 노즐을 녹이고 발사대 주변 1km 이상의 풀을 그을렸다. 거대한 충격으로 가벼운 구조물과 경보 장치들이 손상되었다. 전기 패널 문이 떨어지고 엘리베이터 문이 찌그러져 문틀에서 빠졌다. 하지만 발사 후

1981년 4월 12일 최초의 우주왕복선 궤도 미션을 위해 발사된 컬럼비아호

조사해보니 전체 손상은 예상보다 상당히 적었다.

이륙 후 45분이 못 되어 컬럼비아호는 고도 240km에서 지구를 선회하고 있었고, 이날이 끝날 즈음 고도 270km까지 올라갔다. 우주에서 온전한 첫날 '밤'을 보낼 때 몇 가지 사소한 문제가 발생했다. 2명의 우주비행사가 조종실의 한기에 대해 불평했고, 지상 통제센터가 신호를 통해 온수를 조종실의 온도조절 장치로 보내자 이 문제는 해결되었다. 영과 크리펜은 비행자료 기록장치가 고장 났지만 지상에서 덮개 나사를 너무 꽉 조여놓아 무중력 상태에서 나사를 풀 정도의 충분한 회전력을 낼 수 없어 수리할 수 없었다.

둘째 날 밤에 발생한 가장 심각한 문제는 경고벨이 울리고 경고등이 번쩍이기 시작한 것이었다. 그 경고는 컬럼비아호 유압장치용 보조동력장치 중 하나에 설치된 난방장치 고장을 알려주는 것이었다. 이 유압장치는 랜딩기어와 날개 끝에 부착된 플랩을 조절하는 것이었다. 이 문제는 간단한 스위치 조작으로 신속하게 해결되었다. 2명의 우주비행사는 발사 때 왕복선 뒷부분의 보호용 타일이 많이 떨어져 나갔다는 것을 알았는데, 지상 통제센터와의 상의 후 타일이 떨어져 나간 곳이 중요하지 않은 부분이어서 안전한 재진입에 영향을 주지 않을 것으로 판단했다.

비행 중에 중요한 과학 실험을 수행하진 않았지만 컬럼비아호 시스템을 점검하고 화물 적재함 문을 두 번 여닫으면서 무중력 상태에서의 정상 작동을 확인했다. 둘째 날 컬럼비아호가 예정된 착륙을 하기 약 한 시간 전, 영과 크리펜은 재진입 단계 대부분을 통제하는 컴퓨터 유도 시스템에 일련의 명령어를 입력했다. 소형 추력 로켓들이 짧게 '점화'하면서 우주선이 180도 회전한 후 주 엔진들이 오랫동안 감속 연소를 위해 147초 동안 점화했다. 20분 뒤 27,200km/h의 속도로 비행하는 컬럼비아호는 몇 분 동안 가장 중요하고 놀라운 하강을 시작했다. 우주선이 대기권으로 재진입할 때 전자기 간섭 현상으로 무선 교신이 단절되고 1,650°C의 열기에 휩싸였다.

이후 17분 동안 비행 통제센터는 간섭 현상이 사라지고 존 영이 차분한 인사말로 침묵과 긴장을 깨 주기를 기다렸다. 컬럼비아호의 역할은 우주선에서 무동력 글라이더로 바뀌었다. 우주선의 컴퓨터는 속도를 늦추려고 컬럼비아호를 일부러 계속 회전시켰다. 미션 통제센터는 2명의 우주비행사에게 '정확하게' 내려오고 있다고 말했다. 영은 약 3,700m 상

우주왕복선 컬럼비아호의 궤도 시험 비행

미션	승무원	예비 승무원	발사일	착륙일	궤도 선회 횟수
STS-1	존 W. 영 로버트 L. 크리펜	조. H. 앵글 리처드 트룰리	1981년 4월 12일	1981년 4월 14일	36회
STS-2	조 H. 앵글 리커드 H. 트룰리	토머스 K. 매팅리 2세 헨리 W. 하츠필드 Jr	1981년 11월 12일	1981년 11월 14일	37회
STS-3*	잭 R. 루스마 C. 고든 풀러톤	토머스 K. 매팅리 2세 헨리 W. 하츠필드 Jr	1982년 3월 22일	1982년 3월 30일	130회
STS-4	토머스 K. 매팅리 2세 헨리 W. 하츠필드 Jr	–	1982년 6월 27일	1982년 7월 4일	113회

* 모든 시험 비행에서 우주선은 에드워드 공군기지 23번 활주로에 착륙했으나, STS-3은 에드워드 기지 홍수로 뉴멕시코 화이트샌즈 미사일 기지 17번 활주로에 착륙함.

공에 착륙을 시도하면서 착륙 접근을 위해 플랩flap과 엘리본elevon, 방향타, 속도 제동 장치를 작동시켰다. 그는 컬럼비아호를 착륙시킬 기회가 단 한 번뿐이라는 것을 알았기 때문에 아주 정확하게 활강하면서 약 345km/h의 속도로 착륙해야 했다. 상업용 제트기보다 약 50km/h 더 빠른 속도였다.

비행 후 검사에서 발사할 때 고체 로켓 점화 뒤 거대한 압력파가 발생했다는 사실이 밝혀졌다. 이 압력파 때문에 16개의 타일이 흔들거렸고 148개의 타일이 손상되었다. 하지만 다른 모든 면에서 왕복선은 첫 비행을 아주 훌륭하게 완수했다.

컬럼비아호의 최초 비행은 미국인들을 집단적인 허무와 우울에서 벗어나게 했고, 나아가 용감한 두 우주비행사가 혁신적인 우주선을 타고 비행했다는 사실에 환호했다. 안도한 레이건 대통령은 영과 크리펜에게 "당신들 덕분에 다시 강대국이 된 기분입니다"[1]라고 말했다.

컬럼비아호는 다른 왕복선보다 더 강력했기 때문에 장기 과학연구 미션을 위해 우주로 실험 장비를 실어나르는 일종의 왕복 화물 운반선 역할을 수행했다. 이러한 왕복선의 많은 업적 가운데 특히 찬드라 X선 관측소Chandra X-Ray Observatory와 허블우주망원경Hubble Space Telescope 서비스가 있다.

계속된 왕복선 비행

NASA는 궤도 시험 비행을 성공적으로 마친 뒤 우주왕복선을 정상적으로 운영하기로 발표했다. 다음 두 번의 비행인 STS-5와 STS-6은 4명의 승무원이 탑승했다. 이 두 비행 중 첫 번째 비행 STS-5 미션에는 선장 반스 브랜드Vance Brand, 조종사 로버트 오버마이어Robert Overmyer, 미션 전문가 조 알렌Joe Allen과 빌 르누아르Bill Lenoir가 참여했다. NASA는 컬럼비아호의 네 번째 궤도 비행에서 큰 화물 적재함에 2개의 통신 위성을 실어 우주로 운송함으로써 왕복선의 사업 가능성을 입증할 수 있었다. 승무원들은 임무를 성공적으로 수행했는데, 실패한 한 가지 임무는 계획된 알렌과 르누아르의 우주 유영이 알렌의 우주복 냉각팬 고장으로 취소된 것이었다. 르누아르는 혼자 선외 활동을 시도할 수 있다고 했지만 NASA는 이를 받아들이지 않았다. 5일간의 미션은 1982년 11월 16일 캘리포니아 에드워드 공군기지의 사막 착륙 지점에 완벽하게 안착하는 것으로 끝났다.

다음 비행인 STS-6 미션에서 챌린저호는 1983년 4월 4일 완벽한 발사 이후 첫 우주비행이었다. 탑승한 승무원은 선장 폴 웨이츠Paul Weitz, 조종사 카롤 밥코Karol Bobko,미션 전문가 스토리 머스그레이브Story Musgrave와 돈 피터슨Don Peterson이었다. 머스그레이브와 피터슨은 특별히 선외 활동을 목적으로 설계된 새로운 방식의 우주복을 착용한 덕분에 우주왕복선 프로그램 최초의 생명선을 이용한 우주 유영 활동을 수행할 수 있었다. 그들은 4시간 17분 동안 챌린저호의 화물 적재함에서 많은 시험을 진행했다.

STS-7 미션에서 챌린저호는 다음 차례의 승무원을 태우고 1983년 6월 18일 6일간의 일정으로 발사되었다. 이 날짜는 중요한 의미가 있었다. 발렌티나 테레시코바Valentina Tereshkova라는 소련 여성이 최초로 우주로 날아가서 역사적인 궤도 비행을 한 지 정확히 20주년 되는 날이었다. 이 일곱 번째 왕복선 미션을 수행한 5명의 승무원 중에는 미국 최초의 여성 우주비행사이자 미션 전문가인 샐리 라이드Sally Ride가 포함되었다. 캘리포니아 출신의 31세 물리학자인 라이드는 10대 때 테니스 대회 우승자였다. 라이드와 5명의 다른 여성들은 5년 전 NASA의 우주 프로그램 참가가 허용되어 미래의 우주왕복선 미션을 위해 남성 파트너와 함께 훈

STS-7 미션에서 우주왕복선 챌린저호에 탑승한 미국 최초의 미국 여성 우주비행사 미션 전문가 샐리 라이드

련할 때 이미 새로운 우주비행의 역사를 썼었다. 승무원의 주요 과업은 캐나다의 아니크Anik 위성을 적재함에서 꺼내 설치하고, 나중에 18번째 궤도 비행 때 인도네시아 통신 위성 팔라파-BPalapa-B를 설치하는 것이었다.

의사이자 우주비행사인 노먼 타가드Norman Thagard는 STS-7 미션 승무원으로 뒤늦게 합류했다. 그가 탑승한 목적은 우주적응 증후군으로 알려진 미지의 질병에 관한 의학 실험을 하는 것이었다. 이 질환은 일부 승무원들—흥미롭게도 다른 승무원들은 괜찮았다—에게 미션 초기에 극단적이고 예기치 않은 메스꺼움을 유발했다. 자격을 갖춘 임상의사가 우주와 지상에서 이 질병의 원인을 조사할 필요가 있었고, 가능하다면 치료법도 찾아야 했다.

비행 5일째 되는 날 샐리 라이드와 존 파비안John Fabian은 우주왕복선의 원격 조작용 로봇 팔을 이용해 서독에서 만든 우주왕복선 팔렛 위성Shuttle Pallet Satellite(SPAS)을 방출했고, 이후 실험 위성을 회수하고 방출하는 연습을 했다. STS-7 비행 계획에 따라 우주왕복선은 케네디 우주센터에 새로 건설된 약 4.8km 길이의 콘크리트 활주로에 최초로 착륙할 예정이었다. 하지만 재진입을 준비할 때 케이프 커내버럴 지역의 나쁜 기상 예보로 인해 궤도를 두 번 더 돌면서 NASA의 결정을 기다려야 했다. 결국 승무원들은 플로리다에 착륙할 수 없었고, 그 대신 인적이 드문 에드워드 공군기지에서 착륙했다. 라이드는 나중에 "이번 비행에서 가장 기억에 남을 일은 재미있었다는 겁니다. 확실히 이번 비행이 내 인생에서 가장 즐거웠습니다"[2]라고 회상했다.

1978년에 선발된 35명의 우주왕복선 우주비행사들은 초기 궤도 미션에서 확실히 다양한 집단의 대표성을 잘 보여주었다. STS-7 미션에서 5명의 승무원 중 4명이 8그룹 간부 출신이었고, 다음 비행인 STS-8에서

5명 중 3명도 이 그룹 출신이었다. 다시 말하지만 사회-역사적 측면에서 볼 때 기온 블루포드Guion Bluford는 NASA 최초로 우주를 비행한 아프리카계 미국인 우주비행사가 되었다.

작은 일이긴 하지만 우주왕복선 역사의 또 다른 사건이 1983년 8월 30일에 기록되었다. 이날 우주왕복선은 1972년 아폴로 17호가 자정에 이륙한 이후 최초로 야간에 발사되었다. STS-8의 발사 시각은 6일간의 미션의 주요 목표 중 하나인 인도 통신 및 기상 위성을 설치하는 데 필수적이었다. 궤도 전문가들이 챌린저호가 인셋-B Insat-B 위성을 올바른 위치에 배치하고 고도 35,900km로 보낼 수 있는 발사 시각을 결정했다. 발사는 성공적이었다. 미션 세 번째 날 미션 전문가 블루포드와 데일 가드너Dale Gardner가 캐나다에서 제작한 원격 로봇 팔의 능력을 시험하기 위해 알루미늄, 강철, 납으로 만든 3,470kg의 덤벨 모양의 시험용 물체를 챌린저호의 적재함에서 꺼내 배치했다가 다시 회수했다. 한편 윌리엄 손턴 William Thornton 박사는 이전 미션에서 타가드가 수행한 이른바 '우주병Space Sickness'의 영향에 관한 연구에 이어서 추가 실험을 수행했다.[3] 6일간 성공적인 비행을 마친 후 STS-8 미션은 에드워드 공군기지 활주로에 밤에 착륙하는 것으로—이 역시 NASA 역사상 최초였다—종료되었다.

우주왕복선이 도입되면서 미션 전문가라는 새로운 승무원 직책이 생겼다. STS-8 미션에서는 추가로 우주여행자space traveller라는 직책이 도입되었다. NASA의 미션 전문가와 달리 우주여행자는 각국이나 기관—심지어 군대—이 왕복선에 실어서 우주로 운송하는 실험 장비, 하드웨어, 위성을 관리하기 위해 직접 선발한 사람들이었다. 그들은 NASA 우주비행사들을 위해 개발된 것과 똑같은 엄격한 훈련 과정을 거칠 필요가 없었고, 대신 휴스턴에서 우주왕복선의 기본적인 시스템, 운영, 안전 절차에 관한 약식 훈련 프로그램을 이수했다.

컬럼비아호가 9일간(나중에 10일로 연장되었다)의 STS-9 미션을 위해 1983년 11월 28일 플로리다 발사대에서 굉음을 울리며 발사되었을 때 처음으로 2명의 우주실험 전문가가 탑승했다. 이들은 유럽우주항공국 European Space Agency(ESA) 소속의 서독인 물리학자 울프 메르볼드Ulf Merbold—NASA의 우주왕복선을 탑승한 최초의 유럽인이 되었다—, 매사추세츠 공과대학 소속의 미국인 바이오의학 엔지니어 바이런 리히텐베르크Byron Lichtenberg였다. 그들이 탑승한 목적은 ESA의 과학연구 실험실인 수십억 달러짜리 스페이스랩Spacelab에서 실험을 수행하는 것이었다. ESA의 후원으로 서독에서 제작된 실험실은 컬럼비아호의 커다란 적재함에 이동식 주택처럼 안전하게 실려 있었다. 왕복선의 개방된 적재함에 있는 스페이랩 모듈 실험실에 접근(또는 출발)하려면 실험실과 왕복선의 승무원 조종실에 있는 밀폐된 해치 사이에 설치된 가압된 이동 통로를 이동해야 했

STS-9/스페이스랩-1의 승무원들. (앞줄 왼쪽부터) 미션 전문가 오웬 개리엇, 조종사 브루스터 쇼, 선장 존 영, 미션 전문가 밥 파커. (뒷줄 왼쪽부터) 우주실험 전문가 바이런 리히텐베르크와 울프 메르볼드

STS의 이름으로 수행된 우주왕복선 비행

비행 미션	우주왕복선	승무원	발사일	착륙일	궤도 선회 횟수
STS-5	컬럼비아호 (OV-102)	반스 브랜드 로버트 오버마이어 조셉 알렌 윌리엄 르느와르	1982년 11월 11일	1982년 11월 16일	81회
STS-6	챌린저호 (OV-099)	폴 웨이츠 카롤 밥코 스토리 머스그레이브 도널드 피터슨	1983년 4월 4일	1983년 4월 9일	81회
STS-7	챌린저호 (OV-099)	로버트 크리펜 프레더릭 호크 존 파비안 샐리 라이드 노먼 타가드	1983년 6월 18일	1983년 11월 24일	97회
STS-8	챌린저호 (OV-099)	리처드 트룰리 다니엘 브란덴슈타인 기온 블루포드 데일 가드너 윌리엄 손턴	1983년 8월 30일	1983년 9월 5일	98회
STS-9/ 스페이스랩-1 (STS-41A)	컬럼비아호 (OV-102)	존 영 브루스터 쇼 오웬 개리엇 로버트 파커 울프 메르볼드 바이런 리히텐베르크	1983년 11월 28일	1983년 12월 8일	167회

다. 메르볼드와 리히텐베르크는 스페이스랩 모듈에 들어가 미국과 서유럽, 일본, 캐나다의 과학자들이 설계한 70개 이상의 실험을 수행했다. 이 비행은 당시까지 가장 길고 과학적 측면에서 가장 생산적인 왕복선 비행을 약속했고, 실제로 그렇게 되었다.

이 비행은 기본적으로 별 이상이 없었지만 미션 후반부에 심각한 문제가 발생했다. 12월 8일, 선장 존 영은 RCS 추력기를 점화하여 재진입 4시간 전에 왕복선의 방향을 바로잡았는데, 이때 비행 통제 컴퓨터 중 하나가 고장 나고 몇 분 후 두 번째 컴퓨터도 고장 났다. 시스템을 리부팅한 후 영은 재진입을 연기했고, 궤도에서 떠다니는 몇 시간 동안 승무원들은 우주선의 시스템을 이중으로 점검했다. 재진입이 시작되자 모든 것이 순조롭게 진행되어 에드워드 공군기지 17번 활주로에 착륙했다. 승무원들은 착륙하기 약 2분 전에 히드라진 누출로 인해 컬럼비아호의 3개 보조 동력 장치Auxiliary Power Units(APUS) 중에서 2개에 불이 붙었다는 사실을 나중에도 알지 못했다. 이 유출로 유해한 연료가 뜨거운 표면에 분사되어 2개의 APUS에 불이 붙었다. 다행히도 불은 저절로 꺼졌지만 부품에 중대한 손상을 유발했다. NASA는 하마터면 착륙 과정에서 폭발로 왕복선과 6명의 승무원을 잃을 뻔했다.[4]

새로운 비행 명칭 도입

우주왕복선 프로그램 시작부터 각 미션에는 순차적으로 숫자 명칭이 부여되었다. 첫 궤도 비행은 STS-1이었고 순차적으로 STS-9까지 숫자가 부여되었다. STS-9부터 새롭고 더 복잡한 시스템이 도입되어 STS-9에 STS-41A라는 두 번째 명칭도 부여되었다. 41A에서 첫 번째 숫자 '4'는 해당 미션의 비행이 예정된 NASA의 회계연도 1984년을 나타낸다(NASA의 각 회계연도는 10월에 시작한다). 다음 숫자는 발사 지역을 나타내는데, '1'은 케네디 우주센터를 가리킨다. 1986년 챌린저호 재난 이전, 두 번째 발사 시설이 캘리포니아 반덴버그Vandenberg 공군기지에 건설 중이었고 이 기지는 발사 지역 숫자 2가 될 예정이었지만 건설이 중단되었다. 문자 명칭은 특정 회계연도에 수행된 각 비행의 순서를 나타낸다. 문자 'A'는 첫 번째로 계획된 발사에 부여되었고, 예컨대 'H'는 여덟 번째 비행에 부여되었다. 미션이 다음 해로 연기되거나 불가피하게 순서가 어긋날 경우에도 원래 부여된 숫자와 문자를 그대로 부여했다. 이 방식은 기존의 순차적인 숫자 부여 방식이 발사 연기 사유로 유지할 수 없게 되자 NASA가 도입했던 매우 복잡한 시스템이었으며, 우주왕복선 챌린저호가 STS-51L(회계연도 1985년, 케네디 우주센터에서 12번째로 발사되었다) 미션 과정에서 파괴될 때까지 계속 유지되었다.

우주왕복선 미션이 1988년 9월에 재개되었을 때 이전의 덜 복잡한 체계가 다시 채택되어 26번째 미션은 STS-26으로 명명되었다. 이후 몇몇 비행이 순서에 맞지 않게 발사되었지만 숫자 부여 체계는 2011년 마지막 우주왕복선 미션인 STS-135(아틀란티스호)까지 계속되었다.[5]

우주왕복선 역량 확대

우주왕복선이 2주마다 한 번꼴로 정기적으로 발사될 것이라는 예상에도 불구하고, 이런 일정은 곧 비현실적인 것으로 드러났다. 프로그램 자원의 한정, 하드웨어와 소프트웨어 문제, 실행 불가능한 훈련 일정, 예비 부품 부족은 NASA가 극복할 수 없는 수많은 문제 중 일부일 뿐이었다. NASA의 직원들은 지속 불가능한 일정에 맞추려고 애을 썼으며, 일정을 형식적으로라도 맞추기 위해 이 우주왕복선의 부품을 떼서 저 우주왕복선에 재사용했다. NASA는 전년도에 연간 24회 비행을 자랑스럽게 발표했지만, STS-9 이후 15차례의 미션을 2년에 걸쳐 수행했을 뿐이었다. 우주왕복선 컬럼비아호를 개조할 동안 세 번째 왕복선 디스커버리호

(OV-103)가 합류했고, 나중에 네 번째이자 마지막으로 계획된 왕복선 아틀란티스호(OV-104)도 합류했다. 15차례 진행된 미션을 요약하여 정리하면 다음과 같다.

STS-41B: 1984년 2월 3일~2월 11일(챌린저호)

8일간 미션의 특징은 미션 전문가 로버트 스튜어트Robert Stewart와 브루스 맥캔들리스 2세Bruce McCandless II가 두 차례 우주 유영을 하면서 우주왕복선 시대의 가장 잊을 수 없고 상징적인 이미지 중 하나를 제공한 것이다. 맥캔들리스가 생명줄 없이 제트 추진 유인 기동 장치를 이용해 최초

STS-41B 미션에서 챌린저호에서 나와 생명줄 없이 유영함으로써 최초의 인간 위성이 된 미션 전문가 브루스 맥캔들리스 2세

의 인간 위성이 되어 푸른 지구 위에서 검은 우주를 배경으로 유영하는 모습이었다.

STS-41C: 1984년 4월 6일~4월 13일(챌린저호)

6일간 비행의 주요 목적은 4년 전에 발사되어 망가진 2,270kg의 솔라 맥스Sola Max 위성을 회수하여 수리하는 최초의 우주 '서비스 제공'이었다. 궤도를 이탈한 고장 난 위성을 구하는 첫 번째 시도는 실패했지만, 다음날 미션 전문가 테리 하트Terry Hart가 챌린저호의 로봇 팔을 이용해 가까스로 천천히 회전하는 솔라 맥스 위성을 붙잡아 안전하게 화물 적재함에 넣자, 우주비행사 조지 핑키 넬슨George Pinky Nelson과 제임스 반 호프텐James van Hoften이 우주 유영을 통해 고장 난 컨트롤박스를 교체하고 망가진 부품을 고쳤다. 그 후 하트는 로봇 팔을 이용해 새로 수리된 위성을 다시 궤도에 배치하는 데 성공했다.

STS-41D: 1984년 8월 30일~9월 5일(디스커버리호)

1984년 6월 25일 우주왕복선 디스커버리호의 첫 우주비행은 고장 난 컴퓨터를 교체하기 위해 연기되었다. 다음날 불과 이륙 4초 전 왕복선의 주 엔진 중 하나가 점화된 뒤 주 연료 공급선 밸브가 불안정하더니 닫히는 바람에 갑자기 꺼져버렸다. 2개월 뒤 또다시 몇 차례 연기된 후 STS-41D 미션 비행이 마침내 8월 30일 완벽하게 이루어졌다. 6명의 승무원 중 가장 눈에 띄는 사람은 우주실험 전문가인 찰스 워커Charles Walker였다. 그는 맥도넬 더글러스McDonnell Douglas사의 엔지니어로서 우주비행을 한 최초의 상업적 우주실험 전문가가 되었다. 그는 우주의 무중력 환경에서 회사를 위해 전기 이동 실험을 모니터링하는 임무를 맡았다. 디스커버리호는 성공적인 6일간의 미션을 마친 후 9월 5일 에드워드 공군기지로 착륙했다.

STS-41G: 1984년 10월 5일~10월 13일(챌린저호)

챌린저호의 여섯 번째 우주비행인 이 미션에서 미션 전문가 캐시 설리번Kathy Sullivan은 선외 활동을 완수한 최초의 미국 여성이 되었다. 그녀는 동료인 데이비드 리스트마David Leestma와 함께 3시간 반 동안 화물 적재함 뒤편에서 생명줄을 이용해 유영했다. 화물 적재함에는 연료 탱크 2개가 실려 있었는데, 그들은 미래의 승무원들이 연료를 소진한 위성에 재급유할 때 이용할 수 있는 도구를 시험했다. 안타깝게도 그녀는 소련의 우주비행사 스베틀라나 사비츠카야Svetlana Savitskaya가 불과 3개월 전 선외 활동을 수행하는 바람에 최초로 선외 활동을 수행한 여성이라는 영예는 놓쳤다. 샐리 라이드Sally Ride가 두 번째 우주비행를 수행했으며, 호주 태생의 해양학자 폴 스컬리 파워Paul Scully-Power도 챌린저호에 탑승해 세계의 해양과 해류, 나선 모양의 소용돌이를 모니터하고 사진을 찍었다.

STS-51A: 1984년 11월 8일~11월 16일(디스커버리호)

이 비행의 주요 목표는 2개의 인공위성을 발사하고, 그해 초 로켓 점화에 실패해 쓸모없게 된 2개의 지구 저궤도 위성을 회수하여 지구로 돌아오는 것이었다. 승무원들은 궤도에 진입한 2개의 위성, 즉 캐나다의 아니크Anik 위성과 휴스 스페이스 앤드 커뮤니케이션Hughes Space and Communications사의 신콤Sycom 위성을 배치하는 데 성공했다. 그 후 3일 동안 미션 전문가 조 알렌Joe Allen과 데일 가드너Dale Gardner는 꼼짝하지 않는 2개의 위성, 즉 팔라파-B2Palapa-B2와 웨스트스타-6Weststar-6을 회수하여 조심스럽게 빈 화물 적재함으로 이동시킨 후 수리를 위해 지구로 돌아왔다. 이 까다로운 작업을 수행할 때 원격 로봇 팔을 조종한 사람은 미션 전문가 애나

작동이 중지된 팔라파-B2와 웨스트스타-6 위성을 성공적으로 회수한 후 장난스럽게 '판매중' 표지판을 들고 있는 미션 전문가 데일 가드너

피셔Anna Fisher였다. 그는 우주를 비행한 네 번째 미국 여성이자 역대 최초의 어머니였다.

STS-51C: 1985년 1월 24일~1월 27일(디스커버리호)

최초로 군사적 목적만을 위해 추진된 이 우주왕복선 미션은 철저한 비밀 속에 수행되었다. 화물 적재함에 실린 큰 위성에 대해 어떤 정보도 제공되지 않았다. 군 관계자는 케네디 우주센터 언론 시설을 모두 폐쇄하라고 명령하고, 발사 시각도 알려주지 않았으며, 지상 통제센터 통제관과 탑승한 승무원 사이의 교신 내용을 방송하는 것도 반대했다. 처음으로 게리 페이턴Gary Payton이라는 군 소속 우주실험 전문가가 공군의 유인 우주비행 엔지니어Manned Spaceflight Engineer(MSE) 프로그램의 일원으로서 승무원에 포함되었다. 이 미션은 비밀로 분류되고 계속 그대로 유지된 탓에 3일간의 비행에 대한 세부 내용은 아직까지도 밝혀지지 않았다.

STS-51D: 1985년 4월 12일~4월 18일(디스커버리호)

맥도넬 더글러스사 소속 엔지니어 찰스 워커Charles Walker가 두 번째 우주 비행에 참여하여 분자를 분리할 때 사용하는 대형 전기영동기electrophoresis machine를 작동했다. 맥도넬 더글러스사는 존슨 & 존슨의 오소Ortho 의약 사업부와의 합작투자를 통해 초순도 합성물인 적혈구 생성 촉진 호르몬을 충분히 생산하여 인간의 삶을 바꿀 만한 약품에 대한 임상 테스트를 할 수 있을 것으로 기대했다. 만약 성공한다면 빈혈 환자와 수혈이 필요한 환자들의 삶이 크게 개선될 희망이 있었다. 무중력 상태가 지상의 실험실보다 4배 더 순수한 물질을 만들 수 있다는 사실은 이미 입증되어 있었다. 이 미션에서는 상당히 많은 다른 종류의 유익한 연구들이 수행되었지만, 언론은 두 번째 우주실험 전문가이자 미국 상원의원인 제이크 간Jake Garn을 더 많이 주목했다. 제이크 간은 NASA 예산을 감독하는 의회 소위위원회 위원장 직책 때문에 이 미션 중 의학적 실험에 참여하게 되었다. 그러나 불행히도 그는 미션 기간 중 상당 시간을 심한 우주병으로 고통을 당했다. 승무원은 2개의 통신 위성 텔레샛Telesat-1(아니크Anik C-1)과 신콤Syncom IV-3(리샛Leasat-3)을 궤도에 설치했지만, 리샛-3의 엔진이 작동하지 않았다. 미션 전문가 리아 세던Rhea Seddon이 원격 로봇 팔을 이용해 이쑤시개 크기의 점화 스위치를 누르려고 했지만 성공하지 못했다. 우주 유영으로 위성에 접근하는 것은 너무 위험하다고 판단했기 때문에 미션 전문가 제프 호프먼Jeff Hoffman과 데이비드 그리그스David Griggs는 예정에 없던 우주 유영으로 2개의 '파리채flyswatter' 도구를 원격 로봇 팔 끝에 부착했고, 세던이 이것을 이용해 다시 리샛-3의 스위치를 누르려고 했지만 또 실패했다. 승무원들은 미션 통제센터의 지시에 따라 어쩔 수 없이 반응하지 않은 위성을 포기했고, 디스커버리호는 천천히 멀어졌다. 이런 실패한 작업 탓에 미션 일정이 이틀 더 늘어났다. 디스커버리호가 케네디 우주센터에 착륙할 때 갑작스러운 측면 바람에 크게 영향을 받았는데, 이 때문에 왕복선은 활주로 중앙에서 6m 왼쪽으로 이동했다. 카롤 밥코Karol Bobko가 디스커버리호를 다시 제어할 수 있게 하였지만, 브레이크를 세게 밟아야 했기 때문에 그로 인해 선체 안쪽의 오른쪽 브레이크 잠김 현상이 발생하면서 타이어가 펑크가 났고 날개 제어 플랩이 손상되었다.[6]

STS-51B: 1985년 4월 29일~5월 6일(챌린저호)

17번째 우주왕복선 미션을 위해 챌린저호가 7명의 승무원을 태우고 이륙했다. 이 미션은 10억 달러짜리 재사용 가능한 ESA 스페이스랩 3 실험실을 화물 적재함에 싣고 날아가 완벽하게 작동할 수 있도록 설치하는 것이었다. 실험실은 세심한 재료 가공과 유체 실험을 위한 최고 수준의 미세중력 환경이었다. 또한 소형 야생동물—다람쥐원숭이 2마리와 생쥐 24마리—을 궤도로 운송하여 무중력의 영향을 연구했다. 이 비행에서 7명의 남자 승무원은 골드 조와 실버 조로 나뉘어 각 조가 교대로 12시간씩 작업했다. 7일 후 110회의 지구 궤도 비행을 마친 후 선장 밥 오버마이어Bob Overmyer와 조종사 프레드 그레고리Fred Gregory는 챌린저호를 에드워드 공군기지에 순조롭게 착륙시켰다.

STS-51G: 1985년 6월 17일~6월 24일(디스커버리호)

이 미션을 맡은 7명의 승무원 중 2명은 외국인 방문 우주실험 전문가였다. 승무원들은 스파르탄Spartan 1 엑스레이 관측선과 3개의 통신 위성을 발사 및 회수하였고, 미군의 전략방어계획Strategic Defense Initiative(SDI)(인기 SF 영화 이름을 따서 '스타워즈'라는 별칭으로도 불렸다)의 일환으로 레이저 추적 실험을 수행했다. 프랑스 우주비행사 패트릭 보드리Patrick Baudry는 앞서

국제적인 STS-51G 미션의 승무원들. (뒷줄 왼쪽부터) 미션 전문가 섀넌 루시드와 스티브 나겔, 존 파비안, 우주실험 전문가 술탄 살만 알 사우드(사우디아라비아)와 패트릭 보드리(프랑스), (앞줄 왼쪽부터) 선장 댄 브랜든슈타인, 조종사 존 크레이턴

1982년에 발사된 소련의 소유즈 우주선에 탑승한 프랑스인 장 룹 크레티앵Jean-Loup Chrétien의 예비 승무원으로서 소련에서 훈련받은 적이 있었다. 두 번째 외국인 승무원은 사우디아라비아 국왕 파하드Fahd의 조카 술탄 살만 알 사우디Sultan Salman Al-Saud 왕세자였는데, 그는 우주비행을 한 최초의 왕족이자 아랍인, 무슬림이었다. 그가 승무원이 된 것은 아랍샛Arabsat 중계국의 발사를 관찰하고 지질학적 연구를 위해 고국 땅의 사진을 찍는 것 외에 거의 임무가 없었다는 점에서 국제적인 선의의 제스처였다고 할 수 있다. '스타워즈' 시험에는 디스커버리호 에어록 해치 창문에 20cm 길이의 반사경을 설치하는 것이 포함되었다. 이 반사경은 전략방어계획에 적용되는 완벽한 기술 확보 노력의 일환으로 수행된 고정밀 레이저 추적 기술 시험에서 하와이 마우이Maui에 있는 저에너지 레이저

의 표적이 되었다. 첫 번째 시도는 컴퓨터가 디스커버리호의 방향을 잘못 가리켰기 때문에 실패했다. 하지만 이틀 후 두 번째 시도는 성공적이었다. 우주왕복선 디스커버리호는 7일간의 18번째 미션을 마치고 에드워드 공군기지에 착륙했는데, 당시까지 '가장 성공적인 미션'이라는 평가를 받았다.[7]

STS-51F: 1985년 7월 29일~8월 6일(챌린저호)

이 미션은 정부가 지금까지 수행한 가장 야심 찬 과학연구 미션으로 회자되고 있다. 미국의 50번째 유인 우주비행이기도 하다. STS-51F는 챌린저호의 주 엔진이 이륙 후 5분 40초 만에 궤도까지 상승하는 데 실패해 불안한 출발을 보였다. 그나마 다행스러운 것은 고체 로켓엔진이 분리된 후였다는 점이었다. 지상통제소는 스페인에 비상 강제 착륙하는 방안을 심각하게 고려했으나, 남아 있는 2개 엔진의 힘으로 우주왕복선이 선회 궤도인 고도 273km까지 느리게 이동할 수 있었다. 하지만 이 고도는 목표보다 116km 부족했다. 선장 고든 풀러턴Gordon Fullerton은 이 고도에 도달하기 위해 왕복선의 궤도 기동 시스템Orbiting Maneuvering System(OMS)과 반동 제어 시스템Reaction Control System(RCS) 추진 연료의 3분의 1를 소비했고, 이는 더 높은 고도로 올라갈 수 없다는 뜻이었다. 우주왕복선의 화물 적재함에는 새로 제작된 스페이스랩 2 모듈이 실려 있었는데, 태양과 별, 먼 은하계를 연구하기 위한 7,200만 달러 이상의 망원경과 다른 민감한 장비를 갖춘 천문 관측소 역할을 할 예정이었다. 예상보다 낮은 궤도에서는 이런 목적을 모두 달성할 수 없었다. 하지만 에드워드 기지에 착륙한 뒤 궤도에서 하루 더 체류한 것만으로도 이 비행은 대체로 성공을 거둔 것으로 간주되었다.

1986년 우주왕복선 미션 수행 일정

날짜	우주왕복선	주요 미션
1월 12일	컬럼비아호	통신 위성 발사; 핼리 혜성 사진 촬영; 넬슨 하원의원 탑승
1월 23일	챌린저호	통신 위성 발사; 핼리 혜성 연구용 소형 위성 발사 및 회수; 교사 크리스타 맥 콜리프 탑승
3월 6일	컬럼비아호	핼리 혜성, 행성, 항성, 항성체 연구용 망원경 4대 운송; 위성 발사
5월 15일	챌린저호	율리시스 로봇 탐사선을 운송하여 우주에서 목성 주변으로 발사하여 태양 극 궤도로 진입해 탐사 활동
5월 20일	아틀란티스호	12월 갈릴레오 탐사선으로 암피트리테 소행성과 랑데부한 다음, 1986년에 목성과 여러 위성 탐사
6월 24일	컬럼비아호	2개의 위성 발사; 영국인과 인도네시아인 우주비행사 탑승
7월 22일	챌린저호	2개의 위성 발사; 샐리 라이드의 세 번째 우주비행
7월 중순	디스커버리호	반덴버그 공군기지에서 최초로 우주왕복선 발사; 전략적 방위사업 장비를 연구하는 군사 미션
8월 18일	아틀란티스호	지구 과학 미션
9월 4일	컬럼비아호	비밀 군사 미션
9월 27일	챌린저호	인도 위성 발사; 최초의 인도인 우주비행사; 우주로 간 최초의 언론인
9월 29일	디스커버리호	반덴버그 기지에서 발사된 비밀 군사 미션
10월 27일	아틀란티스호	허블우주망원경 발사
11월 6일	컬럼비아호	2개의 위성 발사
12월 8일	챌린저호	비밀 군사 미션

STS-51I: 1985년 8월 27일~9월 3일(디스커버리호)

기상 악화와 컴퓨터 문제로 발사 예정일보다 3일이 지난 후 디스커버리호는 마침내 우주왕복선 프로그램 사상 최악의 날씨 속에서 돌풍이 다가오기 직전인 새벽에 발사되었다. 이륙 후 몇 분 뒤 폭우에 발사대가 침수되었다. 5명의 승무원은 2개의 위성을 궤도에 안착시키느라 첫날을 분주하게 보냈다. 호주의 통신 위성 오샛Aussat은 호주가 지구 궤도로 발사한 최초의 위성이었고, 5시간 후 아메리칸 새털라이트 컴퍼니American Satellite Company의 중계 위성이 발사되었다. 세 번째 위성인 신콤Syncom IV-4는 이틀 뒤 발사되었다. 승무원의 다음 임무는 4개월 전 STS-51D 미션 때 수리에 실패한 리샛-3 위성을 회수하여 수리하는 일이었다. 적합한 도구를 갖춘 미션 전문가 제임스 반 호프텐James van Hoften과 윌리엄 피셔William Fisher는 고장 난 위성을 포착하여 디스커버리호 화물 적재함에 천천히 실었다. 총 11시간 46분에 걸친 두 번의 긴 우주 유영으로 수리는 성공적으로 완료되었고 제 기능을 발휘하지 못했던 리샛-3 위성이 다시 궤도에 설치되었다. 이 미션은 궤도를 111회 돌고 에드워드 공군기지의 23번 활주로로 안전하게 착륙하면서 끝났다.[8]

STS-51J: 1985년 10월 3일~10월 7일(아틀란티스호)

조용하게 등장한 NASA의 네 번째 우주왕복선 아틀란티스호(OV-104)는 4일간의 미 국방부 비밀 임무를 위해 케네디 우주센터에서 이륙했다. NASA 관리들은 이전의 STS-51C처럼 국방부가 제시한 엄격한 규칙을 따랐고, 따라서 이 비행에 관한 세부 내용은 공개된 것이 거의 없다. 심지어 발사 시각도 이륙하기 9분 전까지 공개되지 않았다. 5명의 승무원 중 4명은 NASA 우주비행사였지만 그들 모두 군 배경을 갖고 있었고, 다섯 번째 승무원은 군 소속 우주실험 전문가 공군 소령 윌리엄 페일스William Pailes였다. 이 미션에 앞서 국방부 통신 시스템 위성 2개가 발사된 것으로 알려졌다. 이 미션은 아틀란티스호가 에드워드 공군기지 23번 활주로에 착륙하는 것으로 끝났다.

STS-61A: 1985년 10월 30일~11월 6일(챌린저호)

챌린저호가 9번째 미션이자 우주왕복선 프로그램의 21번째 미션을 위해 이륙했다. 이 미션에서는 당시로서는 최대 승무원 8명을 우주로 보냈을 뿐만 아니라, 다른 국가가 부분적으로 관리하는 최초의 미션이었다. 서독의 우주 당국은 8일간의 미션을 위해 챌린저호를 임대했는데, 임무는 스페이스랩 2호를 궤도에 다시 올리고 3명의 유럽 물리학자, 즉 라인하르트 퍼러Reinhard Furrer, 에른스트 메저슈미트Ernst Messerschmid, 뷔보 오켈스Wubbo Ockels를 수송하는 것이었다. 스페이스랩 D-1Deutschland-1로 알려진 이 미션은 독일이 관리하는 최초의 미션이었고, 독일항공우주비행 시험연구소German Test and Research Institute for Aviation and Space Flight(DFVLR)(오늘날의 독일우주항공센터German Aerospace Center의 전신, 또는 DLR)의 독일우주운영센터German Space Operations Centre가 이 미션을 지휘했다. 비행 중 생리학, 재료학, 생물학, 항해학 분야의 75개 이상의 과학 실험이 진행되었다. 승무원들은 지구 궤도를 110회 선회하고 우주에서 168시간 비행한 후 스페이스랩 D-1 미션을 마쳤다. 슬프게도 이것이 우주왕복선 챌린저호의 마지막 착륙이었다.[9]

STS-61B: 1985년 11월 27일~12월 3일(아틀란티스호)

케네디 우주센터 39A 발사대에서 야간에 화려하게 발사된 후, 아틀란티스호에 탑승한 7명의 우주비행사는 일주일간의 두 번째 우주비행을 통해 3개의 상업 통신 위성을 설치할 예정이었다. 이 비행 동안 미션 전문가 제리 로스Jerry Ross와 셔우드 스프링Sherwood Spring은 아틀란티스호의 화물 적재함 속에서 총 12시간 동안 두 번의 우주 유영을 하면서 임무를 성공적으로 수행했다. 그들은 99개의 알루미늄 기둥을 이용해 14m의 관 모양 탑을 만들어 직경 4m짜리 피라미드 형태의 구조물을 설치했다.

이것은 우주에서 구조물을 조립하는 인간의 능력을 시험하기 위한 것이었다.

7명의 승무원 중 2명의 우주실험 전문가는 최초의 멕시코인 우주인 로돌포 네리 벨라Rodolfo Neri Vela와 세 번째 우주비행에 나선 맥도넬 더글라스사 소속의 찰스 워커Charles Walker였다. 이들의 목적은 우주왕복선 하부 갑판에 싣고 온 전기영동기를 이용해 무중력 상태에서 적혈구 생성 촉진 인자의 초순도 샘플을 만드는 연구를 계속하는 것이었다. 7일간의 미션 후 아틀란티스호는 에드워드 공군기지의 조명 문제 때문에 계획된 궤도 선회 횟수보다 1회 일찍 착륙했다. 이후의 챌린저호 폭발 사고 때문에 아틀란티스호는 한동안 비행하지 못하다가, 3년 후 STS-27 미션을 위해 1988년 12월에 다시 발사되었다.

STS-61C: 1986년 1월 12일~1월 18일(컬럼비아호)

로버트 후트 깁슨Robert Hoot Gibson 선장의 지휘 아래 우주왕복선 컬럼비아호는 라디오 코퍼레이션 오브 아메리카Radio Corporation of America(RCA)의 세계 최강 통신 위성 샛콤Satcom KU-1호를 설치하기 위해 이륙했다. 컬럼비아호에 탑승한 2명의 NASA 미션 전문가 천체물리학자 스티브 하울리Steve Hawley와 조지 핑키 넬슨George Pinky Nelson은 핼리 혜성을 연구하고 사진을 촬영할 예정이었다. 또 다른 승무원은 플로리다주 출신 민주당 국회의원 빌 넬슨Bill Nelson이었는데, 그는 NASA 예산을 감독하는 하원 소위원회 위원장인 탓에 논란을 불러일으켰다. 6일간에 걸친 미션을 성공적으로 마친 후, 1월 18일 깁슨과 동료 조종사 찰스 볼든Charles Bolden은 플로리다에 착륙할 예정이었지만, 기상 악화로 에드워드 공군기지에 착륙했다. 이것은 우주왕복선 프로그램의 24번째 비행이었고, 또한 NASA가 1986년에 계획한 기록적인 15차례의 미션 중 첫 번째 미션이었다. 다음 미션인 STS-51L(챌린저호)의 발사는 1986년 1월 23일로 예정되어 있었다.

챌린저호의 비극

1986년 1월 28일 화요일 아침 오전 11시 38분, 우주왕복선 챌린저호가 케네디 우주센터의 발사대를 이륙하면서 발사탑이 제거되고 하얗고 뜨거운 화염 기둥을 내뿜으며 하늘로 올라갈 때, 수천 명의 흥분한 관중들은 억누를 수 없는 감동으로 소리치며 환호했다. 우주왕복선은 발사 후 16초에 자동으로 단축 회전을 하면서 서서히 정확한 궤도 경로를 잡기 위해 뒤쪽으로 아치를 그렸다. 모든 것이 순조로운 것 같았고, 7명의 승

마지막이자 치명적인 비행이 된 STS-51L 미션을 위해 챌린저호가 이륙하고 있는 모습

무원들은 맥스max Q 또는 최대 동적 압력이라는 최고의 난기류 구간을 통과할 준비를 했다.

이 시점에 우주왕복선의 손상을 피하기 위해 가속도를 늦추었고, 엔진의 출력을 최대치의 65% 수준으로 다시 조절하였다. 그럼에도 불구하고 승무원들은 챌린저 주변의 대기 밀도가 낮아질 때까지 이리저리 요동쳤다. 외부 압력이 낮아지면서 왕복선의 주 엔진이 다시 최대 출력으로 복원되었다. 선장 딕 스코비Dick Scobee는 정해진 절차에 따라 미션 통제센터의 당일 교신책임자인 동료 우주비행사 딕 코비Dick Covey에게 "출력 상승"이라고 교신했다. 코비는 화면의 데이터를 통해 발사가 정상적으로 진행되었고, 챌린저호는 거의 완벽하게 궤적을 따라 상승하고 있음을 알 수 있었다. 그가 교신 버튼을 누르고 "챌린저호, 최대 출력으로 비행하라"라고 말하자, 스코비는 "알았다. 최대 출력 비행!"이라고 응답했다. 비행을 시작한 지 70초 되는 시점이었다.

그 후 아무런 경고 없이 왕복선이 갑자기 떨리면서 흔들리기 시작했다. 조종사 마이크 스미스Mike Smith는 심각한 곤경에 빠졌다는 걸을 깨달았고, 잠시 후 "아, 오!"라고 소리쳤다. 챌린저호가 상승한 지 73초 시점에 왕복선 동체를 따라 거대한 불덩이가 타오르고 연료 탱크가 엄청난 폭발을 일으켰다.

폭발의 원인은 발사 당일 아침 특별히 추운 날씨로 인해 오른쪽 고체 로켓엔진 내부의 O-링이 고장 났기 때문인 알려졌다. O-링이 얼어 고체 상태가 되었고, 그로 인해 엄청나게 뜨거운 연소 가스가 엔진 측면으로 누출되었다. 몇 장의 사진을 통해 점화 당시 엔진의 아랫부분 연결부에서 검은 연기가 분출되는 모습을 볼 수 있었다. 당시 미션 통제센터와 센서가 문제를 알았다 해도 엔진을 중단시킬 방법은 없었을 것이며, 그들이 발사에 전념할 때부터 51L 미션의 운명은 이미 정해져 있었다.

겉보기에는 챌린저호가 플로리다의 푸른 하늘로 올라갔기 때문에 모든 것이 아무런 문제가 없는 것 같았다. 오른쪽 로켓의 뚫린 구멍에서 하얀 화염이 불타오르며 급속도로 강렬해지는 것을 육안으로는 볼 수 없었다. 그 후 엔진과 거대한 연료 탱크를 결합하는 기둥이 불탔고, 기둥이 녹으며 분해되자 연료 탱크가 돌기 시작했다. 갑자기 화염이 번쩍이고 탱크가 폭발해 거대한 불덩어리가 되었다.

지상의 관람객들은 뭉게뭉게 피어오르는 희고 노랗고 붉은 구름이 갑자기 우주왕복선을 감싸는 것을 지켜본 뒤, 발사된 2개의 엔진이 거대한 불길 속에서 나타났다. 왕복선 잔해가 바깥으로 흩어졌고 하얀 연기가 꼬리를 물었다. 아무도 눈앞의 광경을 이해할 수 없었고, 잠시 뒤 말로 표현할 수 없는 엄청난 비극을 목격했다는 걸 깨달았다.

발사 장면을 시청하던 수백만 명의 사람들 중에는 수천 명의 학생들

챌린저호가 하늘로 상승한 지 73초 만에 거대한 폭발이 일어난 모습

도 있었다. 크리스타 매콜리프Christa McAuliffe라는 젊은 교사가 우주비행을 위해 선발되어 STS-51L 승무원으로 참여한 이후로, 미국 전역의 학생들은 그녀의 미션 수행을 위한 훈련 과정을 지켜보았다. 크리스타는 우주에서 일련의 과학 수업을 할 계획이었고, 학생들은 지상에서 실험을 따라 할 수 있을 거라며 기대하고 있었다. 학생들과 충격을 받은 교사들은 무언가 크게 잘못되었다는 것을 알았다. 그 후 '중대한 오작동'이 발생했다는 끔찍한 발표가 나왔고, 사람들은 젊은 교사와 챌린저 승무원들을 애도하며 눈물을 흘렸다.

크리스타의 부모인 에드Ed와 그레이스 코리겐Grace Corrigan도 케네디 우주센터 기자회견장 아래 붐비는 자동차 주차장에서 발사 장면을 보았는데, 충격을 받은 그들은 부축을 받고 NASA 우주비행사 본부로 갔다. 그곳에서 당시 비행 승무원 운영책임자 조지 애비George Abbey는 그들에게 우주왕복선이 폭발했고 승무원의 생존 가능성은 없다는 끔찍한 소식을 전했다.

우주왕복선 자체가 폭발했다는 오해가 항상 존재했지만, 그것은 사실이 아니었다. 아주 빠른 속도로 대기권을 뚫고 올라갈 때, 왕복선 동체에 작용하는 풍력이 엄청났고 상승하는 왕복선은 매우 정확하게 방향을 잡았다. 기둥이 완전히 불탄 후 고체 로켓엔진이 흔들렸을 때, 챌린저호는 옆으로 회전하기 시작했고 얼마 후 말 그대로 분리되었다. 승무원 조종실의 잔해가 불기둥 밖으로 나선 형태로 날아갔고, 이후 빠른 속도로 바다로 추락했다.

챌린저호의 비극이 일어난 지 이틀 후, 로널드 레이건 대통령은 존슨 우주센터 중앙홀에서 열린 7명의 우주비행사 추도식에서 심금을 울리는 연설을 했다. 그는 존슨 길레스피 매기John Gillespie Magee가 1941년에 발표한 '고공 비행High Flight'이라는 제목의 시에 나오는 감동적인 말을 상기시키며, 참석자들에게 미국의 정신은 영웅적인 행동과 고귀한 희생에 기초한다고 일깨워 주었다.

챌린저호 사고 직후 미 해군이 즉각적인 구조와 회수 작전을 개시했다. 발견된 온갖 크기의 파편과 잔해는 구조선에 실려 케네디 우주센터로 수송되었고, 여기서 산산이 부서진 잔해를 재구성하는 매우 어렵고 복잡한 일이 시작되었다. 이런 과정을 통해 조사관들은 비극의 원인을 찾으려고 했다.

3월 7일 금요일, 해군 다이버들은 해저에서 조종실 모듈의 부서진 잔해를 찾았다. 승무원 가족들은 시신을 찾아서 회수했다는 소식을 듣고 참담한 마음으로 장례식 준비를 했다. 선장 딕 스코비와 조종사 마이크 스미스는 군례를 갖추어 버지니아주 알링턴 국립묘지에 안장되었다. 미션 전문가 로널드 맥내어Ronald McNair의 가족은 오리건주에서 장례식을

챌린저호 승무원들. (뒷줄 왼쪽부터) 미션 전문가 엘리슨 오니주카, 교사 크리스타 매콜리프, 우주실험 전문가 그레그 자비스, 미션 전문가 주디 레스닉, (앞줄 왼쪽부터) 조종사 마이클 스미스, 선장 리처드 딕 스코비, 미션 전문가 로널드 맥내어

STS-61 수리 미션을 수행할 동안 미션 전문가 스토리 머스그레이브가 호주 남부를 배경으로 캐나담 로봇 팔을 이용해 허블 우주망원경 위에 올라가 있는 모습

치렀고, 엘리슨 오니주카Ellison Onizuka는 하와이에 안장되었다. 다른 2명의 미션 전문가인 주디 레스닉Judy Resnik과 그레그 자비스Greg Jarvis는 개인적으로 장례식을 치른 후 바다에 뿌려졌다.

교사 크리스타 매콜리프는 뉴햄프셔주 콘코드의 갈보리 묘지 언덕에 안장되었는데, 묘비에는 "S. 크리스타 매콜리프. 아내. 어머니. 교사. 선구적 여성. 우주왕복선 챌린저호 승무원"이라고 이렇게 적혀 있다.[10]

11

우주 프런티어의 확장

1988년 9월 29일 목요일. 이날은 불안감과 집단적 공포심으로 가득 찬 하루였다. 챌린저호가 마지막 운명적인 여정을 떠났던 케네디 우주센터 39B 발사대에 우주왕복선 디스커버리호가 도전적인 모습으로 푸른 플로리다 하늘을 향해 기립해 있었다.

STS-26 미션은 32개월 전 챌린저호와 승무원들이 산화한 이후 최초의 우주왕복선 비행이었다. 전년도에 이 미션을 위해 선발된 5명의 베테랑 NASA 우주비행사는 선장을 맡은 해군 대령 프레데릭 릭 호크Frederick Rick Hauck, 조종사 공군 대령 딕 코비Dick Covey, 3명의 미션 전문가 해병대 중령 데이브 힐머스Dave Hilmers, 민간인 조지 핑키 넬슨George Pinky Nelson, 마이크 라운지Mike Lounge였다. 이제 모든 사람들이 생각하는 질문은 승무원이 얼마나 안전한지였다. 조사관과 많은 엔지니어들이 2년 반 동안 우주왕복선의 새로운 안전 기준을 만들기 위해 최선을 다했다. NASA는 남아 있는 3대의 왕복선을 전부 다시 점검하고 챌린저호 사고 이후 요구받은 수백 가지의 안전 요소를 추가했다. 고체 로켓엔진을 설계하고 제작한 유타Utah 소재 기업인 머턴 티오콜Morton Thiokol은 많은 핵심적인 설계 요소를 변경하였다. 여러 문제가 해결되었다는 자신감을 보였지만, 언론과 일반인들이 느끼는 안도감 속에도 일말의 불안은 여전히 남아 있었다.

디스커버리호 승무원들은 4일간의 미션을 위해 발사되어 1억 달러짜리 추적 및 데이터 중계 위성TRracking and Data relay Satellite(TRDS)을 설치할 예정이었다. 하지만 STS-26은 중요한 비행이면서도 기본적으로 시험비행이었고, 어떤 부분에 심각한 문제가 발생한다면 전체 우주왕복선 프로그램이 위기에 처할 수 있었다.

발사 당일, 발사 기지에 모인 수천 명의 관람객들은 발사 장면을 기다리며 기도했다. 아울러 수백만 명이 전국 텔레비전 방송으로 발사 실황 중계를 지켜보았다. 9km 상공의 바람에 대한 우려와 신속하게 해결할 수 있는 퓨즈 고장과 같은 사소한 몇 가지 기술적 문제 때문에 발사가 1시간 38분 지연되었다. 승무원들은 우주왕복선 안으로 들어가 안전요구사항에 따라 STS-4 미션 이후 처음으로 부피가 큰 부분 여압복을 착용했다. 카운트다운 몇 초 전, 바람이 약간 불고 근해에는 커다란 구름이 떠 있었지만 발사를 방해할 정도는 아니었다.

챌린저호 사고 이후 975일이 되는 날 오전 11시 37분, 챌린저호의 자매 우주선 디스커버리호가 굉음을 내며 하늘로 치솟았다. 왕복선이 연기와 오렌지색 화염을 뒤로한 채 안정적인 경로를 따라 아무 문제 없이 상승하자 사방에서 불안이 기쁜 환호로 바뀌었다. 그 후 모든 사람이 두려워하는 순간이 다가왔다. 미션 통제센터의 교신담당자 존 크레이턴John Creighton이 "디스커버리호, 최대 출력으로 비행하라"라고 할 때 전국의 미국인들은 아무 말이 없었고 거의 미동도 하지 않았다. 하늘로 올라가는 왕복선에 탑승한 선장 릭 호크Rick Hauck는 "알았다. 출발"이라고 차분하

게 대답했다. 아무런 문제 없이 왕복선이 궤도까지 올라가자 모든 사람이 안도했다.[1]

4일 후 오전 9시 34분, 두 차례의 폭음이 들리며 디스커버리호가 사막에 있는 에드워드 공군기지에 착륙했다. 이곳에는 약 42만 5,000명이 미국이 성공적으로 우주로 복귀하는 장면을 보기 위해 깃발을 흔들며 모여 있었다. 디스커버리호가 332km/h의 속도로 착륙하고 단단한 진흙 활주로를 따라 2,330m를 질주한 후 49초 만에 정지할 때, 메마른 호수 17번 활주로에서 흙먼지가 위로 소용돌이쳤다.

55분 뒤 승무원들이 왕복선에서 내리자 부통령 조지 H. 부시는 인사를 나누고 매우 성공적인 미션 수행을 축하했다. 그는 "진심으로 감사드립니다. 우리를 우주로 되돌려 주셔서 감사합니다. 여러분은 우주 프로그램이 어느 때보다 더 강력하며 더 강한 지지를 받고 있다는 것을 입증했습니다"[2]라고 말했다.

지속적인 발전

1986년 1월 26일 발생한 챌린저호 사고 이후, 그리고 2003년 2월 1일 컬럼비아호 사고 이전까지 87개 우주왕복선 미션을 모두 설명하는 것은 이 책의 범위 밖이다. 하지만 이 시기에도 중요한 일이 많이 있었다. 예컨대, 거대한 허블망원경의 설치와 그 후의 수리와 서비스 제공 미션들, 러시아 미르 우주정거장과 연결하는 9회의 왕복선 미션, 우주왕복선 화물 적재함을 이용한 마젤란 비누스Magellan Venus, 갈릴레오 주피터Galileo Jupiter, 율리시스Ulysses 태양 탐사선 궤도 설치, 아스트로Astro 1·2호 관측소와 많은 스페이스랩Spacelab 미션, NASA의 스페이스햅Spacehab 모듈(여분의 부품과 장비, 공급품을 보관하거나 실험실로 사용할 수 있다), 7회의 국방부 미션, 대체 우주왕복선 엔데버Endeavour호(1992년 5월 7일 발사된 STS-49)의 최초 비행, 아울러 머큐리Mercury 우주비행사 존 글렌John Glenn이 1988년 10월 29일 STS-95 우주왕복선 미션을 위해 디스커버리호의 승무원이 되어 두 번째 발사된 일 등이 있다. 이런 중간 시기와 관련된 몇 가지 사실을 정리하면 다음과 같다.

★ 케네디 우주센터에서 총 87회 발사
★ 누적 인원 532명의 승무원이 궤도로 발사
★ 우주왕복선 디스커버리호 24회, 아틀란티스호 24회, 컬럼비아호 20회, 엔데버호 19회 미션 수행
★ 케네디 우주센터로 56회, 에드워드 공군기지로 31회 착륙
★ 우주왕복선이 미르 정거장으로 가는 미션 9회 수행, ISS에 대한 16회의 조립/공급 미션
★ 최장 궤도 비행: STS-80(컬럼비아호), 17일 15분
★ 최단 궤도 비행: STS-83(컬럼비아호), 3일 23분(연료전지 문제 때문)
★ 최고도 비행: STS-82 허블우주망원경(HST) 서비스 제공, 619.6km/385mi.

이 기간에 다른 비행보다 특별히 더 많은 주목을 받았던 비행은 STS-61 미션이었다. 이 미션에서 우주왕복선 엔데버호는 궤도를 선회하지만 불완전했던 허블우주망원경을 수리하는 위험하고 중대한 임무를 수행하였다. 이는 세계가 지켜보는 가운데 4명의 미션 전문가가 5일 동안 몇 가지 까다롭고 힘든 우주 유영을 하면 수행하는 수리 임무였다.

결함이 있는 허블망원경

지금까지 고안된 가장 놀라운 과학 장비 중 하나가 우주에 대한 우리의 이해를 완전히 바꾸었고, 천문학자들이 이전엔 꿈만 꿀 수 있었던 연구를 수행할 수 있게 해주었다. 그것은 바로 허블우주망원경Hubble Space Telescope(HST)이다. 버스 크기의 HST는 구름 위 높은 곳에서 궤도를 선회한다. 하지만 1990년 STS-31 미션을 통해 궤도에 설치된 후 전혀 다른 유형의 구름이 이 거대한 망원경을 감쌌고, NASA는 실망과 분노에 휩싸였다. 16억 달러짜리 망원경은 뜻밖에도 심각한 근시 상태였다. 궤도를 도는 망원경이 보내온 최초의 흐린 이미지는 예상치 못한 심각한 결함을 보여주었데, 그것은 주 거울의 변형이었다.

미 의회는 1977년 HST 제작을 승인하고 우주망원경의 명칭을 20세기 최고의 미국인 천문학자 에드윈 허블Edwin Hubble의 이름을 따서 '허블우주망원경'이라고 칭했다. 의회 승인 후 거대한 망원경 제작 작업은 몇몇 연구기관이 나누어 맡게 되었다. HST의 설계, 개발, 제작 책임은 앨라배마주 헌츠빌의 NASA 마셜 우주비행센터Marshall Space Flight Center(MSFC)가 맡았고, 우주망원경의 과학 기기에 대한 관리와 통제는 메릴랜드주 그린벨트의 NASA 고다드Goddard 우주비행센터에 일임되었다. 코넷티컷주 댄버리에 위치한 광학 회사 퍼킨-엘머Perkin-Elmer는 MSFC로부터 우주망원경의 광학 망원경 조립체Optical Telescope Assembly(OTA)와 정밀 유도 센서를 설계·제작하는 과제를 의뢰받았다.[3] 또 다른 주요 계약 회사인 록히드Lockheed사는 망원경을 탑재할 특별한 우주선을 제작·통합하는 과제를 의뢰받았다.

HST는 이전보다 우주를 더 깊이 관찰하고 데이터와 이미지를 전송해 아직도 풀리지 않은 많은 우주의 신비를 설명하는 데 도움을 줄 것으로 기대되었다. HST는 직경이 2.4m인 주 거울을 이용해 머나먼 은하와 별이 발산하는 광선에 초점을 맞춘다. 모든 것이 계획대로 된다면 과학 데이터는 HST에서 NASA 통신 위성으로 전송되고, 이어서 뉴멕시코 화이트샌즈의 수신 기지국으로 전달된다. 그다음 상업 통신 위성이 그 신호를 NASA의 고다드 우주센터로 전달하면, 마지막으로 지상의 통신선을 통해 메릴랜드주 볼티모어의 우주망원경 과학연구소Space Telescope Science Institute로 전달된다. 모든 데이터는 최종적으로 천문학자들에게 전송된다.

HST 제작이 마침내 완료되었고 HST의 발사와 궤도 설치는 잠정적으로 1986년 10월 우주왕복선 미션을 통해 시행하기로 예정되었다. 하지만 전년도에 우주왕복선 챌린저호 사고가 발생하여 우주왕복선 발사와 우주망원경 사업이 당분간 중단되었다. HST는 발사 일정이 다시 정해질 때까지 아주 깨끗한 '클린 룸clean room'에 넣어 전원을 켜고 질소를 이용해 청결 상태를 유지했다. 몇 달 동안 몇 가지 시험과 개선이 이루어졌고, 1988년 마침내 우주왕복선 비행이 재개되었다. 허블망원경 발사는 STS-31 미션에 배정되었고 예정일은 1990년 3월 26이었다.

몇 차례 연기 후 HST는 1990년 4월 24일 오전 8시 33분 케네디 우주센터에서 디스커버리호에 탑재되어 발사되었으며, 당시로서는 가장 복잡한 미션 중 하나였다. 디스커버리호 승무원들은 고도 약 600km에 HST를 성공적으로 설치했다. HST가 궤도에 설치된 지 며칠 만에 망원경 운영진이 크게 우려할 만한 일이 발생했다. HST의 주 거울이 망원경 초기 이미지의 선명도에 심각하게 나쁜 영향을 미치는 수차(aberration, 렌즈를 통과한 빛이 한 점으로 모이지 않고 일그러지는 현상: 옮긴이)를 보이는 것 같았기 때문이다. NASA는 문제를 진단하기 위한 조사에 착수했다. NASA에 따르면 결론은 다음과 같았다.

> 궁극적으로 문제는 거울 제작 과정에서 잘못 보정된 장비 탓이었었다. 그 결과 주 거울을 연마할 때 인간 머리카락 두께의 50분의 1 정도의 수차가 발생했다. 거울을 교체하는 것은 비현실적이었다. 최선책은 안경을 이용해 근시 시력을 교정하는 것처럼 주 거울의 결함을 교정할 대체 기구를 설치하는 것이었다.[4]

교정용 거울과 새로운 기구가 제작되었고, 1993년 말 엔데버 우주왕복선의 STS-61 미션에서 4명의 우주비행사, 즉 스토리 머스그레이브Story Musgrave, 제프리 호프먼Jeffrey Hoffman, 캐서린 손턴Kathryn Thornton, 톰 에이커스Tom Akers가 우주 유영을 통해 허블망원경에 설치할 예정이었다. 이는 매우 위험하고 복잡한 수리 미션이었으며, 수리 미션에 참여한 미션 전문가들은 무중력 시뮬레이션 풀장에서 미션의 모든 내용을 연습하는 총 400시간의 수중 훈련을 포함하여 10개월 동안 주당 70시간 훈련했다.

그들은 HST에 새로운 '한 쌍의 유리'를 설치했다. 아울러 6개의 새로운 자이로스코프gyroscopes를 설치해야 했는데, 이를 통해 망원경을 지정된 목표물에 고정할 수 있었다. 3개의 기존 자이로스코프는 고장 났고, 따라서 추가로 하나 더 고장 날 경우 HST가 작동을 중단할 수 있어 상당히 조심스러웠다. 그들은 또한 HST에 전기를 공급하는 태양전지판 2개를 교체했다. 새로운 2개의 태양전지판은 브리티시 에어로스페이스British Aerospace가 제작했는데, 기존 전지판은 HST가 태양 빛에서 어둠으로 이동했다가 되돌아올 때 극심한 온도 변화로 인해 불안정했기 때문이었다.

1993년 12월 2일, 우주왕복선 엔데버호가 역사상 가장 위험하고 까다로운 미션을 수행하기 위해 이륙했다. 딕 코비의 안정적인 지휘에 따라 7명의 우주비행사는 최선을 다해 준비했지만, HST 수리에 실패하거나 우주 유영을 할 때 손상을 유발한다면 NASA의 평판에 심각한 타격을 줄 수 있었다.

궤도에 도착한 다음 코비와 조종사 켄 보어속스Ken Bowersox는 허블망원경과 랑데부를 시작했다. 이를 통해 궤도를 선회하는 망원경을 왕복선의 로봇 팔로 붙잡아 엔데버호의 화물 적재함에 넣고 그곳에서 수리 작업을 시작할 준비를 했다. 이후 각 2명의 우주비행사들이 12월 5일부터 9일까지 5회의 선외 활동을 수행했다.

1차 선외 활동(12월 5일): 머스그레이브, 호프먼, 7시간 54분
2차 선외 활동(12월 6일): 손턴, 에이커스, 6시간 36분
3차 선외 활동(12월 7일): 머스그레이브, 호프먼, 6시간 47분
4차 선외 활동(12월 8일): 손턴, 에이커스, 6시간 50분
5차 선외 활동(12월 9일): 머스그레이브, 호프먼, 7시간 21분
총 선외 활동 시간: 35시간 28분

5차례의 집중적인 우주 유영을 완료한 후, 4명의 우주비행사는 망원경의 광시야/행성 카메라Wide Field and Planetary Camera(WFPC)를 개선된 WFPC2로 교체했다. 또한 허블망원경 안에 새로운 장비인 전화부스 크기만 한 교정 광학우주망원경 축 교체Corrective Optics Space Telescope Axial Replacement (COSTAR) 장비를 설치하여 허블망원경의 고속 광도계High Speed Photometer (HSP)를 대체했다. 이것은 기존 장비를 위해 주 거울의 광학적 문제를 수정하기 위한 것이었다. 이 미션은 완벽한 성공을 거두어 곧 망원경이 제 기능을 발휘하였다. 전 세계 천문학자들의 기대를 뛰어넘는 우주 현상의 놀라운 이미지가 전송되자 망원경 관리자들은 매우 기뻐했다.

그 후 허블망원경을 수리하는 세 번의 미션(STS-82, 103, 109)이 1997

년, 1999년, 2002년에 수행되었다. 이 과정에서 우주비행사들은 우주 유영을 통해 근적외선 분광계와 광시야 카메라가 포함한 새로운 장비를 설치했고, 망원경의 자이로스코프도 수리했다.

2009년 5월 11일, 다섯 번째이자 마지막 HST 미션인 STS-125가 베테랑 우주비행사 스콧 알트먼Scott Altman 선장의 지휘 아래 발사되었다. 아틀란티스호 승무원들은 HST를 수리하거나 업그레이드하고 궤도를 도는 망원경의 수명을 늘리기 위해 5차례 우주 유영을 수행했다. 2개의 새로운 장비인 우주 기원 분광기Cosmic Origins Spectrograph(COS)와 개선된 WFPC3가 설치되었고, 다른 2개의 장비가 수리되었으며, 자이로스코프와 배터리가 교체되었다. 새로운 단열 태양전지판도 설치되었다.

13일 동안의 허블망원경 수명 연장 미션에 성공한 후 아틀란티스호는 5월 24일 케네디 우주센터로 착륙했다. 허블망원경은 최근 몇몇 장비 문제에도 불구하고 2020년대 중반까지 사용할 수 있을 것으로 예상되었는데, 그때쯤에는 허블망원경이 제임스 웹 우주망원경James Webb Space Telescope(JWST)으로 대체될 예정이다. 궤도에 설치될 JWST는 엄청나게 향상된 민감도와 훨씬 더 긴 파장 커버리지를 갖춘 적외선 관측기가 되어 허블우주망원경의 발견을 보완하고 확장할 것이다. 또한 여기에는 HST보다 7배 더 큰 거울이 장착된다.

컬럼비아호의 비극

"문을 닫아주세요!"라는 조용한 말과 함께 NASA 비행 감독자 르로이 카인LeRoy Cain은 미국이 또 우주왕복선과 승무원을 잃었다는 도저히 상상할 수 없는 사고를 확인해 주었다. 미국의 유인 우주비행 프로그램은 또다시 혼란에 빠졌다.

카인의 짧은 명령으로 예측하지 못했던 사건을 해결하기 위한 기본적인 절차가 순서에 따라 진행되었다. 미션 통제센터의 모든 컴퓨터 자료는 동결되고 보고도 종결되었으며, 모든 사람이 보고 듣고 실행한 내용이 즉시 기록되었다. 아무도 통제실을 떠날 수 없었고, 심지어 전화도 금지되었다.

불신이 팽배했다. 미션 통제센터의 누구도 컬럼비아호의 재진입이 이전의 111개 우주왕복선 미션 때의 재진입과 달랐다고 여길 만한 이유는 없었다. 통제관들과 일반인 모두 우주왕복선이 미션을 마치고 순조롭게 착륙하는 모습에 익숙해 있었다.

STS-107로 명명된 이 비행은 다른 많은 비행과 마찬가지로 2003년 1월 16일 케네디 우주센터에서 이륙했고, 여러 가지 미세중력 과학 실험을 수행하도록 훈련받은 7명의 승무원이 탑승하고 있었다. 당시 대부분의 비행 활동은 승무원들이 국제우주정거장(ISS)을 건설하고 체류하는 과업을 중심으로 진행되었다. 2001년 1억 4,500만 달러를 들여 전체 점검을 진행할 당시, 컬럼비아호는 궤도상의 우주정거장과 랑데부하고 도킹하는 데 필요한 대부분의 개조 작업을 마쳤다. 그러나 STS-107 미션은 순수하게 지구 궤도를 선회하는 연구 미션으로 계획되었으며, ISS와 도킹할 일정은 없었다. 1970년대 기술로 제작된 초현대적인 장비인 우주왕복선은 2003년 후반 비행에서 ISS와 도킹할 예정이었다. 하지만 미국 최초의 우주왕복선은 이 특별한 비행을 하지 못했다.

컬럼비아호의 28번째 미션에 탑승한 승무원은 선장 릭 허즈번드Rick Husband 대령, 조종 책임자 윌리엄 윌리 맥쿨William Willie McCool, 우주실험 책임자 겸 미션 전문가 마이클 앤더슨Michael Anderson 중령, 우주실험 전문가 이스라엘 공군 대령 일란 라몬Ilan Ramon, 미션 전문가 칼파나 촐라

STS-107 미션 승무원들. (뒷줄 왼쪽부터) 미션 전문가 데이비드 브라운과 로렐 클라크 및 마이클 앤더슨, 우주실험 전문가 일란 라몬(이스라엘), (앞줄 왼쪽부터) 선장 릭 허즈번드, 미션 전문가 칼파나 촐라, 조종사 윌리 맥쿨

Kalpana Chawla, 미션 전문가 데이비드 브라운David Brown 대위와 로렐 클라크Laurel Clark 대위였다.

발사된 지 82초 만에 발포 단열재 덩어리가 분리되어 외부 연료탱크와 우주왕복선을 연결하는 구조물의 일부인 '양각 램프bipod ramp'에서 떨어졌다. 발포 단열재가 흘러내리는 일은 특이한 현상이 아니었다. 사실 이전 발사에서도 흔히 있는 일이었고, 첫 번째 우주왕복선 미션인 STS-1에서도 발생한 것으로 보고되었다. 그러나 놀랍게도 이에 대한 예방조치는 취해진 적이 없었다. 이 사건을 찍은 비디오 영상을 본 엔지니어들은 작은 가방 크기의 발포 단열재 조각이 왕복선의 왼쪽 날개 앞부분에 영향을 주었다고 판단했지만, 당시에 이 일로 인해 어떤 손상이 발생했는지 확신하지 못했다. 또한 NASA 엔지니어들은 손상이 광범위하게 발생했다면 우주왕복선이 궤도에 있을 때 승무원들이 그 문제를 해결할 수 없었을 것으로 판단했다.

그럼에도 NASA의 많은 사람들은 이를 우려하여 왕복선 날개 사진을 촬영하라고 요청했다. 승무원들은 탑승 상태에서 날개 부분을 볼 수 없었고 선외 활동도 할 수 없었기 때문이었다. 보도에 따르면, 국방부는 궤도에 있을 때 우주선 날개에 초점을 맞춰 확인하기 위해 스파이 카메라를 이용할 준비를 했지만 NASA는 그 제안을 거절했다. 거짓 경고일 수도 있는 일 때문에 너무 복잡하고 까다로운 작업을 할 필요가 없다고 생각했기 때문이었다.

2003년 2월 1일 아침, 16일간의 과학연구 미션을 마친 후 컬럼비아호는 착륙을 위해 케네디 우주센터로 접근하기 시작했다. 텍사스주 휴스턴 현지 시간 오전 7시 53분, 왕복선은 착륙 접근 때 샌프란시스코 상공을 초음속으로 통과하여 수천 km 떨어진 플로리다의 케네디 우주센터로 향했다. 이때 미션 통제센터에는 걱정스러운 이상 현상이 나타나기 시작했다. 모니터에 나타난 데이터가 깜빡거리면서 왕복선 왼쪽 날개의 유압 장치 온도를 보여주는 센서 정보에 문제가 있음을 보여주었고, 그런 뒤 센서가 모두 작동을 멈췄다. 미션 통제센터의 유도 및 항법 담당 책임자는 컬럼비아호의 날개에 예기치 않은 공기 저항이 발생하고 있다고 보고했다.

6분 뒤 교신 담당자이자 동료 우주비행사인 찰리 호보Charlie Hobaugh가 왕복선 선장 릭 허즈번드와 타이어 압력 상승에 관해 교신했다. "컬럼비아호, 여기는 휴스턴! 왕복선 타이어 압력 수치를 보고 있는데, 최근 수치를 확인하지 못했어요." 허즈번드가 응답했다. "알겠습니다. 어…." 갑자기 잡음이 발생하고 그 후 끔찍한 침묵이 흘렀다. 미션 통제센터 요원들은 공포감에 사로잡혔고, 곧이어 그 공포가 현실로 다가왔다. 그 결과 미국의 우주 프로그램은 다시 한번 돌이킬 수 없을 정도로 바뀌었다.

미국 남부 주에 사는 사람들은 거대한 폭발음과 뒤이어 길고 낮게 우르릉거리는 소리를 들었다고 했다. 당시 왕복선이 하강 과정에서 거주지 상공을 지나는 것을 알았던 일부 사람들은 걱정이 가득했고, 컬럼비아호가 17,700km/h 속도로 플로리다로 비행하던 중 댈러스 남동부 55,000km 상공에서 산산조각 났다는 사실을 알게 되었다. 주 엔진과 같이 왕복선의 큰 파편들은 길고 밝은 빛을 내며 아침 하늘을 가로질러 날아갔고, 그 모습이 사진으로 찍혀 신문에 실렸다. 수만 개의 작은 파편들이 30분 동안 텍사스주와 루이지애나주의 넓은 지역에 비처럼 내렸다. NASA의 전 직원들은 또 재난이 발생해 승무원을 잃었다는 것을 알게 되었다. 충격을 받은 미래의 승무원들은 차례를 기다리면서 고통스럽고 긴 자기평가 과정과 같은 훈련을 계속하면서 최근의 재난에 관한 자료를 수집하기 시작했다.

2003년 8월, 수많은 시험과 인터뷰, 데이터 재구성과 잔해물 검토를 거친 뒤 컬럼비아호 사고조사위원회Columbia Accident Investigation Board(CAIB)는 왕복선 사고의 일차적인 원인은 컬럼비아호의 외부 연료탱크 지지대에서 750g의 발포 단열재 덩어리가 흘러나왔기 때문이라고 공식 발표했다. 이것이 왼쪽 날개와 부딪혀 왕복선의 보호 표면 중 가장 중요한 부분에 구멍을 낸 것이었다. 컬럼비아호가 화염을 뚫고 재진입할 때 엄청나게 가열된 대기 가스가 이 틈새로 스며들었다. 이것이 여러 센서를 망가뜨려 결국 날개 프레임을 녹였고, 그 결과 왕복선이 파괴되었다. 귀환하는 승무원들은 우려스러운 문제의 징후를 알았을지 모르지만, 그들은 컬럼비아호가 폭발하는 즉시 사망했을 것이다.

보고서는 "NASA의 조직 문화가 이 사고와 많은 관련이 있다"라는 결론을 내렸다.[5] 보고서에서는 모든 비판을 NASA 조직에만 돌리지 않고, 물가상승을 고려할 때 NASA 예산을 지속적으로 삭감한 백악관과 의회도 비난했다. 즉 예산 삭감으로 NASA가 인력을 감축하고 외부 계약자에 과도하게 의존하게 되는 추세를 만들었다는 것이었다. 조사위원회는 NASA의 업무, 조직적 장벽, 의사소통과 관리 관행을 혹독하게 비판했고, 아울러 NASA가 챌린저 사고 이후 왕복선의 안전을 개선하기 위해 별다른 노력을 하지 않았다고 했다. 위원회는 분명한 변화의 노력이 없다면 NASA가 다시 우주왕복선과 승무원을 잃는 치명적인 관행을 반복할 수 있다고 거듭 지적했다.

위원회는 다음 왕복선 비행 이전에 29가지의 권고내용 가운데 적어도 15가지를 시행해야 하고, 아울러 NASA가 "가장 폭넓은 손상 범위를 조사하고 응급 수리할 수 있는 실제적인 능력을 개발해야"[6] 한다는 결론을 내렸다. 전 우주비행사 톰 스태퍼드Tom Stafford와 딕 코비Dick Covey를 위원장으로 하는 독립적인 전문가 위원회가 소집되어 NASA의 권고내용 이행을 면밀하게 검사했다.

2001년 12월 21일, 컬럼비아호 사고 이전 13개월 동안 국장을 역임한 대니얼 골딘Daniel Goldin에 이어 새로운 NASA 국장이 경영권을 넘겨받았다. CAIB의 조사보고서가 발표되기 전날, 션 오키프Sean O'Keefe는 기자회견에서 NASA가 로켓 상승 시 큰 포말 조각이 왕복선의 날개를 파괴하는 중대한 사고를 "분명히 놓쳤다"고 인정했다. 나중에 그는 조사보고서가 NASA의 미래 청사진이 될 것이라고 선언했다. 그는 "우리는 조사결과를 받아들이고 최선의 다해 권고내용을 이행할 것이다"[7]라고 했다.

비극의 여파는 많은 부분, 특히 NASA의 미래 계획에 큰 영향을 미쳤다. 심각한 돈 낭비쯤으로 여겨지긴 했지만 이전의 조립 비행을 통해 국제우주정거장이 완성 단계에 이르렀고, 우주왕복선은 예정된 사용 기한이 가까워지고 있었다. 한편 새로운 세대의 유인 우주선과 승무원 구

2006년 12월 선외 활동 도중 ISS의 국제 트러스 구조물을 만드는 STS-116 미션 전문가 로버트 커빔(왼쪽)과 크리스터 푸글레상(오른쪽)의 모습

2005년 7월 28일 우주왕복선 디스커버리호가 ISS과 도킹하기 전 '공중제비 비행'을 하는 모습. ISS에 탑승한 승무원들은 왕복선의 방열 시스템에 대한 자세한 사진을 찍고 상태를 확인할 수 있었다. 선장 에일린 콜린스가 '공중제비 비행'을 할 때 디스커버리호와 ISS는 스위스 상공 353km에서 약 200m 떨어져 있었다.

출 비행체 개발을 위한 프로그램은 대폭적인 예산 삭감으로 계속 뒤로 밀려났고, 그 후 10년 동안 미국이 우주 탐사에 나섰다는 명확한 징후는 없었다.

미국의 우주왕복선 프로그램이 보류된 상태에서 한 가지 필요한 잠정 조치로 ISS로 오가는 우주비행사와 다른 국제 승무원들을 수송하기 위해 러시아의 3인승 소유즈 비행체가 이용되었다. 적어도 한 대의 소유즈 우주선이 응급 피난 우주선이 필요할 경우를 대비하여 항상 우주정거장에 도킹되어 있었다.

2004년 1월 14일, 컬럼비아호 사고 후 1년도 못 되어 조지 W. 부시 대통령이 NASA를 위한 담대한 비전을 발표하여 NASA에 다소 반가운 활력을 불어넣었다. 여기에는 2020년까지 인간 탐사자를 달로 보내고, 최종적으로 화성까지 보낸다는 내용이 포함되어 있었다. 부시 대통령은 NASA 국장 오키프와 논의한 후 "NASA 조직을 정비하기 위해 무엇이 필요한지 말해주시오"라고 말했다고 한다. 그 후 공식적인 논의 일정이 잡혔다. 아이러니한 것은 이 계획이 최근 우주왕복선 사고에 대한 정치적 반응으로 나왔다는 점이다.

외부 연료탱크와 발포 단열재 코팅에 대해 전반적인 설계 점검이 진행되었고, 다른 안전 조치들도 이루어졌다. 2005년 7월 26일, STS-114(디스커버리호)가 광범위한 새로운 업무를 시험하기 위해 훈련된 승무원을 싣고 이륙했다. 새로운 업무 절차에는 카메라와 로봇 팔을 이용해 왕복선 하부의 망가지거나 떨어진 타일을 조사하는 것도 포함되었다. 발사대에 더 많은 카메라를 설치하여 각 왕복선의 발사 장면을 촬영하고 추가적인 포말 박리를 모니터링했다. 이런 예방조치에도 불구하고 포말 박리가 예상보다도 더 심각하다는 것이 드러난 후, 다음 우주왕복선 비행인 STS-121(역시 디스커버리호)는 그 후 12개월 동안 발사되지 않았다.

이번 비행이 안전하게 종료된 이후에야 NASA는 이 프로그램을 지속하는 것이 안전하다고 판단했으며, 새로 개정된 일정에 따라 왕복선 미션을 재개했다.[8]

1981년부터 2011년까지 30년 동안 미국의 우주왕복선은 총 135개의 미션을 수행하기 위해 발사되었다. 1981년 컬럼비아호의 첫 비행 이후 추가로 3대의 왕복선, 즉 챌린저호와 디스커버리호, 아틀란티스호가 플로리다 하늘로 날아올랐다. 다섯 번째 왕복선인 엔데버호는 챌린저호를 대신하여 1991년에 궤도 비행을 시작했다.

2011년 7월 21일, 왕복선 아틀란티스호가 12일 18시간 동안의 STS-135 미션을 마치고 케네디 우주센터 활주로에 착륙했다. 4명의 승무원이 탑승한 아틀란티스호의 마지막 비행으로 30년 동안의 우주왕복선 프로그램이 끝났다.

STS-135 미션을 수행한 마지막 우주왕복선 승무원. (왼쪽부터) 미션 전문가 렉스 발하임, 조종사 더그 헐리, 선장 크리스 퍼거슨, 미션 전문가 샌디 매그너스

NASA는 우주왕복선 프로그램을 종결할 단독 결정권을 갖고 있지 않았다. NASA는 정부 기관의 하나였으며 최종적인 결정권자는 미국 정부였다. 몇 가지 의문이 제기되었다. 예컨대, 각각의 왕복선은 100회 비행 수명을 갖도록 설계되었고, 남아 있는 3대의 왕복선은 각각 25회, 33회, 39회밖에 비행하지 않았다. 그렇다면 왜 우주왕복선 프로그램을 중단해야 했을까? 몇 가지 요인이 있었다. 왕복선은 ISS 건설에 매우 중요한 역할을 했지만, 우주 탐사의 다음 단계인 콘스텔레이션Constellation 프로그램에서 명확한 역할을 찾을 수 없었다. 이 계획은 우주비행사를 지구 저궤도를 넘어 더 멀리 보내는 것으로 나중에 취소되었다. 여기에다 점점 열악해지는 예산 긴축 상황에서 20년 이상 된 3대의 왕복선을 계

2011년 7월 8일 마지막 비행을 위해 이륙하고 있는 아틀란티스호. STS-135는 미국 우주왕복선의 마지막 비행을 기록했다.

2011년 7월 21일 아틀란티스호의 야간 착륙으로 미국의 우주왕복선 프로그램이 종료되었다.

속 유지하고 개선하는 비용을 포함해 왕복선 프로그램 운영에 막대한 비용이 소요되었다. 왕복선 프로그램과 ISS가 NASA의 다음 단계 유인 탐사를 진행하지 못할 정도로 예산 비중을 차지하자 결단을 내리지 않을 수 없었다. ISS와 우주왕복선 중 하나—저비용과 일상적인 우주 접근이라는 초기 약속에 부응하지 못했다—를 종료하기로 결정하였다. ISS의 경우 연장된 수명 동안 수행해야 할 중요한 연구 과제가 아직 많이 남아 있었고, 따라서 어쩔 수 없이 우주왕복선을 퇴역시키고 NASA의 예산을 지구 저궤도 밖으로 우주비행사를 보내 달에 다시 착륙하고 최종적으로 화성까지 가는 과제에 집중하기로 결정하였다. 같은 이유에서 ISS도 언젠가 퇴역하고 궤도에서 이탈하게 될 것이었다. 몇 년 후가 되겠지만 퇴역 날짜가 이미 논의되고 있었다.

국제우주정거장 건설

일찍이 1968년부터 NASA 계획자들은 아폴로 달 탐사 프로그램을 넘어 그 이후의 미래를 전망하기 시작했다. 그들의 관심은 지구 궤도를 도는 우주정거장에 집중되었는데, 이는 유인 우주 탐사를 위한 다음 단계였다. 장기간의 과학연구 임무를 주요 목표로 하면서 그들은 우주정거장에 필요한 물품을 공급할 수단을 찾았고, 그 결과 지구와 우주정거장을 오가는 보급선을 개발하기로 결정하였다. 1968년 여름 '왕복shuttle'이라는 단어가 처음으로 NASA의 기술 문헌에 등장하기 시작한다.

모듈을 수송하여 커다란 중심부에 추가하는 방식으로 우주정거장을 궤도에 건설해야 한다는 합의가 이루어졌다. 하지만 비용이 엄두도 못낼 정도로 엄청났다. 당시 이용할 수 있는 중량 화물수송 시스템은 새턴 로켓이 유일했다. 새턴은 일회용 로켓이고 당시 NASA가 대규모 예산 삭감을 당한 시기여서 엄청난 부담되었다. 따라서 선견지명을 발휘해 새로운 왕복 비행체의 목적과 설계를 검토하게 되었다.

1972년 닉슨 대통령은 장기 전략과 아무런 관련이 없었지만 재사용 가능한 우주 운송 체계 개발을 승인했다. 제안된 비행체의 공식 명칭은 '우주왕복선space shuttle'이었다. 왕복선은 NASA가 남아 있는 새턴 로켓을 이용해 스카이랩 우주정거장과 3명의 방문 과학연구 승무원을 보내는 준비 과정에서 처음 개발되었다. 이 거대한 로켓의 추가 생산은 비용절감 조치로 이미 취소된 상태였다. 우주정거장에 단기 미션을 수행하는 데 필요한 보급품이 충분히 있었기 때문에 보급 시스템은 필요없었다.

1974년 2월, 세 번째이자 마지막인 3명의 승무원이 스카이랩 우주정거장을 폐기했다. 단 한 대 남은 새턴 로켓은 다음 해 아폴로-소유즈 시험 프로젝트 비행에 사용하기로 이미 배정되었다. 스카이랩이 1983년까지 점점 낮은 궤도로 떨어질 것으로 예상되었기 때문에 NASA와 우주비행사들은 불만스러웠다. 우주왕복선이 1979년에 비행할 수 있을 것으로 기대되자, 1977년 두 번째 유인 왕복선 시험 비행으로 우주정거장과 랑데부한다는 비상 계획이 수립되었다. 승무원들은 우주정거장에 '스카이랩 리부스트 모듈Skylab Reboost Module'이라는 소형 로켓 장치를 설치하여 스카이랩을 더 높은 고도로 올려 승무원 체류 미션을 다시 시작하도록 만들 예정이었다. 하지만 이 계획은 우주왕복선 개발이 예상보다 훨씬 더 오래 걸리고 예상보다 더 많은 태양 활동으로 우주정거장 궤도에서 상당한 장애가 발생하자 취소되었다. 폐기된 우주정거장은 1979년 7월 지구 대기권으로 재진입하여 호주 서부 사막 지역 상공에서 대부분 연소되었다.[9]

1981년 4월, 최초의 유인 우주왕복선 궤도시험 비행 이후 모듈식 우주정거장에 관한 계획은 다음 해 5월 우주정거장 태스크포스팀 설립으로 발전했다. 이 팀의 우주정거장 개념과 권고내용은 나중에 승인되어, 1984년 1월 레이건 대통령은 10년 안에 미국이 영구적인 유인 우주정거장을 개발하기 위해 매진하겠다고 발표했다. 그해 4월 우주정거장 프로그램 담당 부서가 설립되었고, 12개월 후 8개 계약자에게 우주정거장 개념을 확대하여 세부적인 계획과 제안서를 제출하는 과제가 맡겨졌다.

1984년 연두교서에서 레이건 대통령은 우주정거장의 개발, 건설, 체류에 다른 국가들도 참여하도록 요청했다. 캐나다, 일본, 그리고 유럽우주항공국ESA을 구성하는 13개국이 이 사업에 참여하기로 동의하고 우주를 평화적 목적으로만 이용하기로 했다. 유럽과 일본의 우주항공국이 설계와 비용, 건설 문제를 분담하게 되었고, 미국은 새로운 파트너에게 우주정거장에 필요한 모듈을 각각 하나씩 제공하도록 하여 미국이 직접 제작하는 실험실 모듈 수를 줄일 수 있었다. 당시 제시된 우주정거장 설계 구조는 이중 용골 형태로서 메인 공간인 거주 구역과 연구 구역이 통합된 중앙 구조물과 태양전지판으로 구성되었다.

우주정거장의 설계 단계는 1987년 1월에 마무리되었고 최초의 개발 계약이 체결되어 그해 12월에 발표되었다. 1988년 9월 29일, 4개국은 우주정거장의 명칭을 '프리덤Freedom'으로 하기로 공식 합의했다.

하지만 이 사업은 재원 조달과 기술 문제에 계속 시달리면서 오랫동안 지연되었다. 우주정거장 개발 비용은 처음엔 약 80억 달러였지만 1993년에는 383억 달러로 치솟았고, 당시 대통령이었던 빌 클린턴은 이 사업을 계속 진행할 수 없다고 생각했다. 그는 비용을 대폭 낮추기 위해 우주정거장을 완전히 다시 설계할 것을 요청하고, 아울러 NASA에 더 많은 국제 파트너를 초청하여 참가국을 확대할 것을 요구했다. NASA 국장 대니얼 골딘Daniel Goldin의 요청을 받은 러시아는 고위급 토론 후 양국의 독자적인 우주정거장 건설 계획을 단일 시설로 통합하는 데 동의

우주정거장 프리덤의 초기 NASA 디자인

했다. 러시아가 참여하면서 우주정거장 명칭이 백악관이 주도한 명칭인 프리덤에서 외교적으로 적절한 명칭인 '알파Alpha'로 바뀌었다. 합의에 따라 알파는 프리덤의 하드웨어 중 75%를 활용하기로 했고, 러시아는 아직 발사하지 않은 미르-2 우주정거장의 일부를 제공하여 전체 비용을 낮추는 데 도움을 주기로 했다. 이런 협상 과정에서 밋밋한 명칭인 알파 역시 폐기되고 논란의 소지가 없는 명칭인 '국제우주정거장International Space Station(ISS)'으로 바뀌었다. 휴스턴의 존슨 우주센터는 ISS 프로그램을 배후에서 주도하는 선도적인 NASA 센터가 되었다. 1993년 8월에 존슨 우주센터는 보잉사를 ISS의 주 계약자로 선정했고, 보잉사는 ISS의 설계, 개발, 통합은 물론 ISS에서 미국 담당 부분의 건설, 플로리다 케네디 우주센터 내 우주정거장 업무처리 시설 건설도 맡게 되었다.[10]

ISS는 1998년부터 약 10년에 걸쳐 30회 이상의 미션을 통해 건설되었다. 이것은 15개국을 대표하는 5개 항공우주국 사이의 역사상 유례 없는 과학 및 엔지니어 공동작업의 결과였다. 오늘날 ISS는 지구 상공 400km 궤도를 선회하며 미국의 스카이랩 우주정거장보다 5배 더 크다.

'자라Zarya'(일출)라고 부르는, 통제 기능 담당 블록인 ISS의 첫 모듈은 1998년 11월 20일 러시아 프로톤Proton 로켓에 실려 발사되었다. 2주 후 12월 4일, STS-88 미션으로 우주왕복선 엔데버호에 실려 유니티Unity라는 모듈이 발사되어 궤도에서 자라와 연결되었는데, 이는 총 3개의 미국 노드 모듈 중 첫 번째 노드였다. 2000년 7월, 또 다른 러시아 모듈 '즈베즈다Zvezda'(별)가 발사되어 연결되었다. 이 모듈에는 비행 통제 시스템, 생명유지 장치, 한 번에 2명이 잘 수 있는 별도 구역을 포함한 숙소와 같은 핵심적인 요소가 갖추어져 있어 최대 6명의 승무원을 지원할 수 있었다. 같은 해 11월 2일, 처음으로 ISS에 승무원들이 거주하기 시작했다.

그들은 러시아 우주비행사 세르게이 크리칼레프Sergei Krikalev, 유리 기젠코Yuri Gidzenko, NASA 우주비행사 윌리엄 셰퍼드William Shepherd였다. 그들은 소유즈 우주선을 이용해 ISS로 갔다.[11] 그 후 ISS에는 말 그대로 수백 명의 미국과 러시아 우주비행사들이 계속 머물렀다.

NASA의 미세중력 실험실 데스티니Destiny와 다른 모듈들이 이후 추가되어 정거장이 점점 커졌고, 이들은 왕복선과 소유즈 미션에 의해 계속 운반되어 우주 유영을 통해 연결되었다. 유인 왕복선 비행과 아울러 러시아 모듈은 일회성 러시아 로켓에 실려 궤도로 발사되어 자동 통제 방식으로 ISS와 랑데부하여 도킹되었다. 그 후 몇 년 동안 실험실과 주거 공간이 늘어났고, 커다란 태양전지판과 방열기가 설치된 4개 유닛를 지지하는 긴 트러스가 십자 형태로 교차하도록 설치되었다. 계속 진행된 ISS 건설에는 미국과 러시아는 물론 캐나다, 일본, 브라질, 11개의 유럽 우주항공국 회원국이 참여했다. 우주왕복선과 소유즈 우주선이 승무원을 싣고 ISS로 오가는 동안, 소유즈 우주선 한 대가 교대로 항상 우주정거장에 도킹되어 즉각적인 피난이 필요한 응급 상황에서 '구명선' 역할을 했다.

2003년 2월 1일, 컬럼비아호 사고(ISS와 관련 없는 과학연구 미션 수행) 이후 NASA의 우주왕복선 프로그램이 중단되어 오랜 기간 ISS의 확장에 영향을 미쳤다. 이 기간에 승무원들은 소유즈 우주선을 타고 ISS를 오갔고, 정거장은 '프로그레스Progress'라는 러시아의 자동화된 화물 연락선으로 서비스를 공급받았다.

30년에 걸친 우주왕복선 미션에서 마지막 장은 2011년 7월 8일 STS-135 미션을 위해 왕복선 아틀란티스호가 4명의 승무원을 싣고 발사되면서 시작되었다. 이틀 후 승무원들이 ISS에 도킹하자, ISS는 종을 울리는 의식을 통해 우주왕복선의 마지막 방문을 환영했다. 7월 19일 아

2010년 5월 23일 STS-132 승무원이 찍은 국제우주정거장(ISS) 사진

틀란티스호는 ISS와 분리된 후 성공적이었지만 가슴 아픈 귀환 여정에 들어갔고, 이것으로 NASA의 우주왕복선 프로그램은 끝이 났다. 그 후 미국 우주비행사들은 오로지 러시아 소유즈 우주선을 타고 ISS로 갈 수 있었다.

오늘날 ISS는 6개 침실을 갖춘 비교적 안락한 연구시설로 욕실 2개, 체육실 1개, 아래 지구를 넓게 볼 수 있는 파노라마 전경을 제공하는 둥근 지붕을 갖추고 있다. 이 정거장의 전력은 1에이커 면적의 태양전지판을 통해 공급되며, ISS가 저녁 하늘을 가로지를 땐 지상에서도 쉽게 식별할 수 있다.

ISS는 건설된 뒤 2000년 11월 이후 20년 이상 사람들이 계속 체류했으며, 궤도에 위치한 과학과 의학 실험 및 관측소로서 특별하고도 중요한 역할을 담당했다. 2021년 2월까지 19개국 출신의 240명(34명의 여성과 8명의 '우주 관광객' 포함)으로 구성된 총 64개 탐험 승무원 팀이 ISS를 방문하여 여러 번의 장기 미션을 마치고 많은 귀중한 데이터를 갖고 돌아왔다.

특히 주목할 만한 기록을 몇 가지 언급하자면, 미국 우주비행사 페기 윗슨Peggy Whitson은 (세 번의 미션 동안) 우주에서 살며 연구한 기간이 총 665일을 기록했고, 반면 스콧 켈리Scott Kelly는 한 번의 미션에서 340일을 머물러 가장 오래 체류한 기록을 세웠다. 또한 미국 우주비행사 크리스티나 코흐Christina Koch는 단일 미션으로 여성으로서 ISS에 328일을 체류하는 기록을 세웠다.

소련 우주왕복선 '부란'

케네디 우주센터 발사대에 세워진 삼각 날개 모양의 NASA 우주왕복선의 놀라운 광경에 익숙한 미국인들이 보기에, 지구 반대편 소련의 중앙아시아에 나타난 우주왕복선의 모습은 비슷한 점이 상당히 많았다. 1988년 11월 15일, 형태가 거의 비슷한 100톤의 삼각 날개 형태의 우주선—이 중 14톤은 연료 무게였다—이 카자흐스탄 남부 바이코누르 우주기지에서 스포트라이트를 받으며 발사대에 당당하게 서 있었다. 하지만 미국의 모든 왕복선과 달리 인간은 탑승하지 않았다. 소련 왕복선은 궤도 미션을 수행하는 동안 무인 비행했다.

비회수용인 에네르기아Energia 로켓에 실린 소련 왕복선의 명칭은 '부란Buran'(눈폭풍)으로 외형상 미국 우주왕복선과 아주 비슷했다. 부란 왕복선의 길이는 36.4m, 날개폭은 약 24m였다. 부란은 미국 왕복선과 마찬가지로 비행체의 알루미늄 표면에 약 38,000개의 방열 타일이 부착되어 있었다. 주요 추진 시스템은 2개 그룹의 기동 로켓으로 구성되며 왕복선 기체 뒷쪽에 있고, 또 다른 로켓 그룹은 기체 앞부분에 있었다. 미국 왕복선과 달리 부란은 주 엔진이 없어 발사 과정에서 역할을 수행하지 않으며, 에네르기아 로켓의 적재 화물에 불과했다. 주 엔진이 없다는 것은 부란이 NASA 왕복선보다 훨씬 더 많은 화물을 우주로 운반할 수 있으며, 또한 착륙 중량도 그와 비슷하게 증가한다는 뜻이다.

주목할 만한 또 다른 차이는 부란 뒤쪽에 2개의 제트 엔진을 설치할 예정이었다는 것이다. 이 제트 엔진은 마지막 착륙 단계에서 동력을 제공할 수 있다는 점에서 추가적인 안전 요소였다. 우주비행사들은 제트 엔진 덕분에 활주로의 강한 횡풍 같은 악조건에서 착륙을 시도하다가 실패해도 다시 시도할 수 있었다. 미국 왕복선은 완전히 무동력 글라이더 비행 방식으로 착륙하도록 설계되어 두 번째 착륙 기회가 없었다. 승무원이 탑승한 부란 미션에서 이런 아이디어를 실행할 수 있었지만 한 번도 실행되지 못했다.

어둑한 이른 아침, 예정된 시간에 에네르기아의 4개로 구성된 1단 엔진이 굉음을 내며 활기차게 치솟았다. 로켓은 처음에는 천천히 이륙하다가 급속하게 가속하면서 무인 부란 왕복선을 들어올려 우주로 가는 완벽한 궤도로 날려 보냈다. 부스터가 분리된 후 부란은 계속 궤도로 가는 경로를 따라 비행했다.

지구 궤도를 예정대로 두 바퀴 선회한 다음, 부란은 칠레 상공을 통과하여 재진입을 준비하기 위해 기체를 돌린 뒤 역추진 로켓이 자동 점화되었다. 부란 우주선의 첫 비행은 예정대로 바이코누르 발사대에서 불

바이코누르 우주기지 110 발사대에서 발사를 준비하며 기립해 있는 에네르기아-부란

과 12km 떨어진 곳에 길이 5km, 폭 80m 규모의 특별히 건설된 콘크리트 활주로에 완전 자동 착륙함으로써 성공적으로 수행되었다. 약 60km/h의 강한 횡풍이 불었지만 착륙은 거의 아무런 문제가 없었다. 너무도 정확해서 우주선 앞바퀴가 활주로의 중앙선에서 1.3m밖에 벗어나지 않았다. 이 비행은 총 205분 동안 진행되었고, 결국 부란 왕복선의 첫 비행

이자 마지막 비행이 되었다.

이 비행은 소련 공학과 기술의 위대한 승리라며 찬사를 받았지만, 삼각 날개 비행체가 재진입 때 상당한 열 손상을 받았다. 소련 당국은 엄청난 수리 비용을 감당할 수 없어 이 손상을 즉시 수리하지 않기로 결정했다. 다음 해 새로운 계획이 제안되었다. 1993년 두 번째 궤도 미션을 위해 부란을 승무원 없이 발사하여 15일에서 20일까지 체류한다는 내용이었다. 하지만 이 계획은 결국 비현실적(그리고 엄청난 비용부담)이라는 이유로 보류되었고, 부란은 단 한 번의 미션 수행 후 퇴역했다.

1991년 말 소련연방 해체와 함께 막대한 에네르기아-부란 프로그램 관리 비용 때문에 이 프로그램은 종료되었다. 1993년 18년간의 개발도 종료되었다. 우주로 비행한 부란은 카자흐스탄 정부의 소유물이 되었고, 에네르기아 로켓 모형 위에 장착되어 바이코누르 우주기지 112 격납고 안에 보관되어 있다. 이 지역의 극심한 여름 열기와 겨울의 혹한 탓에 격납고는 두꺼운 포말층으로 단열 처리되어 있지만, 비가 내리면 포

최초이자 마지막 비행에서 지구 궤도를 두 바퀴 돌고 착륙하고 있는 부란 왕복선

말이 습기를 흡수하여 점점 무거워졌다. 2002년 5월 12일 폭우가 이 지역을 강타했을 때 물이 지붕으로 스며들어 결국 붕괴했다. 5개의 지붕 구역 중 3개가 붕괴하면서 80m 아래 지면으로 주저앉아 역사적으로 중요한 이 우주선이 파괴되었고 지붕을 수리하던 8명의 노동자가 사망했다.[12]

미국과 소련, 중국의 우주비행사

1992년 9월, 중국 유인 우주항공국Chinese Manned Space agency(CMS)이 921 프로젝트를 통해 공식 활동을 시작했다. 이 프로젝트는 중국인을 우주에 보내고 중국의 영구 우주정거장을 쏘아 올리는 3단계 정책이었다. 'Taikonauts'라는 중국인 우주비행사들이 이 우주정거장에서 연구를 수행할 예정이었다. 이 용어는 중국어 단어 taikong(우주)에서 파생된 것으로, 여기에다 미국과 소련 우주비행사에서 사용한 '-naut'라는 접미사를 붙인 것이다(미국 우주비행사는 Astronauts, 소련 우주비행사는 Cosmonauts). 'naut'는 '항해자'를 뜻하는 고대 그리스어에서 유래한 것으로 '여행자'라고 번역된다. 따라서 'Taikonaut'는 '우주여행자'라는 뜻이다.

인민해방군 우주비행사 부대는 1998년 설립되었으며, 같은 해 처음으로 14명의 우주비행사를 선발했다. 2010년에는 최종적으로 달과 화성까지 유인 탐사 미션을 수행하려는 중국의 장기적인 우주 탐사 목표를 지원하기 위해 두 번째로 7명의 우주비행사를 선발했다.

중국의 유인 우주 프로그램 중 1단계는 5년 후에 진행되었다. 미국 우주 프로그램과 소련(그 후에는 러시아) 우주 프로그램의 성과를 이어서 중국은 독자적으로 인간을 우주로 보낸 세 번째 국가가 되었다. 2003년 10월 15일 양리웨이Yang Liwei 우주비행사를 태운 선저우Shenzhou 5호 우주

2003년 10월 선저우 5호를 타고 중국인 최초로 우주로 비행한 양리웨이

선(선저우는 '신성한 배'라는 뜻이다)이 지구 궤도로 발사되었다. 운반 로켓은 장정Long March 2F였고, 내몽고 고비 사막에 위치한 주취안Jiuquan 위성발사 센터에서 발사되었다.

중요한 1단계를 완수한 후, 중국 우주 프로그램은 우주비행사의 선외 활동과 궤도 랑데부와 도킹을 포함한 고급 우주비행 기법과 기술 개발을 2단계 목표로 삼았다. 921 프로젝트의 2단계에 포함된 한 가지 중요한 내용은 궤도를 선회하는 우주정거장 톈궁Tiangong(하늘 배) 시제품을 개발하는 것이었다. 톈궁-1호는 2011년 9월에 발사되어 단기 우주 미션 동안 승무원들이 랑데부와 도킹 기동을 연습할 때 이용되었다. 이 도킹 기동은 선저우 7호, 9호, 10호 승무원들에 의해 수행되었고, 선저우 8호는 무인 자동 도킹 비행이었다.

최근까지의 중국 유인 우주 미션

우주비행사	미션	발사일	착륙일	주요 성과
양리웨이	선저우 5호	2003년 10월 15일	2003년 10월 15일	중국 최초의 우주비행
페이쥔룽 녜하이성	선저우 6호	2005년 10월 12일	2005년 10월 16일	중국 최초의 2인 우주비행
징하이펑 류보밍 자이지강	선저우 7호	2008년 9월 25일	2008년 9월 28일	중국 최초의 3인 우주비행; 중국인(자이) 최초의 선외 활동
무인	선저우 8호	2011년 10월 31일	2011년 11월 17일	톈궁-1호 우주정거장과의 자동 도킹
징하이펑 류왕 류양	선저우 9호	2012년 6월 16일	2012년 6월 29일	중국 최초로 승무원에 의한 톈궁-1호와의 도킹; 중국 최초 2회 우주비행사(징); 중국 최초 여성 우주비행사(류양)
녜하이성 장샤오광 왕야핑	선저우 10호	2013년 6월 11일	2013년 6월 26일	톈궁-1호와의 두 번째 유인 우주 랑데부와 도킹; 두 번째 여성 우주비행사(왕)
징하이펑 천동	선저우 11호	2016년 10월 17일	2016년 11월 18일	톈궁-2호와의 도킹; 선장 징의 세 번째 우주비행

2016년 3월, 지상 통제관들과 활동을 중단한 톈궁-1호와의 교신이 완전히 단절되었다. 하지만 톈궁이 운영될 동안 설계와 시스템 정보를 제공하여 같은 해 9월에 발사된 후속 우주정거장인 톈궁-2호 건설에 활용되었다. 톈궁-2호는 훨씬 더 큰 과학 실험실, 거주 공간, 화물 수송, 재급유, 보급, 그리고 장기적인 인간 거주를 가능하게 하는 인프라를 갖추었고, 따라서 선저우 2호에 탑승한 2명의 승무원은 2016년 말 톈궁-2호에서 30일 동안 거주할 수 있었다.[13] 활동을 중단한 텅 빈 톈궁-1호는 2018년 4월 2일까지 지구 궤도를 계속 돌다가 대기권으로 재진입했다.

선저우 11호 우주선이 톈궁-2호 우주정거장과 도킹하기 위해 접근하는 모습을 보여주는 그림

2012년 선저우 9호 미션을 수행하여 중국 최초의 여성 우주비행사가 된 류양

재진입 시의 열에 완전히 연소되지 않은 부분은 남태평양 전역으로 떨어졌다. 톈궁-2호는 2019년 7월 비슷한 방식으로 궤도를 이탈했다. 승무원들의 장기 체류를 지원하는 세 번째 톈궁 우주정거장을 준비하고

있었지만 이 프로그램은 결국 취소되었다.

최근까지 중국은 여섯 번의 유인 선저우 우주선을 이용해 11명의 우주비행사를 우주로 보냈고, 한 번의 화물우주선과 우주정거장 톈궁-1호와 2호를 이용해 유인 우주 프로그램의 2단계를 마무리했다. 중국의 3단계 목표는 영구적인 모듈식 유인 우주정거장을 조립하여 운영하는 것이다. 세부 자료가 부족해 확실하지 않지만, 이 우주정거장은 2022년경 완성되어 달과 화성 탐사와 같은 장기적인 우주탐사 목표를 지원할 것으로 예상된다. 중국은 현재 우주정거장 미션을 위한 우주비행사 훈련생을 선발하고, 아울러 훨씬 더 큰 규모의 차세대 우주선을 개발하고 있다. 2022년 이전에 중국은 차세대 우주선을 장정 5B 중량 운반 로켓 상부에 실어 궤도로 보내는 무인 시험 비행을 시작할 계획이다. 중국은 우주선을 달까지 보낼 더 강력한 로켓—초중량 운반 로켓 장정 9—을 개발하여 2030년대(더 이른 시기를 언급하는 자료도 있다)에 달까지 유인 우주선을 보내는 것을 목표로 삼고 있다.[14]

우주 '관광' 도전

작가 로버트 하인라인Robert Heinlein의 1958년 책《우주복 있음: 출장 가능Have Space Suit: Will Travel》이라는 유명한 공상과학 소설에 "나는 부자라면 누구나 돈을 내고 쉽게 우주로 갈 수 있다는 생각에 참을 수 없었다"라는 구절이 있다. 그런데 2001년 4월에 머리가 희끗희끗한 60세의 한 엔지니어가 그 일을 해냈다. 투자관리 자문회사를 통해 재산을 모은 데니스 티토Dennis Tito는 버지니아 소재 스페이스 어드벤처스Space Adventures 기업을 통해 러시아 항공우주국인 로자비아코스모스Rosaviakosmos(로즈코스모스Roscosmos

라고도 한다)에 약 2천만 달러를 지불하고 곧장 세계 최초 민간인 우주 관광객이라는 유명 인사의 지위를 얻었다.

10대였던 1957년 데니스 티토는 최초의 스푸트니크 위성 발사에 영감을 받았다. 그는 항공학과 우주공학 분야 학위를 받았고, 그 뒤 캘리포니아 NASA 제트추진연구소Jet Propulsion Laboratory(JPL)에서 5년간 근무하면서 매리너Mariner 계획을 위한 화성과 금성 탐사선의 궤도를 설계했다. 1972년에는 금융계에 들어가 수학과 공학 기술을 활용해 주식시장의 위험을 분석하는 새로운 접근법을 개발하기 시작했고, 1998년 그의 회사 윌셔 어소시에이츠Wilshire Associates는 미국에서 3위 규모의 투자관리 자문회사가 되었다.

티토는 애초에 러시아의 미르 우주정거장으로 갈 예정이었지만, 미르 정거장을 궤도에서 이탈시킨다는 힘든 결정이 내려지자 계획을 수정하여 절반쯤 건설된 국제우주정거장(ISS)으로 가기로 했다. 그러나 NASA는 이를 원치 않았다. 사실 티토의 자비 우주여행에 대해 NASA와 러시아 사이에는 알력이 있었다. NASA는 티토가 충분히 훈련받지 않아 안전상 위험이 있으며, ISS 승무원들은 티토가 승무원의 생명을 위태롭게 하거나 정거장을 손상할 수 있는 행동을 하지 못하도록 '돌봐야' 할 것이라고 했다. 또한 ISS가 모듈 조립 작업을 수행하는 중이기 때문에 카메라로 사진을 찍어대는 반갑지 않은 관광객이 탑승하기에는 매우 적절치 않았다.

러시아는 정부 간 협정에 따라 승무원이 충분히 훈련만 받는다면 그들이 원하는 대로 승무원을 선택할 권리가 있다고 주장했다. 물론 더 중요한 점은 러시아는 티토가 지불하는 막대한 돈이 절실히 필요했다는 것이다.

티토는 소유즈 TM-32 우주선이 ISS와 도킹했을 때 거기에 그를 환

2001년 ISS에 탑승한 데니스 티토(왼쪽)와 러시아 승무원인 탈가트 무사바예프와 유리 바투린

영하는 매트가 깔려 있지 않을 것이라는 것을 충분히 알았지만, 그는 훈련을 계속했다.[15] 이런 상황을 피할 수 없게 되자, NASA는 러시아 우주항공국에 엄격한 조건을 부여하면서 티토의 활동으로 장비에 어떤 손상이 발생할 경우 우주정거장 건설에 참여한 다른 파트너에게 보상할 것을 요구했다. 다행히도 보상을 요구할 만한 상황은 발생하지 않았다. 티토가 7일간 ISS를 방문하는 동안 아무런 손상도 발생하지 않았기 때문이다. 2001년 4월 28일 그를 태운 소유즈 TM-32가 발사되었고, 그는 10일간의 우주비행 중 7일을 ISS에서 보냈다. 당시 공공연한 비판에도 불구하고 그의 성공적인 비행은 이른바 '우주 관광'에 대한 대중들의 관심과 열정을 크게 증폭시켰다.

다음 해 몇몇 유료 '우주비행 참가자'(그들은 이렇게 알려지기를 원했다)들도 소유즈 우주선을 타고 ISS로 갔다. 참가자들은 이 비행을 위해 몇 개월 동안 러시아에서 신체 훈련과 언어 훈련을 받았다. 선정된 소유즈 비행에는 한 좌석만 이용할 수 있기 때문에 우주비행 후보자와 예비 후보자를 선정했고, 예비 후보자는 마지막 순간에 후보자에게 어떤 문제나 질병이 있는 경우 그 자리를 물려받았다.

대부분의 후보자가 우주로 날아갔지만 어떤 경우는 불행하게도 그렇지 못했다. 2002년 2월 남자 아이돌 그룹 NSYNC 출신의 22세의 랜스 베이스Lance Bass는 약 2천만 달러를 지불하고 11월에 소유즈 TMA-1을 타고 ISS로 가기로 했다고 발표했다. 이 비행 이전 유일한 우주 경험은 그가 12세 때 앨라배마에서 열린 우주 캠프에 참석했다는 것뿐이었다. 그 후 그는 모스크바 스타시티 우주비행사 훈련센터와 텍사스 존슨 우주센터에서 훈련을 시작했다. 그러나 8월에 MTV와 라디오샥RadioShack을 포함한 베이스를 재정적으로 후원하는 집단이 비용지불 기한을 놓쳤고, 다음 달 러시아 우주항공국 관리들은 바스에게 비용지불 논의가 다시 중단되었다고 알렸다. 편의상 그들은 베이스에게서 '경미한 심장질환'이 발견되었고 그에 따라 비행에서 제외된다고 발표했다. 당시 불과 23세였던 그는 가장 어린 나이에 최초로 우주를 비행한 사람이 될 뻔했다.[16]

13년 뒤 〈오페라의 유령Phantom of the Opera〉의 주연으로 유명한 가수 사라 브라이트만Sarah Brightman이 자비로 10일 동안 소유즈 우주선을 타고 ISS를 방문했다가 돌아오기 위해 훈련을 받았다. 발사 예정일은 2015년 9월 1일이었다. 미국 우주관광 회사 스페이스 어드벤처스Space Adventures는 이 영국 가수를 위해 수천만 달러의 비행을 중개했다. 하지만 5월 13일 브라이트만은 우주여행을 하지 않을 거라고 발표해 많은 사람을 놀라게 했다. 그녀는 웹사이트 업데이트란에 "가정적인 이유로 계획을 바꿀 수밖에 없었고 우주비행사 훈련과 비행 계획을 연기하고자 합니다. 그동안 이 신나는 여행을 위해 지원을 아끼지 않은 로스코스모스Roscosmos, 에네르기아Energia, GCTCGagarin Cosmonaut Training Center, 스타시티Star City, NASA,

개인 부담 우주비행 참가자

참가자	예비 참가자	발사 우주선/ 착륙 우주선	발사일	귀환일
데니스 티토, 60세, 미국	—	소유즈 TM-32/ 소유즈 TM-31	2001년 4월 28일	2001년 5월 6일
마크 셔틀워스 28세, 남아공	—	소유즈 TM-34/ 소유즈 TM-33	2002년 4월 25일	2002년 5월 5일
그레고리 올슨 60세, 미국	—	소유즈 TM-7/ 소유즈 TM-6	2005년 10월 1일	2005년 10월 11일
야누세흐 안사리 40세, 이란/미국	—	소유즈 TM-9/ 소유즈 TM-8	2006년 9월 18일	2006년 9월 29일
찰스 시모니 58세, 헝가리/미국	—	소유즈 TM-10/ 소유즈 TM-9	2007년 4월 7일	2007년 4월 21일
리처드 개리엇 47세, 미국	닉 할릭, 39세, 호주	소유즈 TM-13/ 소유즈 TM-12	2008년 10월 12일	2008년 10월 23일
찰스 시모니 60세, 헝가리/미국	에스더 다이슨, 47세, 스위스/미국	소유즈 TM-14/ 소유즈 TM-13	2009년 3월 26일	2009년 4월 8일
기 랄리베르테 49세, 캐나다	바바라 바렛, 58세, 미국	소유즈 TM-16/ 소유즈 TM-14	2009년 9월 30일	2009년 10월 11일

국가 지원 우주비행 참가자

참가자	예비 참가자	발사 우주선/ 착륙 우주선	발사일	귀환일
마르코스 폰테, 브라질	—	소유즈 TM-8/ 소유즈 TM-7	2006년 3월 30일	2006년 4월 8일
셰이크 무사파르 슈코르, 말레이시아	파이즈 칼리드	소유즈 TM-11/ 소유즈 TM-10	2007년 10월 10일	2007년 10월 21일
이소연, 한국	고산	소유즈 TM-12/ 소유즈 TM-11	2008년 4월 8일	2008년 4월 19일

모든 러시아 우주비행사와 미국 우주비행사에게 깊은 감사의 마음을 표하고 싶습니다"라고 밝혔다. 이로 인해 ISS로 가는 소유즈 TMA-18M

비행의 세 번째 빈 좌석은 카자흐스탄 우주항공국 카즈코스모스KazCosmos 소속 에이딘 아임베토프Aidyn Aimbetov에게 넘어갔다.[17]

인간의 우주탐사 역사는 위축되지 않고 지속되었다. 2019년 9월 25일, 최초의 아랍에미리트 우주비행사 하자 알 만수리Hazza Al Mansouri가 소유즈 MS-15 우주선을 타고 ISS까지 비행했다. 그와 함께한 승무원은 러시아인 선장 올레그 스크리포치카Oleg Skripochka(세 번째 우주비행), NASA 우주비행사이자 비행 엔지니어 제시카 마이어Jessica Meir였다. 알 만수리는 ISS에 체류한 최초의 아랍인 우주여행자가 되었다. 8일 후인 10월 3일, 그는 소유즈 MS-12 승무원들과 함께 카자흐스탄에 안전하게 착륙했다. 덴마크 역시 2022년경 비슷한 유인 우주비행을 계획하고 있다.

또 다른 우주개발 이야기가 있다. 인도우주조사기구Indian Space Research Organisation(ISRO)는 2007년부터 유인 궤도 우주선 발사 기술을 개발하고 있다. 그 첫 번째 비행으로 2021년 12월에 두세 명의 가간 야트리gagan yatri('하늘 여행자'를 뜻하는 산스크리트어)를 보낼 계획이었지만, 2022년경 실행될 것으로 보인다. 그들은 '가간얀Gaganyaan'(하늘 비행체)이라는 우주선을 타고 GSLV 마크 3 로켓에 실려 발사될 예정이다. 이런 계획이 결실을 맺는다면 인도는 소련(러시아), 미국, 중국에 이어 세계에서 네 번째로 독자적인 인간 우주비행을 성취한 국가가 될 것이다. 유인 우주비행 후 ISRO는 더 나아가 인도 자체의 우주정거장을 개발하여 최종적으로 유인 달 착륙을 시도할 작정이다.[18]

2018년 독립기념일 연설에서 인도 총리 나렌드라 모디Narendra Modi는 2022년 인도 독립 75주년을 기념하여 유인 가간얀 비행 미션을 실행할 것이라고 공식 발표했다. 2019년 11월, 인도 공군은 러시아로 우주비행사 훈련을 보내기 위해 12명의 가간 야트리 후보를 선발했다. 그다음 달이 후보자 명단은 4명으로 좁혀졌고, 2020년 2월부터 훨씬 더 집중적인 훈련을 받기 시작했다. 이 책을 쓸 당시 3명의 후보자 명단은 발표되지 않았지만 인도 공군 중령 니힐 라스Nikhil Rath는 2020년 8월 비행 훈련을 마쳤다고 발표했다.[19]

에필로그

우주의 미래

2004년 6월 21일, 62세의 민간인 테스트 파일럿 마이크 멜빌Mike Melvill은 민간 우주선을 타고 우주를 비행한 최초의 인간으로 역사책에 기록되었다. 그가 이용한 민간 우주선, 구체적으로 말하면 항공 엔지니어 버트 루탄Burt Rutan이 설립한 스케일드 컴포지트Scaled Composites사의 스페이스십원SpaceShipOne 역시 최초의 민간 유인 우주선으로 역사에 기록되었다.

이 비행은 X 프라이즈 파운데이션X Prize Foundation이 제공한 천만 달러의 상금을 받기 위해 필요한 두 번의 비행 중 첫 번째 비행이었다. 이 재단은 그리스계 미국인 억만장자이자 엔지니어, 의사, 기업가인 피터 디아만디스Peter Diamandis의 주도하에 설립된 비영리 조직으로, 1996년 5월 경쟁을 통해 혁신을 고취하고 저비용의 효율적인 우주 관광용 우주선 개발을 촉진할 목적으로 세워졌다. 이 재단이 사용하는 방식은 기업들이 20세기 초 상업적 항공을 자극하기 위해 상금을 현금으로 제공했던 방식과 상당히 비슷하다. 민간 우주비행을 위한 경쟁은 초기에 X 프라이즈로 알려졌지만, 1961년에 이루어진 앨런 셰퍼드Alan Shepard의 저고도 우주비행 43주년 기념행사에서 이란 태생의 기업가 아누셰흐 안사리Anousheh Ansari와 아미르 안사르Amir Ansari가 수백만 달러를 기부한 후 2004년 5월 5일 안사리 X 프라이즈Ansari X Prize로 명칭을 바꾸었다. (2년 후 2006년 9월, 아누셰흐 안사리는 비용을 지불하고 ISS로 우주 관광을 떠났다.) 안사리 X 프라이즈를 수상하려면 경쟁적인 민간인 팀(26개 팀이 등록했다)이 한 명의 비행사와 두 명의 승객(또는 같은 무게의 바닥짐ballast)을 태우고 동일한 우주선을 이용해 2주 내로 100km 고도 이상까지 두 번 비행해야 했다.[1] 안타깝게도 비행할 동안 관제 문제가 발생해 두 번째 비행은 중단되었고, 새로운 시도는 9월 29일까지 연기되었다.

마이크로소프트 공동 창업자이자 투자자, 자선가인 폴 앨런Paul Allen은 스케일드 컴포지트 프로젝트에 재정 지원을 하기로 결정하고 버트 루탄과 힘을 합쳤다. 전설적인 설계자이자 항공학 천재인 루탄이 스페이스십원을 제작했다. 이것은 대기권에서 발사하는 실험적 저궤도 우주항공기로서, 모선인 초현대적인 쌍발 터보 제트기 화이트 나이트White Knight에 의해 하늘로 운반된다.

9월 27일 스페이스십원이 X 프라이즈를 위한 두 번째 시도를 준비하고 있을 때, 버진 애틀랜틱 에어웨이스Virgin Atlantic Airways의 의장 리처드 브랜슨Richard Branson 경이 루턴과 마이크로소프트 사업가 앨런과 계약을 체결했다고 발표했다. 계약 내용은 스케일드 컴포지트사에 5~8대의 여객 항공기를 설계 및 제작할 자금과 상업적 저궤도 비행에 필요한 기술을 사용할 수 있는 라이선스를 제공한다는 것이었다.

첫 번째 시도, 즉 스페이스십원의 16번째 비행은 2004년 9월 29일에 이루어졌다. 조종사 마이크 멜빌이 102.93km 높이까지 비행하여 필요한 고도를 넘어섰다. 일주일 후 브랜슨은 안사리 X 프라이즈와 천만 달러의 상금을 받을 것으로 기대되는 비행을 모하비 사막에서 직접 목격했다. 10월 4일—공교롭게도 최초의 스푸트니크 위성 발사 47주년 기념일이었다—시작된 17번째 비행에서는 조종사 브라이언 비니Brian Binnie가 스페이스십원에 탑승했고, 화이트 나이트가 이 우주선을 높은 곳까지 운반했다. 모선에서 분리된 스페이스십원은 엔진을 점화한 뒤 기록적인 고도인 112.014km까지 올라갔다. 피터 디아만디스Peter Diamandis는 흥분을 감추지 못한 채 기자들에게 "오늘 우리는 역사를 새로 썼습니다. 오늘 우리는 우주까지 날아갔습니다!"[2]라고 말했다.

미래의 상업 저궤도 우주비행 계획을 발표한 지 한 달 만에 브랜슨의 새로운 자회사 버진 갤럭틱Virgin Galactic에 7천 건에 달하는 강력한 관심이 표명되었고 그 수는 계속해서 급증했다. 그의 계획에 대해 말해달라고 하자 그는 "우리는 향후 몇 년 안에 높은 고도에서 지구의 장엄한 아름다움과 빛나는 별들을 보고 놀라운 무중력 상태를 느끼고 싶어하는 많은 사람들의 꿈이 실현되길 바랍니다. 이런 발전을 통해 소수의 특권

버진 갤럭틱의 리처드 브랜슨 경

2004년 10월 4일 안사리 X 프라이즈를 수상한 후 스페이스십원 위에 서 있는 브라이언 비니

층만이 아니라 세계 모든 국가에서 우주여행자가 탄생할 것입니다"[3]라고 말했다.

초기에 브랜슨은 최초의 여객 운송 우주비행이 빠르면 2009년에 시작될 수 있다고 했지만, 이 날짜는 계속 늦춰지고 있다. 2009년 버진 갤럭틱은 계속 긍정적인 입장에서 최초의 비행이 '2년 이내'에 모하비 사막의 스페이스포트 아메리카Spaceport America에서 이루어질 것이라고 예측했다. 그해 12월 7일 두 번째 우주선인 스페이스십투SpaceShipTwo가 스페이스포트에 등장했다. 브랜슨은 모여든 300명의 군중—대다수는 한 명당 20만 달러를 지불하고 브랜든의 우주비행을 예약한 사람들이었다—에게 첫 비행이 2011년에 가능할 것이라고 말했다.

이 프로젝트는 계속 지연되고 있으며, 가장 심각한 것은 VSS 엔터프라이즈(버진 스페이스십 엔터프라이즈Virgin Space Ship Enterprise)라고 이름 붙인 스페이스십투SpaceShipTwo가 2014년 10월 31일 네 번째 로켓 동력 시험 비행 때 파괴된 것이었다. 모선에서 분리된 직후 스페이스십투가 공중에서 부서졌고, 이후의 충돌로 부조종사 마이클 알즈베리Michael Alsbury가 사망하고 조종사 피터 지볼트Peter Siebold는 중상을 입었다. 후속 조사에 따르면, 알즈베리가 공기 제동 시스템을 너무 일찍 부정확하게 사용하는 바람에 스페이스십투가 부서진 것으로 보인다.[4]

대체 우주선 VSS 유니티Unity가 2016년 12월 첫 번째 시험 비행을 마쳤고, 2년 뒤 음속의 3배 가까운 속도로 고도 82.7km까지 올라갔다. 이 비행을 수행한 두 명의 조종사는 마크 스투키Mark Stucky와 전직 NASA 우주비행사 프레데릭 스터초우Frederick Sturckow였으며, 그들은 이 업적으로 미국 정부로부터 상업 우주비행사 자격을 얻었다.

VSS 유니티가 인테리어 개선과 다른 업그레이드를 진행할 동안, 버진 갤럭틱은 우주선을 계속 늘려서 2033년까지 5대의 우주선을 제작하길 희망했다. 2020년 16번째 저궤도 비행을 계획했지만, 뉴멕시코주 보건부가 발표한 코로나19 바이러스 확산 대응 지침에 따라 버진 갤럭틱

두 번째 제작된 저궤도 스페이스십투 VSS 유니티(구 VSS 보이저)

은 활동을 최소화하고 안전을 위해 새로운 비행 계획을 발표했다.

버진 갤럭틱이 상업 우주비행 분야의 유일한 주자는 아니다. 많은 모험적인 기업 중에서 특히 일론 머스크Elon Musk의 스페이스엑스SpaceX와 제프 베이조스Jeff Bezos의 블루 오리진Blue Origin이 민간 우주비행에 참여하고 있다. 초기부터 관심이 급증하자 대중적 인지도가 올라가면서 이와 관련된 의원들이 개입하게 되었다. 2004년 12월 상업 우주발사 개정법이 269명 찬성, 120명 반대로 미국 의회를 통과했다. 이 법의 목적은 새로 등장하는 상업적 인간 우주비행 산업의 발전을 촉진하는 것으로, 여기에는 유료 승객이 스스로 위험을 감수하고 비행할 수 있도록 허용하는 조항이 포함되었다. 2개월 후 이에 대응하여 워싱턴 소재 연방항공국Federal Aviation Administration(FAA)이 재사용 가능한 저궤도 로켓 시험을 희망하는 기업에 허가권을 부여하기 위한 지침 초안을 발표했다. 이 지침의 목적은 민간 우주선에 탑승하는 승무원과 승객을 관리하는 것이다. 구속력 있는 규제로 이 산업을 관리하는 연방항공국의 이런 지침은 정부의 감독 의무를 고려하면서도 산업계의 자율규제 추구를 허용하는 상당히 진전된 조치로 간주되었다.[5]

직접적인 결과로, 민간 로켓 비행 분야에 관심이 있는 12개 기업은 2005년 2월 개인우주비행연맹Personal Spacflight Federation(현 상업우주비행연맹Commercial Spaceflight Federation)을 설립했다. 이 단체의 목적은 연방 규제기관과 함께 초기 단계인 산업계의 이익 증진을 돕는 것이었으며, 연맹 창설자는 디아만디스Diamandis, 루탄Rutan, 그리고 스페이스 어드밴처스의 공동 창립자 겸 의장 에릭 앤더슨Eric Anderson이었다. 이사회에는 비디오게임 혁신가 존 카맥John Carmack이 포함되었는데, 그의 아르마딜로 에어로스페이스Armadillo Aerospace는 한때 X 프라이즈의 선도적인 경쟁자였다.

기업가 그레그 메리니아크Gregg Maryniak는 X 프라이즈 파운데이션

X Prize Foundation의 공동 설립자이자 초대 전무로 개인우주비행연맹 수석 대변인 역할을 했다. 당시 그는 MSNBC.com에서 새로운 법안은 "기본적으로 정부와 산업계가 안전 표준을 마련하기 위해 협력해야 하며, 산업계가 현재의 민간 우주 프로그램보다 훨씬 더 안전한 제품을 내놓아야 한다고 확신한다"고 말했다. 또한 그는 미국인의 70%가 "기회가 주어지고 가격이 적절하다면" 우주비행 티켓을 구입할 의사가 있음을 보여주는 몇몇 조사 자료를 인용했다.[6] 우주비행의 열광적인 팬이자 캘리포니아대학 강사 그렉 오트리Greg Autry는 관광을 위해 우주까지 가는 동안 잠시 경험하는 로켓 속도 탓에 당황스러울 수 있다고 했다. 그는 "엄청난 속도는 분명히 '극단적인' 사람들을 끌어모으겠지만 우주비행의 엄청난 속도 때문에 매우 놀랄 것입니다. 우주로 갔다가 돌아오는 동안 제정신을 차리고 멋진 광경을 즐길 시간이 사실상 거의 없습니다"[7]라고 말했다.

우주에서 지구 바라보기

이 책을 출판할 즈음 미래 우주탐사 계획이 수립되어 시험을 하고 있다. 우주비행사를 달과 그 너머로 보내는 NASA의 계획과 함께 많은 부유한 기업가들이 앞다투어 비행체와 로켓을 만들어 사람들을 우주로 보내는 데 상당한 재산을 지출하고 있다.

닐 암스트롱Neil Armstrong과 버즈 올드린Buzz Aldrin이 1969년 달에서 걸었을 때 스페이스엑스SpaceX CEO 일론 머스크Elon Musk는 태어나지도 않았고, 블루 오리진Blue Origin의 소유주 제프 베이조스Jeff Bezos는 다섯 살, 버진 갤랙틱Virgin Galactic의 리처드 브랜슨Richard Branson 경은 불과 이틀 전에

19세가 되었다. 이들은 우주탐험의 확장과 상업적 우주관광의 문을 열기 위해 나선 주요한 개척자들이다.

더 스페이스십 컴퍼니The Spaceship Company(TSC)는 버진 갤랙틱의 우주 시스템 제조 기업으로 캘리포니아주의 모하비 에어 앤드 스페이스 포트Mojave Air and Space Port에 본사를 두고 있다. 그들은 현재 재사용 가능한 우주선 화이트 나이트 투White Knight Two 운반용 항공기와 스페이스십투SpaceShipTwo를 제작하여 시험하고 있다. 이 두 비행체는 함께 버진 갤랙틱의 유인 우주비행 시스템을 구성한다. 브랜슨의 꿈이 실현되려면 시간이 많이 필요하지만, 60개국 600명 이상의 사람들이 이미 짧은 우주여행과 2분간의 무중력 상태를 경험하며 스페이스십투 우주선 창문을 통해 둥근 지구를 바라보기 위해 약 20만 파운드를 지불하는 계약에 서명했다. 브랜슨은 고객들에게 "며칠 동안 개인 우주선을 타고 좌석에서 벗어나 무중력 상태로 우주에서 지구를 바라보는 특별한 경험을 제공하겠습니다"[8]라고 약속했다.

캘리포니아 모하비 격납고에 보관되어 있는 스페이스십투 우주항공기(가운데)와 모선 화이트 나이트 투(좌우)

고객이 탑승한 첫 번째 우주비행이 계속 연기되면서 몇 년이 흘렀다. 특히 스페이스십투의 치명적인 사고와 그 이후 코로나19 바이러스 확산에 따른 엄격한 보건 제한 조치 이후 계속 지연되었다.

2002년 남아공 출신 억만장자 일론 머스크가 스페이스 익스플로레이션 테크놀로지Space Exploration Technologies—스페이스엑스SpaceX로 더 잘 알려져 있다—를 설립했다. 머스크는 1999년 X.com을 공동 창립했고—나중에 전자결제 기업 페이팔PayPal로 발전했다—또한 전기차 제조 기업 테슬라Tesla를 공동 설립하여 최고경영자가 되었다. 우주 탐사에 열정적인 그는 지구 궤도와 더 먼 우주를 탐사하는 미션에 적합한, 가격 경쟁력이 있는 첨단 로켓과 우주선의 개발과 제조를 감독했다. 그의 첫 로켓인 팰컨Falcon 1호는 2006년에 첫 비행을 했고, 더 큰 팰컨 9호는 2010년에 처음 비행했다.

2018년 2월, 머스크의 세 번째 로켓 팰컨 헤비Falcon Heavy가 처음 발사되었다. 이 로켓은 최대 53,000kg의 화물을 궤도로 운송하기 위해 설계되었다. 이 시험 발사에서 팰컨 헤비는 아주 특별한 화물인 빨간색 테슬라 로드스터Tesla Roadster를 운송했으며, 여기에 카메라를 장착해 데이비드 보위David Bowie의 노래가 흘러나오는 가운데 '스타맨Starman'이라는 우주복을 입은 마네킹 운전사가 차를 타고 계획된 태양 주변 궤도를 도는 놀라운 광경을 찍었다.

스페이스엑스는 또한 ISS에 보급품과 최대 7명의 우주비행사를 운송하기 위한 드래곤Dragon 우주선을 개발해 왔다. 그리고 발사된 후 수직으로 발사대로 되돌아오는 재사용 가능 로켓도 개발하고 있다. 2018년 7월 새로운 블록 5 팰컨Block 5 Falcon 로켓은 발사 후 9분 만에 드론선drone ship에 성공적으로 착륙했다.

머스크는 우주 관광에도 관심이 있다. 2018년 스페이스엑스는 일본

지구를 배경으로 한 일론 머스크의 테슬라 로드스터. '스타맨' 마네킹이 스페이스엑스 우주복을 입고 운전석에 앉아 있고, 카메라는 외부 기둥에 설치되어 있다.

스페이스엑스 유인 드래곤이 NASA의 상업 유인 프로그램 미션 중 ISS와 도킹하는 장면을 묘사한 모습

인 억만장자가 자신과 다른 2명의 손님을 위해 스페이스엑스 스타십 로켓(이전에는 빅 팰컨 로켓Big Falcon Rocket(BFR)이라고 했으며 현재 개발 및 시험을 진행 중이다)을 타고 달 주위를 여행하는 관광 좌석을 이미 예약했다고 발표했다.

2019년 6월 24일 케네디 우주센터 39A 발사대에서 발사 준비를 하고 있는 스페이스엑스 팰컨 헤비 로켓

2020년 1월, 무인 드래곤 우주선이 비행 중단 시험, 즉 케네디 우주센터에서 발사된 지 90초 이내에 팰컨 9호 로켓에서 분리하고 낙하산을 이용해 플로리다 해변에서 32km 떨어진 바다로 착수하는 시험을 마쳤다. 이것은 ISS로 가는 최초로 계획된 유인 미션을 수행하기 위한 중요한 단계였다. 유인 드래곤 데모-1 Demo-1로 명명된 다음 단계는 2020년 3월 2일 무인 드래곤 우주선 발사로 시작되어 다음날 ISS와 성공적으로 도킹하는 것이었다. 5일 후 빈 우주선이 ISS에서 분리되어 재진입한 후 대서양에서 손상 없이 회수되었다.

다음 미션인 데모-2는 2020년 5월 30일에 발사되었고, ISS로 오가는 이번 시험 비행에는 2명의 NASA 우주비행사 밥 벤켄Bob Behnken과 더그 헐리Doug Hurley가 탑승했다. 2011년 이후로 최초의 미국인 우주비행

2019년 4월, 북미 대공방위사령부(NORAD)와 미 공군 우주사령부를 상대로 스타십의 성능을 설명하고 있는 일론 머스크

사가 상업적인 민간 기업이 제작·운용하는 미국 유인 우주선을 타고 궤도로 올라간 것이었다. ISS와의 도킹에 성공한 뒤 벤켄과 헐리는 우주정거장에서 2개월을 보내고 드래곤 우주선(그들은 이 우주선을 엔데버Endeavour라고 불렀다)에 다시 탑승하여 8월 2일에 성공적으로 재진입하여 착수했다.

또 다른 역사적 비행은 2020년 케네디 우주센터에서 성공적으로 이루어진 크루-1 Crew-1 미션의 야간 발사였다. 팰컨 9 발사체와 드래곤 우주선이 완벽하게 미션을 수행했다. NASA의 승무원 마이클 홉킨스Michael Hopkins, 빅터 글로버Victor Glover, 섀넌 워커Shannon Walker, JAXA 우주비행사 소이치 노구치Soichi Noguchi는 이 우주선을 '레질런스Resilience'라고 불렀다. 레질런스는 궤도에서 27시간 동안 추적 끝에 다음날 ISS와 도킹하여 궤

스페이스엑스가 제공한 플로리다 케네디 우주센터에서 발사된 크루 드래곤 캡슐과 팰컨 9 로켓 그림

스페이스엑스 드래곤 우주선 엔데버호가 ISS로 가는 시험 비행의 승무원인 NASA 우주비행사 밥 벤켄(왼쪽)과 더그 헐리(오른쪽). 그들은 2011년 이후 미국에서 궤도로 발사된 최초의 유인 미션을 수행했다.

도 우주기지에 도착한 100번째 유인 비행체가 되었다. 해치가 열린 뒤 그들은 정거장에 체류 중인 러시아 우주비행사 세르게이 리지코프Sergei Ryzhikov(우주정거장 선장)과 세르게이 쿠드-스베르치코프Sergei Kud-Sverchkov, NASA 우주비행사 비행 엔지니어 케이트 루빈스Kate Rubins와 인사를 나누었다. 드래곤 승무원들은 6개월 동안 우주정거장에 머무른 뒤 재진입하고 착수했다. 그 후 드래곤 우주선은 다른 임무를 위해 개조되었다.

우주를 주목한 또 다른 기업은 항공우주 제조회사 블루 오리진Blue Origin이다. 이 기업을 설립하고 소유한 제프 베이조스Jeff Bezos는 아마존의 설립자 겸 CEO로, 2013년부터 워싱턴포스트 신문사 소유주로서 세계 최고의 부자로 알려져 있다. 블루 오리진은 유료 승객을 우주로 운송하는 단기 여행에 특화된 뉴 셰퍼드New Shepard 로켓과 우주선 발사 계약과 우주관광 목적을 위한 중량 적재용 뉴 글렌New Glenn 로켓을 개발하고 있다. 두 로켓의 명칭은 선구적인 머큐리 우주비행사들의 이름을 따서 지

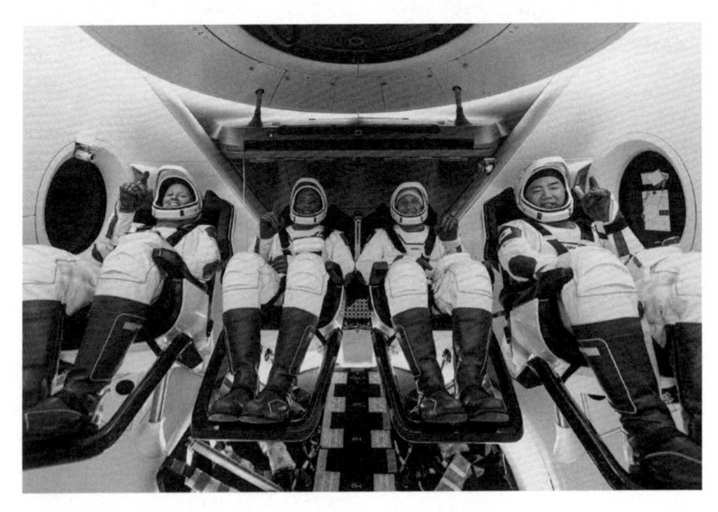

NASA의 스페이스엑스 크루-1 승무원들이 크루 드래곤 우주선에서 훈련하고 있는 모습. (왼쪽부터) NASA 우주비행사 섀넌 워커, 빅터 글로버, 마이클 홉킨스, JAXA 우주비행사 소이치 노구치

블루 오리진의 뉴 셰퍼드 로켓이 성공적으로 발사되고 있는 모습

블루 오리진의 설립자 겸 소유주 제프 베이조스

은 것이다. 버진 갤랙틱, 스페이스엑스와 마찬가지로 블루 오리진도 코로나19 바이러스 재난이 지나가고 새로운 발사 일정이 정해지면 사람들을 우주로 보낼 수 있기를 고대하고 있다. 한편 베이조스는 빠르면 2023년까지 우주여행자, 화물, 보급품 등을 달 표면까지 보내는 이른바 블루문Blue Moon 달 착륙선 개발 계획을 발표했다.

물론 NASA는 아직도 인류의 우주탐사 분야에서 중요한 역할을 하며, 차세대 달 착륙 과제에 매진하고 있다. NASA는 다음번에 달에 발을 내디딜 사람은 여성이 될 것이라고 발표했고, 도널드 트럼프 전 대통령도 이를 강조한 바 있다. 이 새로운 프로그램은 아폴로의 쌍둥이 누이이자 그리스 신화에 나오는 달의 여신인 아르테미스Artemis라는 이름으로 수행될 것이다. 현재 수립된 계획에 따르면, NASA는 우주 발사 시스템Space Launch System이라는 강력하고 새로운 로켓에 탑재된 오리온Orion 우주선에 우주비행사를 실어 보낼 것이며, 우주비행사들이 달 궤도에 도착하면 앞서 도착해 있던 게이트웨이Gateway 달 위성과 도킹한 후 달 표면으로 하강하는 절차를 진행할 것이다. 게이트웨이에 대한 NASA의 설명은 다음과 같다.

> NASA는 파트너들과 함께 달 궤도를 도는 게이트웨이라는 소형 위성을 설계 및 개발하고 있다. 이 우주선은 우주비행사들의 임시 거처이자 사무실, 생활 공간, 과학 및 조사 실험실, 방문 우주선의 도킹 포트 등이 된다. 게이트웨이는 NASA와 파트너들에게 이전보다 달에 대해 더 많은 정보를 제공하여 인간과 로봇의 미션 수행을 지원하며, 우주비행사들의 달 탐사와 미래의 유인 화성 탐사의 베이스캠프가 될 것이다. 우주비행사들은 화성으로 가기 전부터 게이트웨이를 이용해 지구에 멀리 떨어진 곳에서 생존하는 훈련을 하며, 아울러 이를 활용해 우주선을 심우주에서 다른 궤도로 이동하는 연습을 한다. … 우주비행사들은 최소한 일 년에 한 번씩 게이트웨이를 방문하지만, ISS에 체류하는 승무원처럼 연중 계속 머물지는 않는다. … 게이트웨이의 내부는 원룸 아파트 크기 정도이다(반면 ISS는 6개의 침실을 갖춘 주택보다 더 크다). 우주비행사들은 도킹을 한 후 한 번에 최대 3개

록히드 마틴사가 제작한 아르테미스 프로그램의 일환으로 달을 선회할 오리온 우주선

> 월 동안 게이트웨이에서 살면서 업무를 수행하는데, 과학 실험을 하거나 달 표면까지 여행할 수 있다.[9]

NASA는 현재 SLS 로켓과 오리온 우주선의 무인 시험 비행인 아르테미스 1호 발사를 추진하고 있다. 그다음에 진행될 아르테미스 2호는 최초의 유인 비행 시험 미션이 될 것이다. 이 야심 찬 비행의 일정은 2023년 8월 이후이며, 2024년 말까지 인간이 달로 가는 아르테미스 3호 미션이 추가로 계획되어 있다. 그 이후에는 대략 일 년에 한 번씩 추가 비행할 계획이며, 먼 미래이긴 하지만 화성으로 가는 비행도 준비 중이다.

NASA의 계획에서 볼 수 있는 것처럼 확실히 흥분되는 우주 탐사—우리의 가장 위대한 모험—시기가 임박했다. 크리스천 데이븐포트Christian Davenport는 《우주의 거물들The Space Barons》(2018년)에서 일론 머스크와 제프 베이조스와 같은 우주비행 선구자들의 과거와 미래의 성과를 살펴보고 "별들을 향한 그들의 경주는 전쟁이나 정치가 아니라 돈과 자아와 모험에서 비롯되었으며, 인류가 영구적으로 우주로 확장할 수 있는 기회이다"[10]라고 밝혔다.

우리는 위험하면서도 아름다운 우주로 가는 다음 단계의 여정을 맞이하거나 참여할 준비가 되어 있다. 물론 쉽지는 않을 것이다. 영화 〈이브의 모든 것All about Eve〉(1950년)에서 나오는 대사를 인용해 말하자면, "안전벨트를 매세요. 험난한 여정이 될 것입니다."

인용문헌

프롤로그

1 Robert Forsyth, *Bachem Ba 349 Natter* (London, 2018), p. 7.

2 Wernher von Braun, excerpt from speech given at the Sixteenth National Conference on the Management of Research, French Lick, Indiana, 18 September 1962. From "Retrospective: A Speech by Wernher von Braun on Management", available at https://medium.com, 22 September 2015.

3 John F. Kennedy, Department of State Central Files, National Archives, Washington, DC, 711.11-ke/2-1261. Also printed in *Public Papers of the Presidents of the United States: John F. Kennedy, 1961*, p. 257, available at www.quod.lib.umich.edu.

4 John F. Kennedy, news conference held at State Department Auditorium, Washington, DC, 12 April 1961, available at www.jfklibrary.org.

5 John F. Kennedy, excerpt from *Address before a Joint Session of Congress*, 25 May 1961, available at www.jfklibrary.org.

01 꿈이 현실로

1 James Harford, *Korolev: How One Man Masterminded the Soviet Drive to Beat America to the Moon* (New York, 1997).

2 Colin Burgess and Chris Dubbs, *Animals in Space: From Research Rockets to the Space Shuttle* (Chichester, 2007), pp. 25–26.

3 Rex Hall and David J. Shayler, *The Rocket Men: Vostok and Voskhod, the First Soviet Manned Spaceflights* (Chichester, 2001), p. 25.

4 Burgess and Dubbs, *Animals in Space*, pp. 64–68.

5 A. V. Pokrovsky, "Vital Activity of Animals during Rocket Flights into the Upper Atmosphere", in *Behind the Sputniks: A Survey of Soviet Space Science*, ed. F. J. Kreiger (Washington, DC, 1958). Originally presented as a report to the International Congress on Guided Missiles and Rockets, Paris, 3–8 December 1956.

6 Burgess and Dubbs, *Animals in Space*, p. 83.

7 Sir Bernard Lovell quoted in Paul Dickson, *Sputnik: The Shock of the Century* (New York, 2001), p. 24.

8 Robert Silverberg, *First American into Space* (Derby, CT, 1961), p. 31.

9 Science Correspondent, "Five Years of the Space Age: Benefits and Dangers – IGY Aims Submerged by Cold War", *The Guardian*, 5 October 1962, p. 10.

10 Dwight D. Eisenhower quoted in "Impact of Russian Satellite to Boost U.S. Research Effort", *Aviation Week*, xiv (October 1957), pp. 28–29.

11 Anatoly Zak, "Sputnik-2 in Orbit", www.russianspaceweb.com, updated 2 November 2017.

12 Colin Burgess oral interviews with Dr Oleg Gazenko and Vitaly Sevastyanov, ASE(ix) Congress, Vienna, Austria, 10–17 October 1993.

13 Oleg Ivanovskiy (writing as Alexei Ivanov), *Vpervyye: zapiski vedushchego konstruktova* [in Russian; The First Time: Notes of a Leading Designer], 2nd edn (Moscow, 1982).

14 Colin Burgess and Simon Vaughan, "America's First Astro-chimps", *Spaceflight* (British Interplanetary Society), xxxviii (July 1996), pp. 236–238.

15 Helen C. Allison, "News Roundup", *Bulletin of the Atomic Scientists: A Magazine of Science and Public Affairs*, xiv/3 (March 1958), p. 126.

16 Maj. Gen. John B. Medaris, U.S. Army: Testimony Given at Inquiry into Satellites and Missile Programs, Hearings before the United States Senate Committee on Armed Services, 85th Congress, Washington, DC, 14 December 1957. From *History of Acquisition in the Department of Defense*, vol. I: *Rearming*

for the Cold War 1945–1960, Elliott V. Converse III for the Historical Office of the Secretary of Defense, Washington, DC (2012), p. 572.

17 Garrison Norton, U.S. Asst. Secretary of the Navy for Air: Testimony Given at Inquiry into Satellites and Missile Programs, Hearings before the United States Senate Committee on Armed Services, 85th Congress, Washington, DC, 16 December 1957 (First and Second Sessions, Part 2, p. 721). Published by U.S. Government Printing Office (Washington, DC), 1958.

18 Kurt Stehling quoted in Dickson, *Sputnik*, p. 156.

19 Helen T. Wells, Susan H. Whiteley and Carrie E. Karegeannes, *Origins of NASA Names* (Washington, DC, 1976), p. 106.

20 Burgess and Dubbs, *Animals in Space*, pp. 137–140.

21 "Soviet Space Medicine, Smithsonian Videohistory Program, with Abraham Genin", Smithsonian Videohistory Program. Cathleen S. Lewis interviewer, 29 November 1989, available at Smithsonian Institution Video Archives, Record Unit 9551.

02 최초의 우주인

1 Colin Burgess, *Selecting the Mercury Seven: The Search for America's First Astronauts* (Lincoln, NE, 2011), pp. 274–278.

2 Anon., "USS Donner LSD 20 Recovery Ship MR2 with Space Chimpanzee Ham", *Gator News* (Amphibious Force, U.S. Atlantic Fleet, Little Creek, VA), xix, 3 February 1961.

3 Yaroslav Golovanov, *Our Gagarin: The First Cosmonaut and His Native Land*, trans. David Sinclair-Loutit (Moscow, 1978), pp. 44–55.

4 New York Times, 15 March 1961, p. 8, citing Sergei Khrushchev: *Nikita Khrushchev: krizisy i rakety: uzglyad iznutri* [Crises and Missiles: An Inside Look], vol. I (Moscow, 1994), p. 97.

5 Robin McKie, "Sergei Korolev: The Rocket Genius behind Yuri Gagarin", *The Guardian*, March 2011, p. 11.

6 Joint Publication Research Service, "Manned Mission Highlights", in *Report on Science and Technology – Central Eurasia: Space* (JPRS-USP-92-004) (Springfield,

VA, 10 June 1992).

7 Francis French and Colin Burgess, *Into That Silent Sea: Trailblazers of the Space Era, 1961–1965* (Lincoln, NE, 2007), p. 54.

8 James Schefter, *The Race: The Uncensored Story of How America Beat Russia to the Moon* (New York, 1999), p. 112.

9 Dee O'Hara, telephone interview with the author, 22 May 2002.

10 French and Burgess, *Into That Silent Sea*, p. 59.

11 M. Scott Carpenter, Gordon L. Cooper, John H. Glenn, Virgil I. Grissom, Walter M. Schirra, Alan B. Shepard and Donald K. Slayton, *We Seven: By the Astronauts Themselves* (New York, 1962), p. 241.

12 French and Burgess, *Into That Silent Sea*, p. 62.

13 Howard Benedict, Jay Barbree, Alan Shepard and Deke Slayton, *Moon Shot: The Inside Story of America's Apollo Moon Landings* (Nashville, TN, 1994), p. 78.

14 "U.S. Hurls Man 115 Miles into Space: Shepard Works Controls in Capsule, Reports by Radio in 15-Minute Flight", *New York Times*, 6 May 1961, p. 1.

15 Telegram from ussr Chairman Nikita Khrushchev to U.S. President John Kennedy, 6 May 1961. Department of State Central Files, National Archives, Washington, DC, 911.802/5-661.

16 John F. Kennedy, *Excerpt from Address before a Joint Session of Congress*, 25 May 1961, John F. Kennedy Presidential Library and Museum, Boston, MA.

17 Curt Newport, Lost Spacecraft: The Search for Liberty Bell 7 (Burlington, ON, 2002), pp. 164–173.

18 Michelle Evans, *The X-15 Rocket Plane: Flying the First Wings into Space* (Lincoln, NE, 2013).

19 Frederick A. Johnsen, "X-15 Pioneers Honored as Astronauts", 23 August 2005, www.nasa.gov/missions/research/index.html.

03 궤도 비행

1 Loyd S. Swenson Jr, James M. Grimwood and Charles C. Alexander, "MR-1: The Four-inch Flight", in *This New Ocean: A History of Project Mercury*, NASA History Series SP-4201 (Washington, DC, 1989), available at https://history.

nasa.gov.
2 Rex Hall and David J. Shayler, *The Rocket Men: Vostok and Voskhod, the First Soviet Manned Spaceflights* (Chichester, 2001), pp. 174–175.
3 Lester A. Sobel, ed., *Space: From Sputnik to Gemini* (New York, 1965), p. 126.
4 Colin Burgess, *Friendship 7: The Epic Orbital Flight of John H. Glenn, Jr.* (Chichester, 2015), p. 58
5 Colin Burgess, *Selecting the Mercury Seven: The Search for America's First Astronauts* (Chichester, 2011), pp. 279–280.
6 Burgess, *Friendship 7*, p. 23.
7 Colin Burgess and Chris Dubbs, *Animal Astronauts: From Research Rockets to the Space Shuttle* (Chichester, 2007), pp. 264–268.
8 Sobel, ed., *Space*, p. 160.
9 Anon., "John Glenn: One Machine That Worked without Flaw", *Newsweek*, 5 March 1962, p. 24.
10 Burgess, *Friendship 7*, p. 149.
11 Colin Burgess, *Aurora 7: The Mercury Space Flight of M. Scott Carpenter* (Chichester, 2016), pp. 101–124.
12 Walter Cronkite, live CBS television report, 24 May 1962.
13 Francis French and Colin Burgess, *Into That Silent Sea: Trailblazers of the Space Era, 1961–1965* (Lincoln, NE, 2007), p. 184.
14 "U.S. Stunned by Soviet Double", *Daily Mirror* (Sydney), 13 August 1962, p. 4.
15 Evgeny Riabchikov, *Russians in Space* (New York, 1971), p. 190.
16 Sobel, ed., *Space*, pp. 169–170.
17 "Schirra's Space Thrill: Controls Cut Off in Orbit", *Daily Telegraph* (Sydney), 5 October 1962, p. 2.
18 Colin Burgess, *Faith 7: L. Gordon Cooper, Jr., and the Final Mercury Mission* (Chichester, 2016), pp. 88–122.
19 Gordon Cooper, "Astronaut's Summary Flight Report", in *Project Mercury Summary, Including Results of the Fourth Manned Orbital Flight*, NASA SP-45 (Washington, DC, October 1963), p. 358.
20 Bart Hendrickx, "The Kamanin Diaries 1960–963", *Journal of the British*

Interplanetary Society, L (1997), pp. 33–40.

21 David J. Shayler and Ian Moule, *Women in Space: Following Valentina* (Chichester, 2005), pp. 46–50.

22 French and Burgess, *Into That Silent Sea*, pp. 312–331.

04 우주 유영

1 Francis French and Colin Burgess, *Into That Silent Sea: Trailblazers of the Space Era, 1961–1965* (Lincoln, NE, 2007), p. 344.

2 Rex Hall and David J. Shayler, *The Rocket Men: Vostok and Voskhod, the First Soviet Manned Spaceships* (Chichester, 2001), pp. 233–234.

3 David J. Shayler and Colin Burgess, *NASA's Scientist-Astronauts* (Chichester, 2007), p. 52.

4 Lester A. Sobel, ed., *Space: From Sputnik to Gemini* (New York, 1965), p. 270.

5 Hall and Shayler, *The Rocket Men,* p. 246.

6 David Scott and Alexei Leonov, *Two Sides of the Moon* (London, 2004), p. 109.

7 Ibid.

8 French and Burgess, *Into That Silent Sea*, pp. 363–364.

9 Asif Siddiqi, "Cancelled Missions in the Voskhod Program", *Journal of the British Interplanetary Society*, L/I (January 1997), pp. 25–31.

10 NASA Manned Spacecraft Center, Houston, Texas, News Release: *Manned Space Flight Comes of Age as Project Mercury Nears Its End*, January 1962, p. 3.

11 "Naming Mercury-Mark II Project", memorandum from D. Brainerd Holmes, director of Manned Space Flight Programs, to Associate Administrator, NASA, 16 December 1961, NASA History Division, Folder 18674.

12 Colin Burgess, *Liberty Bell 7: The Suborbital Flight of Virgil I. Grissom* (Chichester, 2014), pp. 206–207.

13 Sobel, ed., *Space*, p. 274.

14 "Rocket Casing Missed by Spacemen", *The Sun* (Sydney), 5 June 1965, pp. 2, 4.

15 Francis French and Colin Burgess, *In the Shadow of the Moon: A Challenging Journey to Tranquility, 1965–1969* (Lincoln, NE, 2007), p. 32.

16 "Chasing a Space Case", *The Australian*, 20 August 1965, p. 5.

17 Colin Burgess, *Faith 7: L. Gordon Cooper, Jr., and the Final Mercury Mission* (Chichester, 2016), p. 222.

18 Colin Burgess, *Sigma 7: The Six Mercury Orbits of Walter M. Schirra, Jr.* (Chichester, 2016), p. 226.

19 David Scott and Alexei Leonov, *Two Sides of the Moon: Our Story of the Cold War Space Race* (New York, 2004), p. 101.

20 Flora Lewis, "Gemini-9's Lost Bird Slows u.s. Moon Race", *The Australian*, 18 May 1966, p. 8.

21 "Space Walk for Repairs: Satellite Crippled", *Daily Mirror* (Sydney), 4 June 1966, p. 1.

22 Eugene Cernan with Don Davis, *The Last Man on the Moon* (New York, 1999), p. 135.

23 Dr David R. Williams, "The Gemini Program (1962–966)", https://nssdc.gsfc.nasa.gov, accessed 15 November 2020.

05 발사대에서 일어난 비극

1 Donald K. Slayton with Michael Cassutt, *Deke: U.S. Manned Space from Mercury to the Shuttle* (New York, 1994), p. 164.

2 Francis French and Colin Burgess, *In the Shadow of the Moon: A Challenging Journey to Tranquility, 1965–1969* (Lincoln, NE, 2007), p. 200.

3 Colin Burgess, *Liberty Bell 7: The Suborbital Mercury Flight of Virgil I. Grissom* (Chichester, 2014), p. 222.

4 Colin Burgess and Kate Doolan with Bert Vis, *Fallen Astronauts: Heroes Who Died Reaching for the Moon* (Lincoln, NE, 2016), p. 118.

5 George Leopold, *Calculated Risk: The Supersonic Life and Times of Gus Grissom* (West Lafayette, IN, 2016), p. 222.

6 Burgess and Doolan with Vis, *Fallen Astronauts*, p. 128.

7 William Harwood, "Apollo 1 Crew Honored 50 Years after Fatal Fire", www.cbsnews.com, 27 January 2017.

8 Report: *Apollo 204 Review Board to the Administrator National Aeronautics and Space Administration, Appendix D*, tabled 5 April 1967, available at https://

history.nasa.gov.
9 Walter Cunningham, *The All-American Boys* (New York, 1977), p. 15.
10 Richard Hollingham, "The Fire That May Have Saved the Apollo Programme", www.bbc.com, 27 January 2017.
11 Colin Burgess, *Sigma 7: The Six Mercury Orbits of Walter M. Schirra, Jr.* (Chichester, 2016), p. 235.
12 Ibid., p. 237.
13 "Astronaut Wally Schirra, 84, Dies", www.tulsaworld.com (via Associated Press Wire Services), 4 May 2007.
14 Jamie Doran and Piers Bizony, *Starman: The Truth behind the Legend of Yuri Gagarin* (London, 1998), p. 187.
15 Burgess and Doolan with Vis, *Fallen Astronauts*, pp. 243–245.
16 Alexander Petrushenko (Moscow), correspondence with the author, June 1992.

06 달에서 바라본 광경

1 Melanie Whiting, ed., *50 Years Ago: Considered Changes to Apollo 8*, NASA History Office, www.nasa.gov, 9 August 2018.
2 Robert Kurson, *The Daring Odyssey of Apollo 8 and the Astronauts Who Made Man's First Journey to the Moon* (New York, 2018), p. 244.
3 Christian Davenport, "Earthrise: The Stunning Photo That Changed How We See Our Planet", *Washington Post*, 24 December 2018.
4 *Soviet Space Programs, 1962–1965: Goals and Purposes, Achievements, Plans, and International Implications*, prepared by the Committee on Aeronautical and Space Sciences, U.S. Senate, 89th Congress, 2nd session (Washington, DC, December 1966), pp. 388–389.
5 David Scott and Alexei Leonov with Christine Toomey, *Two Sides of the Moon* (London, 2004), p. 239.
6 Ibid.
7 Ibid.
8 Becky Little, "The Soviet Response to the Moon Landing? Denial There was a Moon Race at All", www.history.com/news, 11 July 2019.

9 Kelli Mars, ed., *50 Years Ago, Apollo 8 Is go for the Moon*, NASA History Office, Apollo 8, www.nasa.gov, 14 November 2018.
10 Donald K. Slayton with Michael Cassutt, *Deke: U.S. Manned Space from Mercury to the Shuttle* (New York, 1994), p. 207.
11 Scott and Leonov with Toomey, *Two Sides of the Moon* (London, 2004), p. 237.
12 Eugene Cernan with Don Davis, *The Last Man on the Moon* (New York, 1999), p. 215.

07 거대한 도약

1 *Roundup* (NASA JSC Space Center magazine), viii/7 (24 January 1969), p. 1.
2 James R. Hansen, *First Man: The Life of Neil A. Armstrong* (New York, 2005).
3 Douglas B. Hawthorne, *Men and Women of Space* (San Diego, CA, 1992), pp. 33–35.
4 Francis French and Colin Burgess, *In the Shadow of the Moon* (Lincoln, NE, 2007), pp. 123–126.
5 Hawthorne, *Men and Women of Space*, pp. 154–157.
6 John M. Mansfield, *Man on the Moon*, 1st edn (Sheridan, OR, 1969), pp. 204–205.
7 Neil Armstrong, Michael Collins and Edwin E. Aldrin Jr, *First on the Moon*, 1st edn (Toronto and Boston, MA, 1970), p. 289.
8 Mansfield, *Man on the Moon*, p. 226.
9 NASA Marshall Space Flight Center report, *Analysis of Apollo 12 Lightning Incident*, MSC-01540, available at https://spaceflight.nasa.gov, February 1970.
10 Rick Houston and Milt Heflin, *Go Flight: The Unsung Heroes of Mission Control, 1965–1992* (Lincoln, NE, 2015), pp. 184–186.
11 Gene Kranz, "Apollo 13" , talk at National Air and Space Museum, Washington, DC, 8 April 2005.
12 Tim Furniss and David J. Shayler with Michael D. Shayler, *Praxis Manned Spaceflight Log, 1961–2006* (Chichester, 2007), p. 138.
13 Kranz, "Apollo 13."
14 Donald K. Slayton with Michael Cassutt, *Deke! U.S. Manned Space from*

Mercury to the Shuttle, 1st edn (New York, 1994), p. 258.

15 Ibid.

16 Kranz, "Apollo 13."

17 Lunar and Planetary Institute, "Apollo 14 Mission Overview", www.lpi.usra.edu/lunar/missions/apollo/apollo_14, 2019.

18 Al Worden with Francis French, *Falling to Earth: An Apollo 15 Astronaut's Journey to the Moon* (Washington, DC, 2011), pp. 213–214.

19 Furniss and D. Shayler with M. Shayler, *Praxis Manned Spaceflight Log*, pp. 158–159.

20 Eugene Cernan and Donald A. Davis, *The Last Man on the Moon* (New York, 2007), p. 337.

21 Colin Burgess, *Shattered Dreams: The Lost and Canceled Space Missions* (Lincoln, NE, 2019), pp. 28–31.

22 "Peace Call as Moon Mission Ends", *Canberra Times*, 15 December 1972, pp. 1, 5.

23 Eileen Stansbury, "Lunar Rocks and Soils from Apollo Missions", https://curator.jsc.nasa.gov, 1 September 2016.

08 소련의 좌절과 스카이랩

1 Colin Burgess and Rex Hall, *The First Soviet Cosmonaut Team: Their Lives, Legacy and Historical Impact* (Chichester, 2009), pp. 285–287.

2 NASA Scientific and Technical Information Office, *Astronautics and Aeronautics, 1971: Chronology on Science, Technology and Policy, NASA publication SP–4016* (Washington, DC, 1973), p. 105.

3 Rex D. Hall and David J. Shayler, *Soyuz: A Universal Spacecraft* (New York, 2003), pp. 174–175.

4 Colin Burgess and Kate Doolan with Bert Vis, *Fallen Astronauts: Heroes Who Died Reaching for the Moon* (Lincoln, NE, 2016), pp. 260–261.

5 Derryn Hinch, "Prisoners of the Earth?", *Sydney Morning Herald*, 1 July 1971, p. 7.

6 "Bubbles in Blood Killed 3 Soviet Spacemen", *Sydney Daily Mirror*, 2 July 1971, p. 3.

7 Burgess and Doolan with Vis, *Fallen Astronauts*, p. 262.
8 Ben Evans, "The Plan to Save Skylab (Pt 2)", *Space Safety Magazine*, 20 May 2013, www.spacesafetymagazine.com.
9 "Tired Nauts Link to Skylab", *San Francisco Chronicle*, 26 May 1973, p. 1.
10 Derryn Hinch, "Skylab Space Station Gets a Sunshield", *Sydney Morning Herald*, 27 May 1973, p. 4.
11 Alex Faulkner, "Skylab Fine as Crew Move In", *Daily Telegraph*, 27 May 1973, p. 3.
12 "Skylab-2: Mission Accomplished!", www.nasa.gov/feature/skylab-2-mission-accomplished, 22 June 2018.
13 "Second Crew Join Skylab in Orbit: Astronauts Set for 59 Days in Space", *Sydney Morning Herald*, 30 July 1973, p. 6.
14 Kathleen Maughan Lind, *Don Lind: Mormon Astronaut* (Salt Lake City, UT, 1985), pp. 143–144.
15 "Skylab 2's Space Leak is Solved", *Daily Mirror* (Sydney), 6 August 1973, p. 3.
16 "Houston Chides Skylab Crew for Hiding Pogue's Vomiting", *International Herald Tribune*, 19 November 1973, p. 1.
17 "Kohoutek Turns Mysterious", *Straits Times* (Singapore), 30 December 1973, p. 7.
18 David Shayler, *Around the World in 84 Days: The Authorized Biography of Skylab Astronaut Jerry Carr* (Burlington, ON, 2008), pp. 203–204.
19 Don L. Lind interviewed by Rebecca Wright, Houston, Texas, 27 May 2005, NASA JSC Oral History Project, https://historycollection.jsc.nasa.gov.

09 소유즈/샬루트 미션의 부활

1 *Soviet Space Programs, 1976–1980 (Part 2)*, Report prepared for the 98th Congress, 2nd session, United States Senate, for the Committee on Commerce, Science and Transportation, October 1984, p. 548, available online at https://files.eric.ed.gov.
2 "Mission Misfire", *Time*, CV/16 (21 April 1975), p. 38.
3 Geoffrey Bowman, "The Last Apollo", in *Footprints in the Dust: The Epic Voyages of Apollo, 1969–1975*, ed. Colin Burgess (Lincoln, NE, 2010), pp. 386–388.
4 Paul Recer (Associated Press), "They Shake Hands in Space", *San Francisco*

Examiner, 17 July 1975, p. 1.

5 Tim Furniss and David J. Shayler with Michael D. Shayler, *Praxis Manned Spaceflight Log, 1961–2006* (Chichester, 2007), p. 193.

6 "Russians in Second Space Docking", *The Australian*, 13 January 1977, p. 3.

7 Furniss and D. Shayler with M. Shayler, *Praxis Manned Spaceflight Log*, p. 262.

8 Umberto Cavallaro, *Women Spacefarers: Sixty Different Paths to Space* (Cham, 2017), p. 14.

9 "NASA to Recruit Space Shuttle Astronauts", 8 July 1976, NASA news release 76-44, Johnson Space Center, Houston, TX.

10 David J. Shayler and Colin Burgess, *NASA's First Space Shuttle Astronauts: Redefining the Right Stuff* (Cham, 2020), pp. 17–18.

11 Colin Burgess and Bert Vis, *Interkosmos: The Eastern Bloc's Early Space Program* (Cham, 2016).

12 Furniss and D. Shayler with M. Shayler, *Praxis Manned Spaceflight Log*, pp. 345–346.

13 Eric Betz, "The Last Soviet Citizen", *Discover*, 1 December 2016, www.discover magazine.com.

14 Clay Morgan, "Jerry Linenger: Fire and Controversy, January 12–May 24, 1997", chapter in *Shuttle–Mir: The United States and Russia Share History's Highest Stage*, NASA JSC History Series, NASA Publication SP-4225 (Washington, DC, 2011), p. 92.

15 Ibid., p. 109.

10 우주왕복선과 국제우주정거장

1 John M. Logsdon, *Ronald Reagan and the Space Frontier* (Cham, 2018), p. 35.

2 Lynn Sherr, *Sally Ride: America's First Woman in Space* (New York, 2014), pp. 159–165.

3 Tim Furniss and David J. Shayler, *Praxis Manned Spaceflight Log, 1961–2006* (Chichester, 2007), pp. 278–280.

4 Kelli Mars, ed., "35 Years Ago, STS-9: The First Spacelab Science Mission", NASA History Office, www.nasa.gov, 28 November 2018.

5 Colin Burgess, *Teacher in Space: Christa McAuliffe and the Challenger Legacy* (Lincoln, NE, 2000), pp. 101–102.
6 Tim Furniss, "Shuttle Leaves Leasat Adrift", *Flight International*, 27 April 1986, p. 18.
7 "Shuttle Mission Success", *Flight International*, 28 June 1986, p. 6.
8 Furniss and Shayler, *Praxis Manned Spaceflight Log*, pp. 324–325.
9 Jeanne Ryba, ed., "NASA Mission Archives: STS-61A", NASA John F. Kennedy Space Center, www.nasa.gov, updated 18 February 2010.
10 Colin Burgess, *Teacher in Space: Christa McAuliffe and the Challenger Legacy* (Lincoln, NE, 2000), pp. 76–80.

11 우주 프런티어의 확장

1 Lee Dye, "American Back in Space with Majestic Launch of Discovery", *Los Angeles Times*, 30 September 1988, p. 1.
2 "Discovery's 'Great Ending'", *Los Angeles Daily News*, 4 October 1988, p. 1.
3 "The First Orbiting Solar Observatory", NASA Goddard Space Flight Center, www.gsfc.nasa.gov, 26 June 2003.
4 Brian Dunbar, "Hubble's Mirror Flaw", NASA Media Resources, www.nasa.gov, updated 26 November 2019.
5 Columbia Accident Investigation Board Report, Vol. 1, Part 2, Chapter 5, "Why the Accident Occurred", p. 97.
6 Columbia Accident Investigation Board Report, Vol. 1, Part 1, Chapter 11, "Return to Flight Recommendations", p. 225.
7 Miles O'Brien for cnn.com (International), "NASA Chief to Resign", http://edition.cnn.com, 13 December 2004.
8 Colin Burgess, "The Final Countdown", *Australian Sky and Telescope* (May 2005), pp. 35–38.
9 "The Fight to Save Skylab", *Flight International*, 24 May 1973, pp. 810–811.
10 *NASA Space Station Freedom Media Handbook* (NASA Archive Document NASA-TM-10291), Washington, DC, April 1989, pp. 4–6, available online at https://ntrs.nasa.gov/citations/19900014144.

11 Tim Furniss and David J. Shayler, *Praxis Manned Spaceflight Log*, 1961–2006 (Chichester, 2007), pp. 665–667.

12 Chris Bergin, "Remembering Buran – The Shuttle's Estranged Soviet Cousin", www.nasaspaceflight.com, 15 November 2013.

13 Marina Koren, "China's Growing Ambitions in Space", *The Atlantic*, www.theatlantic.com, 23 January 2017.

14 Matthew S. Williams, "All You Need to Know about China's Space Program", https://interestingengineering.com, 16 March 2019.

15 Michael Cassutt, "Citizen in Space", *Space Illustrated* (February 2001), pp. 27–29.

16 Colin Burgess, "All Systems Go!", *Australian Sky and Telescope* (November 2005), pp. 25–29.

17 Jonathan Amos, "Sarah Brightman Calls Off Space Trip", www.bbc.com, 14 May 2015.

18 Sandhya Ramesh, "India Says It Will Send a Human to Space by 2022", the Planetary Society, www.planetary.org, 24 August 2018.

19 "Four IAF Men to Train as Astronauts for Gaganyaan Mission: ISRO", *New Indian Express*, www.newindianexpress.com, 1 January 2020.

에필로그: 우주의 미래

1 Rebecca Anderson and Michael Peacock, *Ansari X-Prize: A Brief History and Background*, NASA History, www.history.nasa.gov, updated 5 February 2010.

2 Leonard David, "SpaceShipOne Wins $10 million Ansari X-Prize in Historic 2nd Trip into Space", www.space.com, 4 October 2004.

3 Natasha Bernal, "Sir Richard Branson's Space Race: Over Two Decades of Broken Promises", *Daily Telegraph*, 9 July 2019, p. 16.

4 Mahita Gajanan, "Virgin Galactic Crash: Co-pilot Unlocked Braking System, Enquiry Finds", www.theguardian.com, 29 July 2015.

5 Erik Seedhouse, "Space Tourism", www.britannica.com, accessed 17 November 2020.

6 Alan Boyle, "Space Racers Unite in Federation", www.nbcnews.com, 2 August 2005.

7 Peter N. Spotts, “Private Space Tourism Takes Off”, www.christiansciencemonitor.com, 21 July 2005.

8 Virgin GalacticPress, “Virgin Galactic and Social Capital Hedorophia Announce Merger”, www.virgingalactic.com, 9 July 2019.

9 Erin Mahoney, ed., “Q&A: NASA's New Spaceship”, NASA Johnson Space Center, online at www.nasa.gov, 13 November 2018.

10 Christian Davenport, *The Space Barons: Elon Musk, Jeff Bezos, and the Quest to Conquer the Cosmos* (New York, 2018).

참고문헌

Baker, David, *The History of Manned Space Flight* (New York, 1981).

Brzezinski, Matthew, *Red Moon Rising: Sputnik and the Hidden Rivalries That Ignited the Space Age* (New York, 2007).

Burgess, Colin, and Bert Vis, *Interkosmos: The Eastern Bloc's Early Space Program* (New York, 2016).

Burgess, Colin, and Chris Dubbs, *Animals in Space: From Research Rockets to the Space Shuttle* (New York, 2007).

Burgess, Colin, and Kate Doolan, *Fallen Astronauts: Heroes Who Died Reaching for the Moon* (Lincoln, NE, 2016).

Burgess, Colin, and Rex Hall, *The First Soviet Cosmonaut Team: Their Lives, Legacy and Historical Impact* (New York, 2009).

Carpenter, M. Scott, L. Gordon Cooper Jr, John H. Glenn Jr, Virgil I. Grissom, Walter M. Schirra Jr, Alan B. Shepard Jr and Donald K. Slayton, *We Seven: By the Astronauts Themselves* (New York, 1962).

Cernan, Eugene, and Don Davis, *The Last Man on the Moon* (New York, 1999).

Chaikin, Andrew, *A Man on the Moon: The Voyages of the Apollo Astronauts* (New York, 1994).

Dickson, Paul, *Sputnik: The Shock of the Century* (New York, 2001).

Doran, Jamie, and Piers Bizony, *Starman: The Truth behind the Legend of Yuri Gagarin* (London, 1998).

Dubbs, Chris, and Emeline Paat-Dahlstrom, *Realizing Tomorrow: The Path to Private Spaceflight* (Lincoln, NE, 2011).

Evans, Michelle, *The X-15 Rocket Plane: Flying the First Wings in Space* (Lincoln, NE, 2013).

French, Francis, and Colin Burgess, *In the Shadow of the Moon: A Challenging Journey to Tranquility, 1965–1969* (Lincoln, NE, 2007).

French, Francis, and Colin Burgess, *Into That Silent Sea: Trailblazers of the Space Era, 1961–1965* (Lincoln, NE, 2007).

Furniss, Tim, David J. Shayler and Michael D. Shayler, *Praxis Manned Spaceflight Log, 1961–2006* (Chichester, 2007).

Hall, Rex D., and David J. Shayler, *Soyuz: A Universal Spacecraft* (New York, 2003).

Hall, Rex D., David J. Shayler and Bert Vis, *Russia's Cosmonauts: Inside the Yuri Gagarin Training Center* (New York, 2005).

Hitt, David, Owen Garriott and Joe Kerwin, *Homesteading Space: The Skylab Story* (Lincoln, NE, 2008).

Kluger, Jeffrey, *Apollo 8: The Thrilling Story of the First Mission to the Moon* (New York, 2017).

Murray, Charles, and Catherine Bly Cox, *Apollo: The Race to the Moon* (New York, 1989).

Pyle, Rod, *Space 2.0: How Private Spaceflight, a Resurgent NASA, and International Partners are Creating a New Space Age* (Dallas, TX, 2019).

Riabchikov, Evgeny, *Russians in Space*, trans. Guy Daniels (Garden City, NY, 1971).

Shayler, David J., and Michael D. Shayler, *Manned Spaceflight Log ii, 2006–2012* (New York, 2013).

Shelton, William, *Soviet Space Exploration: The First Decade* (London, 1968).

Slayton, Donald K., and Michael Cassutt, *Deke! U.S. Manned Space: From Mercury to the Shuttle* (New York, 1994).

Wolfe, Tom, *The Right Stuff* (New York, 1979).

Worden, Al, and Francis French, *Falling to Earth: An Apollo 15 Astronaut's Journey to the Moon* (Washington, DC, 2011).

감사의 글

항상 그렇듯이 우주비행 동료들과 가족, 친구들—이곳 호주는 물론 해외 친구들—은 나에게 시간과 전문지식, 조언을 제공해 주었고, 나는 그들에게 큰 빚을 졌다. 코로나19 팬데믹 탓에 많은 이들이 매우 힘든 시간을 보냈고, 고립이 심화되면서 컴퓨터를 통한 출판 작업이 거의 일반화되었다. 먼저 이 책을 출판해 주신 리액션 북스Reaktion Books의 유능한 팀원인 마이클 리먼Michael Leaman, 알렉스 코이바누Alex Ciobanu, 수잔나 제이스Susannah Jayes, 에이미 살터Amy Salter, 그리고 익명으로 이 책의 준비와 편집에 참여해 주신 분들의 인내와 이해에 감사드리고 싶다.

또한 런던 과학박물관 소속 명예 선임연구원 피터 모리스Peter Morris에게도 많은 감사를 드린다. 그는 리액션 북스의 주요 편집자로서 제일 먼저 나와 만나서 이 책의 집필 작업에 관심이 있는지 물었다. 이 책의 집필 과정은 놀랍고 때로 힘들기도 했지만, 무엇보다도 신나는 공동작업이었다. 과학박물관의 기술 및 엔지니어링 분야 부책임자이자 피터의 동료인 더그 밀라드Doug Millard에게도 감사드린다.

인간의 초기 우주활동을 기록한 적절한 사진들을 찾기가 쉽지 않은데, Spacefacts.de와 Ed Hengeveld의 요아킴 베커Joachim Becker의 지원으로 이 책에 훌륭한 사진을 실을 수 있었다. 그들의 친절하고 지속적인 도움에 감사드린다.

마지막으로 수십 년 동안 우주비행 관련 자료를 수집할 수 있도록 도와준 많은 사람과 친구들에게 감사드린다. 너무 많아서 그 이름을 모두 언급할 수 없지만, 변함없이 앞장서서 나의 활동을 도와준 사람들로는 데이비드 셰일러David Shayler, 버트 비스Bert Vis, 마이클 카수트Michael Cassutt, 프란시스 프렌치Francis French, 대영제국 훈장 수상자MBE 고故 렉스 홀Rex Hall이 있다.

인류 역사에서 특히 어려운 시기에 이 책을 위해 조사, 편집, 출판에 참여한 많은 사람들의 단합된 노력이 인정받기를 바란다.

자료 사진에 대한 감사의 글

저자와 출판사는 자료 사진과 그것을 복사하여 사용할 권리를 허락한 제공자들에게 감사드린다.

- 저자의 수집품: pp. 26, 55, 69, 72, 97, 113, 122, 123, 129, 132, 133(알렉세이 레오노프의 그림), 135, 193, 195, 301, 393
- Spacefacts.de, 요아킴 베커 제공: pp. 197, 271, 274, 277, 310, 316, 392, 395, 397 아래
- 블루 오리진: p. 419 위/아래
- Celestia free software 제공: p. 105
- 키스 맥닐, Space Models Photography: p. 397 위
- NASA: pp. 45, 48, 51, 59, 65, 77, 80, 85, 100, 110, 115, 118, 143, 144, 148, 150, 151, 155 위/아래, 156, 158, 160, 162, 165, 167, 168, 169, 174, 182, 185, 186, 203, 204, 214, 217, 219, 223, 235, 237, 238, 240, 243, 245, 249, 253, 256, 257, 259, 261, 263, 265, 267, 280, 282, 286, 288, 289, 292, 295, 303, 305, 306, 307, 312, 313, 321, 324, 329, 332, 336, 340, 343, 347, 350, 353, 359, 361, 363,

364, 375, 379 위/아래, 381, 382, 383, 386, 389, 400, 417 아래, 421

- NASA/Associated Press: p. 17
- NASM Archives: p. 52
- NOARD and USNORTHCOM 홍보실: pp. 414 위, 416
- 스케일드 컴포지트: pp. 408, 472 (Wikimedia Commons을 통해)
- 데이비드 시몬스 박사 제공: p. 38
- 로버트 시슨의 사진, 미국 지리학 협회의 허락: p. 41
- 스페이스엑스: pp. 414 위/아래, 417 위, 418
- 스페이스엑스/NASA: p. 415
- 미 공군: p. 90
- 미 육군: pp. 12, 21, 40
- 버진 갤럭틱 제공: pp. 407, 409
- Wikimedia Commons: p. 23

찾아보기

ㄷ

ㄹ

ㅁ

ㅂ

ㅅ

ㅌ

ㅍ

ㅎ